高等职业教育精品工程系列教材

西门子 S7-1500 PLC 编程及应用

主　编　芮庆忠　黄　诚
副主编　王文蓉　杨绍忠　何俊健　毕　辉
主　审　钟澜标

電子工業出版社
Publishing House of Electronics Industry
北京•BEIJING

内 容 简 介

本书针对西门子 S7-1500 PLC（以下简称 S7-1500 PLC）的功能以实例的方式进行讲解，内容包括 S7-1500 PLC 硬件组成、博途 STEP 7 软件安装及操作方法、S7-1500 PLC 编程基础知识、S7-1500 PLC 编程指令、S7-1500 PLC 数据块和程序块、触摸屏应用实例及仿真软件使用方法、模拟量及 PID 控制应用实例、以太网通信方法及其应用实例、S7-1500 PLC 控制变频器应用实例、S7-1500 PLC 运动控制应用实例、S7-1500 SCL 应用实例、高效编程技术的应用实例、基于博途软件的 PLC 编程方法的项目实例、S7-1500 与 C#编程语言通信方法应用实例。本书中的实例基于工业应用经验，实操性强，语言通俗易懂。本书配有微课教程，有利于读者快速掌握 S7-1500 PLC 各类功能的使用方法。除此之外，本书还配置了有助于教师教学、方便教师展示的 PPT、程序和教学视频等资源。

本书可作为高等职业院校机电、自动化类专业的授课教材，也可作为企业及社会机构的培训教材，还可作为工程师的参考手册。

图书在版编目（CIP）数据

西门子 S7-1500 PLC 编程及应用 / 芮庆忠，黄诚主编. —北京：电子工业出版社，2023.1

ISBN 978-7-121-44879-9

Ⅰ. ①西… Ⅱ. ①芮… ②黄… Ⅲ. ①PLC 技术－程序设计－高等学校－教材 Ⅳ. ①TM571.61

中国国家版本馆 CIP 数据核字（2023）第 007380 号

责任编辑：郭乃明　　　　特约编辑：田学清
印　　刷：三河市双峰印刷装订有限公司
装　　订：三河市双峰印刷装订有限公司
出版发行：电子工业出版社
　　　　　北京市海淀区万寿路 173 信箱　　　　邮编：100036
开　　本：787×1092　1/16　印张：23　　　字数：560 千字
版　　次：2023 年 1 月第 1 版
印　　次：2023 年 1 月第 1 次印刷
定　　价：59.00 元

凡所购买电子工业出版社图书有缺损问题，请向购买书店调换。若书店售缺，请与本社发行部联系，联系及邮购电话：（010）88254888，88258888。

质量投诉请发邮件至 zlts@phei.com.cn，盗版侵权举报请发邮件至 dbqq@phei.com.cn。

本书咨询联系方式：guonm@phei.com.cn，QQ34825072。

本书编委会

前　言

S7-1500 PLC 自 2013 年投入市场以来，被广泛应用于汽车、电子、电池、物流、包装、暖通、智能楼宇和水处理等行业。

西门子全新工程设计软件平台 Totally Integrated Automation Portal（全集成自动化博途），简称博途软件，将所有自动化软件工具集成在统一的开发环境中。博途软件是软件开发领域的一个里程碑，是一款将所有自动化任务整合在一个工程设计环境中的软件。S7-1200 PLC 和 S7-1500 PLC 都是使用博途软件编程的，统一的工程软件平台保证了工程组态及操作维护的高效率。

本书内容以实例的方式呈现工业应用实用技术，实例内容详细且清晰。本书涉及的主要工业应用技术包括通信技术、运动控制技术、变频器控制技术、PID（比例、积分、微分）控制技术等。同时，本书对西门子工业常用产品进行了比较详细的应用介绍，如西门子 V20 变频器、G120 变频器、V90 伺服驱动器、触摸屏等，有助于读者系统地学习自动化知识。

本书编者有西门子博途 PLC 产品经理、高校教师和工程师。读者可以系统地学习 S7-1500 PLC 产品，也可以根据典型应用案例解决工程中遇到的相关问题；高校相关专业的师生可以从工业角度学习与 S7-1500 PLC 产品相关的知识。

限于编者的学识水平，书中难免存在不足和疏漏之处，恳请有关读者批评指正。

编者

2022 年 4 月于广州

目　录

第 1 章 S7-1500 PLC 硬件组成

1.1 S7-1500 PLC 概述

西门子公司提供了可以满足多种自动化控制需求的 PLC 产品系列，新一代的 PLC 产品系列丰富，包括基本控制器系列（S7-1200 PLC）和高级控制器系列（S7-1500 PLC），其体系如图 1-1-1 所示。

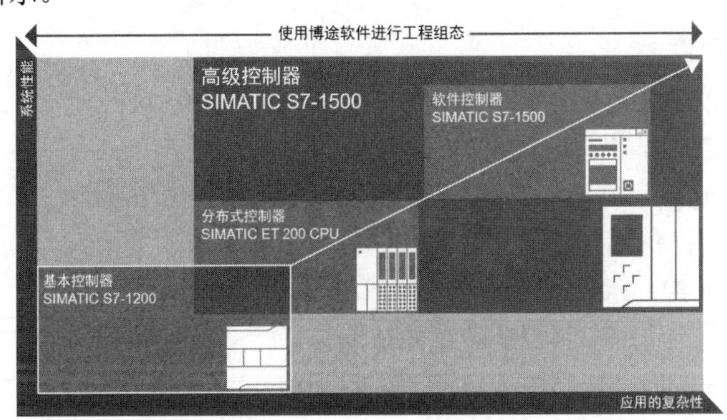

图 1-1-1　西门子 PLC 产品体系

S7-1200 PLC 和 S7-1500 PLC 是西门子 PLC 产品系列中的核心产品，S7-1200 PLC 定位于基础自动化任务，S7-1500 PLC 定位于中高端自动化任务。S7-1500 PLC 除了具有传统的逻辑控制功能，还具有通信、高速计数、运动控制、PID 控制、数据追踪、程序仿真、Web 服务器、Web API（Application Programming Interface，应用程序接口）等功能，其实物图如图 1-1-2 所示。

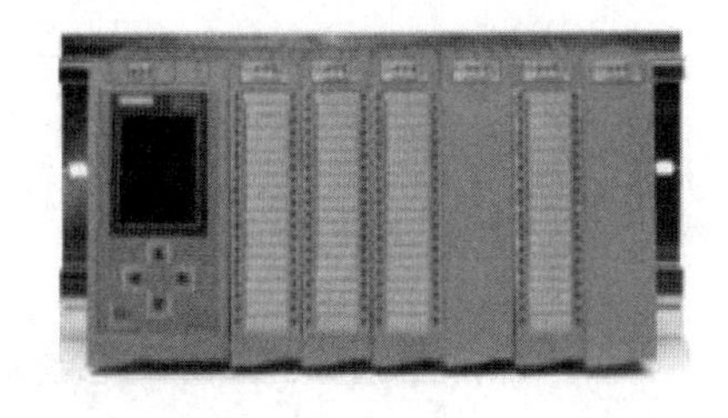

图 1-1-2　S7-1500 PLC 实物图

1. CPU 显示屏

S7-1500 PLC 的所有 CPU 均配有显示屏。该显示屏可以显示纯文本形式的 CPU 故障消息，以及模块的订货号、固件版本、序列号等信息。通过该显示屏还可以设置 CPU 的 IP 地址。

2. 通信功能

PROFINET 接口已集成在 S7-1500 PLC 的 CPU 中，通过增加通信模块可以提供更多通信接口（如点到点通信），使 S7-1500 PLC 的通信能力显著增强。

S7-1500 PLC 支持的通信方式如下。

- PROFINET 通信。
- PROFIBUS DP 通信。
- 触摸屏通信。
- 编程设备（PG）通信。
- 开放式用户通信。
- MODBUS TCP 通信。
- S7 通信。
- OPC UA 协议通信。
- 基于 FTP（File Transfer Protocol，文件传输协议）进行的文件管理和文件访问。
- 点到点的串行通信。
- 基于 FDL（Fieldbus Data Link，总线访问）协议的开放式通信。

3. 运动控制功能

S7-1500 PLC 中集成有大量运动控制功能，用于实现轴定位等操作。根据 CPU 型号的不同，S7-1500 PLC 支持的运动控制工艺对象的数量有所不同。

S7-1500 PLC 运动控制指令是基于 PLCopen 标准的，用于控制支持 PROFIdrive 协议的驱动装置或者带有模拟量接口的驱动装置。

S7-1500 PLC 支持使用以下工艺对象。

- 速度控制轴：用于控制驱动装置的速度。
- 定位控制轴：用于控制驱动装置的位置。
- 同步控制轴：与主值关联，用于同步主轴的速度或者位置。
- 外部编码器：用于检测编码器的实际位置，并且用作同步操作的主值上。
- 测量输入：用于根据事件快速、精准地检测实际位置。

4. PID 控制功能

所有 S7-1500 PLC 中均标配有紧凑型 PID 控制器，以实现过程控制。利用博途软件提供的 PID 控制工艺对象，可以轻松组态 PID 控制回路。

PID 调试控制面板提供了图形化的趋势视图，通过应用 PID 控制技术的自动调整功能，可以自动计算比例时间、积分时间和微分时间的最佳调整值。

5. 追踪功能

S7-1500 PLC 支持用于追踪和记录变量的追踪功能，可以在博途软件中以图形化的方式显示追踪记录，并对其进行分析，以查找故障点并解决故障。

6．程序仿真功能

可以使用 PLCSIM 仿真软件进行程序仿真 S7-1500 PLC，以测试 PLC 程序的逻辑与部分通信功能；也可以使用 PLCSIM Advanced 高级仿真软件（该软件独立于博途软件，支持大部分通信仿真）同时仿真多个 S7-1500 PLC。

7．Web 服务器功能

用户可以通过计算机或者移动端的 Web 浏览器访问 S7-1500 PLC 的相关数据；用户还可以创建自定义的 Web 网页，以监控设备状态等。

8．诊断功能

S7-1500 PLC 自动生成系统诊断消息，这些消息通过编程设备、触摸屏、PC（个人计算机）、Web 服务器或者集成的显示屏输出。在 CPU 处于 STOP 模式时，S7-1500 PLC 会报告系统诊断信息。

1.2　S7-1500 PLC 模块介绍

PLC 系统一般包括 CPU 模块、I/O 模块和通信模块等。CPU 模块采集并处理输入模块的信号，将处理结果通过输出模块输出，同时通过通信模块将数据上传到 MES（Manufacturing Execution System，制造执行系统）或者其他软件系统，实现数据存储、展示、分析等功能。

S7-1500 PLC 的主要硬件组成如图 1-2-1 所示。

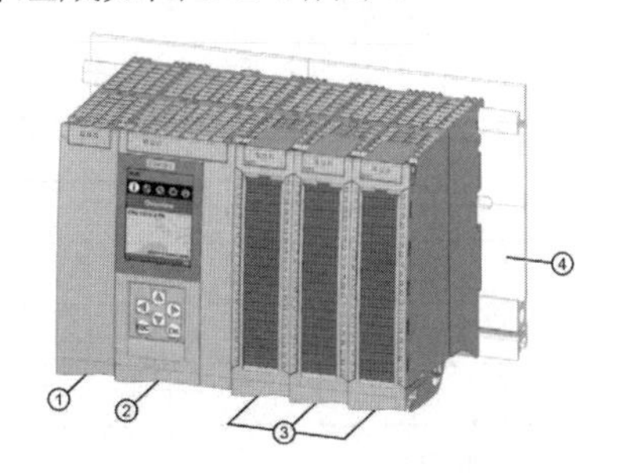

①—电源模块；②—CPU 模块；③—I/O 模块；④—安装导轨。

图 1-2-1　S7-1500 PLC 的主要硬件

S7-1500 PLC 需要安装在一根安装导轨上，一根安装导轨上最多可以安装 32 个模块（CPU 模块、电源模块和 30 个 I/O 模块）。这些模块通过 U 形连接器相互连接。

S7-1500 PLC 包含以下模块。

- CPU 模块。
- I/O 模块。
- 通信模块。
- 工艺模块。

- 电源模块。
- ET 200MP 分布式 I/O 模块。
- ET 200SP 分布式 I/O 模块。

1.2.1 CPU 模块

全新的 S7-1500 PLC 具有标准型 CPU 模块、紧凑型 CPU 模块、分布式 CPU 模块、工艺型 CPU 模块、故障安全型 CPU 模块、冗余型 CPU 模块、开放式 CPU 模块、软 CPU 模块，具体说明如下。

1. 标准型 CPU 模块

S7-1500 PLC 标准型 CPU 模块包括 CPU 1511-1 PN、CPU 1513-1 PN、CPU 1515-2 PN、CPU 1516-3 PN/DP、CPU 1517-3 PN/DP、CPU 1518-4 PN/DP 等型号。标准型 CPU 模块外观如图 1-2-2 所示。S7-1500 PLC 标准型 CPU 模块可以扩展 25mm 和 35mm 的 I/O 模块、通信模块、工艺模块等，适合于通用的控制要求。

图 1-2-2　标准型 CPU 模块外观

通过 CPU 的型号可以看出该 CPU 集成通信接口个数及类型。例如，CPU 1515-2 PN，表示 CPU 1515 集成两个 PN 通信接口。CPU1515-2 PN 的两个 PN 通信接口中有一个在硬件配置时显示为有两个 RJ45 接口的交换机，两个 PN 通信接口支持的通信协议有所区别，可以独立设置 IP 地址。

不同的 CPU 模块有不同的技术规范，以 CPU 1511-1 PN 为例来进行说明，其技术规范如表 1-2-1 所示。

表 1-2-1　CPU 1511-1 PN 技术规范

订货号	6ES7 511-1AK02-0AB0
支持的电源电压范围	19.2 V DC 到 28.8 V DC
程序工作存储器容量	150 KB
数据工作存储器容量	1 MB
位运算的处理时间	0.06 μs
字运算的处理时间	0.072 μs
PROFINET 接口数量	1
PROFINET 端口数量	2
运动控制资源	800
定位轴的典型数量（伺服周期为 4 ms）	5
定位轴的最大数量	10
等时同步模式	集中式和分布式
Web 服务器	支持

图 1-2-3　紧凑型 CPU 模块外观

2. 紧凑型 CPU 模块

CPU S7-1511C 和 CPU S7-1512C 是两款紧凑型 CPU 模型，可以满足对空间有苛刻要求的应用，为机器制造商等提供了高性价比解决方案。紧凑型 CPU 模块外观如图 1-2-3 所示。S7-1500 PLC 紧凑型 CPU 模块基于标准型 CPU 模块，同时集成了数字量 I/O、模拟量 I/O、高速计数和高速脉冲等功能，还可以如标准型 CPU 模块一样扩展 25mm 和 35mm 的 I/O 模块。

不同的 CPU 模块有不同的技术规范，以 CPU S7-1511C 为例进行说明，其技术规范如表 1-2-2 所示。

表 1-2-2　CPU S7-1511C 技术规范

订货号	6ES7 511-1CK01-0AB0
支持的电源电压范围	19.2 V DC 到 28.8 V DC
程序工作存储器容量	175 KB
数据工作存储器容量	1 MB
模块宽度	25 mm
位运算的处理时间	0.06μs
字运算的处理时间	0.072μs
PROFINET 接口数量	1
PROFINET 端口数量	2
集成的模拟量 I/O 点数	5/2
集成的数字量 I/O 点数	16/16
运动控制资源	800
定位轴的典型数量（伺服周期为 4 ms）	5
定位轴的最大数量	10
等时同步模式	分布式
高速计数器	6 个（最高为 100 kHz）
频率计	6 个（最高为 100 kHz）
周期持续时间测量	6 个通道
脉冲发生器（脉宽调制、脉冲串输出、频率输出）	4 个
Web 服务器	支持

3. 分布式 CPU 模块

分布式 CPU 模块外观如图 1-2-4 所示。ET 200SP CPU 是 S7-1500 PLC 家族中的分布式 CPU 模块，简单易用，身形小巧，有两个型号，分别为 CPU S7-1510SP 和 CPU S7-1512SP。对于对机柜空间大小有要求的机器制造商来说，分布式 CPU 模块提供了完美的解决方案。

分布式 CPU 模块特点说明如下。

- 与 CPU 1511-1 PN 和 CPU 1513-1 PN 具有相同的功能。

- 直接连接 ET 200SP，具有体积小、操作灵活、接线方便等特点。
- 可以在 CPU 运行过程中更换，支持热插拔。
- 集成 1 个 PN 通信接口，可用 ET 200SP 总线适配器再扩展两个 PN 通信接口。

4．工艺型 CPU 模块

工艺型 CPU 模块外观如图 1-2-5 所示。S7-1500 T-CPU 是 S7-1500 PLC 家族中的工艺型 CPU 模块，其在标准型 CPU 模块功能的基础上，能够实现更多运动控制功能。根据对运动控制对象数量和性能的要求，可以选择不同等级的工艺型 CPU 模块，适应于从简单到复杂的运动控制应用。工艺型 CPU 模块的主要型号有 CPU 1511T（F）、CPU 1515T（F）、CPU 1516T（F）和 CPU 1517T（F），主要功能说明如下。

- 电子齿轮功能。
- 电子凸轮功能。
- 路径插补功能。
- 运动机构功能。

5．故障安全型 CPU 模块

故障安全型 CPU 模块外观如图 1-2-6 所示。S7-1500 F-CPU 是 S7-1500 PLC 家族中的故障安全型 CPU 模块，其在标准型 CPU 模块的功能基础上，增加了故障安全功能，可以将机器安全功能无缝地集成到 S7-1500 PLC 中，使用一个系统就能实现标准和故障安全自动化。

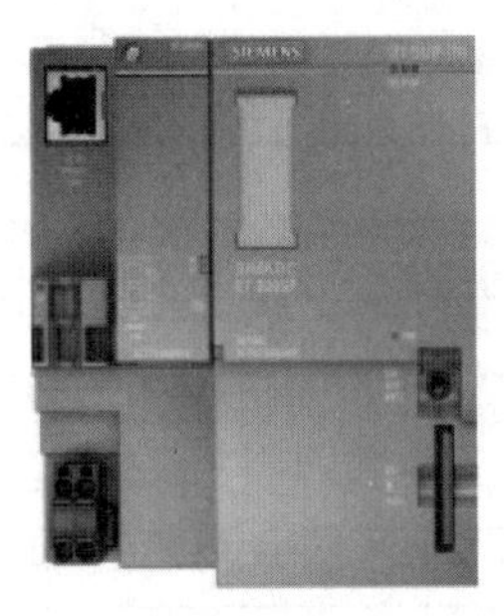

图 1-2-4　分布式 CPU 模型外观

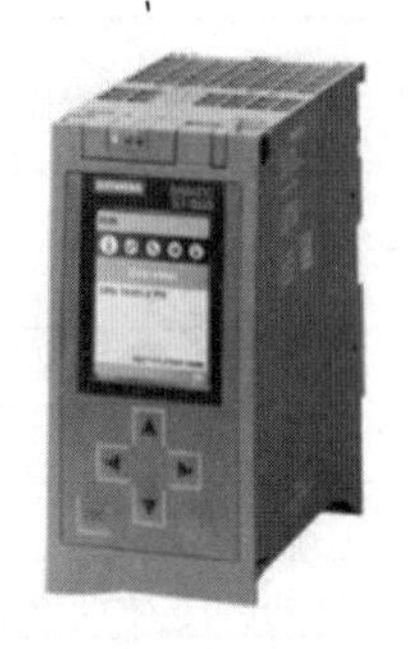

图 1-2-5　工艺型 CPU 模块外观

图 1-2-6 故障安全型 CPU 模块外观

6．冗余型 CPU 模块

冗余型 CPU 模块外观如图 1-2-7 所示。在 S7-1500R/H 冗余系统中，两个 CPU（主 CPU 和备用 CPU）会并行处理用户程序，并永久地同步所有相关数据。若主 CPU 发生故障，则备用 CPU 将在中断点接管控制过程，保证控制的安全可靠。

7．开放式 CPU 模块

开放式 CPU 模块外观和软件如图 1-2-8 所示。ET 200SP 开放式 CPU 模块 1515SP PC 是将 PC-Based 平台与 ET 200SP 功能相结合的 CPU 模块，可以用于特定的设备及工厂的分布式控制，其右侧可以直接扩展 ET 200SP I/O 模块。

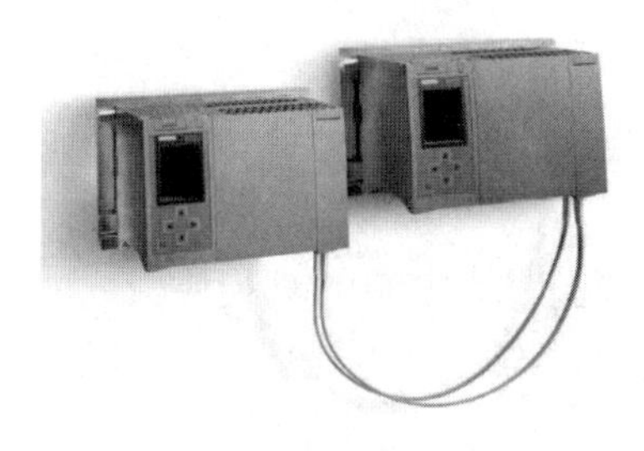

图 1-2-7　冗余型 CPU 模块外观

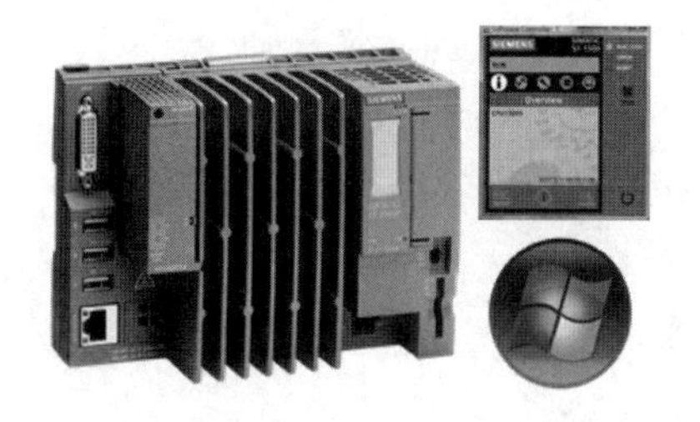

图 1-2-8　开放式 CPU 模块外观和软件

开放式 CPU 模块的主要配置如下。

- Intel Atom E3940 1.6 GHz 4 Cores 处理器，8GB 内存，以 120GB CFast 卡为硬盘，Windows 10 嵌入版 64 位操作系统。
- 2 个标准工业以太网接口，1 个 PROFINET 接口，2 个 USB 2.0 接口和 2 个 USB 3.0 接口。
- 预装 S7-1500 PLC 软 CPU 1505SP，可选择预装 WinCC 高级版 Runtime。
- 完整支持 ET 200SP I/O 模块。
- 通过 ODK 1500S，可以使用高级语言 C/C++进行二次功能开发。

8．软 CPU 模块

软 CPU 模块外观和软件如图 1-2-9 所示。S7-1500 PLC 软 CPU 模块可以运行在西门子工控机上；采用 Hypervisor 技术，将工控机的硬件资源虚拟成两套硬件，一套运行 Windows 系统，另一套运行 S7-1500 PLC 实时系统，两套系统并行运行，使用高级语言 C#/VB/C/C++开发扩展功能。软 CPU 模块与 S7-1500 PLC 的标准型 CPU 模块的程序 100%兼容，运行独立于 Windows 系统，因此在软 CPU 运行时可以重启 Windows 系统。

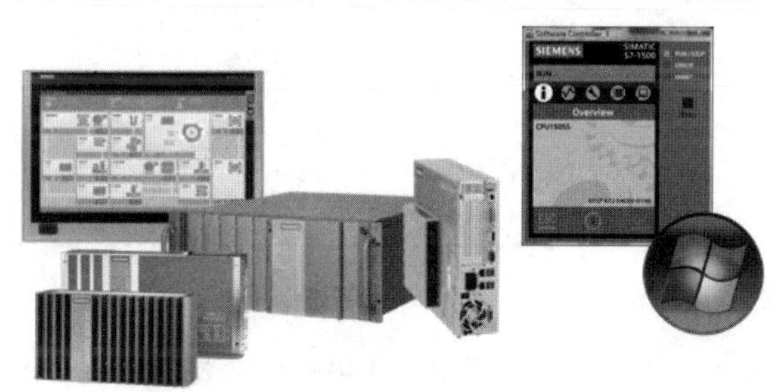

图 1-2-9　软 CPU 模块外观和软件

1.2.2　I/O 模块

I/O 模块安装在 CPU 模块的右侧。使用 I/O 模块，可以增加数字量 I/O 信号和模拟量 I/O 信号的点数，从而实现对外部信号的采集，以及对外部对象的控制。I/O 模块外观如图 1-2-10 所示。

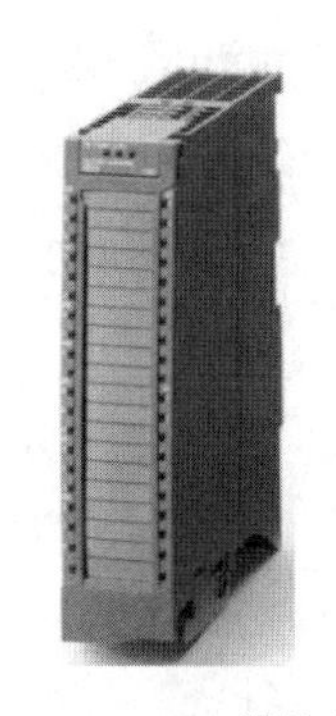

图 1-2-10　I/O 模块外观

1. I/O 模块的命名规则

S7-1500 PLC 的 I/O 模块以 SM 打头，后接 3 个数字。以“SM521”为例，说明 3 个数字的意义。

第一个数字：“5”表示 S7-1500 系列模块；“2”表示 S7-1200 系列模块。

第二个数字：“2”表示数字量模块；“3”表示模拟量模块；“4”表示通信模块；“5”表示工艺模块。

第三个数字：“1”表示输入类型；“2”表示输出类型。

因此，SM521 模块表示 S7-1500 系列数字量信号输入模块。

2. I/O 模块的功能类别

不同功能类别 I/O 模块的性能如表 1-2-3 所示。

表 1-2-3　不同功能类别 I/O 模块的性能

功能类别	模块性能
高速型（HS）	适用于超高速应用的专用模块； 输入延时时间极短； 转换时间极短； 等时同步模式
高性能型（HF）	应用极灵活，尤其适用于复杂应用； 支持按通道进行参数设置； 支持按通道进行诊断； 支持附加功能
标准型（ST）	价格适中； 支持按负载组/模块进行参数设置； 支持按负载组/模块进行诊断
基本型（BA）	经济实用型模块； 无参数设置； 无诊断功能

3. I/O 模块的宽度划分

为了优化 I/O 点数的配置，S7-1500 PLC 的 I/O 模块被划分为 25mm 宽模块和 35mm 宽模块。25mm 宽模块自带前连接器，接线方式为弹簧压接。35mm 宽模块的前连接器需要单独订制，统一为 40 针，接线方式为螺丝连接和弹簧压接。

4. 数字量 I/O 模块

（1）概述。

数字量 I/O 模块分为数字量输入模块和数字量输出模块。

数字量输入模块用于采集各种控制信号，如按钮、开关、时间继电器、过电流继电器及其他传感器等信号。

数字量输出模块用于输出开关量控制信号，如接触器、继电器及电磁阀等器件的工作

信号。

（2）技术规范。

不同的数字量 I/O 模块有不同的技术规范。SM521 DI 16 数字量输入模块技术规范如表 1-2-4 所示；SM522 DQ 8 数字量输出模块技术规范如表 1-2-5 所示。

表 1-2-4　SM521 DI 16 数字量输入模块技术规范

订货号	6ES7 521-1BH10-0AA0
输入通道数	16
输入类型	漏型输入
输入额定电压	DC 24V
是否包含前连接器	是
模块宽度	25 mm

表 1-2-5　SM522 DQ 8 数字量输出模块技术规范

订货号	6ES7 522-1BF00-0AB0
输出通道数	8
输出类型	源型输出
额定输出电压	DC 24V
额定输出电流	2A
是否包含前连接器	否
模块宽度	35 mm

5．模拟量 I/O 模块

（1）概述。

模拟量 I/O 模块分为模拟量输入模块和模拟量输出模块。

模拟量输入模块用于采集各种控制信号，如压力、温度和位移等变送器的标准信号。

模拟量输出模块用于输出模拟量控制信号，如变频器、电动阀和温度调节器等器件的工作信号。

（2）技术规范。

不同的模拟量 I/O 模块有不同的技术规范。SM531 AI 8 模拟量输入模块技术规范如表 1-2-6 所示；SM532 AQ 4 模拟量输出模块技术规范如表 1-2-7 所示。

表 1-2-6　SM531 AI 8 模拟量输入模块技术规范

订 货 号	6ES7 531-7KF00-0AB0
输入通道数	8（用作电阻 / 热电阻测量时为 4）
输入信号类型	电流、电压、热电阻、热电偶、电阻
最高分辨率（包括符号位）	16 位
是否包含前连接器	否
模块宽度	35 mm

表 1-2-7　SM532 AQ 4 模拟量输出模块技术规范

订货号	6ES7 532-5HD00-0AB0
输出通道数	4
输出信号类型	电流和电压
最高分辨率（包括符号位）	16 位
是否包含前连接器	否
模块宽度	35 mm

1.2.3　通信模块

用户使用点对点通信模块、PROFIBUS 通信模块、工业远程通信 GPRS 模块、AS-i 模块和 IO-Link 模块等，结合博途软件提供的相关通信指令，可以实现与外部设备的数据交互。通信模块外观如图 1-2-11 所示。

1.2.4　工艺模块

工艺模块实现的功能通常是单一的、特殊的，这些功能靠 CPU 模块往往无法单独实现。S7-1500 PLC 具有多种工艺模块，包括高速计数模块、位置检测模块、时间戳模块、PTO 脉冲输出模块等。丰富的工艺模块可以满足各种工艺需求，实现高速及精准的控制功能。工艺模块外观如图 1-2-12 所示。

1.2.5　电源模块

S7-1500 PLC 电源模块分为系统电源（PS）模块和功率（PM）模块两种类型。电源模块外观如图 1-2-13 所示。

图 1-2-11　通信模块外观

图 1-2-12　工艺模块外观

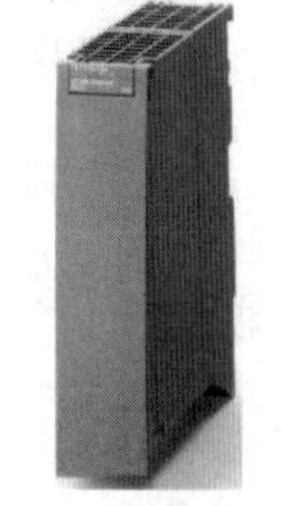

图 1-2-13　电源模块外观

1. 系统电源模块

系统电源模块通过背板总线为 CPU 模块、接口模块及 I/O 模块为系统供电，所以必须安装在背板上，并且必须在博途软件中进行组态配置。

系统电源模块共有以下四种型号。

- PS 25W 24V DC。
- PS 60W 24/48/60V DC。

- PS 60W 24/48/60V DC HF。
- PS 60W 120/230V AC/DC。

2. 功率模块

功率模块用于负载供电，为 CPU 模块、接口模块及 I/O 模块的 I/O 电路提供 DC 24 V 工作电源。功率模块不能通过背板总线为 S7-1500 PLC 模块供电，所以可以不安装在机架上，也不需要在博途软件中进行组态配置。

功率模块共有以下两种型号。

- PM 70W 120/230V AC。
- PM 190W 120/230V AC。

1.2.6　ET 200MP 分布式 I/O 模块

ET 200MP 分布式 I/O 模块是一个灵活的可扩展系统，它通过接口模块进行分布式 I/O 模块扩展，接口模块通过现场总线将 I/O 模块连接到 CPU 模块上。

ET 200MP 分布式 I/O 模块类型与 S7-1500 自动化系统的 I/O 模块相同，也安装在导轨上，一个 ET 200MP 分布式 I/O 模块站点的基本配置如图 1-2-14 所示。

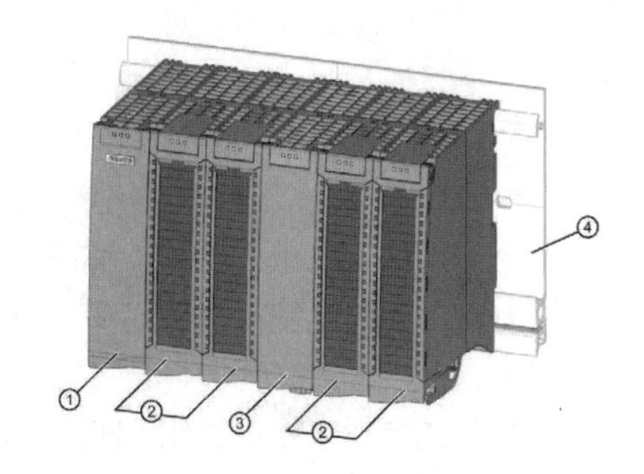

①—支持 PROFINET 或 PROFIBUS 的通信模块；②—各种 I/O 模块和功能模块；③—系统电源模块；④—安装导轨。

图 1-2-14　一个 ET 200MP 分布式 I/O 模块站点的基本配置

1.2.7　ET 200SP 分布式 I/O 模块

ET 200SP 分布式 I/O 模块是一个灵活的可扩展系统，它通过接口模块进行分布式 I/O 模块扩展，接口模块通过现场总线将 I/O 模块连接到 CPU 模块上。ET 200SP 具有简单易用、身形小巧、功能强大等特点。

ET 200SP 安装在标准 DIN 导轨上，一个 ET 200SP 分布式 I/O 模块的站点的基本配置如图 1-2-15 所示，具体如下。

① ET 200SP 接口模块：接口模块将 ET 200SP 与 PROFIBUS DP 总线或 PROFINET 工业以太网相连接。

② ET 200SP I/O 模块：具有多种模块，包括工艺模块、通信模块等。

③ ET 200SP 基座单元：为 I/O 模块提供可靠的连接，以实现供电及背板通信等功能。

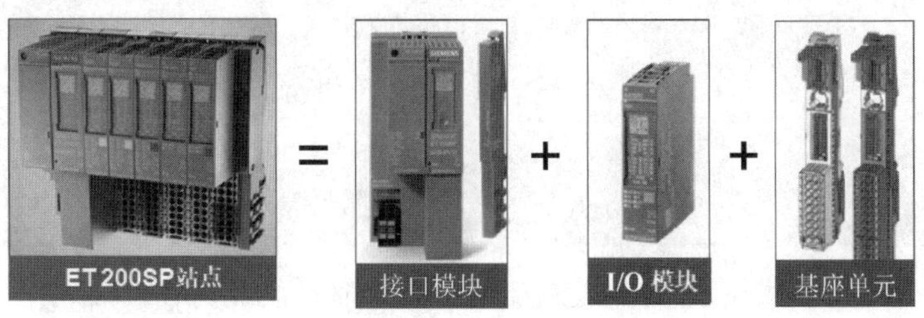

图 1-2-15　一个 ET 200SP 分布式 I/O 模块站点的基本配置

第 2 章 博途 STEP 7 软件安装及操作方法

博途软件是全集成自动化软件博途（Totally Integrated Automation Portal）的简称，是业内首个采用集工程组态、软件编程和项目环境配置于一体的全集成自动化软件，几乎涵盖了所有自动化控制编程任务。用户借助博途软件，能够快速、直观地开发和调试自动化控制系统。

与传统自动化软件相比，博途软件无须花费大量时间集成各个软件包，它采用全新的、统一的软件框架，可以在同一开发环境中组态西门子所有 PLC、触摸屏和驱动装置，实现统一的数据和通信管理，大大降低连接和组态成本。

2.1 博途软件的组成

博途软件主要包括 STEP 7、WinCC 和 Startdrive 三个软件。V16 版本的博途软件各产品具有的功能和覆盖的产品范围如图 2-1-1 所示。

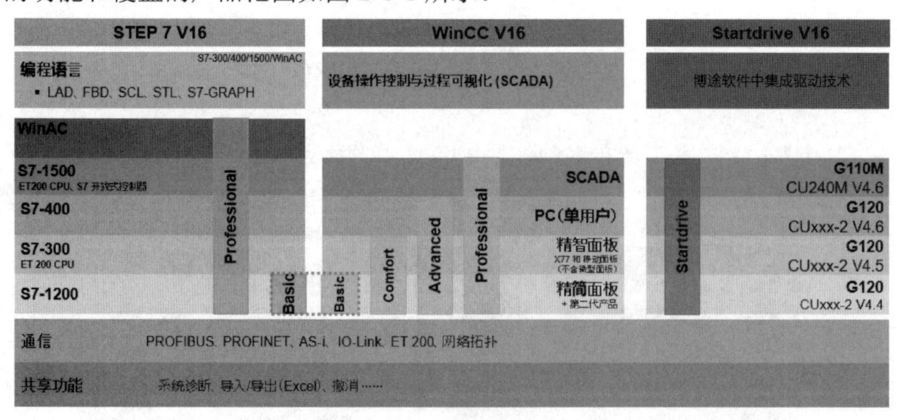

图 2-1-1 V16 版本的博途软件各产品具有的功能和覆盖的产品范围

2.1.1　博途 STEP 7 的介绍

博途 STEP 7 是用于组态 S7-1200 PLC、S7-1500 PLC、S7-300/400 PLC 和软件控制器的工程组态软件。

博途 STEP 7 有基本版和专业版两种版本，其中博途 STEP 7 基本版用于组态 S7-1200 PLC；博途 STEP 7 专业版用于组态 S7-1200 PLC、S7-1500 PLC、S7-300/400 PLC 和软件控制器。

2.1.2　博途 WinCC 的介绍

博途 WinCC 是组态西门子面板、WinCC Runtime 和 SCADA 系统的可视化软件，它还可以组态西门子工业 PC 和标准 PC。

博途 WinCC 有以下四种版本。

① 博途 WinCC 基本版：用于组态精简面板，博途 WinCC 基本版已经包含在博途 STEP 7 所有基本版和专业版产品中。

② 博途 WinCC 精智版：用于组态所有面板，包括精简面板、精智面板、移动面板。

③ 博途 WinCC 高级版：用于组态所有面板，以及运行 WinCC Runtime 高级版的 PC。

④ 博途 WinCC 专业版：用于组态所有面板，以及运行 WinCC Runtime 高级版和专业版的 PC。

2.2　博途 STEP 7 软件的安装

本书使用的软件版本为博途 STEP 7 专业版 V16。

2.2.1　计算机硬件和操作系统的配置要求

博途 STEP 7 软件的安装对计算机硬件和操作系统有一定要求，建议使用的硬件和软件配置如表 2-2-1 所示。

表 2-2-1　建议使用的硬件和软件配置

硬 件/软 件	建 议 配 置
处理器	Intel Core i5-6440EQ（最高 3.4 GHz）
内存	16 GB 或更高
硬盘	SSD，至少应该有 50GB 的可用空间
网络	100Mbps 或更高
屏幕	15.6 英寸全高清显示屏（1920 像素×1080 像素或更高）

续表

硬 件/软 件	建 议 配 置
操作系统	Windows 7（64 位） • MS Windows 7 Professional SP1 • MS Windows 7 Enterprise SP1 • MS Windows 7 Ultimate SP1 Windows 10（64 位） • Windows 10 Professional Version 1703 • Windows 10 Enterprise Version 1703 • Windows 10 Enterprise 2016 LTSB • Windows 10 IoT Enterprise 2015 LTSB • Windows 10 IoT Enterprise 2016 LTSB Windows Server（64 位） • Windows Server 2016 Standard（完全安装） • Windows Server 2019 Standard（完全安装）

2.2.2 博途 STEP 7 软件的安装步骤

本书使用的计算机操作系统是 Windows 10 专业版。在安装博途 STEP 7 软件之前，建议关闭杀毒软件。

第一步：启动安装软件。

将安装介质插入计算机的光驱，安装程序自动启动。如果安装程序没有自动启动，可通过双击 Start.exe 文件手动启动。

第二步：选择安装语言。

在“安装语言”界面选择“安装语言：中文”单选按钮，如图 2-2-1 所示，单击“下一步”按钮。

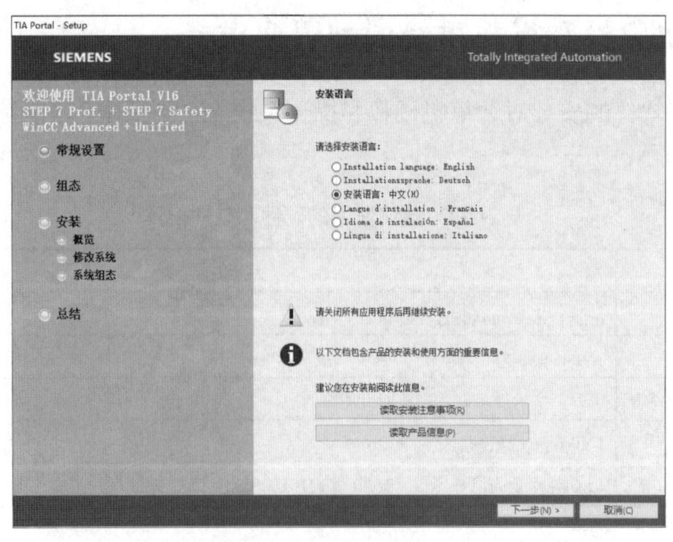

图 2-2-1 “安装语言”界面

第三步：选择程序界面语言。

在“产品语言”界面中勾选“简体中文”复选框，如图 2-2-2 所示，单击“下一步”按钮。

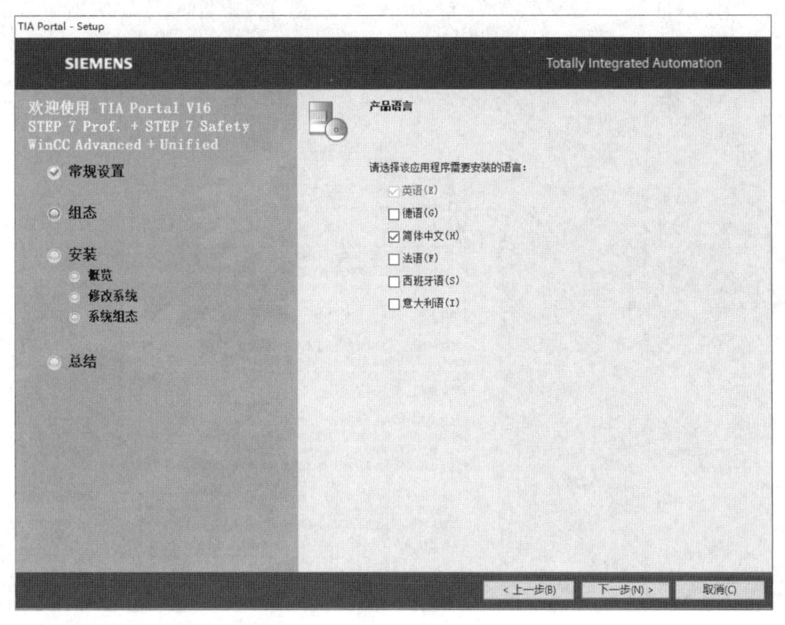

图 2-2-2　“产品语言”界面

第四步：选择要安装的产品配置。

进入如图 2-2-3 所示的界面，在该界面选择安装的产品配置（可以选择的配置有最小、典型、用户自定义三种类型）及安装路径。本书选择“典型”配置。

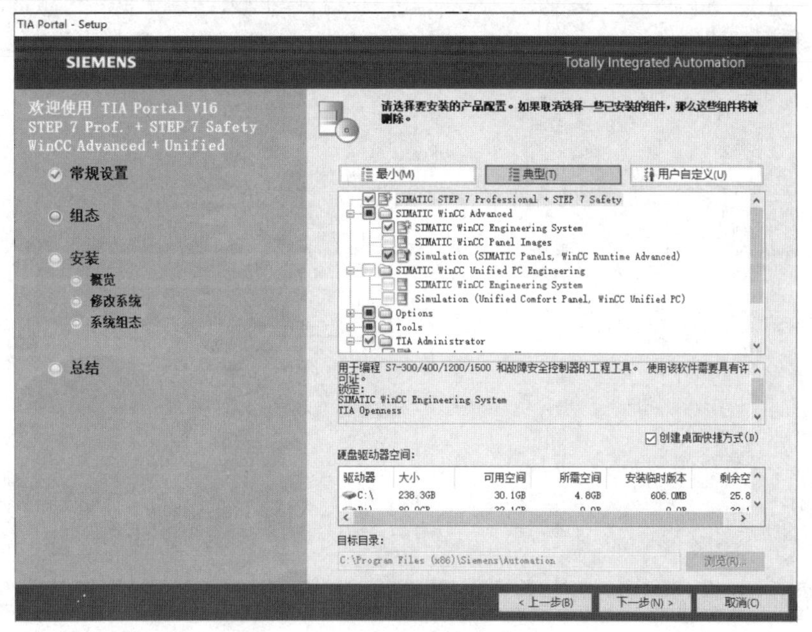

图 2-2-3　选择安装的产品配置

第五步：接受所有许可证条款。

单击图 2-2-3 中的“下一步”按钮，进入如图 2-2-4 所示的界面，接受所有许可证条款。

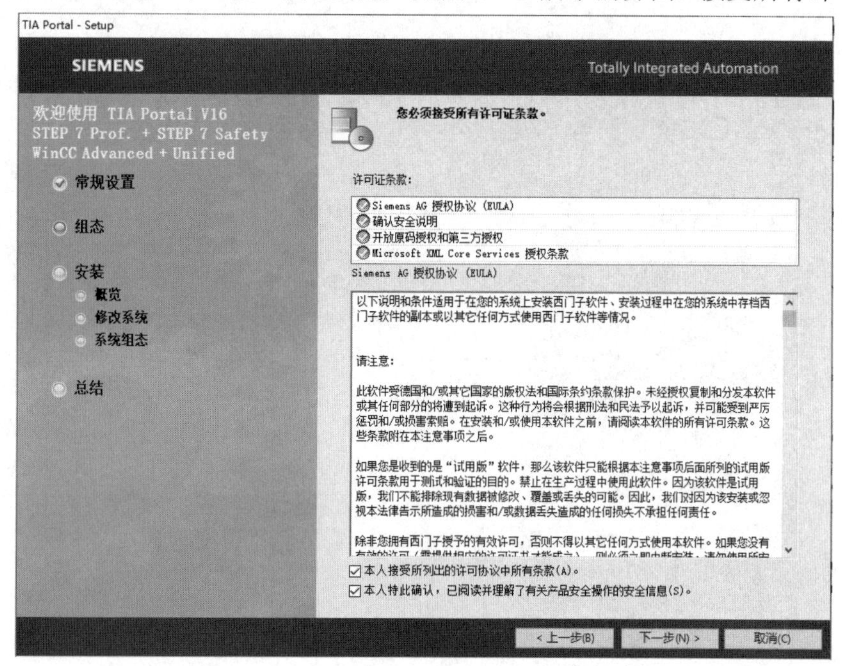

图 2-2-4　“您必须接受所有许可证条款”界面

第六步：安装信息概览。

单击图 2-2-4 中的“下一步”按钮，进入“概览”界面，如图 2-2-5 所示。

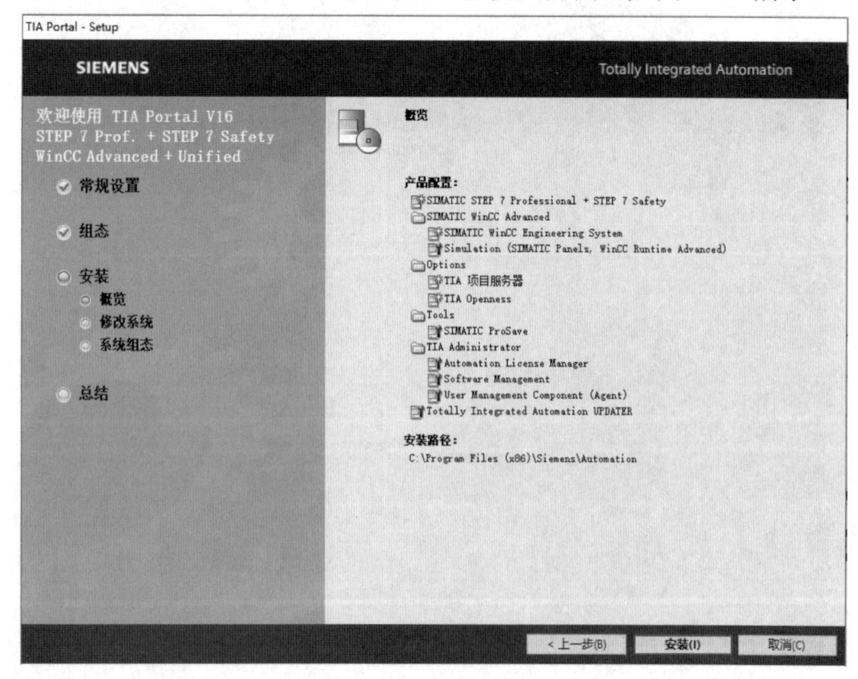

图 2-2-5　“概览”界面

第七步：开始安装。

单击图 2-2-5 中的“安装”按钮，进入如图 2-2-6 所示的“安装”界面。单击“安装”按钮，开始安装。

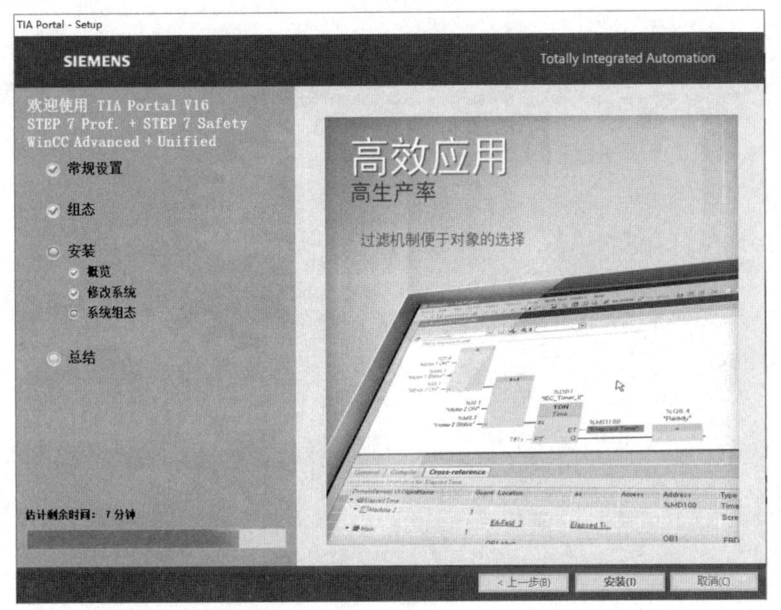

图 2-2-6　“安装”界面

第八步：许可证传送。

完成安装后进入“许可证传送”界面，如图 2-2-7 所示，对软件进行许可证密钥授权。若没有软件许可证，则单击“跳过许可证传送”按钮。

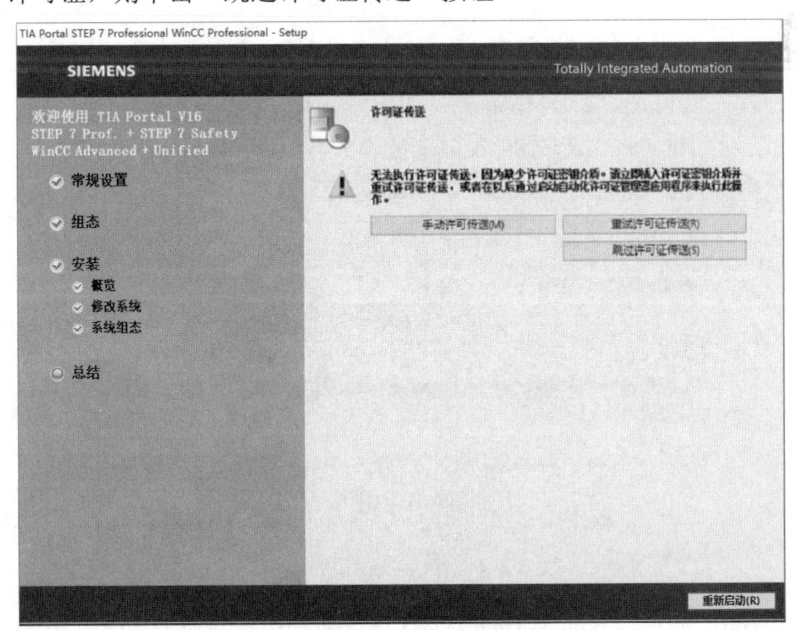

图 2-2-7　“许可证传送”界面

第九步：安装成功。

在跳过许可证传送后，将出现如图 2-2-8 所示的界面。选择“是，立即重启计算机”单选按钮，单击“重新启动”按钮。

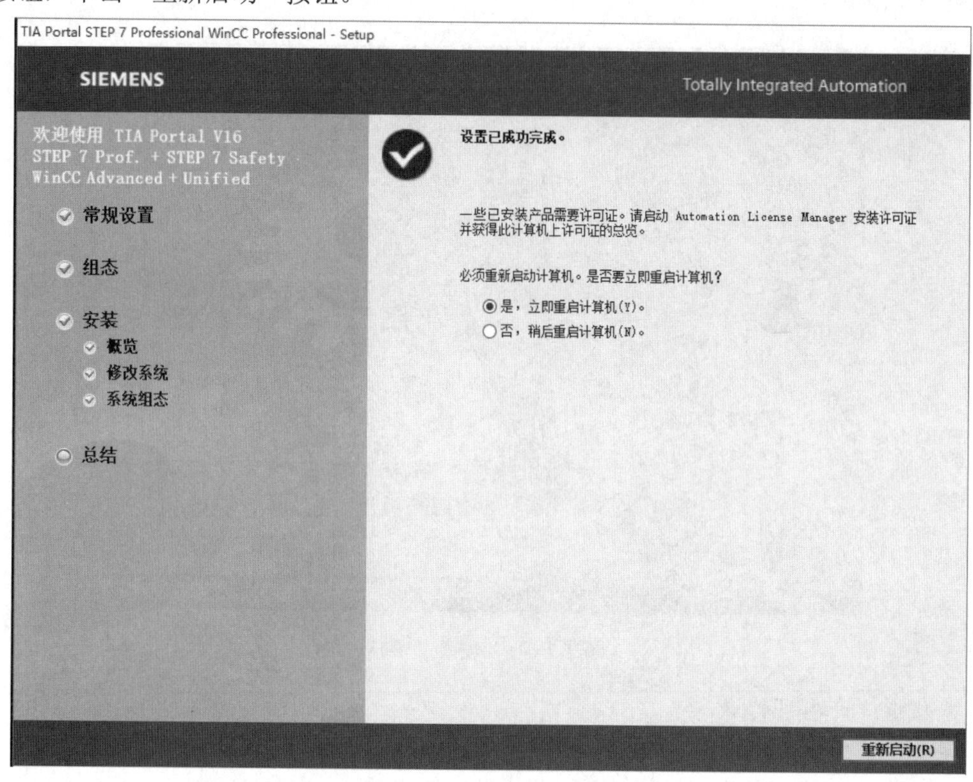

图 2-2-8　“安装已成功完成”界面

第十步：启动软件。

如果没有软件许可证，那么在首次使用博途 STEP 7 软件添加新设备时，将出现如图 2-2-9 所示的对话框，此时选择列表框中的“STEP 7 Professional”选项，单击“激活”按钮，激活试用许可证密钥，可获得 21 天试用期。

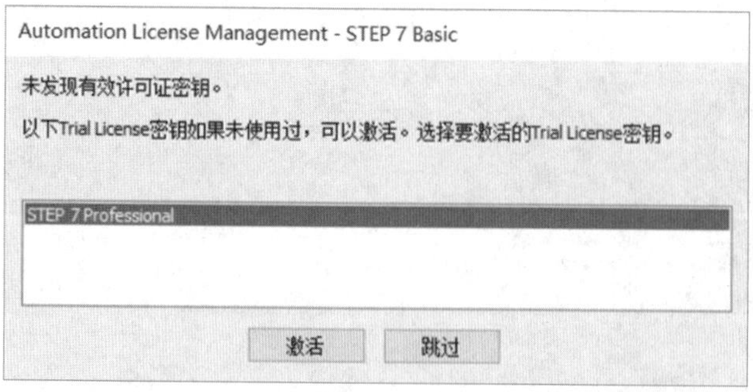

Automation License Management - STEP 7 Basic

未发现有效许可证密钥。

以下Trial License密钥如果未使用过，可以激活。选择要激活的Trial License密钥。

STEP 7 Professional

激活　跳过

图 2-2-9　激活试用许可证密钥

也可以用 Automation License Manager 软件传递授权，该软件界面如图 2-2-10 所示，授权后即可正常使用博途 STEP 7。

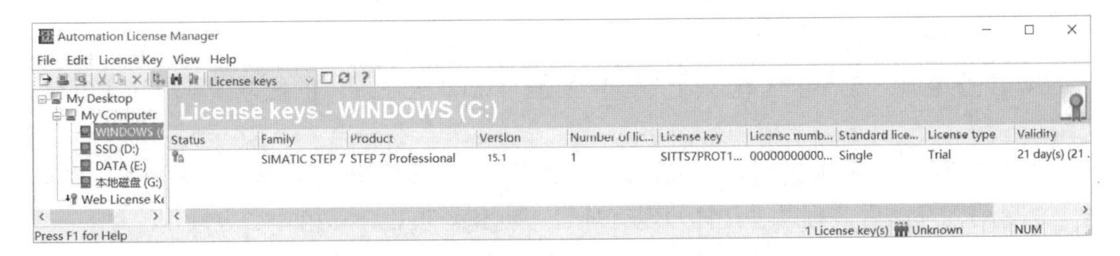

图 2-2-10　Automation License Manager 软件界面

2.3　博途 STEP 7 软件的操作界面介绍

博途软件提供两种优化的视图，即 Portal 视图和项目视图。

2.3.1　Portal 视图

Portal 视图是一种面向任务的视图，初次使用者可以快速上手使用，并进行具体的任务选择。

Portal 视图界面如图 2-3-1 所示。

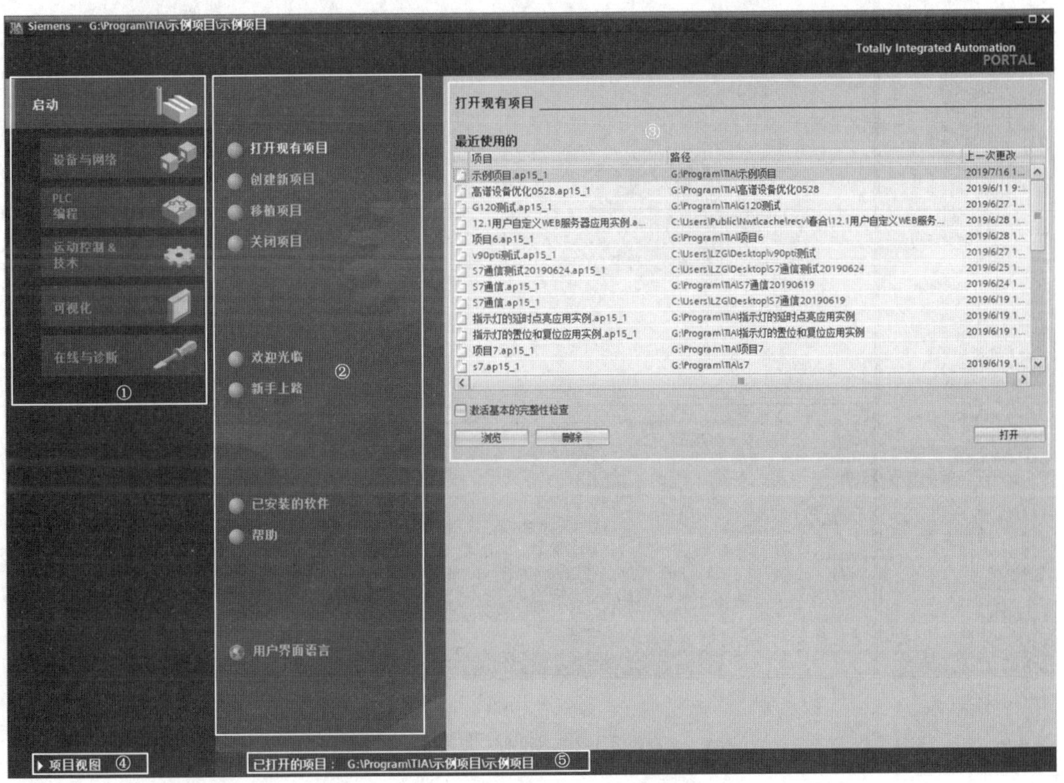

图 2-3-1　Portal 视图界面

Portal 视图功能说明如下。

① 任务选项：为各个任务区提供基本功能，Portal 视图提供的任务选项取决于安装的产品。

② 所选任务选项对应的操作：选择任务选项后，在该区域可以选择相应操作。例如，选择“启动”选项后，可以进行打开现有项目、创建新项目、移植项目等操作。

③ 所选操作的选择面板：面板的内容与所选操作相匹配，如“打开现有项目”面板显示的是最近使用的任务，可以从中打开任意一项任务。

④ “项目视图”链接：单击“项目视图”链接，可切换到项目视图。

⑤ 当前打开项目的路径：是当前打开项目的路径。

2.3.2 项目视图

项目视图是有项目组件的面向任务的结构化视图，使用者可以在项目视图中直接访问所有编辑器、参数及数据，并进行高效的组态和编程。

项目视图界面如图 2-3-2 所示。

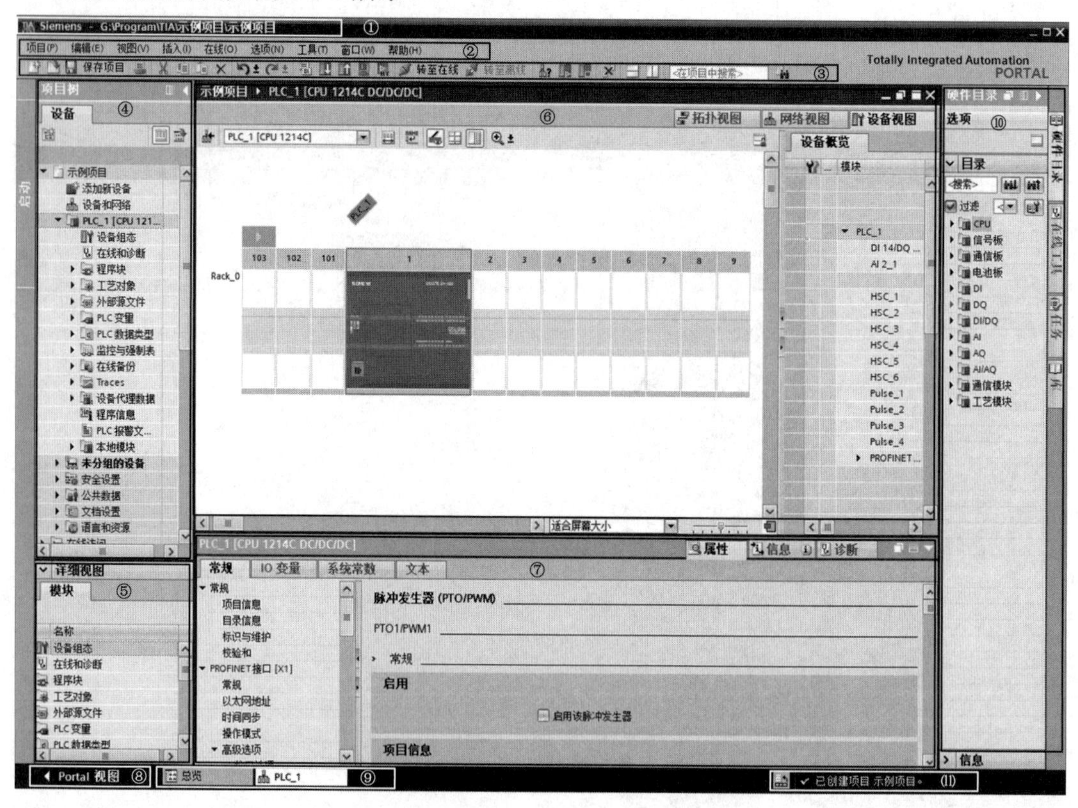

图 2-3-2　项目视图界面

项目视图界面功能说明如下。

① 标题栏：显示当前打开项目的名称。

② 菜单栏：软件使用的所有命令。

③ 工具栏：常用命令或工具的快捷按钮，如新建、打开项目、保存项目、编译等。

④ “项目树”窗格：通过“项目树”窗格可以访问所有设备和项目数据，还可以在“项目树”窗格中执行任务，如添加新组件、编辑已存在的组件、打开编辑器、处理项目数据等。

⑤ “详细视图”窗格：用于显示项目树中选择的内容。

⑥ 工作区：在工作区中可以打开不同的编辑器，并对项目数据进行处理。

⑦ 巡视窗格：用来显示工作区中选择的对象或执行的操作的附加信息。“属性”选项卡显示选择的对象的属性，并可以对属性进行设置；“信息”选项卡显示选择的对象的附加信息及操作过程中的报警等；“诊断”选项卡提供了系统诊断事件和配置的报警事件。

⑧ “Portal 视图”链接：单击左下角的“Portal 视图”链接，可以从当前视图切换到 Portal 视图。

⑨ 编辑器栏：显示所有打开的编辑器，帮助用户快速、高效地工作。只需单击不同的编辑器即可在打开的编辑器之间进行切换。

⑩ 任务卡：根据编辑或选择的对象，在编辑器中可以得到一些任务卡并允许执行一些附加操作。例如，从库中或硬件目录中选择对象，将对象拖曳到预定的工作区。

⑪ 状态栏：显示当前运行过程的进度。

2.4　博途软件的操作方法应用实例讲解

下面通过一个实例讲解博途软件的操作方法，包括新建项目、组态 CPU、使用 PLC 变量表、编写 PLC 程序、编译程序、下载程序、使用监控和强制表等。

2.4.1　实例内容

（1）实例名称：2.4 电机的 “启、保、停”程序设计与调试应用实例。

（2）实例描述：按下启动按钮，电机启动运行；按下停止按钮，电机停止运行。

（3）硬件组成：① CPU 1511C-1 PN，1 台，订货号为 6ES7 511-1CK01-0AB0。② 编程计算机，1 台，已安装博途 STEP 7 专业版 V16 软件。

2.4.2　实例实施

1．S7-1500 PLC 接线图

S7-1500 PLC 接线图如图 2-4-1 所示。

2．程序编写

第一步：打开博途软件。

双击桌面上的图标，将出现如图 2-4-2 所示的 Portal 视图界面。

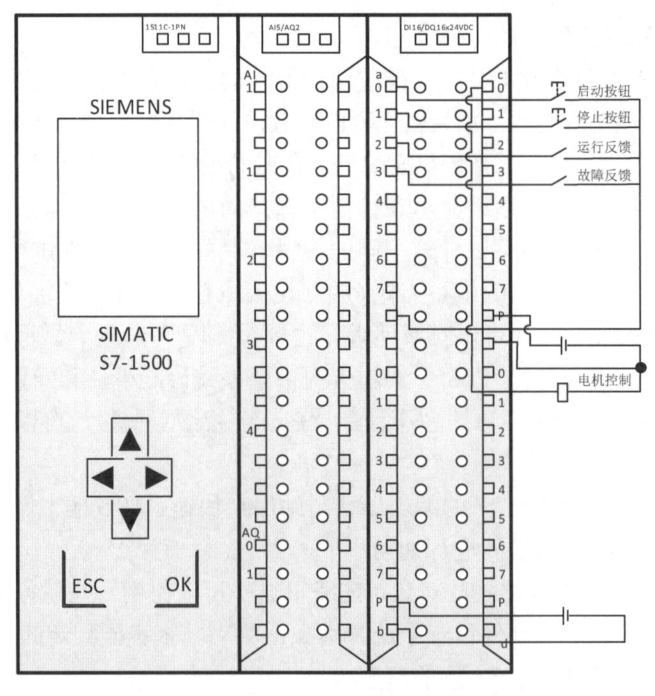

图 2-4-1 S7-1500 PLC 接线图

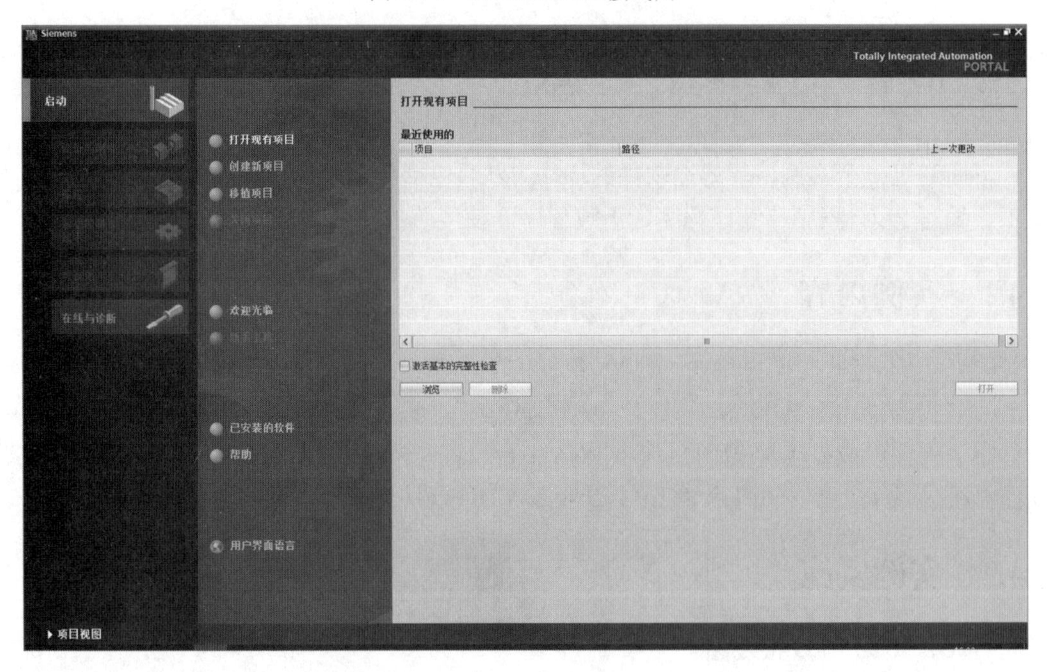

图 2-4-2 Portal 视图界面

第二步：新建项目及组态 S7-1500 CPU。

在 Portal 视图中，选择“创建新项目”选项，并在“项目名称”文本框中输入项目名称（2.4 电机的“启、保、停”程序设计与调试应用实例），选择相应路径，在“作者”文本框中输入作者信息，如图 2-4-3 所示。完成设置后单击“创建”按钮即可生成新项目。

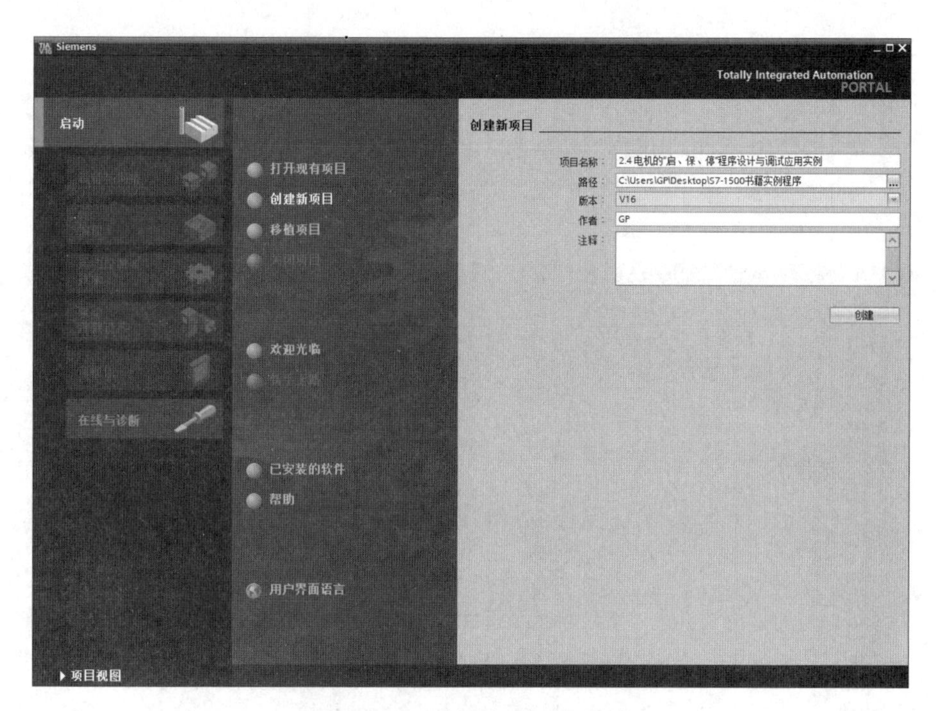

图 2-4-3　“创建新项目”界面

单击图 2-4-3 中左下角的“项目视图”链接，进入项目视图。在项目视图左侧的“项目树”窗格中，双击“添加新设备”选项，弹出“添加新设备”对话框，选择 CPU 的订货号和版本（必须与实际设备相匹配），然后单击“确定”按钮，如图 2-4-4 所示。

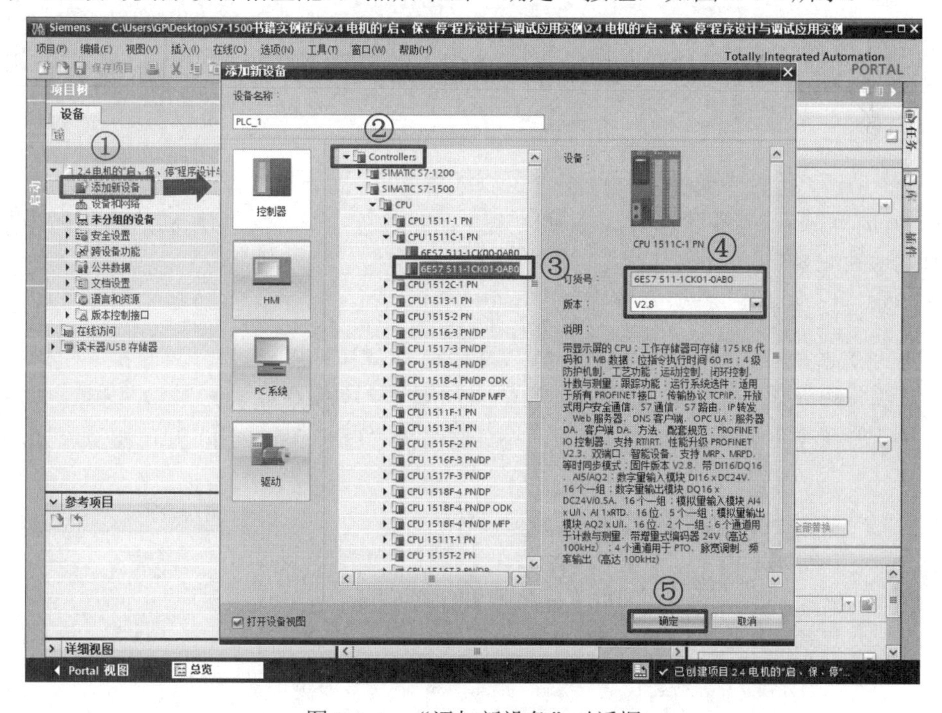

图 2-4-4　“添加新设备”对话框

第三步：修改 CPU 属性。

在“项目树”窗格中，单击“PLC_1[CPU 1511C-1 PN]”下拉按钮，双击“设备组态”选项，在“设备视图”标签页的工作区中，选中“PLC_1”。依次选择巡视窗格中的“属性”→“常规”→“PROFINET 接口[X1]”→“以太网地址”选项，修改以太网 IP 地址，如图 2-4-5 所示。

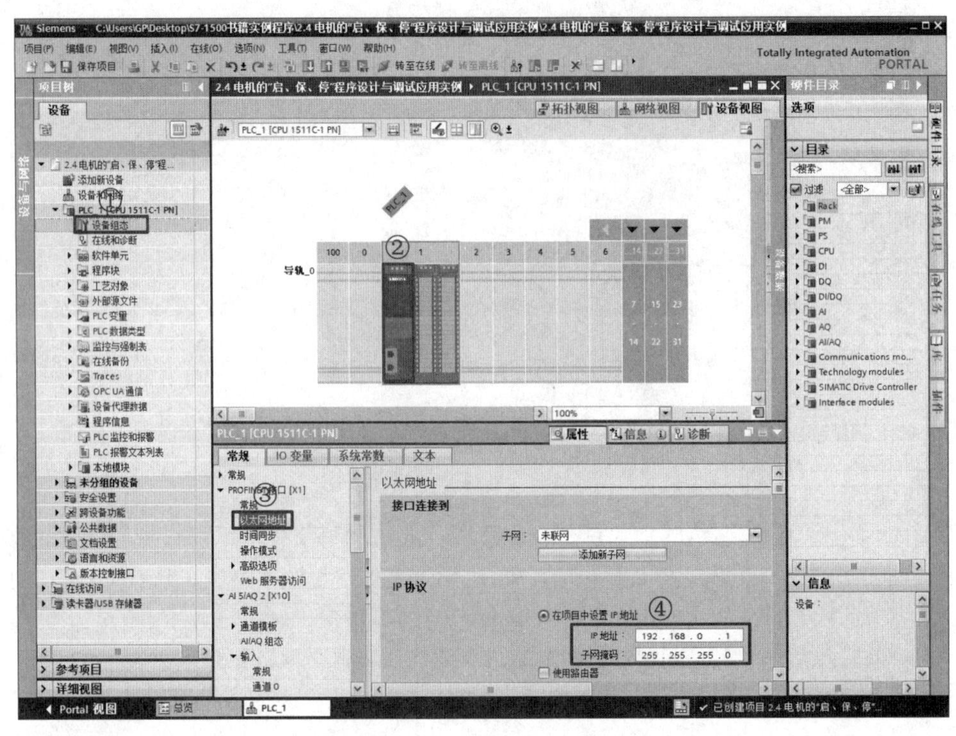

图 2-4-5　修改以太网 IP 地址

备注：在 CPU 的“属性”界面中，可以配置 CPU 的各种参数，如 CPU 的通信参数、系统和时钟存储器、系统诊断、Web 服务器、防护与安全、OPC UA 和连接资源参数等，可以根据项目需求进行相关设置。

第四步：新建 PLC 变量表。

为了便于编写和阅读程序，根据图 2-4-1 进行变量定义。

在“项目树”窗格中，依次选择“PLC_1[CPU 1511C-1 PN]”→“PLC 变量”选项，双击“添加新变量表”选项添加新变量表，将其命名为“PLC 变量表”。PLC 变量表如图 2-4-6 所示。

PLC变量表

	名称	数据类型	地址	保持
1	启动按钮	Bool	%I10.0	
2	停止按钮	Bool	%I10.1	
3	运行反馈	Bool	%I10.2	
4	故障反馈	Bool	%I10.3	
5	电机控制	Bool	%Q4.0	

图 2-4-6　PLC 变量表

第五步：编写 PLC 程序。

在“项目树”窗格中，依次选择“PLC_1[CPU 1511C-1 PN]”→“程序块”选项，双击“Main［OB1］”选项，即可进入程序编辑器，对程序进行编写。在程序编辑器的右侧，通过“指令”窗格可以很容易地访问需要使用的指令，这些指令按功能分为多个不同选项区，如“基本指令”选区、“扩展指令”选区、“工艺”选区。程序编写界面如图 2-4-7 所示。

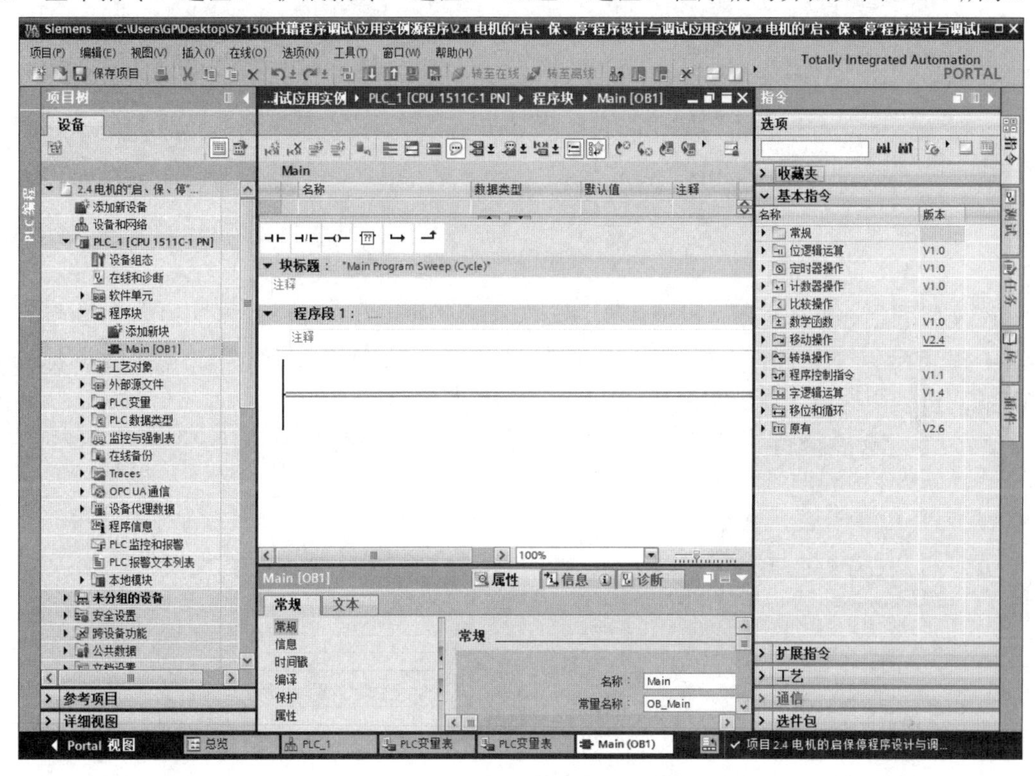

图 2-4-7　程序编写界面

用户只需将指令从“指令”窗格拖入程序段即可创建程序。在本案例中，当使用常开触点时，就从“指令”窗格中将常开触点指令直接拖入程序段 1，此时“程序段 1”前面会出现⊗符号，如图 2-4-8 所示，说明该程序段处于语法错误状态。

图 2-4-8　程序段处于语法错误状态

在选择具体的指令后，必须输入具体的变量名，最基本的方法就是双击常开触点上的默认地址“<??.?>”，在弹出的界面中直接输入固定地址变量 I10.0，这时会出现如图 2-4-9

所示的选择列表。

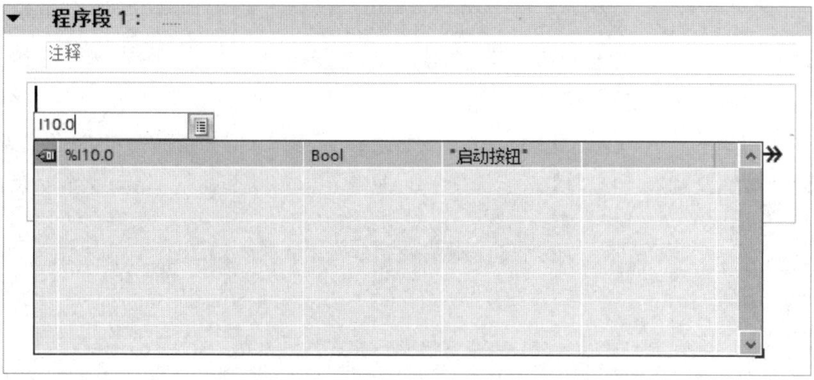

图 2-4-9　使用固定地址输入变量

除使用固定地址外，还可以使用变量表快速输入对应触点和线圈地址的 PLC 变量，如图 2-4-10 所示。具体操作步骤为双击常开触点上方的默认地址“<??.?>”，单击图标，在打开的变量表中选择“启动按钮”选项。

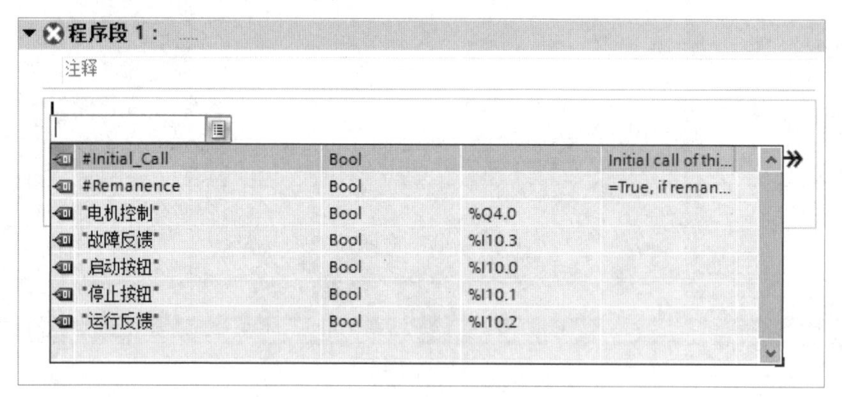

图 2-4-10　使用变量表输入变量

根据以上规则，把余下程序编写完，“程序段 1”前面的符号消失，说明程序段符合语法要求，如图 2-4-11 所示。

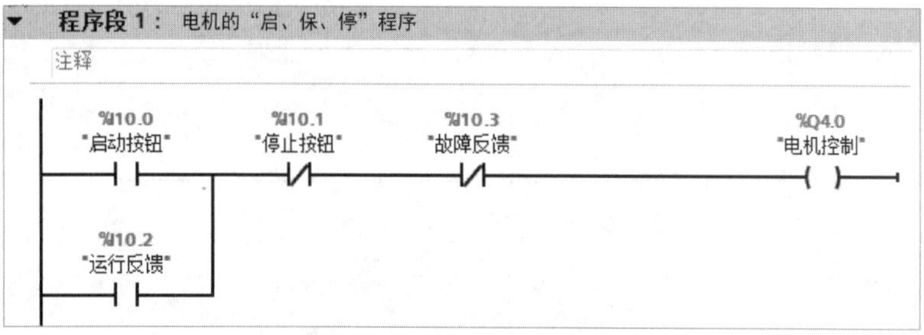

图 2-4-11　程序段符合语法要求

第六步：程序编译。

在将程序下载到 PLC 之前，需要先对程序进行编译。编译步骤为依次选择菜单栏中的

“编辑”→“编译”选项，或者单击工具栏中的“编译”按钮。编译信息如图 2-4-12 所示。

属性　信息　诊断

常规　交叉引用　编译　语法

显示所有消息

编译完成（错误：0；警告：0）

!	路径	描述	转至	?	错误	警告	时间
	PLC_1				0	0	15:21:59
	程序块				0	0	15:22:02
	Main (OB1)	块已成功编译。					15:22:02
		编译完成（错误：0；警告：0）					15:22:03

图 2-4-12　编译信息

第七步：下载程序。

从“编译”窗格中看到无错误提示后，即可对程序进行下载。程序下载的操作说明如下。

依次选择菜单栏中的“在线”→“扩展的下载到设备”选项，弹出“扩展下载到设备”对话框，如图 2-4-13 所示。在“扩展下载到设备”对话框中，将“PG/PC 接口的类型”设置为“PN/IE”；将“PG/PC 接口”设置为以太网网卡的名称；将“选择目标设备”设置为“显示所有兼容的设备”。单击“开始搜索”按钮，选中搜索到的已连接的 PLC，并单击“下载”按钮。

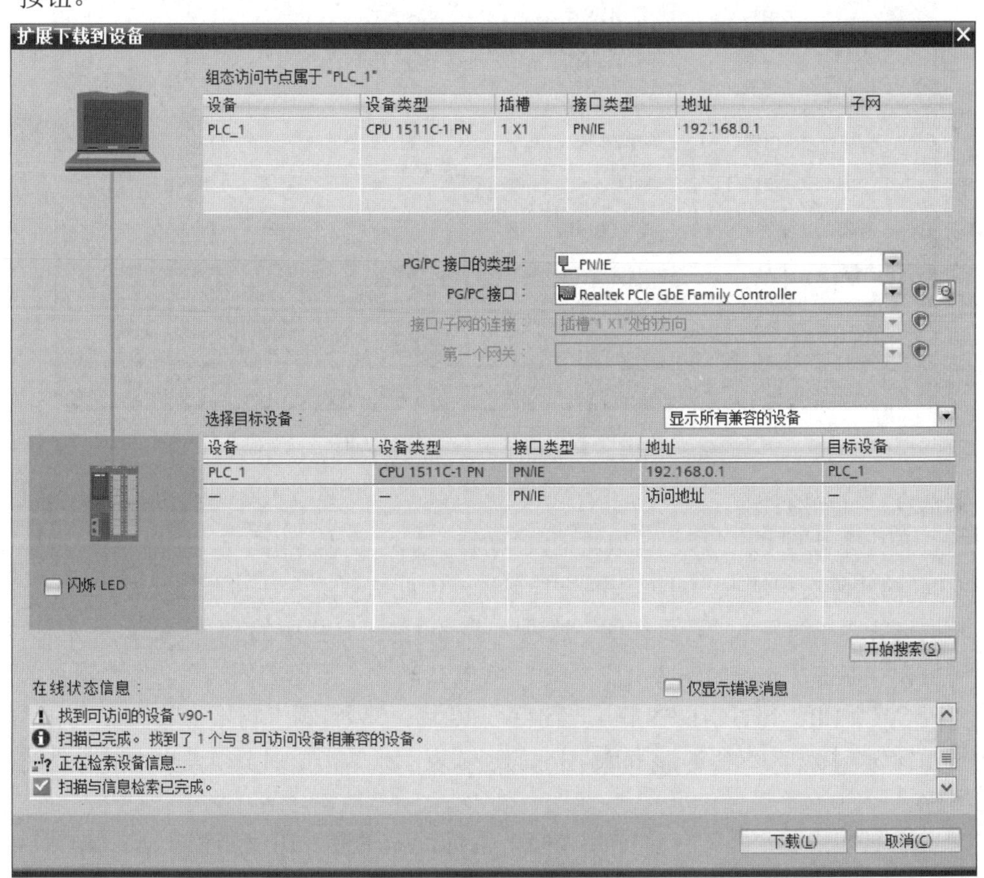

图 2-4-13　“扩展下载到设备”对话框

如果编程计算机的 IP 地址与目标 PLC 的 IP 地址的网段不一致，将弹出“分配 IP 地址”提示框，如图 2-4-14 所示。单击“是”按钮，即可为编程计算机分配一个与目标 PLC 的 IP 地址网段相同的 IP 地址。添加 IP 地址后的信息如图 2-4-15 所示。

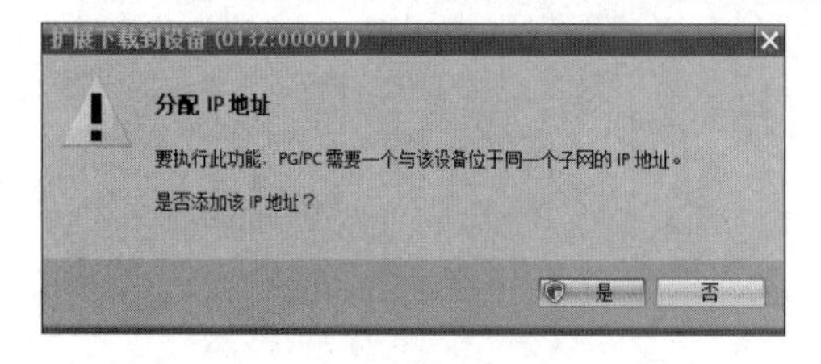

图 2-4-14　“分配 IP 地址”提示框

图 2-4-15　添加 IP 地址后的信息

在“扩展下载到设备”对话框中再次单击“下载”按钮，会弹出“下载预览”对话框（此时“装载”按钮是灰色的），将“停止模块”设置为“全部停止”，如图 2-4-16 所示，单击“装载”按钮即可下载程序。

下载预览

下载前检查

状态	!	目标	消息	动作
		PLC_1	下载准备就绪。	加载“PLC_1”
		保护	保护系统．防止未授权的访问	
			连接到企业网络或直接连接到 internet 的设备必须采取合适的保护措施以防止未经授权的访问．例如通过使用防火墙或网络分段。有关工业安全性的更多信息．请访问 http://www.siemens.com/industrialsecurity	
		停止模块	模块因下载到设备而停止。	全部停止
		设备组态	删除并替换目标中的系统数据	下载到设备
		软件	将软件下载到设备	一致性下载
		文本库	将所有报警文本和文本列表文本下载到设备中	一致性下载到设备中

刷新　完成　装载　取消

图 2-4-16　“下载预览”对话框

第八步：程序监控。

PLC 程序下载到 CPU 后，可以将 CPU 切换到运行状态。由于很多时候用户需要详细了解 CPU 的实际运行情况，并对程序进行调试，因此需要进入在线监控状态。

依次选择“在线”→“转至在线”选项，或者单击工具栏中的 转至在线 图标，PLC 即可转为在线监控状态，如图 2-4-17 所示。当 PLC 转为在线监控状态后，在“项目树”窗格中“PLC_1［CPU 1511C-1 PN］”一行会呈现黄色，“项目树”窗格中其他选项用不同的颜色进行标识。标识为绿色的和图标的选项表示正常，否则必须进行诊断或重新下载 PLC 程序。

单击工具栏中的（启动/禁用监视）图标，程序进入在线监控状态，如图 2-4-18 所示。

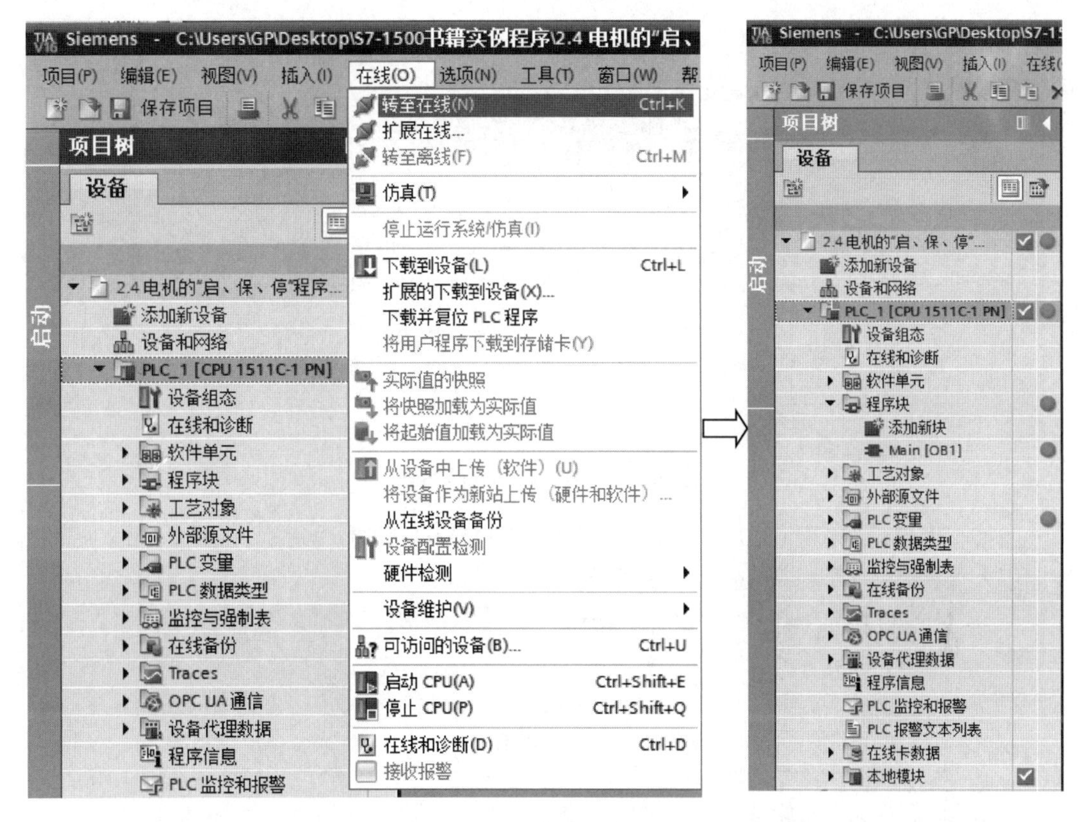

图 2-4-17 选择“转至在线”选项进入在线监控状态

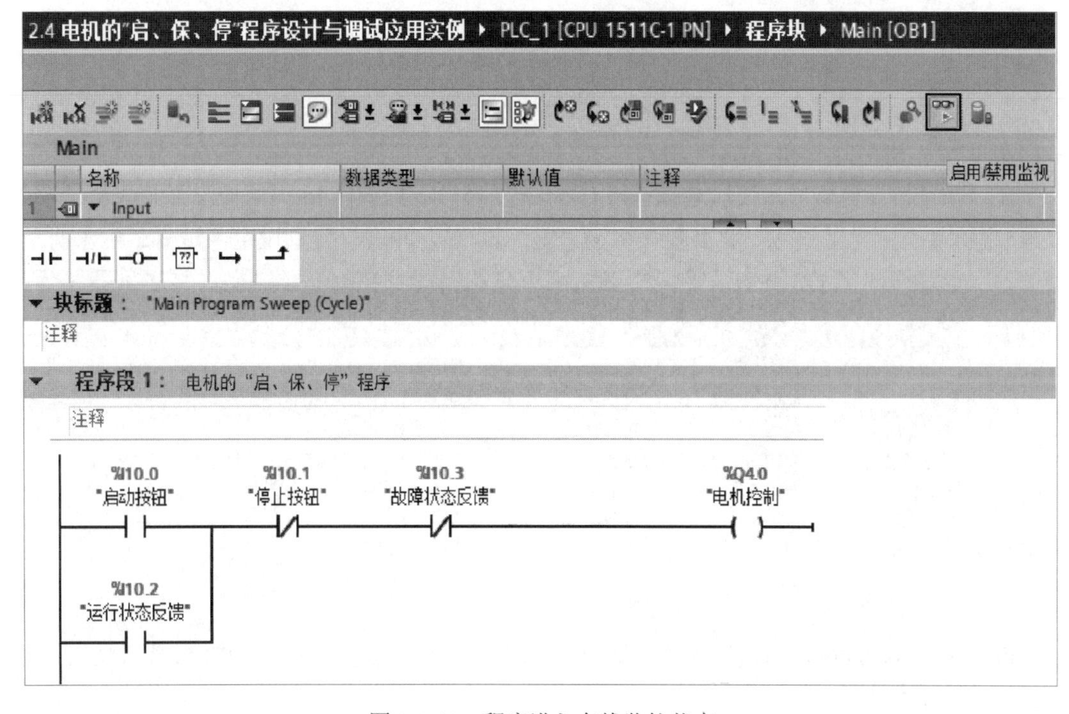

图 2-4-18 程序进入在线监控状态

单击图标后，显示的内容如图 2-4-19 所示。在实际操作时，屏幕显示的梯形图中的绿色实线表示接通，蓝色虚线表示断开。

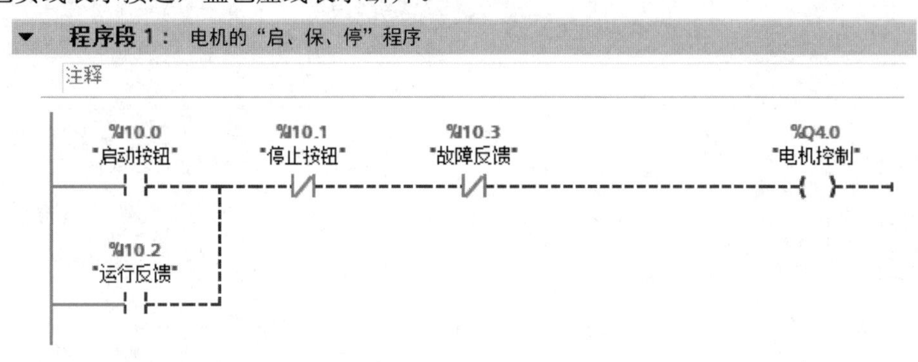

图 2-4-19 程序块的在线仿真

当按下“启动按钮”（I10.0）时，“电机控制”（Q4.0）接通，“运行反馈”（I10.2）接通，程序进入保持运行阶段，如图 2-4-20 所示。

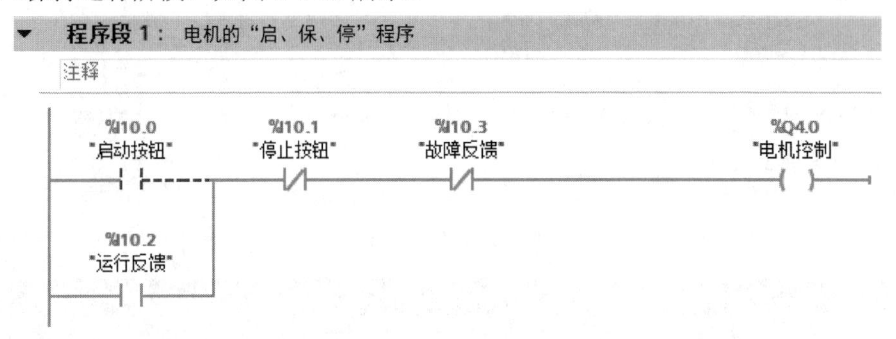

图 2-4-20 保持运行阶段

第九步：使用监控和强制表。

在“项目树”窗格中，依次选择“PLC_1[CPU 1511C-1 PN]”→“监控与强制表”选项。双击“添加新监控表”选项，将其重命名为“监控表_1”，并进行变量设定，如图 2-4-21 所示。

2.4 电机的"启、保、停"程序设计与调试应用实例 ▸ PLC_1 [CPU 1511C-1 PN] ▸ 监控与强制表 ▸ 监控表_1

	i	名称	地址	显示格式	监视值	修改值	⚡	注释
1		"启动按钮"	%I10.0	布尔型	FALSE		☐	
2		"停止按钮"	%I10.1	布尔型	FALSE		☐	
3		"运行反馈"	%I10.2	布尔型	FALSE		☐	
4		"故障反馈"	%I10.3	布尔型	FALSE		☐	
5		"电机控制"	%Q4.0	布尔型	FALSE		☐	

图 2-4-21 设定变量后的监控表

PLC 监控表可以进行在线监控。在 PLC 监控表中单击图标，即可看到最新的监视值，如图 2-4-22 所示。

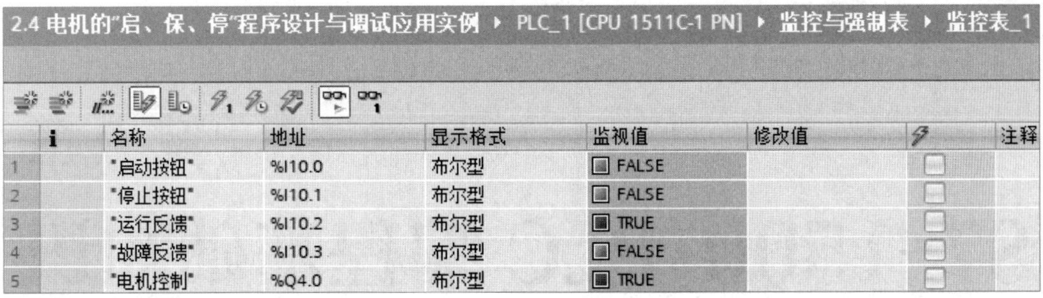

2.4 电机的"启、保、停"程序设计与调试应用实例 ▸ PLC_1 [CPU 1511C-1 PN] ▸ 监控与强制表 ▸ 监控表_1

	i	名称	地址	显示格式	监视值	修改值	⚡	注释
1		"启动按钮"	%I10.0	布尔型	FALSE			
2		"停止按钮"	%I10.1	布尔型	FALSE			
3		"运行反馈"	%I10.2	布尔型	TRUE			
4		"故障反馈"	%I10.3	布尔型	FALSE			
5		"电机控制"	%Q4.0	布尔型	TRUE			

图 2-4-22　PLC 监控表的在线监控

2.5　应用经验总结

（1）在安装不同类型的博途软件产品时，需要使用相同版本的服务包进行安装。

（2）关于需要反复重启计算机的问题。

博途软件安装完成后，当启动软件时，会反复出现需要重新启动计算机的提示。解决办法是删除计算机系统注册表中的 HKEY_LOCAL_MACHINE\System\CurrentControlSet\Control\Session Manager\的值 PendingFileRenameOperations。

第 3 章 S7-1500 PLC 编程基础知识

3.1 PLC 的工作原理

3.1.1 过程映像区的概念

当用户程序访问 PLC 的 I/O 信号时，通常不是直接读取 I/O 模块的信号，而是通过位于 PLC 中的一个存储区域对 I/O 模块进行访问，这个存储区域就是过程映像区。过程映像区分为过程映像输入区和过程映像输出区。

采用过程映像区处理 I/O 信号的好处是在一个 PLC 扫描周期中，过程映像区可以向用户程序提供一个始终一致的过程信号。在一个扫描周期中，如果输入模块的信号状态发生变化，那么过程映像区中的信号状态在当前扫描周期中保持不变，直到下一个 PLC 扫描周期才更新，从而保证了 PLC 执行用户程序过程中的数据的一致性。

S7-1500 PLC 的数字量模块和模拟量模块的过程映像区的访问方式相同，输入都是以关键字符%I 开头（%表示绝对地址寻址）的，如%I0.5、%IW20。输出都是以关键字符%Q 开头的，如%Q0.5、%QW20。

为了缩短过程响应时间，用户程序也可以不经过过程映像区直接访问某个 I/O 模块的信号，这种访问方式是在地址后面加“:P”，如%I0.5:P、%Q0.5:P。

3.1.2 PLC 的工作模式

PLC 有 3 种工作模式，分别是 STOP 模式、RUN 模式和复位模式，CPU 的状态 LED 指示了 PLC 的工作模式。S7-1500 PLC CPU 上有用来更改工作模式的拨码开关。

1．STOP 模式

在 STOP 模式下，PLC 检查所有组态的模块是否可用，如果模块可用，那么 PLC 就将 I/O 信号设置为预定义的默认状态。当 PLC 处于 STOP 模式时，PLC 不执行用户程序，但可以下载用户程序。

把 PLC 切换到 STOP 模式有 3 种方法：①通过操作 CPU 上的拨码开关来切换；②通过操作显示屏上的 STOP 按钮来切换；③通过博途软件来切换。

2．RUN 模式

在 RUN 模式下，PLC 可以执行用户程序、更新 I/O 信号、响应中断请求、对故障信息进行处理等。

把 PLC 切换到 RUN 模式有 3 种方法：①通过操作 CPU 上的拨码开关来切换；②通过操作显示屏上的 RUN 按钮来切换；③通过博途软件来切换。

3．复位模式

复位模式（MRES）主要用于存储器的复位，即对 CPU 中的数据进行初始化操作，使 CPU 恢复到“初始状态”。

把 PLC 切换到复位模式有 2 种方法：①通过操作 CPU 上的拨码开关来切换；②通过博途软件来切换。

3.1.3　程序扫描模式

在 RUN 模式下，PLC 将按照以下机制循环工作。

① 将输入模块的信号读到过程映像输入区。

② 执行用户程序，进行逻辑运算，并更新过程映像输出区中的输出值。

③ 将过程映像输出区中的输出值写入输出模块。

上述 3 个步骤是 S7-1500 PLC 的软件处理过程，即程序扫描周期。只要 PLC 处于 RUN 模式，就会周而复始地执行上述步骤。

3.2　PLC 的存储器

S7-1500 PLC 的存储器主要分为 CPU 内部集成的存储器和外插西门子存储卡的存储器。CPU 内部集成的存储器分为工作存储器、保持性存储器和其他存储器 3 部分，外插西门子存储卡的存储器为装载存储器。

1．工作存储器

工作存储器是一个易失性存储器，用于存储与运行相关的用户程序和数据，在执行用户程序时，PLC 会将与运行程序相关的程序和数据从装载存储器复制到工作存储器中。工作存储器集成在 CPU 中，不能进行扩展。

工作存储器分为以下两个区域。

- 程序工作存储器：用于保存与运行相关的程序部分。
- 数据工作存储器：用于保存数据块（CDB）和工艺对象中与运行相关的数据部分。

2．保持性存储器

保持性存储器是一个非易失性存储器，当发生电源故障或者掉电时，可以保存有限数量的数据。这些数据必须预先定义为保持功能，如整个数据块、数据块中部分数据、位存储器区、定时器和计数器等。保持性存储器不需要电池供电。

3. 其他存储器

其他存储器包括位存储器、定时器和计数器、本地临时数据区及过程映像区等，这些区域的大小与 CPU 类型有关。

4. 装载存储器

S7-1500 PLC 需要外插西门子存储卡才能运行，这个西门子存储卡就是装载存储器。装载存储器是一个非易失性存储器，用于存储程序块、数据块、工艺对象、硬件配置等。这些对象被下载到 PLC 中，先存储在装载存储器中，然后被复制到工作存储器中运行。由于装载存储器还存储变量的符号、注释信息及 PLC 数据类型等，因此需要的存储空间远大于工作存储器。

装载存储器的选择是基于程序容量的。装载存储器的类型如表 3-2-1 所示。

表 3-2-1 装载存储器的类型

订 货 号	描 述
6ES7 9548LC030AA0	S71200/1500 4MB 存储卡
6ES7 9548LE030AA0	S71200/1500 12MB 存储卡
6ES7 9548LF030AA0	S71200/1500 24MB 存储卡
6ES7 9548LL030AA0	S71200/1500 256MB 存储卡
6ES7 9548LP020AA0	S71200/1500 2GB 存储卡
6ES7 9548LT030AA0	S71200/1500 32GB 存储卡

3.3 数据类型

数据类型用于指定数据元素的大小，以及如何解释数据。在定义变量时，需要设置变量的数据类型，每个指令的参数至少支持一种数据类型，有些指令的参数支持多种数据类型。

S7-1500 PLC 分为以下几种数据类型：基本数据类型、复杂数据类型、PLC 数据类型、指针数据类型等。

3.3.1 基本数据类型

基本数据类型如表 3-3-1 所示。

表 3-3-1 基本数据类型

数据类型的符号	长度/位	数 值 范 围	常 数 示 例	地 址 示 例
Bool	1	0，1	1	I1.0、Q0.1、M50.7、DB1.DBX2.3、Tag_name

续表

数据类型的符号	长度/位	数 值 范 围	常 数 示 例	地 址 示 例
Byte	8	2#0～2#1111 1111	2#1000 1001	IB2、MB10、DB1.DBB4、Tag_name
Word	16	2#0～2#1111 1111 1111 1111	2#1101 0010 1001 0110	MW10、DB1.DBW2、Tag_name
USInt	8	0～255	78，2#0100 1110	MB0、DB1.DBB4、Tag_name
SInt	8	-128～127	+50，16#50	MB0、DB1.DBB4、Tag_name
UInt	16	0～65535	65295，0	MW2、DB1.DBW2、Tag_name
Int	16	-32768～32767	-30000，+30000	MW2、DB1.DBW2、Tag_name
UDInt	32	0～4294967295	4042322160	MD6、DB1.DBD8、Tag_name
DInt	32	-2147483648～2147483647	-2131754992	MD6、DB1.DBD8、Tag_name
Real	32	-3.402823e+38～-1.175495e-38、0、+1.175495e-38～+3.402823e+38	123.456，-3.4，1.0e-5	MD100、DB1.DBD8、Tag_name
LReal	64	-1.7976931348623158e+308～-2.2250738585072014e-308、0、+2.2250738585072014e-308～+1.7976931348623158e+308	12345.123456789e40，1.2e+40	DB_name.var_name
TIME	32	T#-24d_20h_31m_23s_648ms～T#24d_20h_31m_23s_647ms	T#5m_30s，T#1d_2h_15m_30s_45ms，TIME#10d20h30m20s630ms	—
DATE	16	D#1990-1-1～D#2168-12-31	D#2009-12-31 DATE#2009-12-31 2009-12-31	—
Time_of_Day	32	TOD#0:0:0.0～TOD#23:59:59.999	TOD#10:20:30.400 TIME_OF_DAY#10:20:30.400	—
Char	8	16#00s～16#FF	'A'，'@'，'ä'，'∑'	MB0、DB1.DBB4、Tag_name
WChar	16	16#0000～16#FFFF	'A'，'@'，'ä'，'∑'，亚洲字符、西里尔字符及其他字符	MW2、DB1.DBW2、Tag_name

1. 整数的存储

在计算机系统中，所有数据都是以二进制形式存储的，整数一律用补码来表示和存储，且正整数的补码为原码，负整数的补码为绝对值的反码加 1。USint、UInt、UDInt 为无符号整数；SInt、Int、Dint 为有符号整数，最高位为符号位，符号位为“0”表示正整数，符号位为“1”表示负整数。

示例：整数的存储。计算整数 78 和−78 对应的二进制数。

（1）正整数的存储。

78 将被转换成二进制数 0100 1110 进行存储，该二进制数是 78 的补码（也是原码），其转换方式如图 3-3-1 所示。

b7	b6	b5	b4	b3	b2	b1	b0
0	1	0	0	1	1	1	0

$78 = 0\times2^7+1\times2^6+0\times2^5+0\times2^4+1\times2^3+1\times2^2+1\times2^1+0\times2^1$

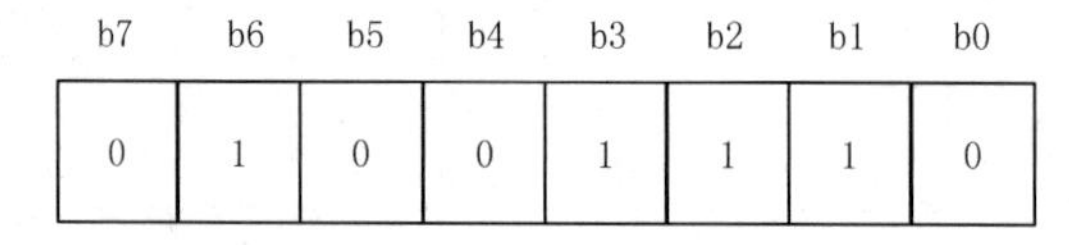

图 3-3-1　78 转换成二进制数的方式

（2）负整数的存储。

−78 将被转换成二进制数 1011 0010 进行存储，其转换过程如图 3-3-2 所示，存储结果如图 3-3-3 所示。

|−78|=78的原码：0100 1110
反码：1011 0001
补码：1011 0010

图 3-3-2　−78 的转换过程

b7	b6	b5	b4	b3	b2	b1	b0
1	0	1	1	0	0	1	0

图 3-3-3　−78 的存储结果

2. 浮点数的存储

在计算机系统中，浮点数分为 Real 型（32 位）和 LReal 型（64 位）。不同存储长度记录的数据值的精度不同。浮点数的最高位为符号位，符号位为“0”表示正实数，符号位为“1”表示负实数。

示例：浮点数的存储。计算实数 23.5 对应的二进制数。

Real 型浮点数的存储方式和计算公式如图 3-3-4 所示。

$$V=\frac{(-1)^S\cdot(1+M)\cdot2^E}{2^{127}}\quad(0\leqslant M\leqslant1)$$

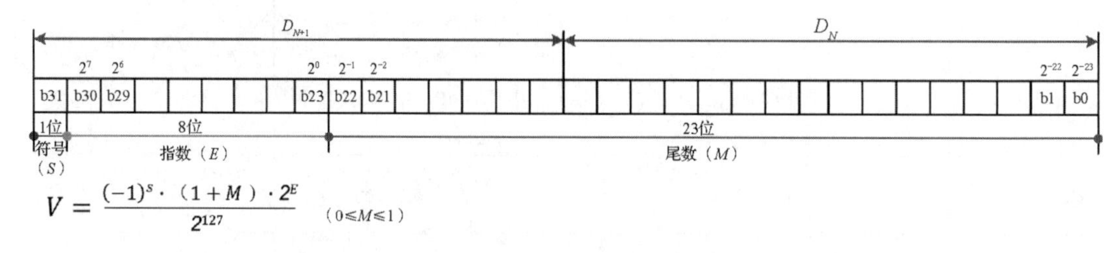

图 3-3-4　Real 型浮点数的储存方式和计算公式

实数 23.5 转换成二进制数的计算过程如图 3-3-5 所示。

$$23.5=\frac{(-1)^{S}\cdot(1+M)\cdot 2^{E}}{2^{127}}\xrightarrow{\text{第一步}}S=0$$

$$\xrightarrow{\text{第二步}}M=\frac{23.5\cdot 2^{127}}{2^{E}}-1$$

$$\xrightarrow{\text{第三步}}M=\frac{23.5\cdot 2^{127}}{2^{E}}-1\xrightarrow{\text{因为}0\leqslant M\leqslant 1}E=131\xrightarrow{\text{除2余1法}}E=2\#1000\ 0011$$

$$\xrightarrow{\text{代入}E\text{值}}M=0.46875$$

$$\xrightarrow{\text{第四步}}M\cdot 2^{23}=393210=b22\cdot 2^{22}+b21\cdot 2^{21}+\cdots+b1\cdot 2^{1}+b0\cdot 2^{0}$$

$$\xrightarrow{\text{除2余1法}}M=2\#011\ 1100\ 0000\ 0000\ 0000\ 0000$$

故：$V=$ 2#0100 0001 1011 1100 0000 0000 0000 0000（符号（S）｜指数（E）｜尾数（M））

图 3-3-5　实数 23.5 转换成二进制数的计算过程

3．字符的存储

在计算机系统中，字符采用 ASCII 编码方式存储。ASCII（American Standard Code for Information Interchange，美国信息互换标准代码）是基于拉丁字母的一套计算机编码系统。ASCII 主要用于显示英语等西欧语言。ASCII 是现今通用的单字节编码系统，等同于国际标准 ISO/IEC 646:1991，包含所有大写字母、小写字母、数字（0 ～9）、标点符号等。7 位的 ASCII 码表如图 3-3-6 所示。

L	H							
	0000	0001	0010	0011	0100	0101	0110	0111
0000	NUL	DLE	SP	0	@	P	‘	p
0001	SOH	DC1	!	1	A	Q	a	q
0010	STX	DC2	“	2	B	R	b	r
0011	ETX	DC3	#	3	C	S	c	s
0100	EOT	DC4	$	4	D	T	d	t
0101	ENQ	NAK	%	5	E	U	e	u
0110	ACK	SYN	&	6	F	V	f	v
0111	BEL	ETB	,	7	G	W	g	w
1000	BS	CAN	)	8	H	X	h	x
1001	HT	EM	(	9	I	Y	i	y
1010	LF	SUB	*	:	J	Z	j	z
1011	VT	ESC	+	;	K	[	k	{
1100	FF	FS	’	<	L	\	l	|
1101	CR	GS	-	=	M	]	m	}
1110	SO	RS	.	>	N	^	n	~
1111	SI	US	/	?	O	_	o	DEL

图 3-3-6　7 位的 ASCII 表

示例：字符的存储。计算字符“A”对应的二进制数。

通过 7 位的 ASCII 表可知，字符“A”对应的二进制数为 0100 0001。

3.3.2　复杂数据类型

复杂数据类型主要包括字符串、长日期时间、数组类型、结构类型。

1．字符串

如表 3-3-2 所示，S7-1500 PLC 有两种字符串数据类型，即 String 和 WString。

表 3-3-2　字符串数据类型

数据类型符号	长　度	范　围	常量输入示例
String	$n+2$ 个字节	n 取值为 0～254	‘ABC’
WString	$n+2$ 个字	n 取值为 0～65534	‘ä123@XYZ.COM’

String 可存储一串单字节字符。String 提供了多达 256 个字节，第一个字节用于存储字符串中存储的最大字符数，第二个字节用于存储当前字符数，接下来的字节用于存储最多 254 个字节的字符。String 中的每个字节都可以是介于 16#00～16#FF 的任意值。

WString 可存储单字/双字较长的字符串。第一个字用于存储字符串中存储的最大字符数，第二个字用于存储当前字符数，接下来的字用于存储最多 65534 个字的字符。WString 中的每个字可以是介于 16#0000～16#FFFF 的任意值。

示例：数据类型为 String 和 WString 的变量在博途软件中的定义方法示例。

字符串变量可以在数据块、组织块、函数块、功能的接口区和 PLC 数据类型中定义，在数据块中定义的方法如图 3-3-7 所示。

数据块_1

	名称	数据类型	起始值	保持
1	▼ Static			
2	tag_1	String	'ABC'	
3	tag_2	WString	WSTRING#'Hello'	
4	tag_3	String	''	
5	tag_4	WString	WSTRING#''	

图 3-3-7　字符串变量在数据块中定义的方法

示例：字符串的传送方法。

以 MOVE 指令和 S_MOVE 指令为例，介绍字符串的传送方法，如图 3-3-8 所示。

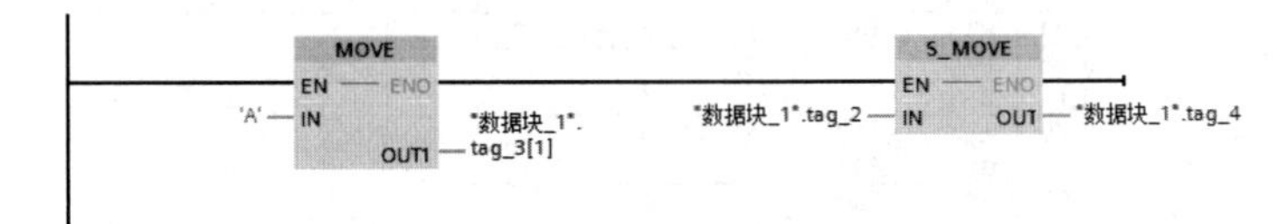

图 3-3-8　字符串的传送方法

MOVE 指令和 S_MOVE 指令的区别如下。

① MOVE 指令只能完成单字符的传送。

② S_MOVE 指令能完成字符串的传送。

2．长日期时间

长日期时间（DTL）数据类型使用 12 个字节的结构保存日期和时间信息。可以在数据块中将数据类型定义为长日期时间的变量。长日期时间数据类型及其结构元素分别如表 3-3-3 和表 3-3-4 所示。

表 3-3-3　长日期时间数据类型

数据类型符号	长　度	范　围	常量输入示例
DTL	12 个字节	最小：DTL#1970-01-01-00:00:00.0 最大：DTL#2554-12-31-23:59:59.999999999	DTL#2008-12-16-20:30:20.250

表 3-3-4　长日期时间数据类型结构元素

字　节	组　件	数据类型符号	值 范 围
0～1	年	UInt	1970～2554

续表

字　节	组　件	数据类型符号	值 范 围
2	月	USInt	1～12
3	日	USInt	1～31
4	工作日	USInt	1（星期日）～7（星期六）
5	小时	USInt	0～23
6	分	USInt	0～59
7	秒	USInt	0～59
8～11	纳秒	UDInt	0～999999999

示例：在博途软件中定义数据类型为长日期时间的变量。

长日期时间变量可以在数据块、组织块、函数块、功能的接口区和 PLC 数据类型中定义，在数据块中的定义方法如图 3-3-9 所示。

数据块_2

	名称	数据类型	起始值	保持
1	▼ Static			
2	▼ DATE	DTL	DTL#1970-01-01-	
3	YEAR	UInt	1970	
4	MONTH	USInt	1	
5	DAY	USInt	1	
6	WEEKDAY	USInt	5	
7	HOUR	USInt	0	
8	MINUTE	USInt	0	
9	SECOND	USInt	0	
10	NANOSECOND	UDInt	0	

图 3-3-9　长日期时间变量在数据块中定义的方法

3．数组类型

数组类型是由数目固定且数据类型相同的元素组成的数据结构。数据类型为数组的变量可以在数据块、组织块、函数块、功能的接口区中定义，但在 PLC 变量编辑器中无法定义。

在定义数组变量时，需要为数组命名并根据实际情况将数据类型 Array [lo .. hi] of type，设置为 lo、hi 或 type。

① lo ：数组的起始（最低）下标。

② hi ：数组的结束（最高）下标。

③ type：数据类型，如 Bool、SInt、UDInt 等。

示例：在博途软件中定义数组变量，如图 3-3-10 所示。

数据块_3

	名称	数据类型	起始值	保持
1	▼ Static			
2	▼ Array_1	Array[0..4] of Byte		
3	Array_1[0]	Byte	16#0	
4	Array_1[1]	Byte	16#0	
5	Array_1[2]	Byte	16#0	
6	Array_1[3]	Byte	16#0	
7	Array_1[4]	Byte	16#0	
8	▼ Array_2	Array[0..4] of Byte		
9	Array_2[0]	Byte	16#0	
10	Array_2[1]	Byte	16#0	
11	Array_2[2]	Byte	16#0	
12	Array_2[3]	Byte	16#0	
13	Array_2[4]	Byte	16#0	

图 3-3-10　定义数组变量

示例：数组元素的传送。

在图 3-3-11 中，MOVE 指令将数组数据块_3. Array_1[0]的数据移动到数组数据块_3. Array_2[0]的地址中。

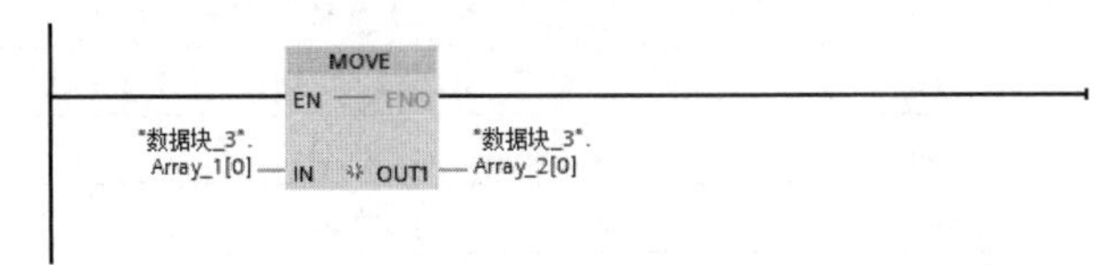

图 3-3-11 数组的传送

4. 结构类型

结构（Struct）类型是一种由多个不同数据类型元素组成的数据结构，其元素可以是基本数据类型，也可以是数组等复杂数据类型，或者是 PLC 数据类型，等等。结构类型嵌套结构类型的深度限制为 8 级。结构类型的变量在程序中可以作为一个变量整体，也可以作为组成该结构的元素。结构变量可以在数据块、组织块、函数块、函数的接口区、PLC 数据类型中定义。

示例：在博途软件中定义结构变量。

在数据块中定义一个数据类型为结构类型的电机变量，它包含电机启动按钮、电机停止按钮、电机复位按钮、电机急停按钮、电机运行状态、电机故障状态、电机运行电流、电机运行频率、电机设定频率。结构变量定义如图 3-3-12 所示。

数据块_4

	名称	数据类型	起始值	保持
1	▼ Static			
2	▼ Static	Struct		
3	电机启动按钮	Bool	false	
4	电机停止按钮	Bool	false	
5	电机复位按钮	Bool	false	
6	电机急停按钮	Bool	false	
7	电机运行状态	Bool	false	
8	电机故障状态	Bool	false	
9	电机运行电流	Real	0.0	
10	电机运行频率	Real	0.0	
11	电机设定频率	Real	0.0	

图 3-3-12 结构变量定义

3.3.3 PLC 数据类型

PLC 数据类型（User Data Type，UDT）是一种由多个不同数据类型元素组成的数据结构，元素可以是基本数据类型，也可以是结构和数组等复杂数据类型，以及其他 PLC 数据类型等。PLC 数据类型嵌套 PLC 数据类型的深度限制为 8 级。

PLC 数据类型的变量可以在数据块、组织块、函数块、函数的接口区中定义。

PLC 数据类型的变量可在程序中被统一更改和重复使用。一旦某 PLC 数据类型变量发生修改，在执行程序编译后，就会自动更新所有使用该数据类型的变量。

示例：定义一个 PLC 数据类型的电机变量，它包含电机启动按钮、电机停止按钮、电机复位按钮、电机急停按钮、电机运行状态、电机故障状态、电机运行电流、电机运行频

率、电机设定频率。

第一步：新建 PLC 数据。

在“项目树”窗格中，选择“PLC 数据类型”选项，双击“添加新数据类型”选项，弹出“用户数据类型_1”编辑框。

第二步：添加变量。

在工作区中添加变量，如图 3-3-13 所示。

用户数据类型_1

	名称	数据类型	默认值
1	电机启动按钮	Bool	false
2	电机停止按钮	Bool	false
3	电机复位按钮	Bool	false
4	电机急停按钮	Bool	false
5	电机运行状态	Bool	false
6	电机故障状态	Bool	false
7	电机运行电流	Real	0.0
8	电机运行频率	Real	0.0
9	电机设定频率	Real	0.0

图 3-3-13　添加 PLC 数据类型的变量

第三步：使用 PLC 数据类型。

在数据块中使用新添加的 PLC 数据类型，如图 3-3-14 所示。

数据块_5

	名称	数据类型	起始值	保持
1	▼ Static			
2	▼ 1#电机控制点表	"用户数据类型_1"		
3	电机启动按钮	Bool	false	
4	电机停止按钮	Bool	false	
5	电机复位按钮	Bool	false	
6	电机急停按钮	Bool	false	
7	电机运行状态	Bool	false	
8	电机故障状态	Bool	false	
9	电机运行电流	Real	0.0	
10	电机运行频率	Real	0.0	
11	电机设定频率	Real	0.0	

图 3-3-14　PLC 数据类型的使用

3.3.4　指针数据类型

指针（VARIANT）数据类型的参数可以指向不同数据类型的变量（而不是实例）。VARIANT 可以是基本数据类型（如 Int 或 Real）的对象，也可以是 String、长日期时间、结构类型的数组，或者 PLC 数据类型的数组。VARIANT 数据类型的变量的操作数不占用背景数据块或工作存储器中的空间，但是占用 CPU 存储空间。

VARIANT 数据类型的变量不是一个对象，而是对另一个对象的引用。在函数块接口的 VAR_IN、VAR_IN_OUT 和 VAR_TEMP 中，VARIANT 数据类型的变量的单个元素只能声明为形参。因此，不能在数据块或函数块的接口区的静态部分中声明。

表 3-3-5 列出了 VARIANT 数据类型的属性。

表 3-3-5 VARIANT 数据类型的属性

长度 / 字节	表示方式	格　式	示例输入
0	符号	操作数	MyTag
		数据块名称.操作数名称.元素	"MyDB".Struct1.pressure
	绝对	操作数	%MW10
		数据块编号.操作数 类型长度（仅对可以标准访问的块有效）	P#DB10.DBX10.0 INT 12

3.4 地址区及寻址方法

博途 STEP 7 软件支持符号寻址和绝对地址寻址。为了更好地理解 PLC 的存储区结构及其寻址方式，本节对 PLC 变量引用的绝对寻址进行说明。

3.4.1 地址区

S7-1500 PLC 地址区包括过程映像输入区、过程映像输出区、位存储器区、数据块区等。地址区的说明如表 3-4-1 所示。

表 3-4-1 地址区的说明

地址区	可以访问的地址单位	符号	说明
过程映像输入区	输入位	I	CPU 在循环开始时从输入模块读取输入值并将这些值保存到过程映像输入区中
	输入字节	IB	
	输入字	IW	
	输入双字	ID	
过程映像输出区	输出位	Q	CPU 在循环开始时将过程映像输出区中的值写入输出模块
	输出字节	QB	
	输出字	QW	
	输出双字	QD	
位存储器区	位存储器位	M	此区域用于存储程序中计算出的中间结果
	存储器字节	MB	
	存储器字	MW	
	存储器双字	MD	
数据块区	数据位	DBX	存储程序信息，可以对数据块进行定义，以便所有程序块都可以访问它们，也可将数据块分配给特定的函数块
	数据字节	DBB	
	数据字	DBW	
	数据双字	DBD	
局部数据	局部数据位	L	此区域包含块处理过程中块的临时数据
	局部数据字节	LB	
	局部数据字	LW	
	局部数据双字	LD	

续表

地　址　区	可以访问的地址单位	符　　号	说　　明
I/O 输入区	I/O 输入位	<变量>:P	两区域均允许直接访问 I/O 模块
	I/O 输入字节		
	I/O 输入字		
	I/O 输入双字		
I/O 输出区	I/O 输出位		
	I/O 输出字节		
	I/O 输出字		
	I/O 输出双字		

3.4.2　寻址方法

1．寻址规则

每个存储单元都有唯一地址。用户程序利用这些地址访问存储单元中的信息。

绝对地址由以下元素组成。

① 地址区助记符，如 I、Q 或 M。

② 要访问数据的单位，如 B 表示 Byte，W 表示 Word，D 表示 DWord。

③ 数据地址，如 Byte 3、Word 3。

当访问地址中的位时，不需要输入要访问数据的单位，仅需要输入数据的地址区助记符、字节地址和位位置（如 I0.0、Q0.1 或 M3.4）即可。

图 3-4-1 所示为 M3.4 寻址方式举例，图中各字母含义如下。

- A 表示存储器标识符。
- B 表示字节地址。
- C 表示分隔符。
- D 表示位在字节中的位置。
- E 表示存储器的字节。
- F 表示字节中的位。

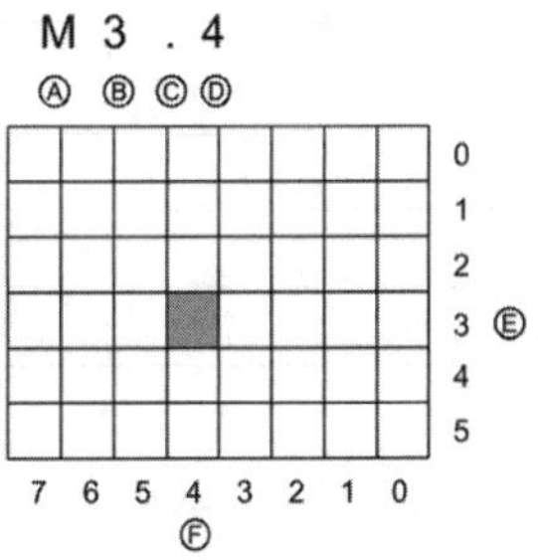

图 3-4-1　M3.4 寻址方式举例

2．I 区寻址方法

I 区，即过程映像输入区：CPU 仅在每个扫描周期的循环组织块执行前对外围（物理）输入点进行采样，并将这些值写入过程映像输入区。可以按位、字节、字或双字访问过程映像输入区。过程映像输入区通常为只读状态。I 区寻址方法如表 3-4-2 所示。

表 3-4-2　I 区寻址方法

数 据 大 小	表 示 方 法	示　　例
位	I[字节地址].[位地址]	I0.1
字节、字或双字	I[大小][起始字节地址]	IB4、IW5、ID12

3．Q 区寻址方法

Q 区，即过程映像输出区：CPU 将存储在过程映像输出区中的值复制到物理输出区。可以按位、字节、字或双字访问过程映像输出区。过程映像输出区允许读访问和写访问。Q 区寻址方法如表 3-4-3 所示。

表 3-4-3　Q 区寻址方法

数据大小	表示方法	示　例
位	Q[字节地址].[位地址]	Q0.1
字节、字或双字	Q[大小][起始字节地址]	QB4、QW5、QD12

4．M 区寻址方法

M 区，即位存储器区：用于存储操作的中间状态或其他控制信息。可以按位、字节、字或双字访问 M 区。M 区允许读访问和写访问。 M 区寻址方法如表 3-4-4 所示。

表 3-4-4　M 区寻址方法

数据大小	表示方法	示　例
位	M[字节地址].[位地址]	M0.1
字节、字或双字	M[大小][起始字节地址]	MB4、MW5、MD12

5．DB 区寻址方法

DB 区，即数据块区：用于存储各种类型的数据，包括存储操作的中间状态或函数块的背景信息参数等。可以按位、字节、字或双字访问 DB 区。DB 区一般允许读访问和写访问。DB 区寻址方法如表 3-4-5 所示。

表 3-4-5　DB 区寻址方法

数据大小	表示方法	示　例
位	DBX [字节地址]. [位地址]	DB1.DBX2.3
字节、字或双字	DB [大小][起始字节地址]	DB1.DBB4、DB10.DBW2、DB20.DBD8

第 4 章 S7-1500 PLC 编程指令

编程指令是程序的重要组成部分，用户可以在博途 STEP 7 软件的指令树中获取 S7-1500 PLC 编程指令。S7-1500 PLC 编程指令包括基本指令、扩展指令、工艺指令和通信指令等，本章围绕常用的位逻辑指令、定时器指令、计数器指令和功能指令进行说明。

4.1 位逻辑指令

大多 S7-1500 CPU 位逻辑指令结构如图 4-1-1 所示，其中，①为操作数；②为能流输入信号；③为能流输出信号。当能流输入信号为 1 时，该指令被激活。

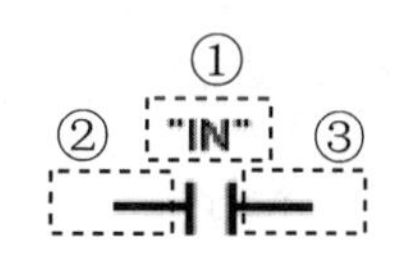

图 4-1-1　大多 S7 1500 CPU 位逻辑指令结构

4.1.1　触点指令及线圈指令

1. 指令概述

位逻辑指令的基础主要是触点和线圈，触点读取位的状态，线圈将状态写入位。

2. 指令说明

触点指令及线圈指令说明如表 4-1-1 所示。

表 4-1-1　触点指令及线圈指令说明

指 令 名 称	指 令 符 号	操作数类型	说　　明
常开触点	"IN" —| |—	Bool	当操作数的信号状态为“1”时，常开触点接通，输出的信号状态为“1”；当操作数的信号状态为“0”时，常开触点断开，输出的信号状态为“0”
常闭触点	"IN" —|/|—	Bool	当操作数的信号状态为“1”时，常闭触点断开，输出的信号状态为“0”；当操作数的信号状态为“0”时，常闭触点接通，输出的信号状态为“1”

续表

指令名称	指令符号	操作数类型	说明
取反逻辑运算结果（Result of Logic Operation，RLO）	—┤NOT├—	无	当触点左边输入的信号状态为"1"时，右边输出的信号状态为"0"；当触点左边输入的信号状态为"0"时，右边输出的信号状态为"1"
线圈	"OUT" —( )—	Bool	当线圈的输入信号状态为"1"时，分配操作数为"1"；当线圈的输入信号状态为"0"时，分配操作数为"0"
赋值取反	"OUT" —(/)—	Bool	当线圈的输入信号状态为"1"时，分配操作数为"0"；当线圈的输入信号状态为"0"时，分配操作数为"1"

常开触点在指定的操作数的位状态为"1"时闭合，在指定的操作数的位状态为"0"时断开。常闭触点在指定的操作数的位状态为"1"时断开，在指定的操作数的位状态为"0"时闭合。

串联的两个触点（常开触点和常闭触点）进行"与"运算，并联的两个触点进行"或"运算。

可以使用线圈指令来置位指定操作数的位，若线圈输入的逻辑运算结果的信号状态为"1"，则将指定的操作数的位置为"1"；若线圈输入的逻辑运算结果的信号状态为"0"，则将指定的操作数的位置为"0"。

3. 示例

触点指令和线圈指令示例如图 4-1-2 所示。

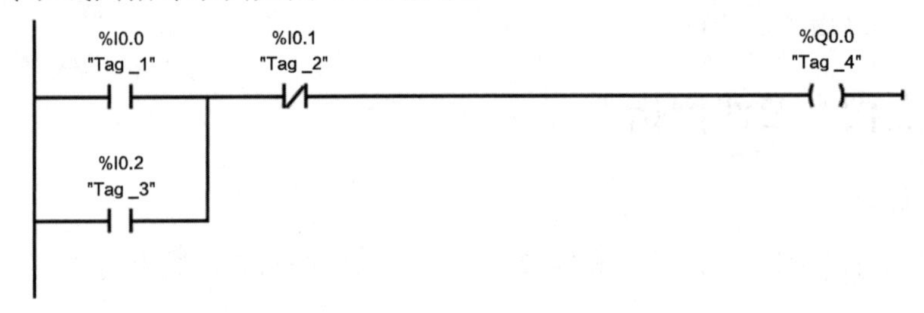

图 4-1-2　触点指令和线圈指令示例

当满足以下条件之一时，线圈"Tag_4"为"1"：① 操作数"Tag_1"的信号状态为"1"，且操作数"Tag_2"的信号状态为"0"；② 操作数"Tag_3"的信号状态为"1"，且操作数"Tag_2"的信号状态为"0"。

4.1.2　置位指令及复位指令

1. 指令概述

置位指令及复位指令的主要特点是具有记忆和保持功能，被置位或复位的操作数只能通过复位指令或置位指令还原。

2. 指令说明

置位指令与复位指令说明如表 4-1-2 所示。

使用置位指令将指定操作数的信号状态置位为“1”；使用复位指令将指定操作数的信号状态复位为“0”。

表 4-1-2　置位指令与复位指令说明

指令名称	指令符号	操作数类型	说　明
置位	"OUT" —(S)—	Bool	若输入信号状态为“1”，则置位操作数的信号状态为“1”；若输入信号状态为“0”，则保持操作数的信号状态不变
复位	"OUT" —(R)—	Bool	若输入信号状态为“1”，则复位操作数的信号状态为“0”；若输入信号状态为“0”，则保持操作数的信号状态不变
置位位域	"OUT" —(SET_BF)—| "n"	OUT：Bool *n*：UInt	若输入信号状态为“1”，则将从操作数“OUT”指定地址开始的 *n* 位置位为“1”；若输入信号状态为“0”，则指定操作数的信号状态将保持不变
复位位域	"OUT" —(RESET_BF)—| "n"	OUT：Bool *n*：UInt	若输入信号状态为“1”，则将从操作数“OUT”指定地址开始的 *n* 位复位为“0”；若输入信号状态为“0”，则指定操作数的信号状态将保持不变

3．示例

置位指令及复位指令示例如图 4-1-3 所示。

%I0.0 "Tag_1" —| |— (S) %Q0.0 "Tag_3"

%I0.1 "Tag_2" —| |— (R) %Q0.0 "Tag_3"

图 4-1-3　置位指令及复位指令示例

图 4-1-4 所示为操作数“Tag_1”、操作数“Tag_2”和操作数“Tag_3”的时序图。

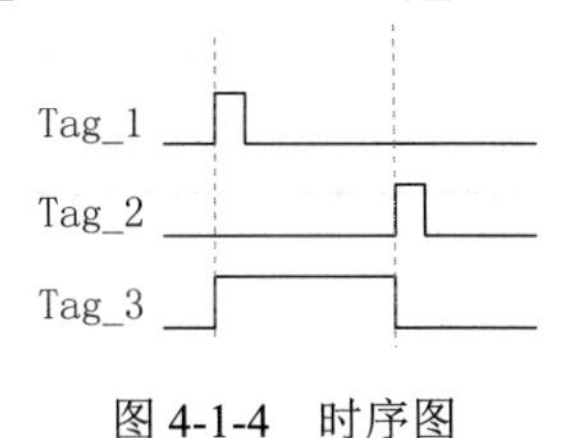

图 4-1-4　时序图

4.1.3　脉冲检测指令

1．指令概述

使用脉冲指令可判断指定操作数的信号状态是否从“0”变为“1”或从“1”变为“0”。上一次扫描的信号状态保存在边沿存储位（指令下方的操作数）中，脉冲检测指令将操作数的当前信号状态与边沿存储位状态进行比较。若脉冲检测指令检测到逻辑运算结果从“0”

变为“1”，则说明出现了一个上升沿；若脉冲检测指令检测到逻辑运算结果从“1”变为“0”，则说明出现了一个下降沿。

2．指令说明

脉冲检测指令说明如表 4-1-3 所示。

表 4-1-3 脉冲检测指令说明

指令名称	指令符号	操作数类型	说明
上升沿触点	"IN" —|P|— "M_BIT"	IN：Bool M_BIT：Bool	在操作数“IN”中检测到上升沿时，触点接通一个扫描周期
下降沿触点	"IN" —|N|— "M_BIT"	IN：Bool M_BIT：Bool	在操作数“IN”中检测到下降沿时，触点接通一个扫描周期
上升沿线圈	"OUT" —(P)— "M_BIT"	OUT：Bool M_BIT：Bool	当在输入能流中检测到信号上升沿时，立即将操作数“OUT”置位一个扫描周期，在其他任何情况下，操作数“OUT”的信号均为“0”
下降沿线圈	"OUT" —(N)— "M_BIT"	OUT：Bool M_BIT：Bool	当在输入能流中检测到信号下降沿时，立即将操作数“OUT”置位一个扫描周期，在其他任何情况下，操作数“OUT”的信号均为“0”

3．示例

脉冲检测指令示例如图 4-1-5 所示。

图 4-1-5 脉冲检测指令示例

图 4-1-6 所示为操作数“Tag_1”、操作数“Tag_4”和操作数“Tag_5”的时序图。

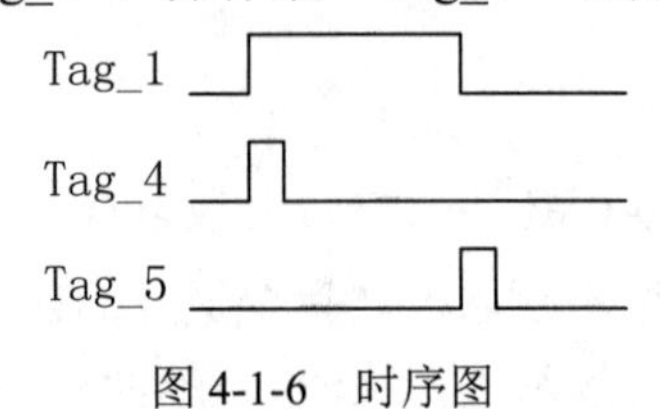

图 4-1-6 时序图

4.1.4　应用实例

（1）实例名称：指示灯的置位和复位应用实例。

（2）实例描述：按下启动按钮，绿色指示灯点亮；按下停止按钮，绿色指示灯熄灭。

（3）S7-1500 PLC I/O 分配表如表 4-1-4 所示。

表 4-1-4　S7 1500 PLC I/O 分配表

输　入		输　出	
启动按钮（SB1）	I10.0	绿色指示灯（GL）	Q4.0
停止按钮（SB2）	I10.1	—	—

（4）S7-1500 PLC 接线图如图 4-1-7 所示。

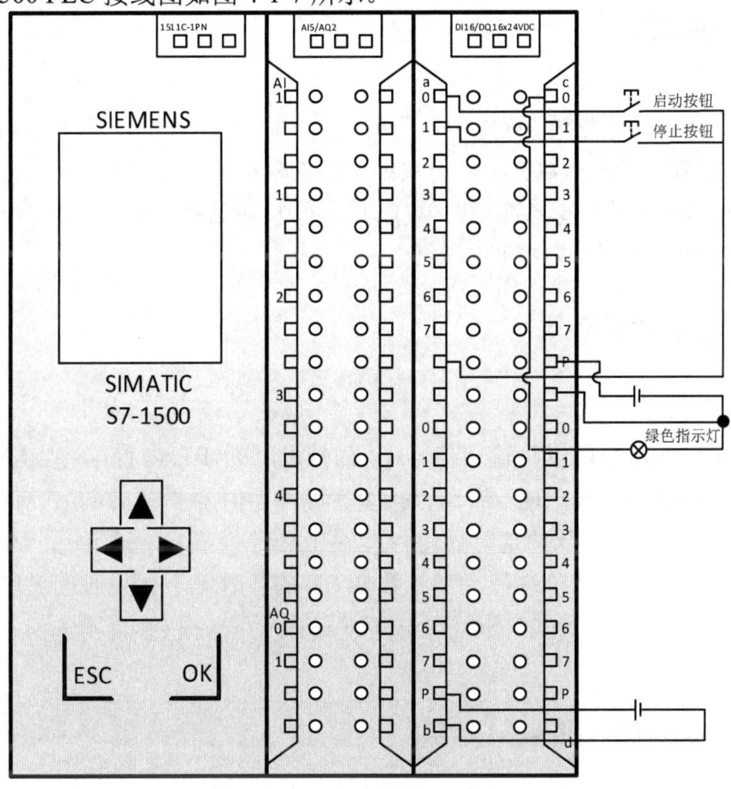

图 4-1-7　S7-1500 PLC 接线图

（5）PLC 变量表如图 4-1-8 所示。

变量表_1

		名称	数据类型	地址	保持
1		启动按钮	Bool	%I10.0	
2		停止按钮	Bool	%I10.1	
3		绿色指示灯	Bool	%Q4.0	

图 4-1-8　PLC 变量表

（6）实例程序如图 4-1-9 所示。

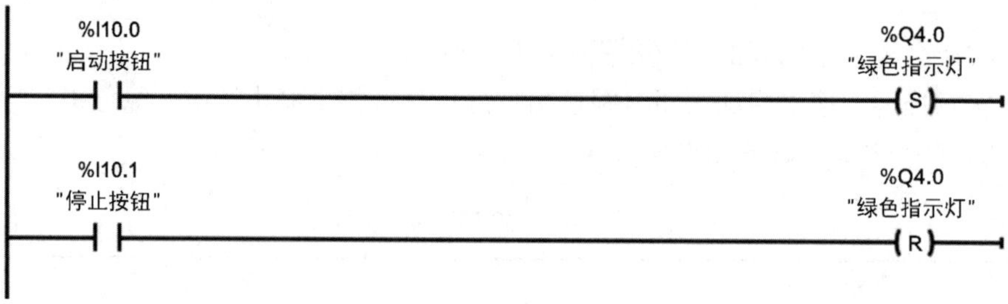

图 4-1-9　实例程序

4.2　定时器指令

定时器指令具有延时功能，程序中使用的最大定时器数受 CPU 容量限制，所有定时器均使用 16 字节的 IEC_Timer 数据类型的数据块结构来存储指令的操作数。

常用的定时器有 4 种：①脉冲定时器（TP）；②接通延时定时器（TON）；③关断延时定时器（TOF）；④时间累加器（TONR）。

4.2.1　脉冲定时器指令

1．指令概述

使用脉冲定时器指令可以将输出信号 *Q* 在预设时间 PT 内置位，当输入信号 IN 从“0”变为“1”（信号上升沿）时，启动该指令。脉冲定时器指令启动后，计数器 ET 开始计时，在预设时间 PT 内，脉冲定时器将保持输出信号 *Q* 置位，无论后续输入信号 IN 如何变化，均不影响指令的计时过程。当计数器 ET 的计时等于预设时间 PT 时，输出信号 *Q* 复位。

2．指令说明

脉冲定时器指令说明如表 4-2-1 所示。

表 4-2-1　脉冲定时器指令说明

指令名称	指令符号	操作数类型		说　明
脉冲定时器（功能框）	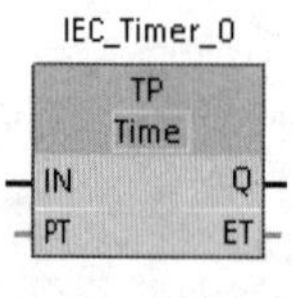 IEC_Timer_0 TP Time IN　Q PT　ET	输入	IN：Bool（脉冲有效）	在输入信号 IN 处于上升沿时，计数器 ET 开始计时；当 ET<PT 时，输出信号 *Q* 为“1”；当 ET=PT 时，输出信号 *Q* 为“0”
			PT：TIME	
		输出	*Q*：Bool	
			ET：TIME	

脉冲定时器时序图如图 4-2-1 所示。

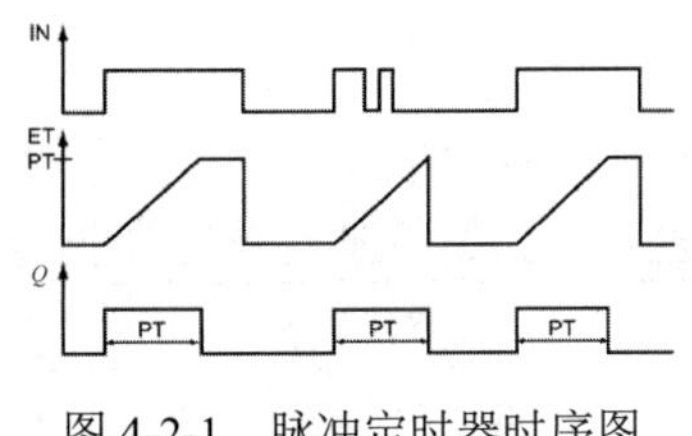

图 4-2-1　脉冲定时器时序图

4.2.2　接通延时定时器指令

1. 指令概述

接通延时定时器指令可以将输出信号 Q 推迟到预设时间 PT 后再置位，当输入信号 IN 从“0”变为“1”，并且保持为“1”时，启动该指令。接通延时定时器指令启动后，计数器 ET 开始计时，当计数器 ET 的计时值等于预设时间 PT 时，输出信号 Q 为“1”。在任意时刻，当 IN 的输入信号从“1”变为“0”时，接通延时定时器复位，且输出信号 Q。

2. 指令说明

接通延时定时器指令说明如表 4-2-2 所示。

表 4-2-2　接通延时定时器指令说明

指令名称	指令符号	操作数类型		说　明
接通延时定时器（功能框）	IEC_Timer_1 TON Time IN　Q PT　ET	输入	IN：Bool（电平有效）	在输入信号 IN 处于上升沿时，计数器 ET 开始计时。当 ET=PT 时，输出信号 Q 为“1”。在任意时刻，当输入信号 IN 处于下降沿时，接通延时定时器复位，输出信号 Q 为“0”
			PT：TIME	
		输出	Q：Bool	
			ET：TIME	

接通延时定时器时序图如图 4-2-2 所示。

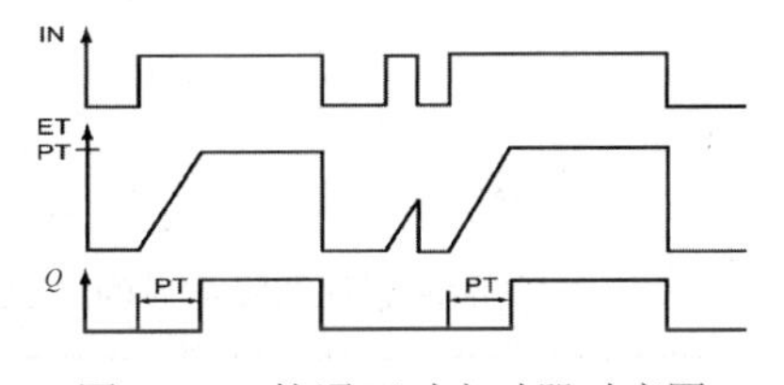

图 4-2-2　接通延时定时器时序图

4.2.3　关断延时定时器指令

1. 指令概述

关断延时定时器指令可以将输出信号 Q 推迟预设时间 PT 复位，当输入信号 IN 从“0”变为“1”，并且保持为“1”时，启动该指令。关断延时定时器指令启动后，输出信号 Q 为“1”。当输入信号 IN 从“1”变为“0”时，计数器 ET 开始计时，输出信号 Q 不变；当计数器 ET 的计时值等于预设时间 PT 时，输出信号 Q 变为“0”。

2. 指令说明

关断延时定时器指令说明如表 4-2-3 所示。

表 4-2-3 关断延时定时器指令说明

指令名称	指令符号	操作数类型		说明
关断延时定时器（功能框）	IEC_Timer_2 TOF Time IN Q PT ET	输入	IN：Bool（电平有效）	ET<PT，在输入信号 IN 处于上升沿时，输出信号 Q 为“1”；当输入信号 IN 处于下降沿时，计数器 ET 开始计时。当 ET=PT 时，输出信号 Q 变为“0”
			PT：TIME	
		输出	Q：Bool	
			ET：TIME	

关断延时定时器时序图如图 4-2-3 所示。

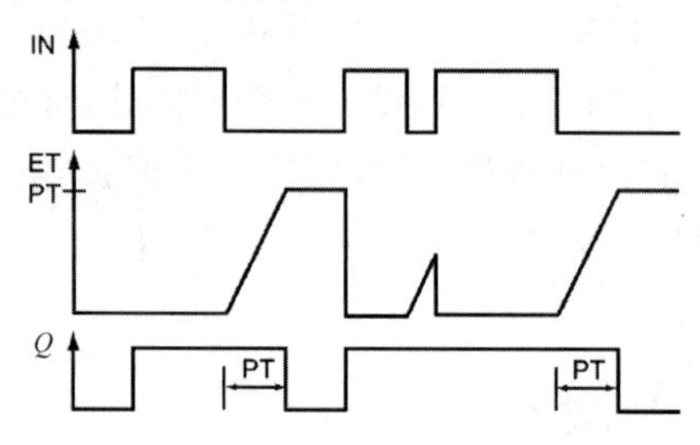

图 4-2-3 关断延时定时器时序图

4.2.4 时间累加器指令

1. 指令概述

时间累加器指令可以累计预设的一段时间。当输入信号 IN 从“0”变为“1”时，时间累加器开始计时；当输入信号 IN 从“1”变为“0”时，时间累加器暂停计时；当输入信号 IN 从“0”变为“1”时，时间累加器继续计时；到达预设时间 PT 后，输出信号 Q 置位，直到输入信号 R 从“0”变为“1”，时间累加器复位，输出信号 Q 也复位。

2. 指令说明

时间累加器指令说明如表 4-2-4 所示。

表 4-2-4 时间累加器指令说明

指令名称	指令符号	操作数类型		说明
时间累加器（功能框）	IEC_Timer_3 TONR Time IN Q R ET PT	输入	IN：Bool（电平有效）	ET<PT，当输入信号 IN 从“0”变为“1”时，时间累加器开始计时；当输入信号 IN 从“1”变为“0”时，时间累加器暂停计时。当 ET=PT 时，输出信号 Q 为“1”。在任意条件下，当输入信号 R 处于上升沿时，时间累加器复位，输出信号 Q 为“0”，ET 为“0”
			R：Bool（脉冲有效）	
			PT：TIME	
		输出	Q：Bool	
			ET：TIME	

时间累加器时序图如图 4-2-4 所示。

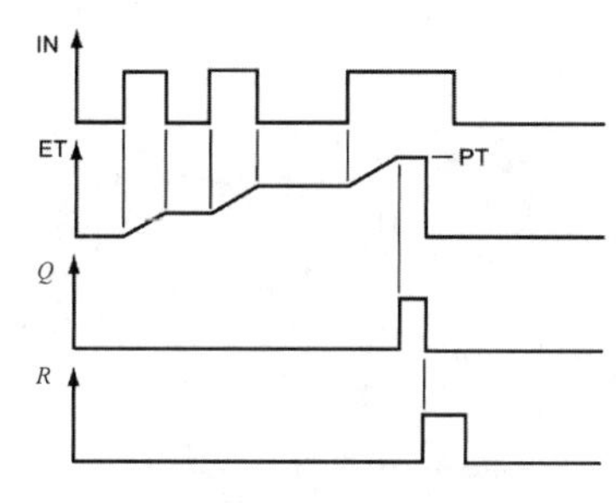

图 4-2-4　时间累加器时序图

4.2.5　应用实例

（1）实例名称：指示灯的延时点亮应用实例。

（2）实例描述：按下启动按钮，延时 5s，绿色指示灯点亮。按下停止按钮，绿色指示灯熄灭。

（3）S7-1500 PLC I/O 分配表如表 4-2-5 所示。

表 4-2-5　S7 1500 PLC I/O 分配表

输　入		输　出	
启动按钮（SB1）	I10.0	绿色指示灯（GL）	Q4.0
停止按钮（SB2）	I10.1	—	—

（4）S7-1500 PLC 接线图如图 4-2-5 所示。

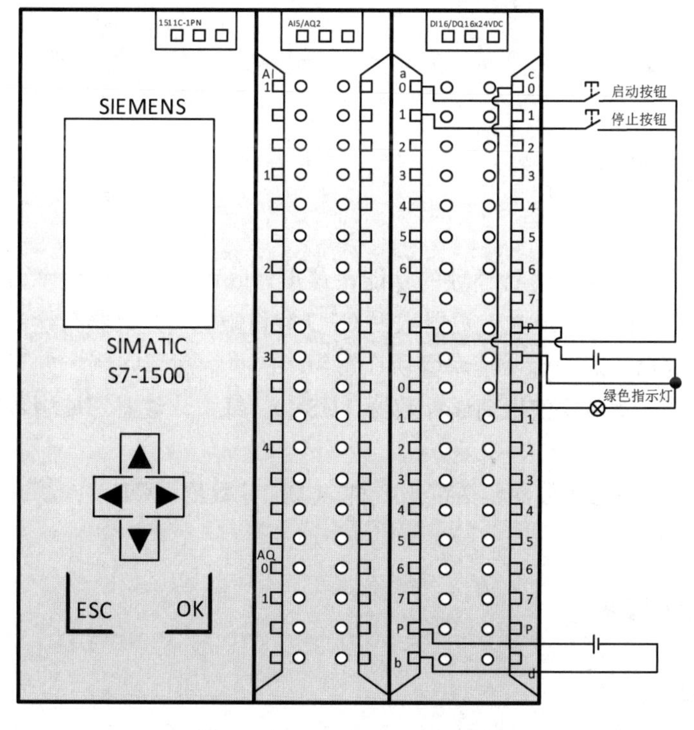

图 4-2-5　S7-1500 PLC 接线图

（5）PLC 变量表如图 4-2-6 所示。

变量表_1

		名称	数据类型	地址	保持
1		启动按钮	Bool	%I10.0	
2		停止按钮	Bool	%I10.1	
3		绿色指示灯	Bool	%Q4.0	
4		辅助继电器	Bool	%M10.0	

图 4-2-6　PLC 变量表

（6）实例程序如图 4-2-7 所示。

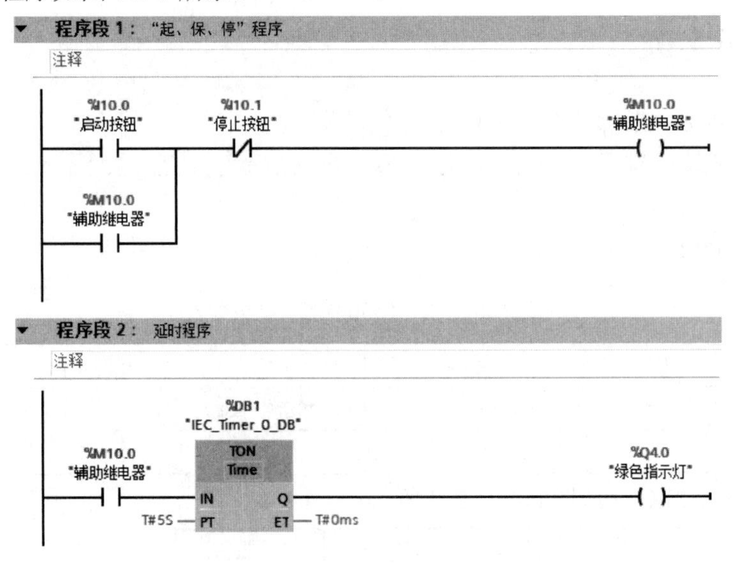

图 4-2-7　实例程序

4.3　计数器指令

计数器指令具有对事件进行计数的功能，该事件既可以是内部程序事件，也可以是外部过程事件。程序中使用的最大计数器数受 CPU 容量限制，计数器在计数脉冲处于上升沿时进行计数；计数器的最大计数速率受所在组织块的执行速率限制，如果脉冲的频率高于组织块的执行速率，就需要使用高速计数器（HSC）。每个计数器都使用数据块中存储的结构来保存计数器数据。

S7-1500 PLC 支持的计数器包括以下 3 种：①加计数器（CTU）；②减计数器（CTD）；③加减计数器（CTUD）。

4.3.1　加计数器指令

1. 指令概述

如表 4-3-1 所示，若输入信号 CU 从“0”变为“1”（信号上升沿），则执行加计数器指令，同时输出信号 CV 的当前计数值加 1，每检测到一个信号上升沿，计数值就会加 1，直到达到输出信号 CV 指定数据类型的上限。达到上限时，输入信号 CU 将不再影响加计数器指令。

输出信号 *Q* 由参数 PV 决定。若输出信号 CV 的当前值大于或等于参数 PV 的值，则输出信号 *Q* 为“1”，在其他任何情况下，输出信号 *Q* 为“0”。

当输入信号 *R* 变为“1”时，输出信号 CV 被复位为“0”。

2．指令说明

加计数器指令说明如表 4-3-1 所示。

表 4-3-1　加计数器指令说明

指令名称	指令符号	操作数类型		说　明
加计数器	"Counter name" CTU Int CU Q R CV PV	输入	CU：Bool（脉冲有效）	当 CV < PV 时，输出信号 *Q* 为“0”；当 CV≥PV 时，输出信号 *Q* 为“1”。当输入信号 *R* 为“1”时，CV = 0；当输入信号 *R* 为“0”，CU 处于上升沿时，输出信号 CV 的当前值加 1
			R：Bool（脉冲有效）	
			PV：任何整数数据类型	
		输出	*Q*：Bool	
			CV：任何整数数据类型	

3．示例

图 4-3-1 和图 4-3-2 分别为加计数器指令示例及其时序图。

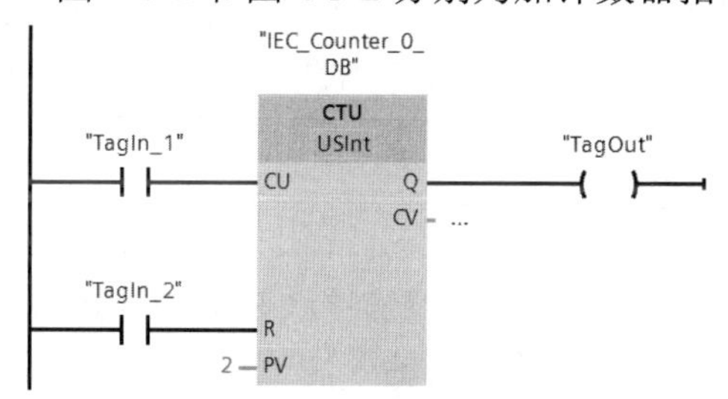

图 4-3-1　加计数器指令示例

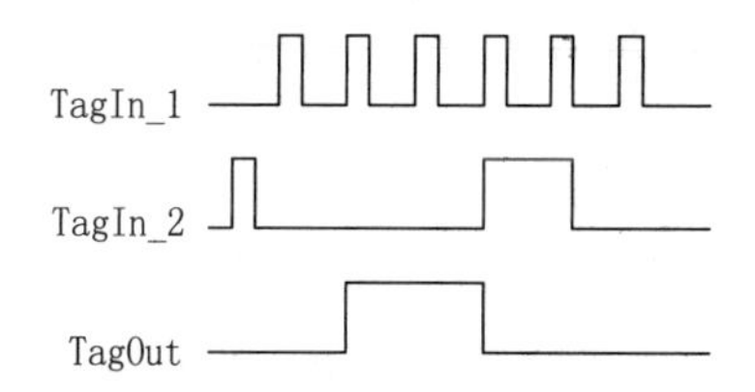

图 4-3-2　加计数器指令示例时序图

4.3.2　减计数器指令

1．指令概述

如表 4-3-2 所示，若输入信号 CD 从“0”变为“1”（信号上升沿），则执行减计数器指令，同时输出信号 CV 的当前计数值减 1，每检测到一个信号上升沿，输出信号 CV 的值就会减 1，直到达到输出信号 CV 指定数据类型的下限。当达到下限时，输入信号 CD 将不再影响减计数器指令。

若输出信号 CV 的当前计数值小于或等于“0”，则输出信号 *Q* 置为“1”，在其他情况下，输出信号 *Q* 均为“0”。

2. 指令说明

减计数器指令说明如表 4-3-2 所示。

表 4-3-2 减计数器指令说明

<table>
<tr><th>指令名称</th><th>指令符号</th><th colspan="2">操作数类型</th><th>说明</th></tr>
<tr><td rowspan="5">减计数器</td><td rowspan="5">"Counter name"
CTD
Int
CD Q
LD CV
PV</td><td rowspan="3">输入</td><td>CD：Bool（脉冲有效）</td><td rowspan="5">当 CV>0 时，输出信号 Q 为“0”；当 CV≤0 时，输出信号 Q 为“1”。
当输入信号 LD 为“1”时，预设的计数次数 PV 赋给 CV，即 CV=PV；当输入信号 LD 为“0”，CD 处于上升沿时，输出信号 CV 的当前值减 1</td></tr>
<tr><td>LD：Bool（电平有效）</td></tr>
<tr><td>PV：任何整数数据类型</td></tr>
<tr><td rowspan="2">输出</td><td>Q：Bool</td></tr>
<tr><td>CV：任何整数数据类型</td></tr>
</table>

3. 示例

图 4-3-3 和图 4-3-4 分别为减计数器指令示例及其时序图。

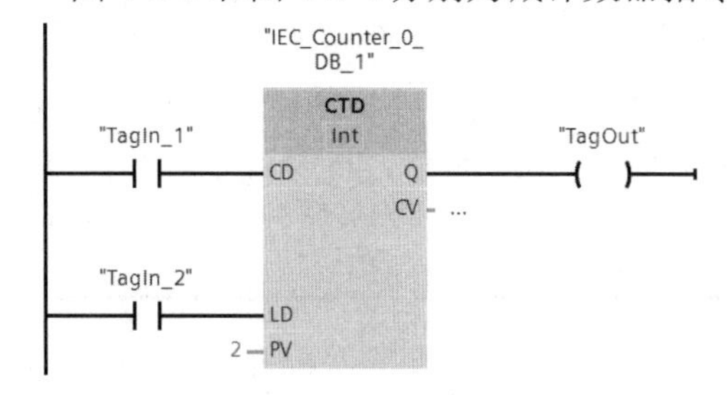

图 4-3-3 减计数器指令示例

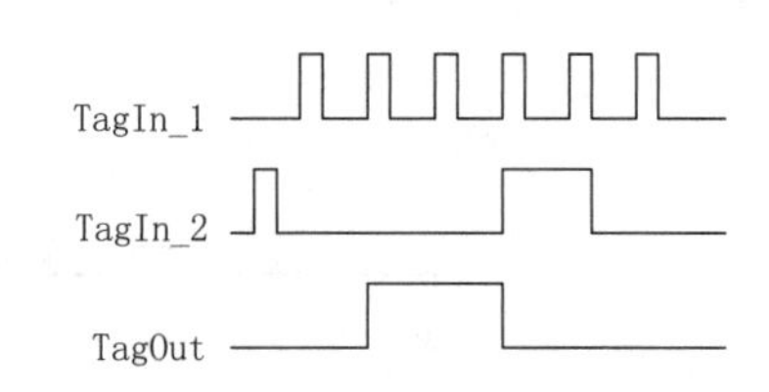

图 4-3-4 减计数器指令示例时序图

4.3.3 加减计数器指令

1. 指令概述

使用加减计数器指令可以实现递增和递减计数，CU 为加计数信号，CD 为减计数信号。加减计数器的功能类似一个加计数器和一个减计数器的组合。若输入信号 CU 从“0”变为“1”（信号上升沿），则输出信号 CV 的当前计数值加 1 并存储在参数 CV 中。若输入信号 CD 从“0”变为“1”（信号上升沿），则输出信号 CV 的当前计数值减 1；若在一个程序周期内，输入信号 CU 和 CD 都出现信号上升沿，则输出信号 CV 的当前计数值保持不变。

当输入信号 LD 变为“1”时，输出信号 CV 的当前计数值将被置位为参数 PV 的值。只要输入信号 LD 仍为“1”，输入信号 CU 和输入信号 CD 就不会影响加减计数器指令。

当输入信号 *R* 变为“1”时，输出信号 CV 的当前计数值将被复位为“0”，只要输入信号 *R* 为“1”，输入信号 CU、输入信号 CD 和输入信号 LD 就不会影响加减计数指令。

可以根据输出信号 QU 判断加计数器的状态，如果输出信号 CV 的当前计数值大于或等于参数 PV，就将输出信号 QU 置位为“1”，在其他情况下，输出信号 QU 均为“0”。

可以根据输出信号 QD 判断减计数器的状态，如果输出信号 CV 的当前计数值小于或等于“0”，就将输出信号 QD 置位为“1”，在其他情况下，输出信号 QD 均为“0”。

2. 指令说明

加减计数器指令说明如表 4-3-3 所示。

表 4-3-3　加减计数器指令说明

指令名称	指令符号	操作数类型			说明
加减计数器	"Counter name" CTUD Int CU　QU CD　QD R　CV LD PV	输入	CU：Bool	CD：Bool	当输入信号 CU 处于上升沿时，CV 当前值加 1；当输入信号 CD 处于上升沿时，CV 当前值减 1。 当 CV＜PV 时，输出信号 QU 为“0”；当 CV≥PV 时，输出信号 QU 为“1”。 当 CV＞0 时，输出信号 QD 为“0”；当 CV≤0 时，输出信号 QD 为“1”。 当输入信号 *R* 为“1”时，CV=0，输出信号 QU 为“0”，输出信号 QD 为“1”。 当输入信号 LD 为“1”时，CV=PV
			R：Bool	LD：Bool	
			PV：任何整数数据类型		
		输出	QU：Bool		
			QD：Bool		
			CV：任何整数数据类型		

当 PV=4 时加减计数器时序图如图 4-3-5 所示。

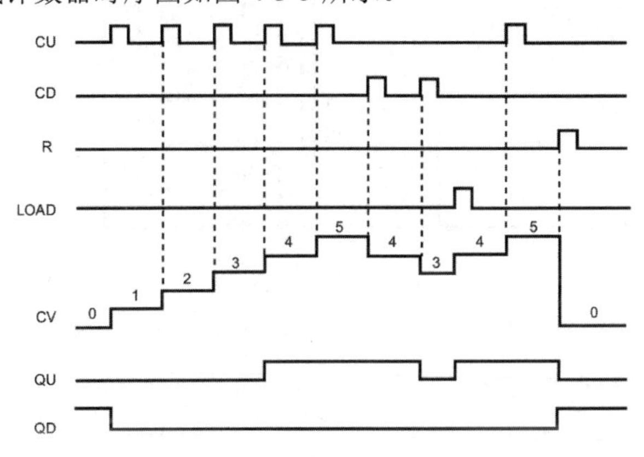

图 4-3-5　当 PV＝4 时加减计数器时序图

4.3.4　应用实例

（1）实例名称：指示灯点亮次数计数应用实例。

（2）实例描述：按下启动按钮，延时 5s，绿色指示灯点亮，计数器加 1；按下停止按钮，绿色指示灯熄灭；按下复位按钮，指示灯计数值清零。

（3）S7-1500 PLC I/O 分配表如表 4-3-4 所示。

表 4-3-4　S7-1500 PLC I/O 分配表

输入		输出	
启动按钮（SB1）	I10.0	绿色指示灯（GL）	Q4.0
停止按钮（SB2）	I10.1	—	—
复位按钮（SB3）	I10.2	—	—

（4）S7-1500 PLC 接线图如图 4-3-6 所示。

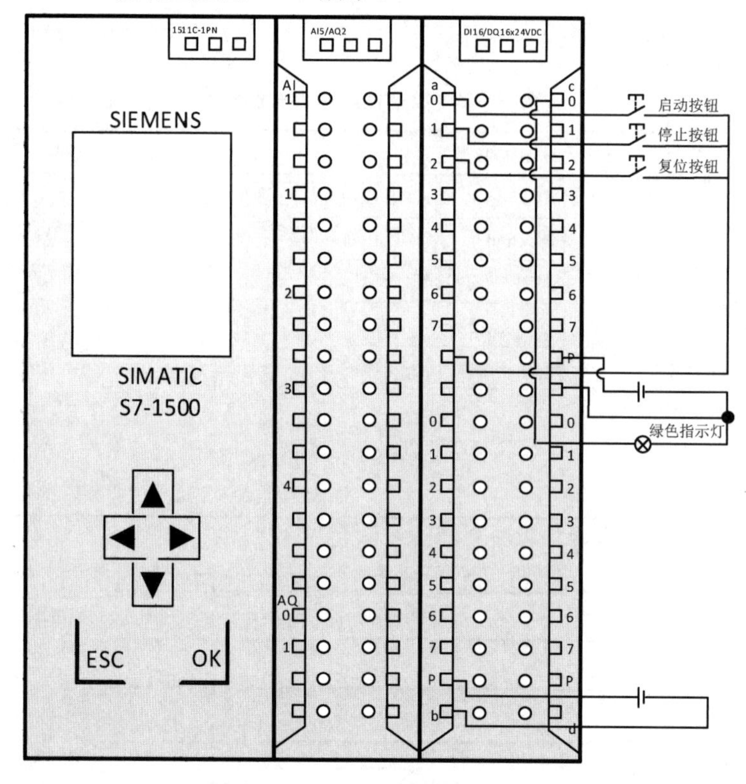

图 4-3-6　S7-1500 PLC 接线图

（5）PLC 变量表如图 4-3-7 所示。

变量表_1

	名称	数据类型	地址	保持
1	启动按钮	Bool	%I10.0	
2	停止按钮	Bool	%I10.1	
3	复位按钮	Bool	%I10.2	
4	绿色指示灯	Bool	%Q4.0	
5	辅助继电器	Bool	%M10.0	
6	指示灯计数值	Int	%MW12	

图 4-3-7　PLC 变量表

（6）实例程序如图 4-3-8 所示。

▼ 程序段 1：“起、保、停”程序

注释

%I10.0 "启动按钮"

%I10.1 "停止按钮"

%M10.0 "辅助继电器"

%M10.0 "辅助继电器"

图 4-3-8　实例程序

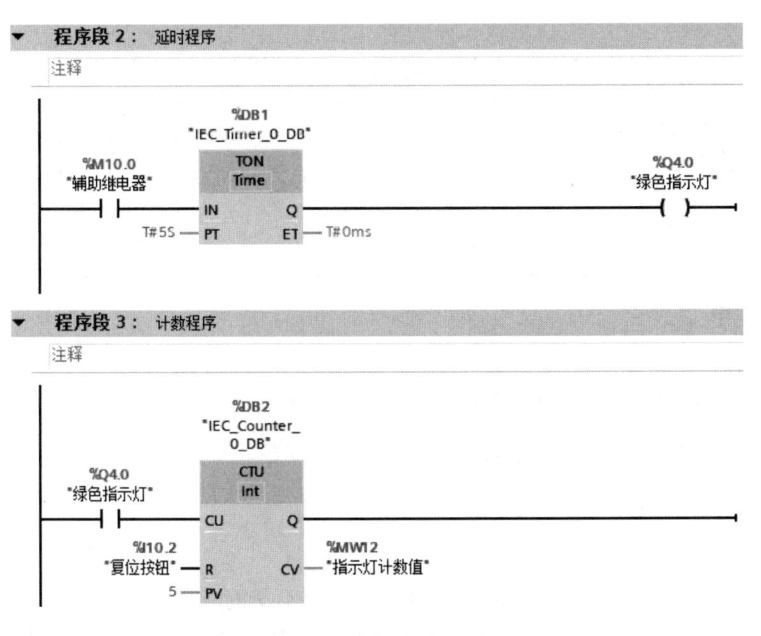

图 4-3-8 实例程序（续）

4.4 功能指令

4.4.1 比较器指令

1．指令概述

使用比较器指令可以对数据类型相同的两个值进行比较。

2．指令说明

比较器指令说明如表 4-4-1 所示。

表 4-4-1 比较器指令说明

指令名称	指令符号	操作数类型	说明
比较值	"IN1" == Byte "IN2"	操作数“IN1”，操作数“IN2”：Byte/Word/DWord/SInt/Int/DInt/USInt/UInt/UDInt/Real/LReal/String/WString/Char/Char/Time/Date/TOD/DTL/常数	比较操作数“IN1”和操作数“IN2”，若结果为真，则该触点被激活
范围内值	IN_RANGE ??? MIN VAL MAX	MIN，VAL，MAX：SInt/Int/DInt/USInt/UInt/UDInt/Real/LReal/常数	若输入信号 VAL 输入值在指定的参数 MIN 和参数 MAX 范围之内（MIN<VAL<MAX），则输出为“1”；否则，输出为“0”

续表

指令名称	指令符号	操作数类型	说明
范围外值	OUT_RANGE ??? MIN VAL MAX	MIN，VAL，MAX：SInt/Int/DInt/USInt/UInt/UDInt/Real/LReal/常数	若输入信号 VAL 输入值在指定的参数 MIN 和参数 MAX 范围之外（VAL<MIN 或者 MAX<VAL），则输出为“1”；否则，输出为“0”

3．应用实例

（1）实例名称：比较指令应用实例。

（2）实例描述：按下启动按钮，延时 5s，绿色指示灯点亮，计数器加 1；按下停止按钮，绿色指示灯熄灭；当绿色指示灯点亮 5 次时，红色指示灯点亮；按下复位按钮，绿色指示灯和红色指示灯熄灭。

（3）S7-1500 PLC I/O 分配表如表 4-4-2 所示。

表 4-4-2　S7-1500 PLC I/O 分配表

输入		输出	
启动按钮（SB1）	I10.0	绿色指示灯（GL）	Q4.0
停止按钮（SB2）	I10.1	红色指示灯（RL）	Q4.1
复位按钮（SB3）	I10.2	—	—

（4）S7-1500 PLC 接线图如图 4-4-1 所示。

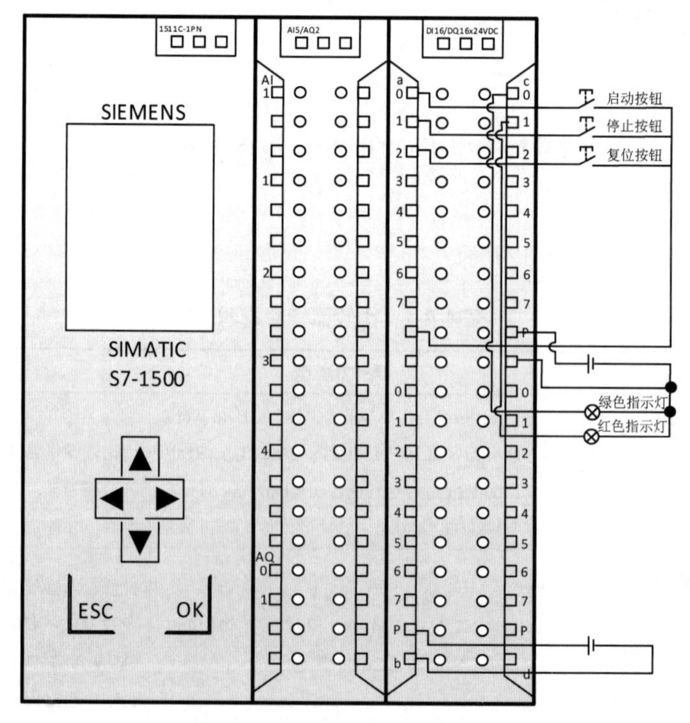

图 4-4-1　S7-1500 PLC 接线图

（5）PLC 变量表如图 4-4-2 所示。

变量表_1

		名称	数据类型	地址	保持
1		启动按钮	Bool	%I10.0	
2		停止按钮	Bool	%I10.1	
3		复位按钮	Bool	%I10.2	
4		绿色指示灯	Bool	%Q4.0	
5		红色指示灯	Bool	%Q4.1	
6		辅助继电器	Bool	%M10.0	
7		指示灯计数值	Int	%MW12	

图 4-4-2　PLC 变量表

（6）实例程序如图 4-4-3 所示。

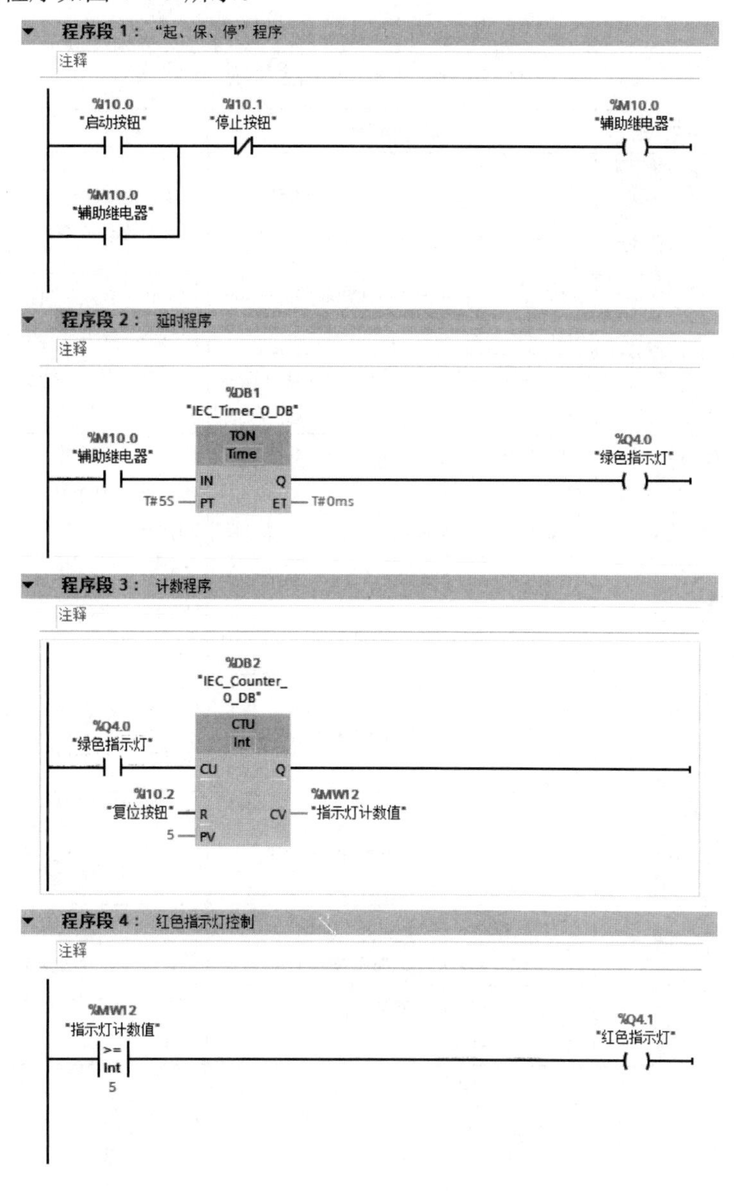

图 4-4-3　实例程序

4.4.2 数学函数指令

1. 指令概述

数学函数指令具有数学运算功能，包含整数运算指令、浮点数运算指令、三角函数指令等。在使用数学函数指令时，I/O 信号的数据类型必须保持一致。通过单击指令框中的“???”，可以选择该指令的数据类型。

2. 指令说明

数学函数指令说明如表 4-4-3 所示。部分指令的输入可增加，如 ADD 指令，单击“IN2”旁边的黄色“ ”图标，可以插入多个输入。

表 4-4-3 数学函数指令说明

指令名称	指令符号	操作数类型	说明
计算	CALCULATE ??? EN ENO OUT := <???> IN1 OUT IN2	IN1，IN2，OUT：SInt/Int/DInt/USInt/UInt/UDInt/Real/LReal/Byte/Word/DWord	单击“<???>”，定义数学函数，并根据定义的等式在“OUT”处生成结果
加、减、乘、除	ADD ??? EN ENO IN1 OUT IN2	IN1，IN2：SInt/Int/DInt/USInt/UInt/UDInt/Real/LReal/常数 OUT：SInt/Int/DInt/USInt/UInt/UDInt/Real/LReal	ADD：加法（OUT = IN1 + IN2）； SUB：减法（OUT = IN1 − IN2）； MUL：乘法（OUT = IN1 × IN2）； DIV：除法（OUT = IN1 / IN2）
求余	MOD ??? EN ENO IN1 OUT IN2	IN1，IN2：SInt/Int/DInt/USInt/UInt/UDInt/常数 OUT：SInt/Int/DInt/USInt/UInt/UDInt	用于返回整数除法运算的余数，即将 IN1 除以 IN2 后得到的余数输出到参数 OUT 中
取反	NEG ??? EN ENO IN OUT	IN1：SInt/Int/DInt/Real/LReal/Constant OUT：SInt/Int/DInt/Real/LReal	将参数 IN 的值的算术符号取反（求二进制数补码），并将结果存储在参数 OUT 中
递增、递减	INC ??? EN ENO IN/OUT	IN/OUT：SInt/Int/DInt/USInt/UInt/UDInt	INC：递增（IN/OUT=IN/OUT + 1）； DEC：递减（IN/OUT=IN/OUT − 1）
绝对值	ABS ??? EN ENO IN OUT	IN，OUT：SInt/Int/DInt/Real/LReal/	将输入信号 IN 的有符号整数或实数的绝对值输出到参数 OUT 中
最大值	MAX ??? EN ENO IN1 OUT IN2	IN1，IN2，…，IN32：SInt/Int/DInt/USInt/UInt/UDInt/Real/LReal/Time/Date/TOD/常数 OUT：SInt/Int/DInt/USInt/UInt/UDInt/Real/LReal/Time/Date/TOD	依次比较输入端的值并将最大值输出到参数 OUT 中，最多可以支持 32 个输入

续表

指令名称	指令符号	操作数类型	说　明
最小值	MIN ??? EN ENO IN1 OUT IN2	IN1，IN2，…，IN32：SInt/Int/DInt/USInt/UInt/UDInt/Real/LReal/Time/Date/TOD/常数 OUT：SInt/Int/DInt/USInt/UInt/UDInt/Real/LReal/Time/Date/TOD	依次比较输入端的值并将最小值输出到参数 OUT 中，最多可以支持 32 个输入
设置限值	LIMIT ??? EN ENO MN OUT IN MX	MN，IN，MX：SInt/Int/DInt/USInt/UInt/UDInt/Real/LReal/Time/Date/TOD/常数 OUT：SInt/Int/DInt/USInt/UInt/UDInt/Real/LReal/Time/Date/TOD	用于检验参数 IN 的值是否在参数 MN 和参数 MX 指定的值范围内。 在 MN<MX 情况下，参数 OUT 输出符合以下逻辑： 当 IN ≤ MN 时，OUT = MN； 当 IN ≥ MX 时，OUT = MX； 当 MN < IN < MX 时，OUT = IN； 在输入 MN ≥ MX 情况下，OUT = IN
平方、平方根	SQR ??? EN ENO IN OUT	IN：Real/LReal/常数 OUT：Real/ LReal	SQR：平方（$OUT = IN^2$）； SQRT：平方根（$OUT = \sqrt{IN}$）
自然对数	LN ??? EN ENO IN OUT	IN：Real/LReal/常数 OUT：Real/ LReal	自然对数，即 OUT = ln(IN)
指数值	EXP ??? EN ENO IN OUT	IN：Real/LReal/常数 OUT：Real/ LReal	指数值（$OUT = e^{IN}$），其中，底数 e ≈ 2.71828182845904523536
正弦值、反正弦值	SIN ??? EN ENO IN OUT	IN：Real/LReal/常数 OUT：Real/ LReal	SIN：正弦值，即 OUT = sin(IN)； ASIN：反正弦值，即 OUT = arcsin (IN)
余弦值、反余弦值	COS ??? EN ENO IN OUT	IN：Real/LReal/常数 OUT：Real/ LReal	COS：余弦值，即 OUT = cos(IN)； ACOS：反余弦值，即 OUT = arccos (IN)
正切值、反正切值	TAN ??? EN ENO IN OUT	IN：Real/LReal/常数 OUT：Real/ LReal	TAN：正切值，即 OUT = tan(IN)； ATAN：反正切值，即 OUT = arctan(IN)
取小数	FRAC ??? EN ENO IN OUT	IN：Real/LReal/常数 OUT：Real/ LReal	提取浮点数 IN 的小数部分输出到参数 OUT 中
取幂	EXPT ??? ** ??? EN ENO IN1 OUT IN2	IN1，IN2：Real/LReal/常数 OUT：Real/ LReal	取幂（$OUT = IN1^{IN2}$）

3．应用实例

（1）实例名称：圆柱体容器的液体体积计算应用实例。

（2）实例描述：已知圆柱体容器的底部圆的半径和液位，计算液位体积。

（3）实例程序如图 4-4-4 所示。

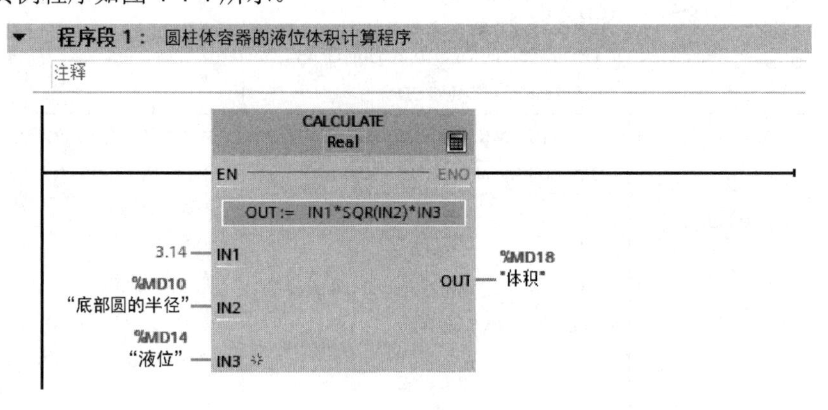

图 4-4-4 实例程序

4.4.3 数据处理指令

数据处理指令分为数据传送指令、数据转换指令、字逻辑运算指令和移位及循环移位指令等。

1．数据传送指令

（1）指令概述。

使用数据传送指令可以将数据元素复制到新的存储器中，并从一种数据类型转换为另一种数据类型。

（2）指令说明。

数据传送指令说明如表 4-4-4 所示。

表 4-4-4 数据传送指令说明

指令名称	指令符号	操作数类型	说明
移动	MOVE EN ENO IN OUT1	IN，OUT：SInt/Int/DInt/USInt/UInt/UDInt/Real/LReal/Byte/Word/DWord/Char/WChar/Array/Struct/DTL/Time/Date/TOD/IEC 数据类型/UDT	将单个数据元素从参数 IN 指定的源地址复制到参数 OUT 指定的目标地址
移动块	MOVE_BLK EN ENO IN OUT COUNT	IN，OUT：SInt/Int/DInt/USInt/UInt/UDInt/Real/LReal/Byte/Word/DWord/Time/Date/TOD/WChar COUNT：UInt	将数据元素块复制到新地址的可中断移动块中，参数 COUNT 用于指定要复制的数据元素的个数
无中断移动块	UMOVE_BLK EN ENO IN OUT COUNT	IN，OUT：SInt/Int/DInt/USInt/UInt/UDInt/Real/LReal/Byte/Word/DWord/Time/Date/TOD/WChar COUNT：UInt	将数据元素块复制到新地址的不可中断移动块中，参数 COUNT 用于指定要复制的数据元素个数

续表

指 令 名 称	指 令 符 号	操作数类型	说　明
填充块	FILL_BLK EN ENO IN OUT COUNT	IN，OUT：SInt/Int/DInt/USInt/UInt/UDInt/Real/LReal/Byte/Word/DWord/Time/Date/TOD/Char/WChar COUNT：USInt/UInt/UDInt	用 IN 值填充一个存储区域（目标范围），从参数 OUT 指定的地址开始填充。参数 COUNT 用于指定复制操作的重复次数
无中断填充块	UFILL_BLK EN ENO IN OUT COUNT	IN，OUT：SInt/Int/DInt/USInt/UInt/UDInt/Real/LReal/Byte/Word/DWord/Time/Date/TOD/Char/WChar COUNT：USInt/UInt/UDInt	用 IN 值填充一个存储区域（目标范围），从参数 OUT 指定的地址开始填充。参数 COUNT 用于指定复制操作的重复次数
交换字节	SWAP ??? EN ENO IN OUT	IN，OUT：Word/DWord	用于反转二字节数据元素和四字节数据元素的字节顺序，不改变每个字节的位顺序

2．数据转换指令

（1）指令概述。

使用数据转换指令可以将数据从一种数据类型转换为另一种数据类型，数据转换指令的输入不支持位串类型数据（如 Byte、Word 和 DWord）。若需要对位串类型数据进行转换操作，则必须选择位长度相同的无符号整型数据。例如，为 Byte 选择 USInt，为 Word 选择 UInt，为 DWord 选择 UDInt。对输入的 BCD16 数据进行转换仅限于 Int 数据类型，对输入的 BCD32 数据进行转换仅限于 DInt 数据类型。

（2）指令说明。

数据转换指令说明如表 4-4-5 所示。

表 4-4-5　数据转换指令说明

指 令 名 称	指 令 符 号	操作数类型	说　明
转换	CONV ??? to ??? EN ENO IN OUT	IN，OUT：位串/SInt/USInt/Int/UInt/DInt/UDInt/Real/LReal/BCD16/BCD32/Char/WChar	读取参数 IN 的内容，根据指令框中选择的数据类型对其进行转换，并将转换值输入参数 OUT
取整	ROUND Real to ??? EN ENO IN OUT	IN：Real/LReal OUT：SInt/Int/DInt/USInt/UInt/UDInt/Real/LReal	将参数 IN 的值四舍五入取整为最接近的整数，并输入参数 OUT
截尾取整	TRUNC Real to ??? EN ENO IN OUT	IN：Real/LReal OUT：SInt/Int/DInt/USInt/UInt/UDInt/Real/LReal	选择浮点数 IN 的整数部分，并输入参数 OUT
上取整	CEIL Real to ??? EN ENO IN OUT	IN：Real/LReal OUT：SInt/Int/DInt/USInt/UInt/UDInt/Real/LReal	将参数 IN 的值向上取整为相邻整数，并输入参数 OUT。输出值总是大于或等于输入值

续表

指令名称	指令符号	操作数类型	说明
下取整	FLOOR Real to ??? EN ENO IN OUT	IN：Real/LReal OUT：SInt/Int/DInt/USInt/UInt/UDInt/Real/LReal	将参数 IN 的值向下取整为相邻整数，并输入参数 OUT。输出值总是小于或等于输入值
标准化	NORM_X ??? to ??? EN ENO MIN OUT VALUE MAX	MIN，MAX，VALUE：SInt/Int/DInt/USInt/UInt/UDInt/Real/LReal OUT：Real/LReal	将参数 VALUE 的值映射到线性标尺，并对其进行标准化：OUT =（VALUE - MIN）/（MAX - MIN），其中 0.0≤OUT≤1.0
标定	SCALE_X ??? to ??? EN ENO MIN OUT VALUE MAX	MIN，MAX，OUT：SInt/Int/DInt/USInt/UInt/UDInt/Real/LReal VALUE：Real/LReal	将参数 VALUE 的值映射到指定值范围内，把该值缩放到由参数 MIN 和参数 MAX 定义的范围内：OUT = VALUE（MAX - MIN）+ MIN，其中，0.0≤VALUE≤1.0

3. 字逻辑运算指令

（1）指令概述。

使用字逻辑运算指令可以对输入的位串类型数据进行逻辑运算。常用的字逻辑运算包括与运算、或运算、异或运算等。

（2）指令说明。

字逻辑运算指令说明如表 4-4-6 所示。

表 4-4-6 字逻辑运算指令说明

指令名称	指令符号	操作数类型	说明
与、或、异或	AND ??? EN ENO IN1 OUT IN2	IN1，IN2，OUT：Byte/Word/DWord	AND（与）：OUT = IN1 AND IN2； OR（或）：OUT = IN1 OR IN2； XOR（异或）：OUT = IN1 XOR IN2
按位取反	INV ??? EN ENO IN OUT	IN，OUT：SInt/Int/DInt/USInt/UInt/UDInt/Byte/Word/DWord	对参数 IN 各个二进制位的值取反，计算反码（将每个“0”变为“1”，每个“1”变为“0”）。执行按位取反指令后，ENO 总为 TRUE

续表

指令名称	指令符号	操作数类型	说明
编码	ENCO ??? EN ENO IN OUT	IN：Byte/Word/DWord OUT：Int	选择参数 IN 的最低有效位，并将该位号输入参数 OUT
解码	DECO UInt to ??? EN ENO IN OUT	IN：UInt OUT：Byte/Word/DWord	读取参数 IN，并将输出值中位号为读取值的位置位为“1”
选择	SEL ??? EN ENO G OUT IN0 IN1	*G*：Bool IN0，IN1，OUT：SInt/Int/DInt/USInt/UInt/UDInt/Real/LReal/Byte/Word/DWord/Time/Date/TOD/Char/WChar	根据参数 *G* 的值，将两个输入值中的一个赋予参数 OUT。 当 $G=0$ 时，OUT = IN0； 当 $G=1$ 时，OUT = IN1
多路复用	MUX ??? EN ENO K OUT IN0 IN1 ELSE	*K*：UInt IN0，IN1，…，IN，ELSE，OUT：SInt/Int/DInt/USInt/UInt/UDInt/Real/LReal/Byte/Word/DWord/Time/Date/TOD/Char/WChar	根据参数 *K*，将多个输入值中的一个输入参数 OUT。如果参数 *K* 的值大于 IN*n*－1，则将参数 ELSE 赋予参数 OUT。 当 $K=0$，OUT = IN0； 当 $K=1$，OUT = IN1； 当 $K=n$，OUT = IN*n*
多路分用	DEMUX ??? EN ENO K OUT0 IN OUT1 ELSE	*K*：UInt IN，ELSE，OUT0，OUT1，…，OUT_n：SInt/Int/DInt/USInt/UInt/UDInt/Real/LReal/Byte/Word/DWord/Time/Date/TOD/Char/WChar	根据参数 *K*，将输入值输入多个参数 OUT 中的一个。如果参数 *K* 的值大于 OUT*n*－1，则将参数 IN 赋予参数 ELSE。 当 $K=0$ 时，OUT0 = IN； 当 $K=1$ 时，OUT1 = IN； 当 $K=n$ 时，OUT*n* = IN

4．移位及循环移位指令

（1）指令概述。

使用移位及循环移位指令可以移动操作数的位序列。

（2）指令说明。

移位及循环移位指令说明如表 4-4-7 所示。

表 4-4-7 移位及循环移位指令说明

指令名称	指令符号	操作数类型	说明	指令示例图
右移	SHR ??? EN ENO IN OUT N	IN，OUT：SInt/Int/DInt/USInt/UInt/UDInt *N*：USInt，UDInt	将参数 IN 按位向右移 *N* 位，并输入参数 OUT。若指定值无符号，则用 0 填充操作数左侧区域中空出的位；若指定值有符号，则用符号位的信号状态填充空出的位	15 …… 8 7 …… 0 IN 1010 1111 0000 1010 *N* 符号位　4 位 → OUT 1110 1010 1111 0000 1010 空出的位用符号位的信号状态填充　此 4 位丢失

续表

指令名称	指令符号	操作数类型	说明	指令示例图
循环右移	ROR ??? EN ENO IN OUT N	IN，OUT：SInt/Int/DInt/USInt/UInt/UDInt N：USInt，UDInt	将参数IN按位向右移N位，并输入参数OUT。用移出位的信号状态填充因循环移位而空出的位	IN 1010 1010 0000 1111 0000 1111 0101 0101 N 3 位 OUT 1011 0101 0100 0001 1110 0001 1110 1010 101 将3个移出位的信号状态插入空出的位
左移	SHL ??? EN ENO IN OUT N	IN，OUT：SInt/Int/DInt/USInt/UInt/UDInt N：USInt，UDInt	将参数IN按位向左移N位，并输入参数OUT。当进行无符号值移位时，用0填充操作数右侧区域空出的位；当进行有符号值移位时，用符号位的信号状态填充空出的位	IN 0 0 0 0 1 1 1 1 0 1 0 1 0 1 0 1 N 6 位 OUT 0 0 0 0 1 1 1 1 0 1 0 1 0 1 0 1 0 0 0 0 0 0 此6位丢失 空出的位位置用0填充
循环左移	ROL ??? EN ENO IN OUT N	IN，OUT：SInt/Int/DInt/USInt/UInt/UDInt N：USInt，UDInt	将参数IN按位向左移N位，并输入参数OUT。用移出位的信号状态填充因循环移位空出的位	IN 1111 0000 1010 1010 0000 1111 0000 1111 N 3 位 OUT 111 1000 0101 0101 0000 0111 1000 0111 1111 3个移出位的信号状态将插入空出的位

5．应用实例

（1）实例名称：圆柱体容器的液位体积计算和移位应用实例。

（2）实例描述：已知圆柱体容器的底部圆的半径和液位，计算液体体积并将液体体积数据从 MD18 数据区移动到 MD22 数据区。

（3）实例程序如图 4-4-5 所示。

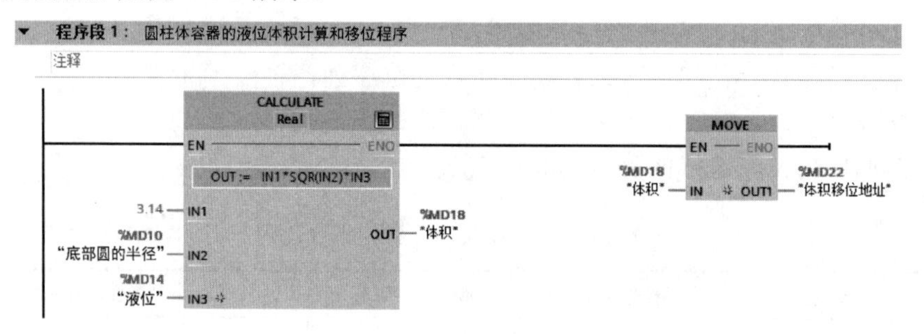

图 4-4-5　实例程序

4.4.4　程序控制指令

1．指令概述

程序控制指令具有强制命令程序跳转至指定位置执行的功能。

2. 指令说明

常用的程序控制指令说明如表 4-4-8 所示。

表 4-4-8　常用的程序控制指令说明

指令名称	指令符号	操作数类型	说明
跳转	tag —(JMP)—	tag：程序标签（LABEL）	当逻辑运算结果为 1 时，程序跳转到标签 tag 程序段处继续执行
0 跳转	tag —(JMPN)—	tag：程序标签（LABEL）	当逻辑运算结果为 0 时，程序跳转到标签 tag 程序段处继续执行
跳转标签	tag	tag：标签标识符	tag：跳转指令及相应跳转目标程序标签的标识符。各标签在程序块内必须唯一
跳转列表	JMP_LIST EN　DEST0 K　DEST1	*K*：UInt DEST0，DEST1：程序标签（LABEL）	根据参数 *K* 跳转到相应标签的程序段
跳转分配器	SWITCH ??? EN　DEST0 K　DEST1 ==　ELSE ==	*K*：UInt ==，<>，<，<=，>，>=：SInt/Int/DInt/USInt/UInt/UDInt/Real/LReal/Byte/Word/DWord/Time/TOD/Date DEST0，DEST1，…，DEST*n*，ELSE：程序标签	将参数 *K* 中指定的值与各个输入值进行比较，若比较结果为“真”，则跳转到标签为 DEST0 的程序段。下一个比较测试使用下一个输入，若比较结果为“真”，则跳转到标签为 DEST1 的程序段。依次对其他比较进行类似的处理，若比较结果都不为“真”，则跳转到标签为 ELSE 的程序段
返回	"Return_Value" —(RET)—	Return_Value：Bool	终止当前程序块的执行，与 LABEL 配合使用

4.5 基本指令综合应用实例

4.5.1 实例内容

（1）实例名称：4.5.1 两台电机的时间控制应用实例。

（2）实例描述：两台电机控制方式如下。

① 当系统处于手动控制状态时，按下每台电机的启动按钮，电机启动运行，同时累计运行时间；按下每台电机的停止按钮，电机停止运行。

② 当系统处于自动控制状态时，按下自动启动按钮，系统自动启动运行累计时间短的电机；按下自动停止按钮，电机停止运行。

（3）硬件组成。

① CPU 1511C-1 PN，1 台，订货号：6ES7 511-1CK01-0AB0。

② 编程计算机，1 台，已安装博途 STEP 7 专业版 V16 软件。

4.5.2 实例实施

第一步：新建项目及组态。

打开博途软件，在 Portal 视图中，选择“创建新项目”选项，在弹出的界面中输入项目名称（4.5.1 两台电机的时间控制应用实例）、路径和作者等信息，单击“创建”按钮，生成新项目。

进入项目视图，在左侧的“项目树”窗格中，选择“添加新设备”选项，弹出“添加新设备”对话框，如图 4-5-1 所示，选择 CPU 的订货号和版本（必须与实际设备相匹配），并单击“确定”按钮。

图 4-5-1 “添加新设备”对话框

第二步：设置 CPU 属性。

在“项目树”窗格中，单击“PLC_1[CPU 1511C-1 PN]”下拉按钮，双击“设备组态”选项，在“设备视图”标签页的工作区中，选中“PLC_1”，依次选择巡视窗格中的“属性”→

“常规”→“PROFINET 接口[X1]”→“以太网地址”选项，修改以太网 IP 地址，如图 4-5-2 所示。

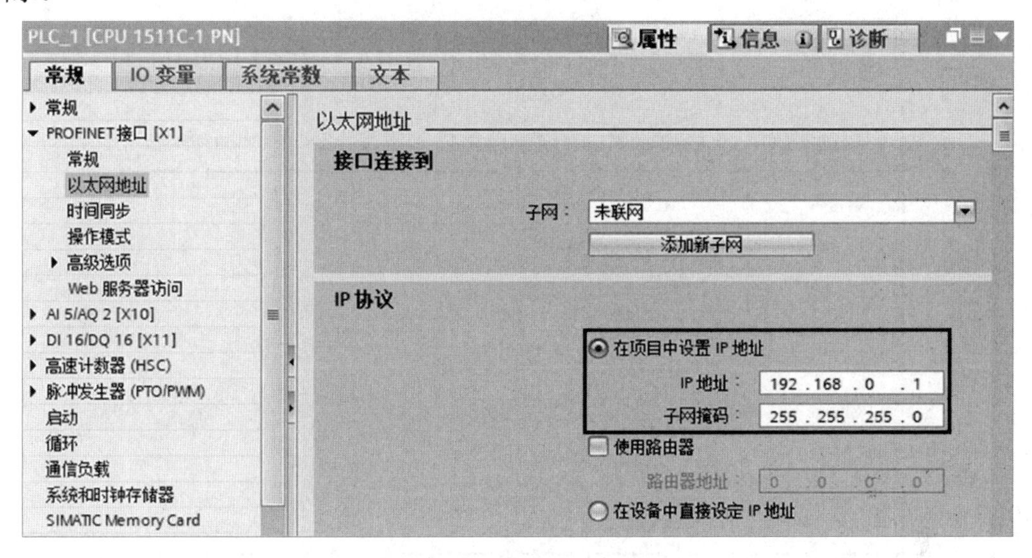

图 4-5-2　设置以太网 IP 地址

第三步：新建 PLC 变量表。

在“项目树”窗格中，依次选择“PLC_1[CPU 1511C-1 PN]”→“PLC 变量”选项，双击“添加新变量表”选项，添加新变量表。将新添加的变量表命名为“PLC 变量表”，并在“PLC 变量表”中新建变量，如图 4-5-3 所示。

PLC变量表

	名称	数据类型	地址 ▲	保持
1	手/自动选择开关	Bool	%M10.0	
2	自动启动按钮	Bool	%M10.1	
3	自动停止按钮	Bool	%M10.2	
4	复位按钮	Bool	%M10.3	
5	1#电机启动按钮	Bool	%M30.0	
6	1#电机停止按钮	Bool	%M30.1	
7	1#电机控制	Bool	%M30.2	
8	1#电机控制运行反馈	Bool	%M30.3	
9	1#辅助继电器1	Bool	%M30.4	
10	1#辅助继电器2	Bool	%M30.5	
11	1#电机运行累计时间	DInt	%MD32	
12	2#电机启动按钮	Bool	%M40.0	
13	2#电机停止按钮	Bool	%M40.1	
14	2#电机控制	Bool	%M40.2	
15	2#电机控制运行反馈	Bool	%M40.3	
16	2#辅助继电器1	Bool	%M40.4	
17	2#辅助继电器2	Bool	%M40.5	
18	2#电机运行累计时间	DInt	%MD42	

图 4-5-3　PLC 变量表

第四步：编写组织块 OB1 主程序。

编写组织块 OB1 主程序，如图 4-5-4 所示。

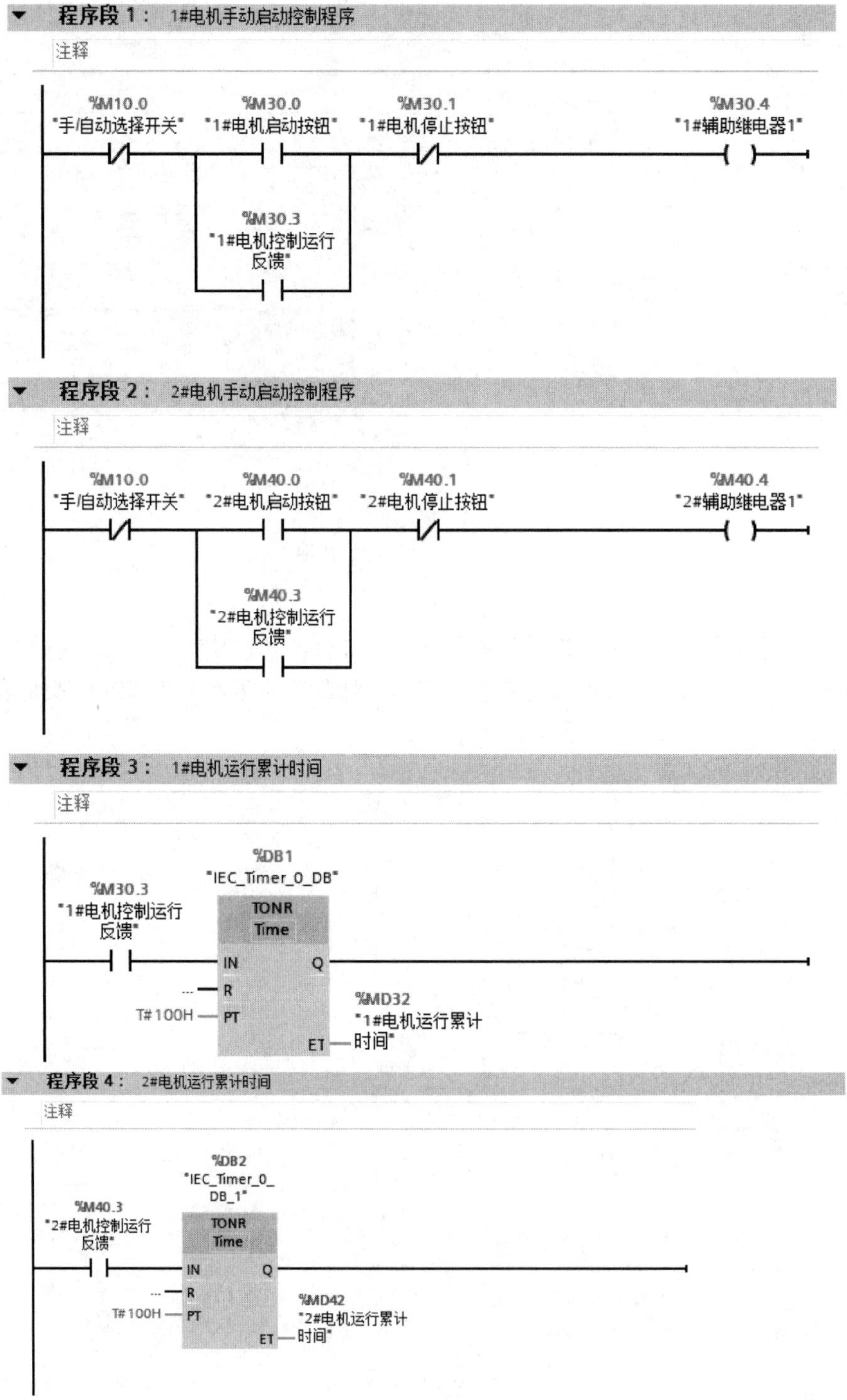

▼ 程序段 1： 1#电机手动启动控制程序

注释

%M10.0
"手/自动选择开关"
%M30.0
"1#电机启动按钮"
%M30.1
"1#电机停止按钮"
%M30.4
"1#辅助继电器1"
%M30.3
"1#电机控制运行反馈"

▼ 程序段 2： 2#电机手动启动控制程序

注释

%M10.0
"手/自动选择开关"
%M40.0
"2#电机启动按钮"
%M40.1
"2#电机停止按钮"
%M40.4
"2#辅助继电器1"
%M40.3
"2#电机控制运行反馈"

▼ 程序段 3： 1#电机运行累计时间

注释

%DB1
"IEC_Timer_0_DB"
TONR
Time
%M30.3
"1#电机控制运行反馈"
IN Q
... R
T#100H PT
ET
%MD32
"1#电机运行累计时间"

▼ 程序段 4： 2#电机运行累计时间

注释

%DB2
"IEC_Timer_0_DB_1"
TONR
Time
%M40.3
"2#电机控制运行反馈"
IN Q
... R
T#100H PT
ET
%MD42
"2#电机运行累计时间"

图 4-5-4 实例程序

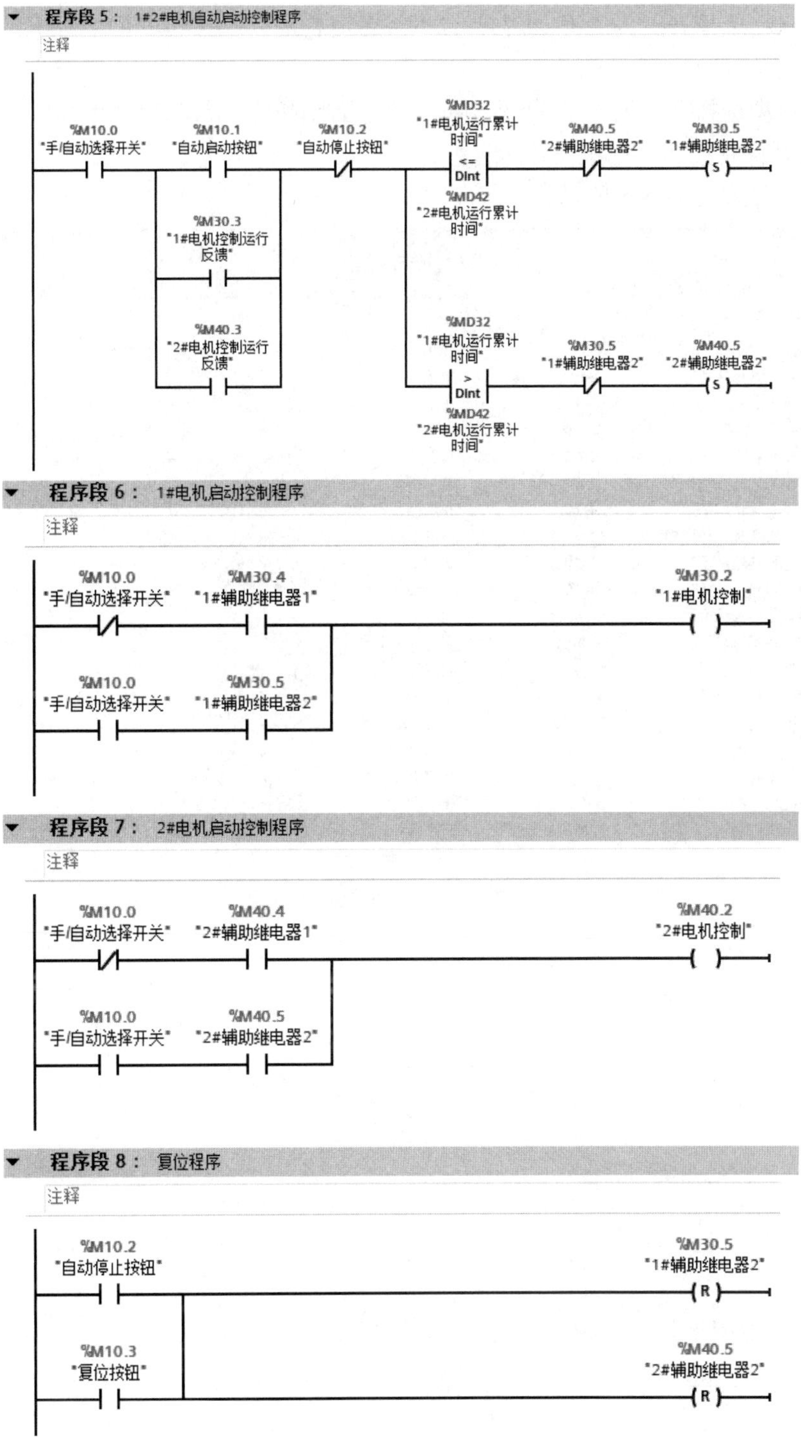

▼ 程序段 5： 1#2#电机自动启动控制程序

注释

%M10.0 "手/自动选择开关"　%M10.1 "自动启动按钮"　%M10.2 "自动停止按钮"　%MD32 "1#电机运行累计时间" <= DInt %MD42 "2#电机运行累计时间"　%M40.5 "2#辅助继电器2"　%M30.5 "1#辅助继电器2" (S)

%M30.3 "1#电机控制运行反馈"

%M40.3 "2#电机控制运行反馈"

%MD32 "1#电机运行累计时间" > DInt %MD42 "2#电机运行累计时间"　%M30.5 "1#辅助继电器2"　%M40.5 "2#辅助继电器2" (S)

▼ 程序段 6： 1#电机启动控制程序

注释

%M10.0 "手/自动选择开关"　%M30.4 "1#辅助继电器1"　%M30.2 "1#电机控制" ( )

%M10.0 "手/自动选择开关"　%M30.5 "1#辅助继电器2"

▼ 程序段 7： 2#电机启动控制程序

注释

%M10.0 "手/自动选择开关"　%M40.4 "2#辅助继电器1"　%M40.2 "2#电机控制" ( )

%M10.0 "手/自动选择开关"　%M40.5 "2#辅助继电器2"

▼ 程序段 8： 复位程序

注释

%M10.2 "自动停止按钮"　%M30.5 "1#辅助继电器2" (R)

%M10.3 "复位按钮"　%M40.5 "2#辅助继电器2" (R)

图 4-5-4　实例程序（续）

第五步：程序测试。

编译程序后，将程序下载到 S7-1500 CPU 中，按以下步骤进行程序测试。

① 手/自动选择开关为“0”状态，按下每台电机的启动按钮和停止按钮，可以实现电机的启停控制。

② 手/自动选择开关为“1”状态，按下自动启动按钮，自动启动运行累计时间短的电机，按下自动停止按钮，电机停止运行。

PLC 监控表如图 4-5-5 所示。

4.5.1 两台电机的时间控制应用实例 ▸ PLC_1 [CPU 1511C-1 PN] ▸ 监控与强制表 ▸ PLC监控表

	i	名称	地址	显示格式	监视值	修改值	⚡	注释
1		"手/自动选择开关"	%M10.0	布尔型	TRUE	TRUE	☑ !	
2		"自动启动按钮"	%M10.1	布尔型	FALSE	FALSE	☑ !	
3		"自动停止按钮"	%M10.2	布尔型	FALSE	FALSE	☑ !	
4		"复位按钮"	%M10.3	布尔型	FALSE		☐	
5		"1#电机启动按钮"	%M30.0	布尔型	FALSE		☐	
6		"1#电机停止按钮"	%M30.1	布尔型	FALSE		☐	
7		"1#电机控制运行反馈"	%M30.3	布尔型	FALSE	FALSE	☑ !	
8		"2#电机启动按钮"	%M40.0	布尔型	FALSE		☐	
9		"2#电机停止按钮"	%M40.1	布尔型	FALSE		☐	
10		"2#电机控制运行反馈"	%M40.3	布尔型	TRUE	TRUE	☑ !	
11		"1#电机运行累计时间"	%MD32	带符号十进制	18100		☐	
12		"2#辅助继电器2"	%M40.5	布尔型	TRUE		☐	
13		"1#辅助继电器2"	%M30.5	布尔型	FALSE		☐	
14		"2#电机运行累计时间"	%MD42	带符号十进制	64450		☐	
15		"1#辅助继电器1"	%M30.4	布尔型	FALSE		☐	
16		"2#辅助继电器1"	%M40.4	布尔型	FALSE		☐	
17		"1#电机控制"	%M30.2	布尔型	FALSE		☐	
18		"2#电机控制"	%M40.2	布尔型	TRUE		☐	

图 4-5-5 PLC 监控表

第 5 章 S7-1500 PLC 数据块和程序块

用户程序工作在 S7-1500 PLC 的操作系统上，操作系统调用用户程序，以执行用户程序。

用户程序包括数据块和程序块，其中程序块有 3 种类型：组织块（OB）、函数（FC）和函数块（FB）。

5.1 数据块

数据块用于存储程序数据，其中包含用户程序使用的变量数据。

5.1.1 数据块种类

数据块有以下两种类型。

1．全局数据块

全局数据块存储所有其他块都可以使用的数据，大小因 CPU 的不同而不同。用户可以自定义全局数据块的结构，也可以选择将 PLC 数据类型作为创建全局数据块的模板。

每个组织块、函数或者函数块都可以从全局数据块中读取数据或向全局数据块写入数据。

2．背景数据块

背景数据块通常直接分配给函数块，其结构取决于函数块的接口声明，不能任意定义。

背景数据块具有如下特性。

① 背景数据块通常直接分配给函数块。

② 背景数据块的结构与相应函数块的接口相同，且只能在函数块中更改。

③ 背景数据块在调用函数块时自动生成。

5.1.2 数据块的创建及变量编辑方法

第一步：数据块的创建。

在“项目树”窗格中单击“程序块”下拉按钮，双击“添加新块”选项，选择“数据块”选项，并将其命名为“数据块_1”，如图 5-1-1 所示，单击“确定”按钮。

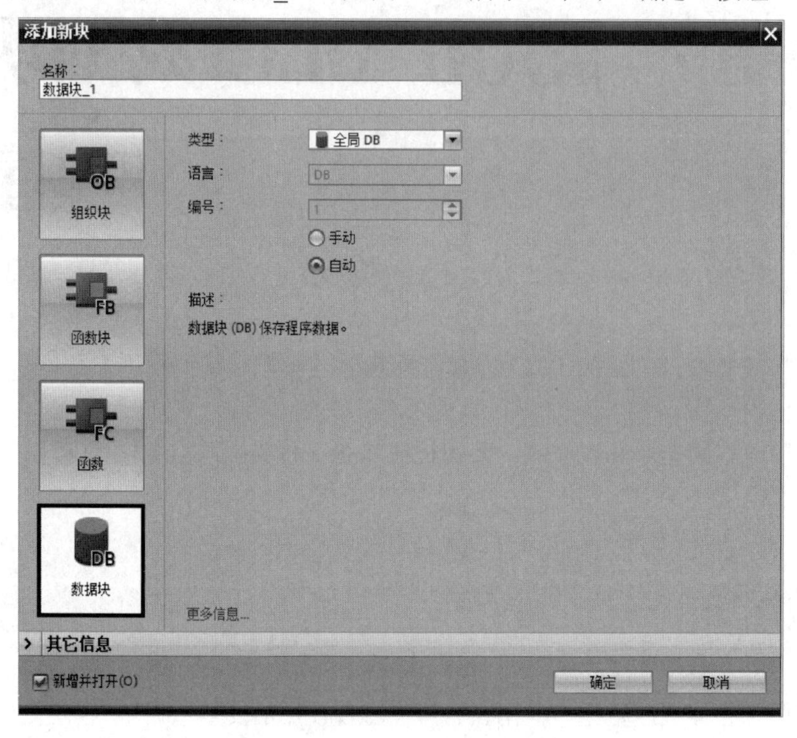

图 5-1-1　数据块的创建

第二步：数据块变量编辑方法。

进入“数据块_1”工作区对数据块变量进行编辑，如图 5-1-2 所示。

数据块_1

	名称	数据类型	起始值	保持
1	▼ Static			
2	启动按钮	Bool	false	
3	停止按钮	Bool	false	
4	急停按钮	Bool	false	
5	运行状态反馈	Bool	false	
6	故障状态反馈	Bool	false	
7	电机控制	Bool	false	

图 5-1-2　对数据块变量进行编辑

5.1.3 数据块访问模式

依次选择“常规”→“属性”选项，在“属性”选项卡中设置数据块的访问模式，如图 5-1-3 所示。当勾选“优化的块访问”复选框时，数据块为优化访问模式；当取消勾选

“优化的块访问”复选框时，数据块为标准访问模式。

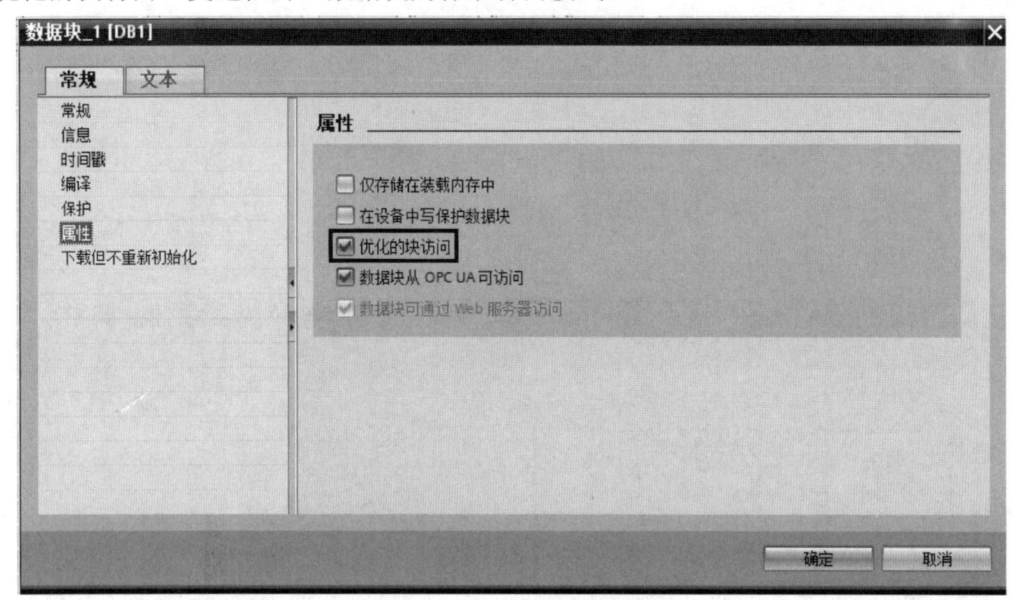

图 5-1-3 设置数据块的访问模式

1. 优化访问模式

优化访问模式的数据块仅为数据元素分配一个符号名称，不分配固定地址，变量的存储地址是由系统自动分配的，每个变量无偏移地址。

2. 标准访问模式（与 S7-300/400 PLC 兼容）

标准访问模式的数据块不仅为数据元素分配一个符号名称，还分配固定地址，变量的存储地址存储在数据块中，每个变量的偏移地址可见。

5.1.4 数据块与 M 区的使用区别

（1）数据块可以被设置为优化访问模式，即通过符号访问不需要绝对地址，而 M 区一定会分配绝对地址。

（2）数据块是由用户定义的，而 M 区是已经在 CPU 中定义好的。

（3）数据块变量比 M 区变量支持的数据类型更多，如数组等。

5.2 组织块

组织块构成了操作系统和用户程序间的接口，组织块由操作系统调用，可以进行以下操作。

① 启动。

② 循环程序的执行。

③ 中断程序的执行。

④ 错误处理。

5.2.1 组织块种类

在“项目树”窗格中单击“程序块”下拉按钮，双击“添加新块”选项，并选择“组织块”选项。组织块种类如图 5-2-1 所示。

图 5-2-1　组织块种类

组织块主要种类说明如表 5-2-1 所示。

表 5-2-1　组织块主要种类说明

组织块名称	数　量	组织块编号	说　明
程序循环组织块	≥1	1 或者≥123	程序循环组织块在 CPU 处于 RUN 模式时循环执行
启动组织块	≥1	100 或者≥123	启动组织块在 CPU 的操作模式从 STOP 模式切换到 RUN 模式时执行一次
延时中断组织块	≤4	20～23 或者≥123	延时中断组织块在指定时延后执行
循环中断组织块	≤4	30～38 或者≥123	循环中断组织块以指定的时间间隔循环执行

续表

组织块名称	数　量	组织块编号	说　明
硬件中断组织块	≤50	40～47 或者≥123	硬件中断组织块在发生相关硬件事件时执行
诊断错误组织块	1	82	当 CPU 检测到诊断错误，或者具有诊断功能的模块发现错误且启用了诊断错误中断时，将执行诊断错误组织块
时间错误组织块	1	80	当扫描周期超过最大周期或发生时间错误事件时，将执行时间错误组织块
拔出或插入模块组织块	1	83	当已组态和非禁用分布式 I/O 模块或子模块（PROFIBUS、PROFINET、AS-i）生成拔出或插入模块相关事件时，系统将执行拔出或插入模块组织块
机架或站故障组织块	1	86	当 CPU 检测到分布式机架或站出现故障或发生通信丢失时，将执行机架或站故障组织块

5.2.2　组织块应用说明

① 组织块是由操作系统直接调用的。

② 一个程序可以有多个组织块。

5.3　函数

函数是不带存储器的程序块。由于没有可以存储块参数值的数据存储器，因此在调用函数时，必须给所有形参分配实参。

5.3.1　函数的接口区

函数的接口区如图 5-3-1 所示。

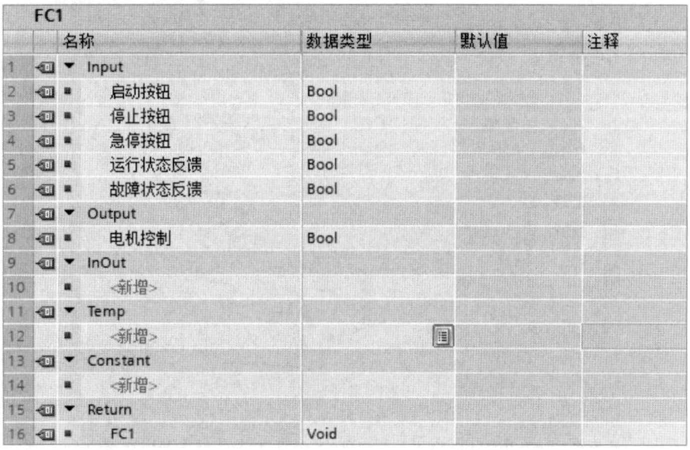

FC1

	名称	数据类型	默认值	注释
1	▼ Input			
2	启动按钮	Bool		
3	停止按钮	Bool		
4	急停按钮	Bool		
5	运行状态反馈	Bool		
6	故障状态反馈	Bool		
7	▼ Output			
8	电机控制	Bool		
9	▼ InOut			
10	<新增>			
11	▼ Temp			
12	<新增>			
13	▼ Constant			
14	<新增>			
15	▼ Return			
16	FC1	Void		

图 5-3-1　函数的接口区

函数的接口区具体说明如表 5-3-1 所示

表 5-3-1　函数的接口区具体说明

类　型	区　域	说　明
输入参数	Input	其值是由函数读取的参数
输出参数	Output	其值是由函数写入的参数
I/O 参数	InOut	调用时由函数读取，执行后由函数写入
临时局部数据	Temp	用于存储临时中间结果的变量。只保留一个周期的临时局部数据。如果使用临时局部数据，那么必须确保在要读取这些值的周期内写入这些值；否则，这些值将为随机数
常量	Constant	在函数中使用且带有声明符号名的常量

5.3.2　函数的创建及编程方法

第一步：新建 PLC 变量表。

在“项目树”窗格中单击“PLC 变量”下拉按钮，双击“添加新变量表”选项，添加新变量表。将新添加的变量表命名为“PLC 变量表”，在其工作区中定义变量，如图 5-3-2 所示。

PLC变量表

	名称	数据类型	地址	保持
1	启动按钮	Bool	%I10.0	
2	停止按钮	Bool	%I10.1	
3	急停按钮	Bool	%I10.2	
4	运行状态反馈	Bool	%I10.3	
5	故障状态反馈	Bool	%I10.4	
6	电机控制	Bool	%Q4.0	

图 5-3-2　PLC 变量表

第二步：函数的创建。

在“项目树”窗格中单击“程序块”下拉按钮，双击“添加新块”选项，选择“函数”选项，并将其命名为“FC1”，如图 5-3-3 所示，单击“确定”按钮。

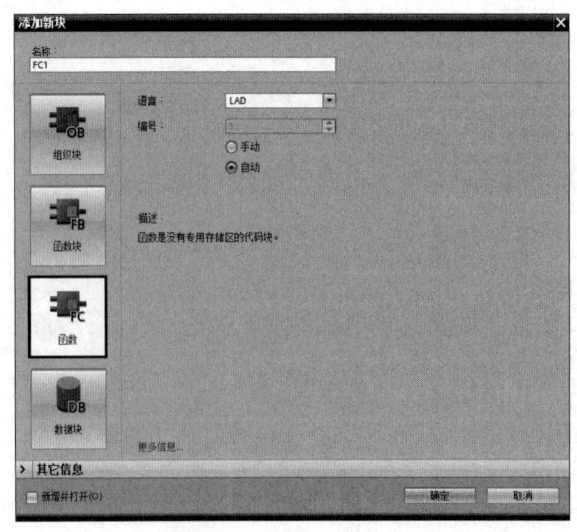

图 5-3-3　函数的创建

第三步：函数接口区参数设置。

进入函数 FC1 接口区进行参数设置，如图 5-3-4 所示。

FC1

	名称	数据类型	默认值	注释
1	▼ Input			
2	启动按钮	Bool		
3	停止按钮	Bool		
4	急停按钮	Bool		
5	运行状态反馈	Bool		
6	故障状态反馈	Bool		
7	▼ Output			
8	电机控制	Bool		
9	▼ InOut			
10	<新增>			
11	▼ Temp			
12	<新增>			
13	▼ Constant			
14	<新增>			
15	▼ Return			
16	FC1	Void		

图 5-3-4　函数接口区参数设置

第四步：函数程序的编写。

进入函数 FC1 工作区编写程序，如图 5-3-5 所示。

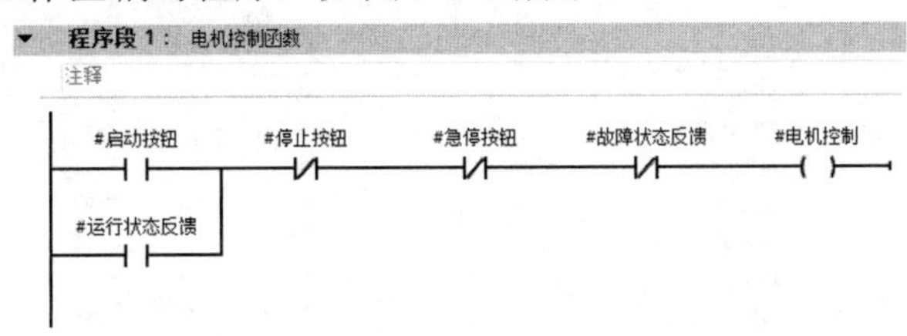

图 5-3-5　函数程序的编写

第五步：函数程序的调用及赋值。

将函数 FC1 拖曳到组织块 OB1 中，并为其赋值，如图 5-3-6 所示。

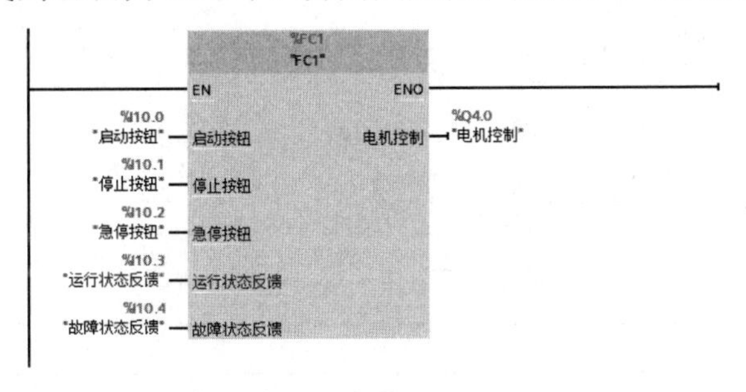

图 5-3-6　函数的调用和赋值

5.3.3　函数应用说明

函数有如下两种常用的应用方法。

1．作为子程序应用

将相互独立的控制功能或者设备分成不同的函数进行编写，并统一由组织块调用，可以实现程序的结构化设计，且程序易读性强，便于调试和维护。

2. 作为标准函数块应用

函数中通常带有形参，通过对形参赋不同的实参，可以实现对相同功能类设备的统一编程和控制。

5.4 函数块

与函数相比，在调用函数块时必须为其分配背景数据块。函数块的输入参数、输出参数、I/O 参数和静态变量均存储在背景数据块中。在执行完函数块后，这些值仍然有效。

5.4.1 函数块的接口区

函数块的接口区如图 5-4-1 所示。

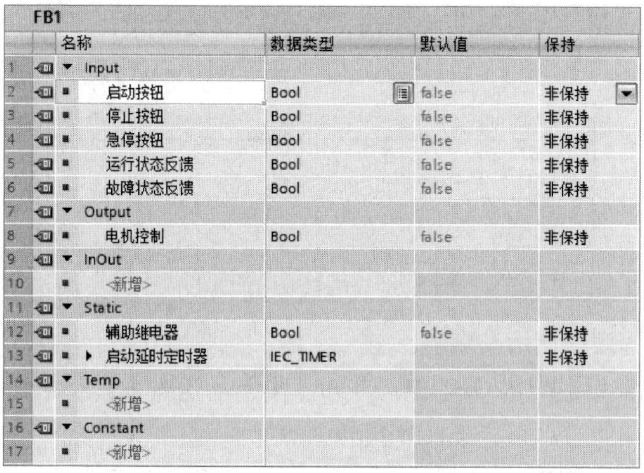

FB1

	名称	数据类型	默认值	保持
1	Input			
2	启动按钮	Bool	false	非保持
3	停止按钮	Bool	false	非保持
4	急停按钮	Bool	false	非保持
5	运行状态反馈	Bool	false	非保持
6	故障状态反馈	Bool	false	非保持
7	Output			
8	电机控制	Bool	false	非保持
9	InOut			
10	<新增>			
11	Static			
12	辅助继电器	Bool	false	非保持
13	启动延时定时器	IEC_TIMER		非保持
14	Temp			
15	<新增>			
16	Constant			
17	<新增>			

图 5-4-1　函数块的接口区

函数块的接口区具体说明如表 5-4-1 所示

表 5-4-1　函数块的接口区具体说明

类　型	区　域	说　明
输入参数	Input	其值是由函数块读取的参数
输出参数	Output	其值是由函数块写入的参数
I/O 参数	InOut	调用时由函数块读取，执行后由函数块写入
临时局部数据	Temp	用于存储临时中间结果的变量。只保留一个周期的临时局部数据。若使用临时局部数据，则必须确保在要读取这些值的周期内写入这些值；否则，这些值将为随机数
静态局部数据	Static	用于在背景数据块中存储静态中间结果的变量。静态数据会一直保留到被覆盖（可能在几个周期之后）。作为多重实例调用函数块的背景数据块也将存储在静态局部数据中
常量	Constant	在函数中使用且带有声明符号

5.4.2　函数块的创建及编程方法

第一步：新建 PLC 变量表。

在“项目树”窗格中单击“PLC 变量”下拉按钮，双击“添加新变量表”选项，添加新变量表。将新添加的变量表命名为“PLC 变量表”，在其工作区中定义变量，如图 5-4-2 所示。

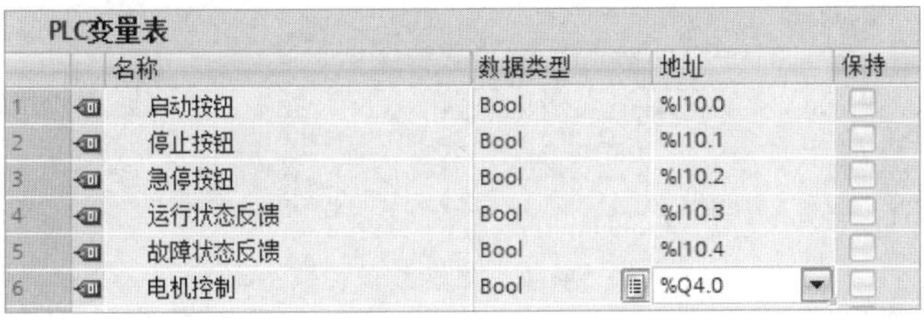

PLC变量表

	名称	数据类型	地址	保持
1	启动按钮	Bool	%I10.0	
2	停止按钮	Bool	%I10.1	
3	急停按钮	Bool	%I10.2	
4	运行状态反馈	Bool	%I10.3	
5	故障状态反馈	Bool	%I10.4	
6	电机控制	Bool	%Q4.0	

图 5-4-2　PLC 变量表

第二步：函数块的创建。

在“项目树”窗格中单击“程序块”下拉按钮，双击“添加新块”选项，选择“函数块”选项，并将其命名为“FB1”，如图 5-4-3 所示，单击“确定”按钮。

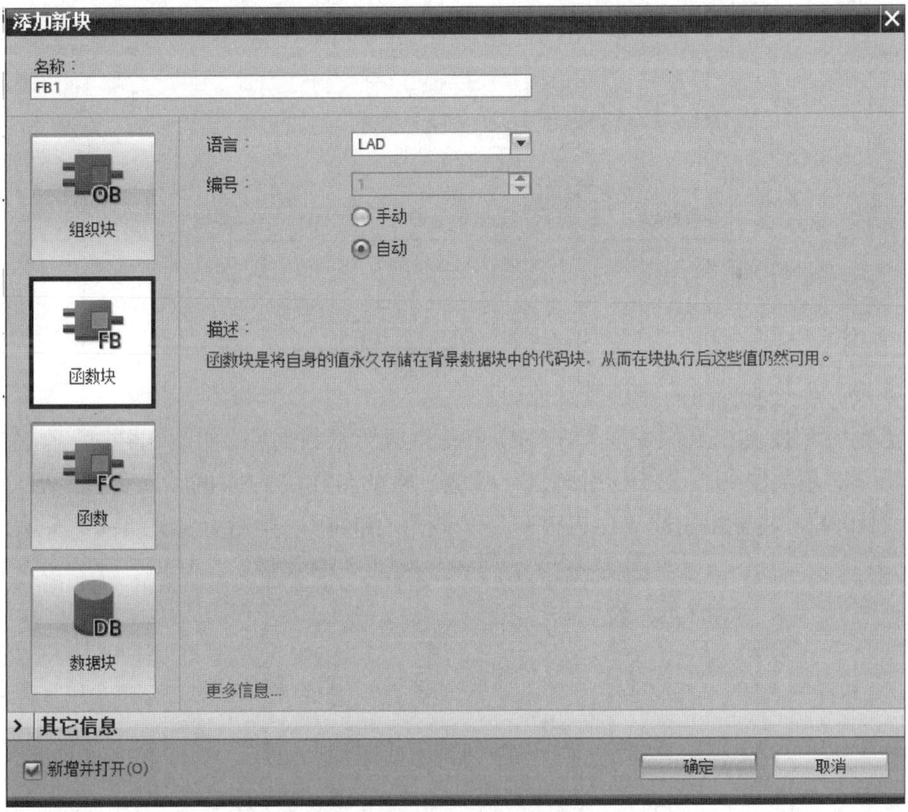

图 5-4-3　函数块的创建

第三步：函数块接口区参数设置。

进入函数块 FB1 接口区设置形参参数，如图 5-4-4 所示。

FB1

	名称	数据类型	默认值	保持
1	▼ Input			
2	启动按钮	Bool	false	非保持
3	停止按钮	Bool	false	非保持
4	急停按钮	Bool	false	非保持
5	故障状态反馈	Bool	false	非保持
6	▼ Output			
7	电机控制	Bool	false	非保持
8	▼ InOut			
9	<新增>			
10	▼ Static			
11	辅助继电器	Bool	false	非保持
12	▸ 启动延时定时器	IEC_TIMER		非保持
13	▼ Temp			
14	<新增>			
15	▼ Constant			

图 5-4-4　设置形参参数

第四步：函数块程序的编写。

进入函数块 FB1 工作区编写程序，如图 5-4-5 所示。

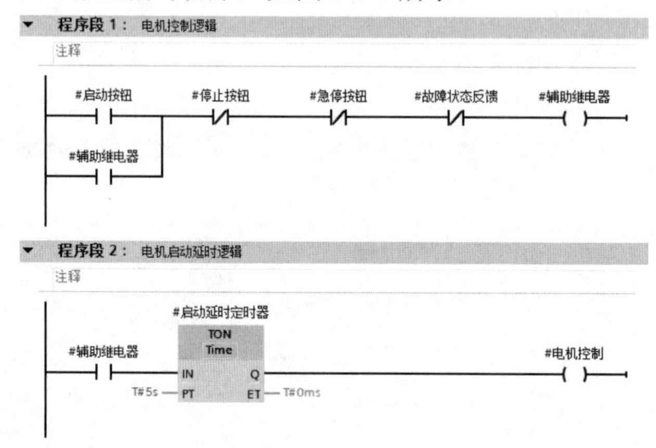

图 5-4-5　编写函数块程序

第五步：函数块程序的调用及赋值。

将函数块 FB1 拖曳到组织块 OB1 中，自动生成背景数据块，如图 5-4-6 所示，单击“确定”按钮。对函数块 FB1 的 I/O 引脚进行赋值，将如函数块 FB1 的输入引脚“启动按钮”赋值为“I10.0”，将输出引脚“电机控制”赋值为“Q4.0”，等等，如图 5-4-7 所示。

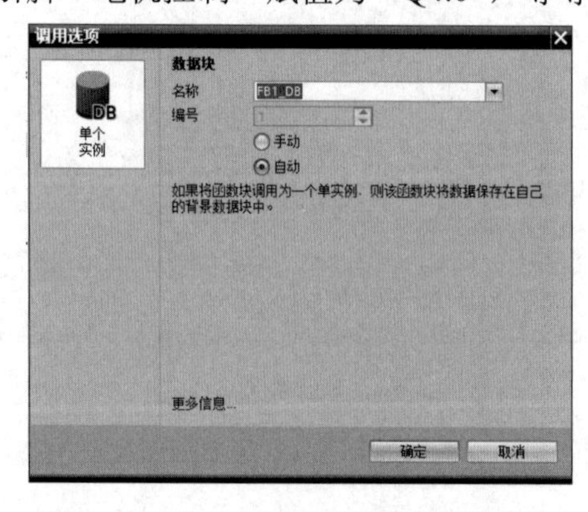

图 5-4-6　自动生成函数块的背景数据块

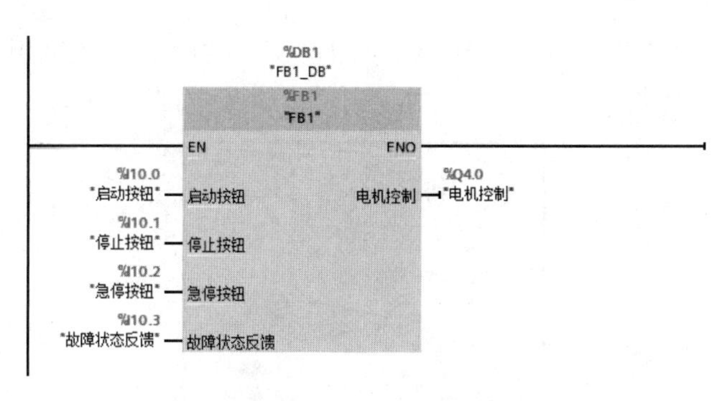

图 5-4-7　函数块的赋值

5.4.3　函数块应用说明

① 在调用函数块时，必须为其分配一个背景数据块，背景数据块不能重复使用，否则会产生数据冲突。

② 在调用函数块时，可以不为形参赋值，直接为背景数据块赋值。

③ 当多次调用函数块时，可以使用多重背景数据块生成一个总的背景数据块，避免生成多个独立的数据块，影响数据块资源的使用。

5.5　线性化编程和结构化编程

5.5.1　线性化编程

小型自动化任务可以在程序循环组织块中进行线性化编程。这种编程方式适用于编写简单程序。图 5-5-1 所示为线性化程序示意图，Main1 程序循环组织块包含整个用户程序。

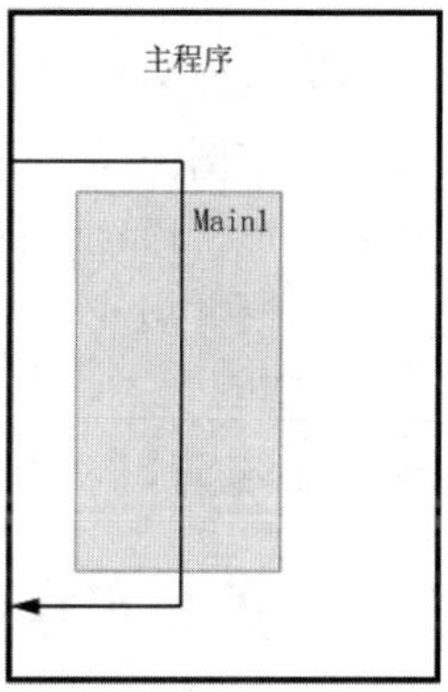

主程序

Main1

图 5-5-1　线性化程序示意图

5.5.2　结构化编程

将复杂自动化任务分割成与过程工艺功能对应或者可以重复使用的更小的子任务，易于对这些复杂自动化任务进行处理和管理。这些子任务在用户程序中用程序块表示，每个程序块都是用户程序的独立部分。

结构化编程具有以下优点。

① 更容易进行复杂程序编程。

② 各个程序段都可以实现标准化，可以通过更改参数实现程序段的反复使用。

③ 程序结构更简单。

④ 更容易更改程序。

⑤ 可以分别测试程序段，简化程序排错过程。

图 5-5-2 所示为结构化程序示意图，Main1 程序循环组织块依次调用一些子程序，这些子程序执行定义的子任务。

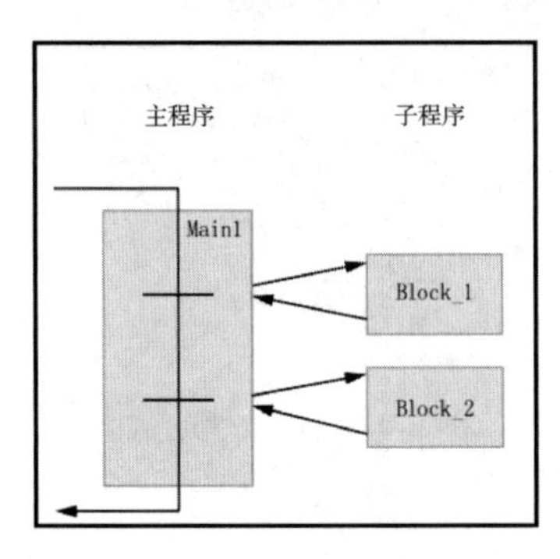

图 5-5-2 结构化程序示意图

5.6 函数块应用实例

5.6.1 实例内容

（1）实例名称：5.6 三台电机“启、保、停”控制应用实例。

（2）实例简述：三台电机控制方法相同。按下启动按钮，电机延时 5s 后运行；按下停止按钮，电机停止运行。使用函数块制作电机控制模型，通过调用函数块控制三台电机。

（3）硬件组成。

① CPU 1511C-1 PN，1 台，订货号：6ES7 511-1CK01-0AB0。② 编程计算机，1 台，已安装博途 STEP 7 专业版 V16 软件。

5.6.2 实例实施

第一步：新建项目及组态。

打开博途软件，在 Portal 视图中，单击“创建新项目”按钮，在弹出的界面中输入项目名称（5.6 三台电机“启、保、停”控制应用实例）、路径和作者等信息，单击“创建”按钮，生成新项目。

进入项目视图，在左侧的“项目树”窗格中，双击“添加新设备”选项，弹出“添加新设备”对话框，如图 5-6-1 所示，选择 CPU 的订货号和版本（必须与实际设备相匹配），并单击“确定”按钮。

第二步：设置 CPU 属性。

在“项目树”窗格中，单击“PLC_1[CPU 1511C-1 PN]”下拉按钮，双击“设备组态”选项，在“设备视图”标签页的工作区中，选中“PLC_1”，依次选择巡视窗格中的“属性”→“常规”→“PROFINET 接口[X1]”→“以太网地址”选项，修改以太网 IP 地址，如图 5-6-2 所示。

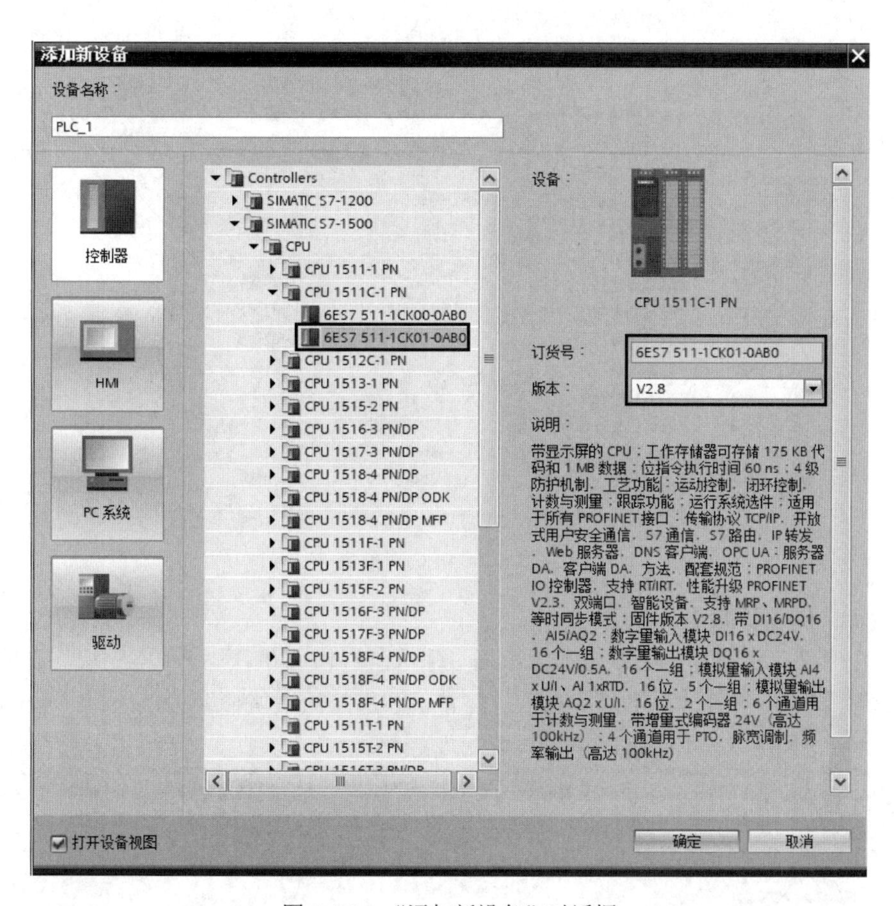

图 5-6-1　“添加新设备”对话框

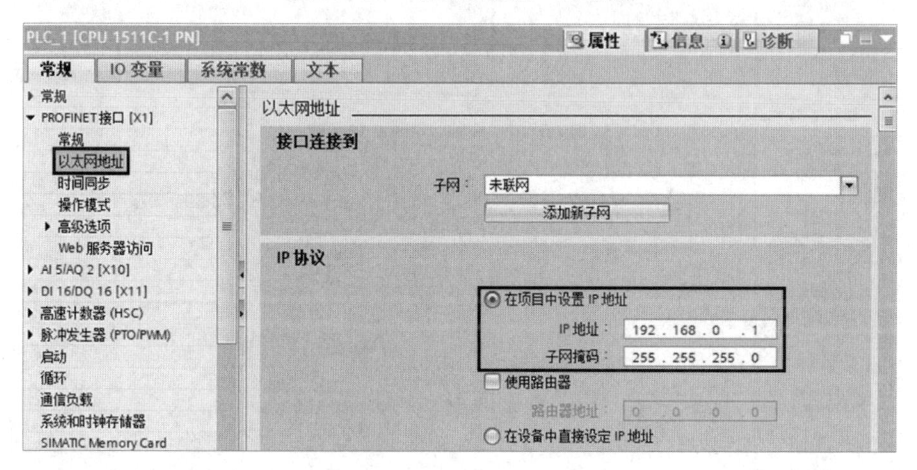

图 5-6-2　设置以太网 IP 地址

第三步：新建 PLC 变量表。

在“项目树”窗格中，依次选择“PLC_1[CPU 1511C-1 PN]”→“PLC 变量”选项，双击“添加新变量表”选项，添加新变量表。将新添加的变量表命名为“PLC 变量表”，在“PLC 变量表”中新建变量，如图 5-6-3 所示。

PLC变量表

	名称	数据类型	地址 ▲	保持
1	1#电机启动按钮	Bool	%M10.0	
2	1#电机停止按钮	Bool	%M10.1	
3	1#电机急停按钮	Bool	%M10.2	
4	1#电机故障状态反馈	Bool	%M10.4	
5	1#电机控制	Bool	%M10.5	
6	2#电机启动按钮	Bool	%M20.0	
7	2#电机停止按钮	Bool	%M20.1	
8	2#电机急停按钮	Bool	%M20.2	
9	2#电机故障状态反馈	Bool	%M20.4	
10	2#电机控制	Bool	%M20.5	
11	3#电机启动按钮	Bool	%M30.0	
12	3#电机停止按钮	Bool	%M30.1	
13	3#电机急停按钮	Bool	%M30.2	
14	3#电机故障状态反馈	Bool	%M30.4	
15	3#电机控制	Bool	%M30.5	

图 5-6-3　PLC 变量表

第四步：创建函数块。

在“项目树”窗格中，依次选择“PLC_1[CPU 1511C-1 PN]”→“程序块”选项，双击“添加新块”选项，选择“函数块”选项，并将新添加的函数块命名为“电机‘起、保、停’控制函数块”，如图 5-6-4 所示，单击“确定”按钮。

图 5-6-4　添加函数块

第五步：编写函数块程序。

（1）函数块接口区参数设置如图 5-6-5 所示。

电机“起、保、停”控制函数块

	名称	数据类型	默认值	保持
1	▼ Input			
2	启动按钮	Bool	false	非保持
3	停止按钮	Bool	false	非保持
4	急停按钮	Bool	false	非保持
5	故障状态反馈	Bool	false	非保持
6	▼ Output			
7	电机控制	Bool	false	非保持
8	▼ InOut			
9	<新增>			
10	▼ Static			
11	辅助继电器	Bool	false	非保持
12	▶ 启动延时定时器	IEC_TIMER		非保持
13	▼ Temp			
14	<新增>			
15	▼ Constant			

图 5-6-5　函数块接口区参数设置

（2）函数块程序的编写，如图 5-6-6 所示。

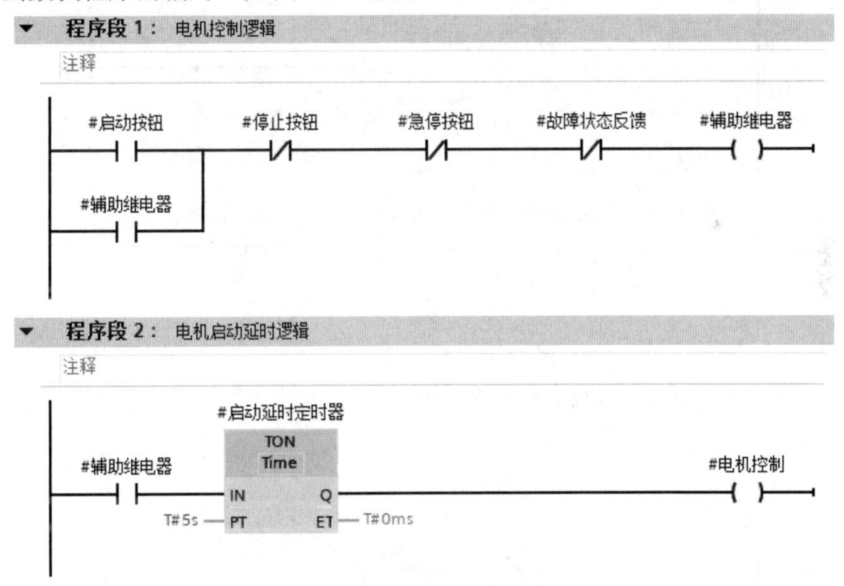

图 5-6-6　函数块程序的编写

第六步：函数块的调用及赋值。

将函数块 FB1 拖曳到组织块 OB1 中，生成背景数据块，为函数块 FB1 赋值。例如，将函数块 FB1 的输入引脚“启动按钮”赋值为“M10.0”，输出引脚“电机控制”赋值为“M10.5”。1#电机控制程序如图 5-6-7 所示，2#电机控制程序如图 5-6-8 所示，3#电机控制程序如图 5-6-9 所示。

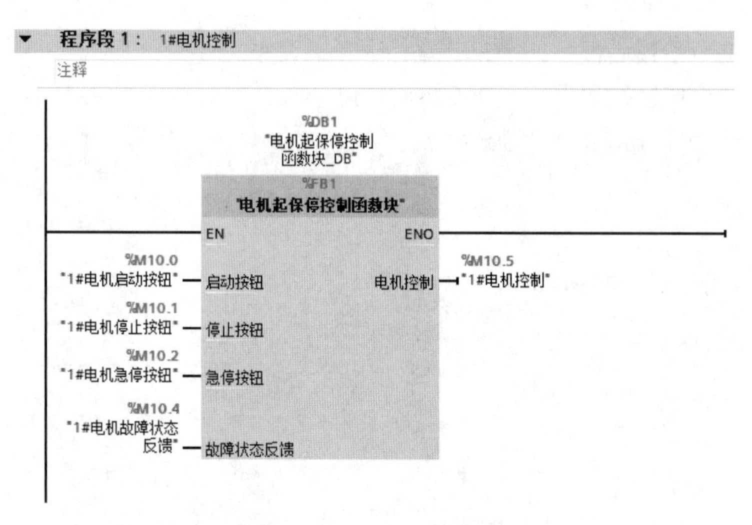

图 5-6-7　1#电机控制程序

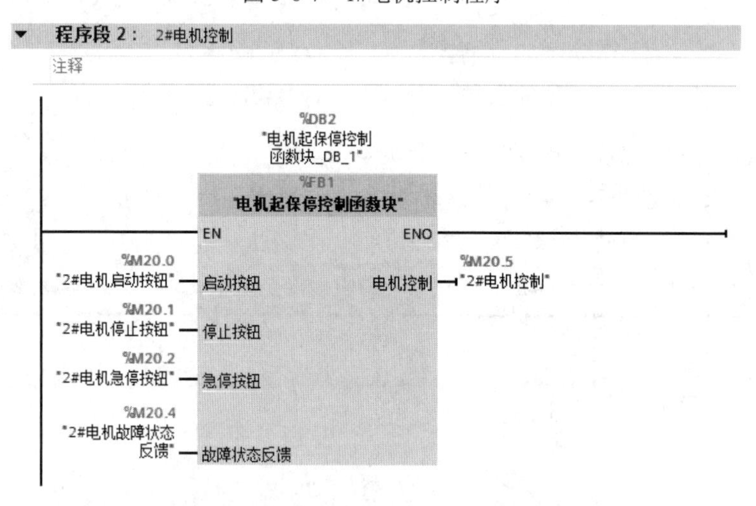

图 5-6-8　2#电机控制程序

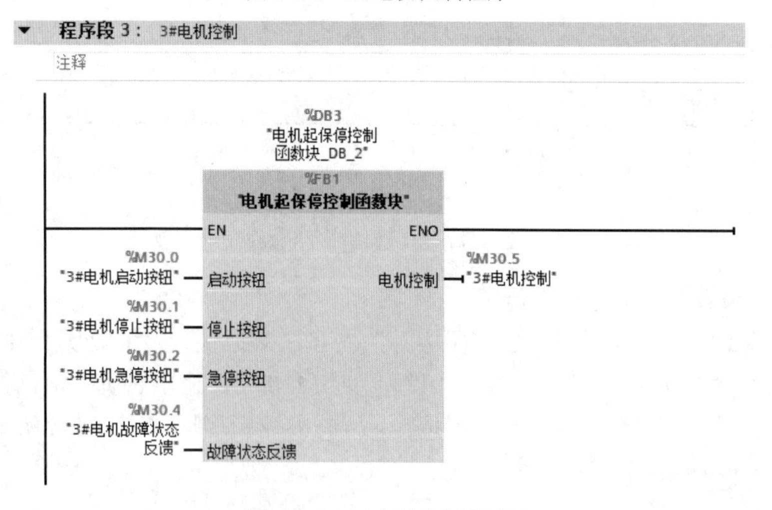

图 5-6-9　3#电机控制程序

第七步：程序测试。

程序编译后，下载到 S7-1500 CPU 中，按以下步骤进行程序测试。

① 按下 1#电机启动按钮（M10.0），延时 5s 后，1#电机控制（M10.5）接通；按下 1#电机停止按钮（M10.1），1#电机控制（M10.5）断开。

② 按下 2#电机启动按钮（M20.0），延时 5s 后，2#电机控制（M20.5）接通；按下 2#电机停止按钮（M20.1），2#电机控制（M20.5）断开。

③ 按下 3#电机启动按钮（M30.0），延时 5s 后，3#电机控制（M30.5）接通；按下 3#电机停止按钮（M30.1），3#电机控制（M30.5）断开。

PLC 监控表如图 5-6-10 所示。

5.6 三台电机“启、保、停”控制应用实例 ▸ PLC_1 [CPU 1511C-1 PN] ▸ 监控与强制表 ▸ PLC监控表

	i	名称	地址	显示格式	监视值	修改值	
1		"1#电机启动按钮"	%M10.0	布尔型	TRUE	TRUE	☑
2		"1#电机停止按钮"	%M10.1	布尔型	FALSE		☐
3		"1#电机急停按钮"	%M10.2	布尔型	FALSE		☐
4		"1#电机故障状态反馈"	%M10.4	布尔型	FALSE		☐
5		"1#电机控制"	%M10.5	布尔型	TRUE		☐
6		"2#电机启动按钮"	%M20.0	布尔型	TRUE	TRUE	☑
7		"2#电机停止按钮"	%M20.1	布尔型	FALSE		☐
8		"2#电机急停按钮"	%M20.2	布尔型	FALSE		☐
9		"2#电机故障状态反馈"	%M20.4	布尔型	FALSE		☐
10		"2#电机控制"	%M20.5	布尔型	TRUE		☐
11		"3#电机启动按钮"	%M30.0	布尔型	TRUE	TRUE	☑
12		"3#电机停止按钮"	%M30.1	布尔型	FALSE		☐
13		"3#电机急停按钮"	%M30.2	布尔型	FALSE		☐
14		"3#电机故障状态反馈"	%M30.4	布尔型	FALSE		☐
15		"3#电机控制"	%M30.5	布尔型	TRUE		☐

图 5-6-10　PLC 监控表

第 6 章 触摸屏应用实例及仿真软件使用方法

触摸屏又称人机界面（Human Machine Interface，HMI），已经广泛应用于工业控制现场，经常与 PLC 配套使用。用户通过触摸屏可以设置 PLC 参数、显示数据及用曲线、动画等形式描述的自动化控制过程。

6.1 触摸屏概述

6.1.1 触摸屏主要功能

① 触摸屏可以动态地显示过程数据，使过程变得可视化。

② 操作员通过触摸屏可以实现对设备的控制。操作员通过图形界面控制设备。例如，操作员可以通过触摸屏修改参数或控制电机等。

③ 触摸屏可以显示报警信息。设备的故障状态会自动触发报警并通过触摸屏显示报警信息。

④ 触摸屏具有记录功能。触摸屏可以记录过程值和报警信息。

⑤ 利用触摸屏可以进行配方管理。通过触摸屏可以将设备的参数存储在配方中。这些参数可以被下载到 PLC 中。

6.1.2 西门子触摸屏简介

西门子触摸屏产品主要分为精简触摸屏（见图 6-1-1）、精智触摸屏和移动触摸屏。精简触摸屏是面向基本应用的触摸屏，适合与 S7-1200/1500 PLC 配合使用，可以通过博途 WinCC 软件进行组态。

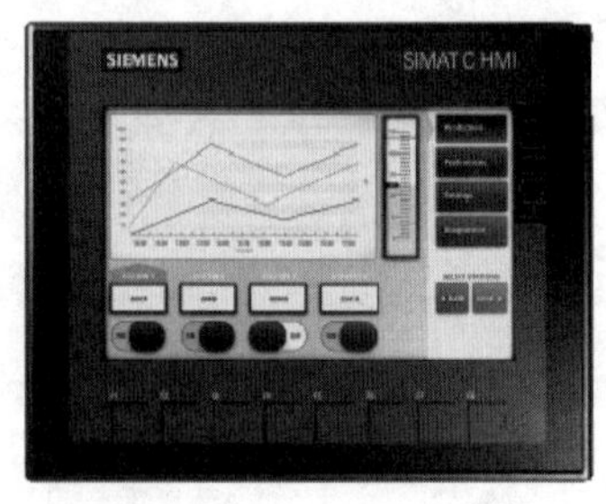

图 6-1-1　精简触摸屏

精简触摸屏的主要型号参数如表 6-1-1 所示。

表 6-1-1　精简触摸屏的主要型号参数

型　　号	屏幕尺寸/英寸	可组态按键/个	分辨率/ppi	变量/个
KTP400 Basic	4.3	4	480×272	800
KTP700 Basic	7	8	800×480	800
KTP700 Basic DP	7	8	800×480	800
KTP900 Basic	9	8	800×480	800
KTP1200 Basic	12	10	1280×800	800
KTP1200 Basic DP	12	10	1280×800	800

6.2　触摸屏指示灯延时点亮控制应用实例

6.2.1　实例内容

（1）实例名称：6.2 触摸屏指示灯延时点亮控制应用实例。

（2）实例描述：在触摸屏上制作启动按钮、停止按钮、触摸屏指示灯、时间设定输入框。在时间设定输入框中输入延时启动时间。按下启动按钮，当到达延时启动时间时，触摸屏指示灯点亮；按下停止按钮，触摸屏指示灯熄灭。

（3）硬件组成：① CPU 1511C-1 PN，1 台，订货号：6ES7 511-1CK01-0AB0；②精简触摸屏 KTP700，1 台，订货号：6AV2 123-2GB03-0AX0；③四口工业交换机，1 台；④编程计算机，1 台，已安装博途 STEP 7 专业版 V16 软件。

6.2.2　实例实施

1．PLC 程序编写

第一步：新建项目及组态。

打开博途软件，在 Portal 视图中选择“创建新项目”选项，在弹出的界面中输入项目名称（6.2 触摸屏指示灯延时点亮控制应用实例）、路径和作者等信息，单击“创建”按钮，生成新项目。

进入项目视图，在左侧的“项目树”窗格中，双击“添加新设备”选项，弹出“添加新设备”对话框，如图 6-2-1 所示，选择 CPU 的订货号和版本（必须与实际设备相匹配），单击“确定”按钮。

第二步：设置 CPU 属性。

在“项目树”窗格中，单击“PLC_1[CPU 1511C-1 PN]”下拉按钮，双击“设备组态”选项，在“设备视图”标签页的工作区中，选中“PLC_1”，依次选择巡视窗格中的“属性”→“常规”→“PROFINET 接口[X1]”→“以太网地址”选项，修改以太网 IP 地址，如图 6-2-2 所示。

图 6-2-1 “添加新设备”对话框

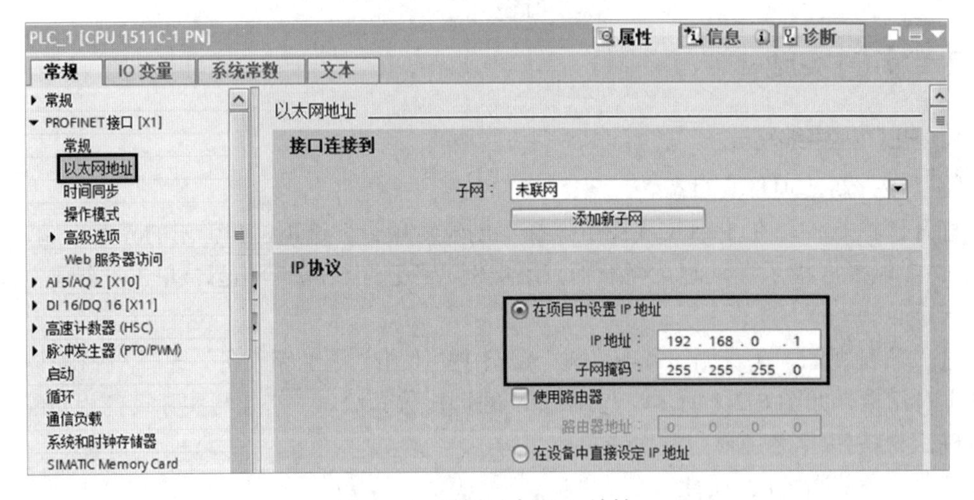

图 6-2-2 设置以太网 IP 地址

第三步：创建 PLC 变量表。

在“项目树”窗格中，依次选择“PLC_1[CPU 1511C-1 PN]”→“PLC 变量”选项，双击“添加新变量表”选项，添加新变量表。将新添加的变量表命名为“PLC 变量表”，在“PLC 变量表”中新建变量，如图 6-2-3 所示。

PLC变量表

		名称	数据类型	地址	保持
1		启动按钮	Bool	%M10.0	
2		停止按钮	Bool	%M10.1	
3		辅助继电器	Bool	%M10.2	
4		触摸屏指示灯	Bool	%M10.3	
5		触摸屏时间设定	DInt	%MD12	
6		定时器时间设定	DInt	%MD16	
7		报警信息	Word	%MW20	

图 6-2-3　PLC 变量表

第四步：编写组织块 OB1 主程序，如图 6-2-4 所示。

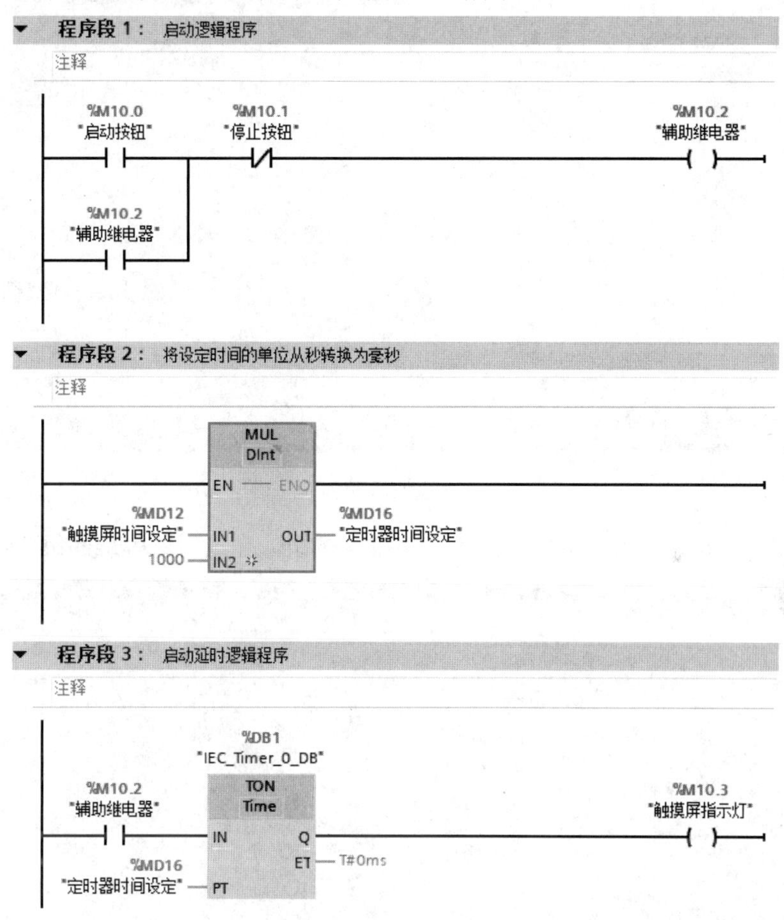

图 6-2-4　组织块 OB1 主程序

2．触摸屏程序编写

第一步：组态触摸屏。

打开“6.2 触摸屏指示灯延时点亮控制应用实例”项目文件，进入项目视图，在左侧的“项目树”窗格中，双击“添加新设备”选项，弹出“添加新设备”对话框，如图 6-2-5 所示，选择触摸屏的订货号和版本（必须与实际设备相匹配），并单击“确定”按钮。

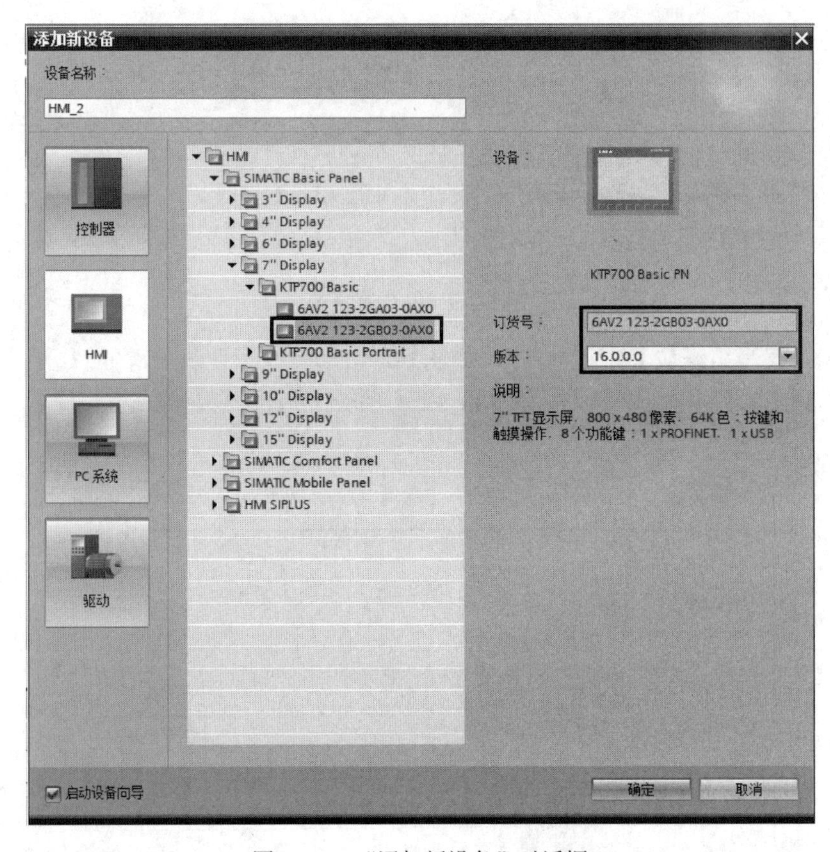

图 6-2-5 “添加新设备”对话框

进入如图 6-2-6 所示的对话框，单击“完成”按钮，完成对触摸屏的组态。

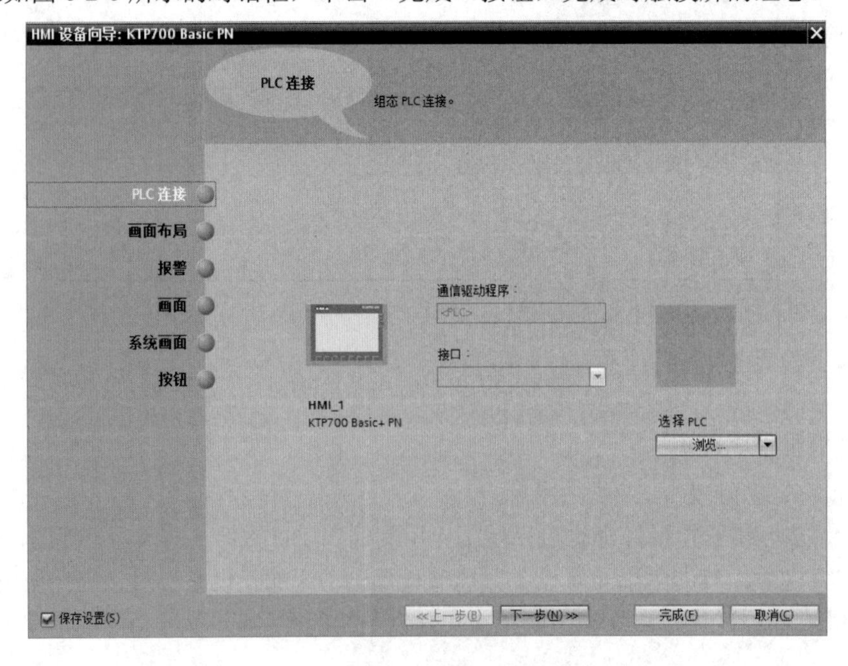

图 6-2-6 组态触摸屏

第二步：设置触摸屏属性。

在“项目树”窗格中，单击“HMI_1.IE_CP_1[PROFINET Interface]”下拉按钮，双击“设备组态”选项，在“设备视图”标签页的工作区中，选中“HMI_1”，依次选择巡视窗格中的“属性”→“常规”→“PROFINET 接口[X1]”→“以太网地址”选项，修改以太网 IP 地址，如图 6-2-7 所示。

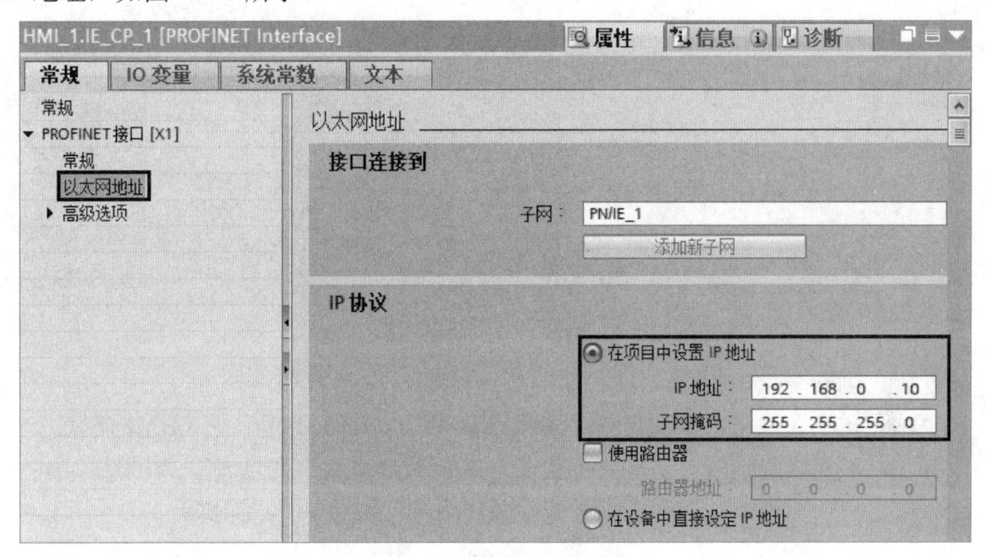

图 6-2-7　设置以太网 IP 地址

第三步：创建网络连接。

在“项目树”窗格中，选择“设备和网络”选项。在“网络视图”标签页中，单击“连接”按钮，在“连接”下拉列表中选择“HMI 连接”选项，选中“PLC_1”的 PROFINET 接口的绿色小方框，按住鼠标左键拖曳出一条线到“HMI_1”的 PROFINET 通信口的绿色小方框后松开，连接就建立起来了。创建完成的网络连接如图 6-2-8 所示。

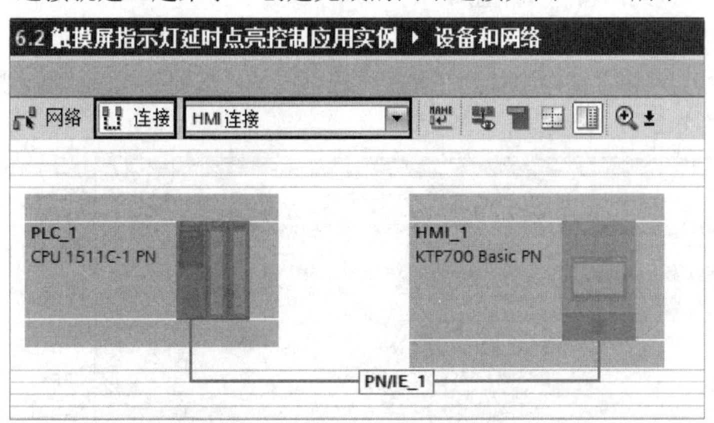

图 6-2-8　创建完成的网络连接

在“项目树”窗格中，依次选择“HMI_1 [KTP700 Basic PN]”→“连接”选项，查看触摸屏与 PLC 的连接情况，如图 6-2-9 所示。

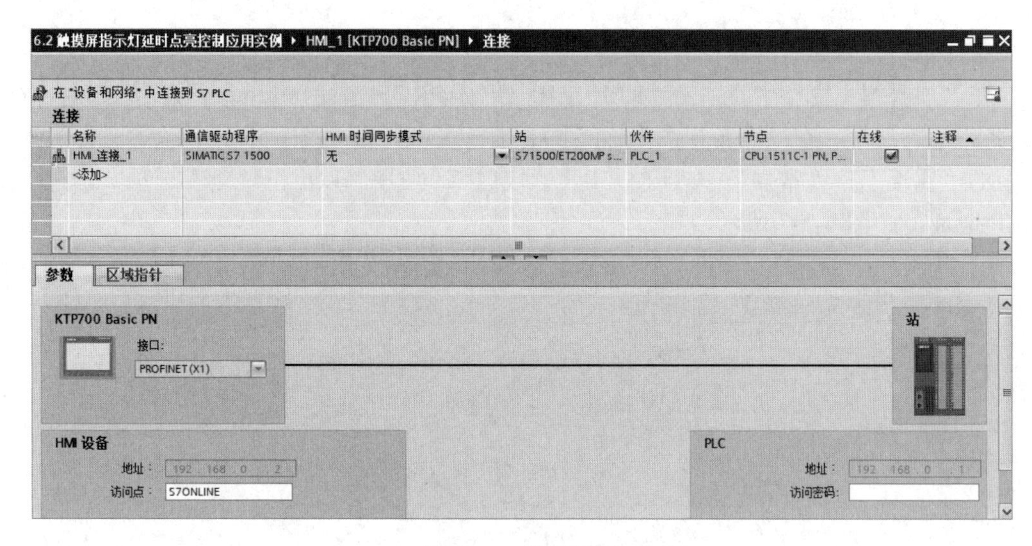

图 6-2-9　连接视图

第四步：创建变量表。

在“项目树”窗格中，依次选择“HMI_1 [KTP700 Basic PN]”→“HMI 变量”选项，双击“添加新变量表”选项，添加新变量表，并将其命名为“变量表”，如图 6-2-10 所示。

变量表

名称	数据类型	连接	PLC 名称	PLC 变量
启动按钮	Bool	HMI_连接_1	PLC_1	启动按钮
停止按钮	Bool	HMI_连接_1	PLC_1	停止按钮
指示灯	Bool	HMI_连接_1	PLC_1	触摸屏指示灯
触摸屏时间设定	DInt	HMI_连接_1	PLC_1	触摸屏时间设定

图 6-2-10　触摸屏变量表

第五步：画面制作。

在“项目树”窗格中，依次选择“HMI_1 [KTP700 Basic PN]” →“画面”选项，双击“根画面”选项，进入画面制作视图。

（1）组态启动按钮。

在右侧的“工具箱”窗格中找到“元素”选区中的“按钮”控件。将“按钮”控件拖曳到工作区，如图 6-2-11 所示。

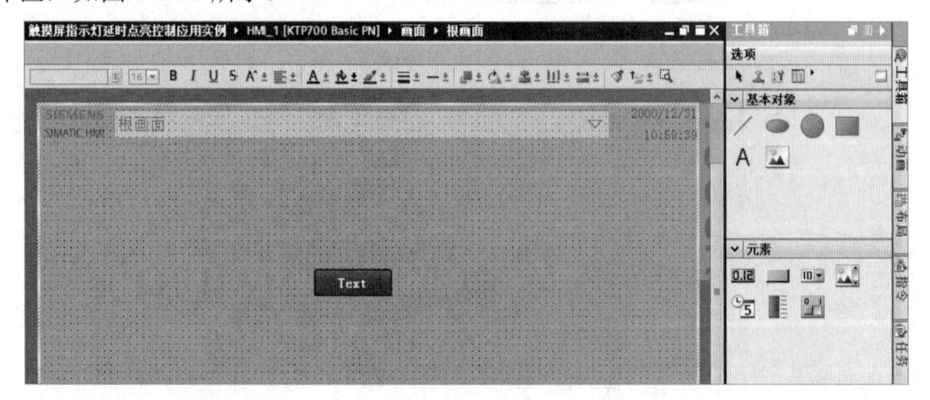

图 6-2-11　拖曳“按钮”控件

在工作区中，选中“按钮”控件，依次选择巡视窗格中的“属性”→“属性”→“常规”选项。在“标签”选区中选择“文本”单选按钮，在“按钮"未按下"时显示的图形”文本框中输入“启动按钮”，如图 6-2-12 所示。

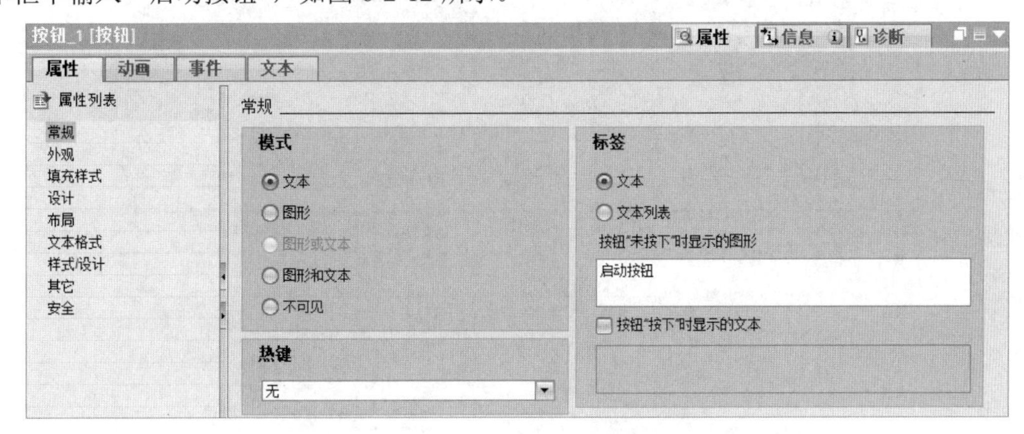

图 6-2-12　修改“按钮”控件的标签

依次选择“属性”→“事件”→“按下”选项，对启动按钮的按下事件进行相关参数配置，配置参数如图 6-2-13 所示。

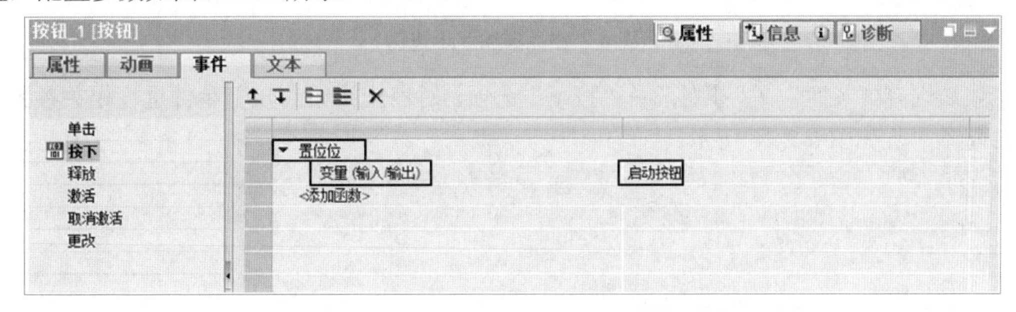

图 6-2-13　设置启动按钮的按下事件

依次选择“属性”→“事件”→“释放”选项，对启动按钮的释放事件进行相关参数配置，配置参数如图 6-2-14 所示。

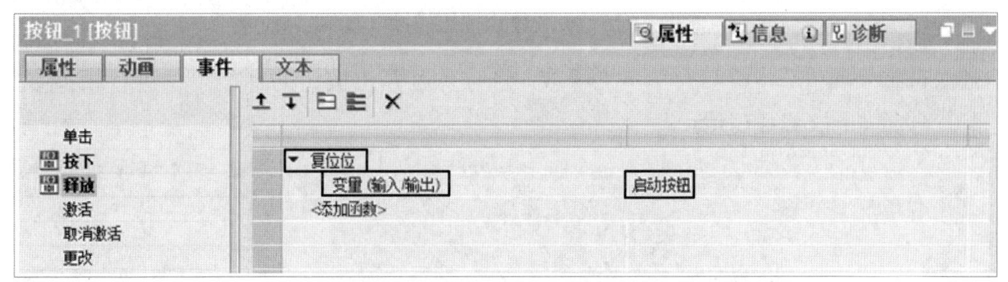

图 6-2-14　设置启动按钮的释放事件

（2）组态停止按钮。

按上述步骤再拖曳一个“按钮”控件到工作区，并修改其“标签”为“停止按钮”，如图 6-2-15 所示。

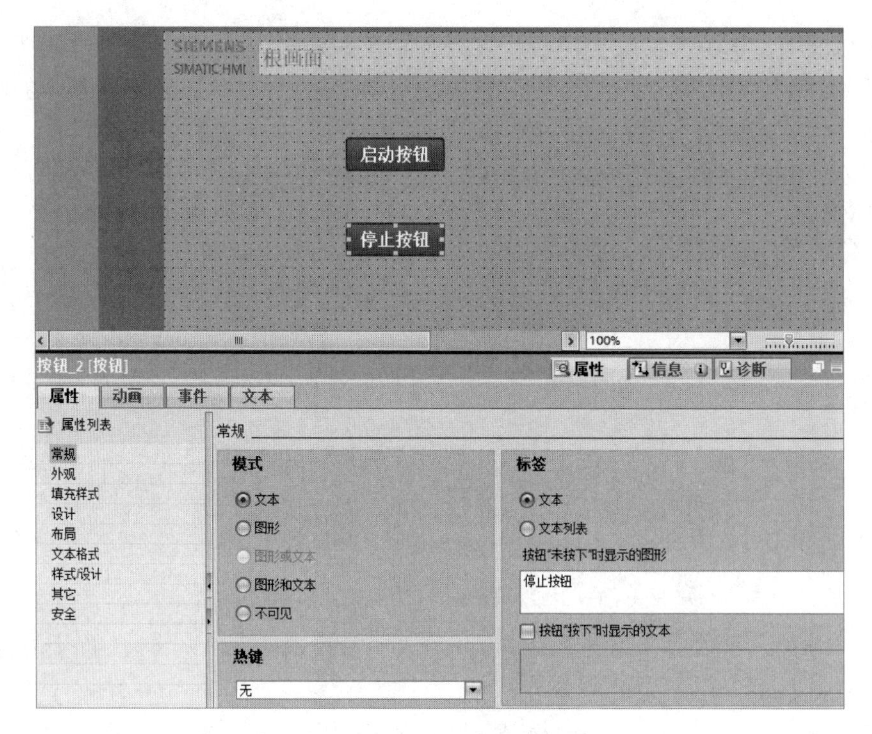

图 6-2-15　添加停止按钮

依次选择“属性”→“事件”→“按下”选项，对停止按钮的按下事件进行相关参数配置，配置参数如图 6-2-16 所示。

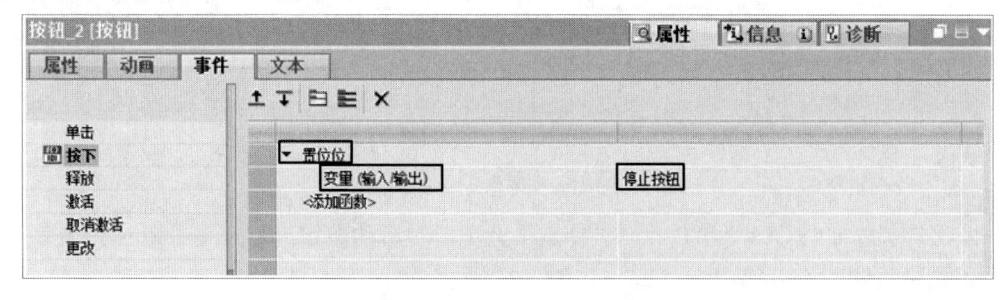

图 6-2-16　设置停止按钮的按下事件

依次选择“属性”→“事件”→“释放”选项，对停止按钮的释放事件进行相关参数配置，配置参数如图 6-2-17 所示。

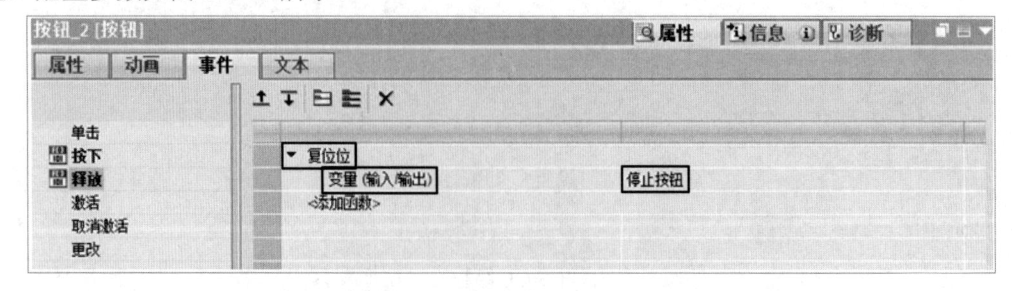

图 6-2-17　设置停止按钮的释放事件

（3）组态指示灯。

在右侧的“工具箱”窗格中找到“基本对象”选区中的“文本域”控件和“圆”控件，并将“文本域”控件和“图”控件拖曳到工作区，如图 6-2-18 所示。

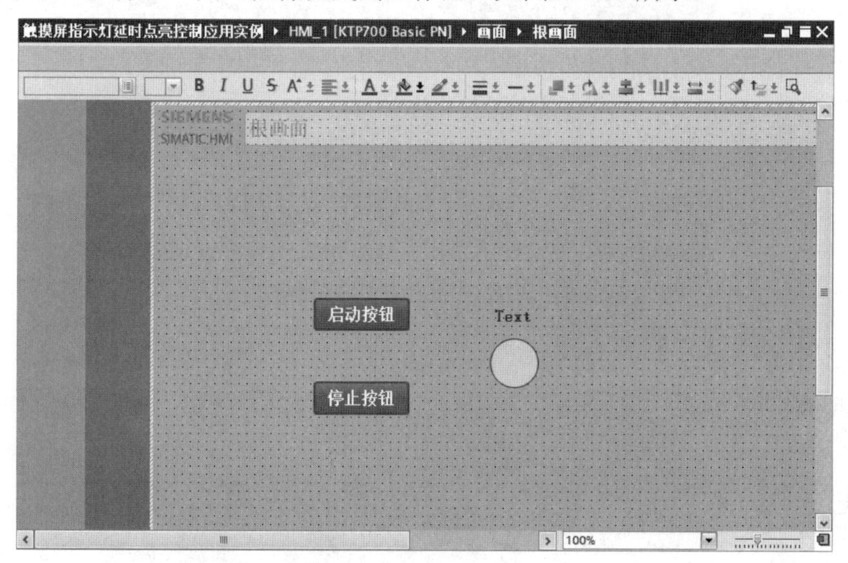

图 6-2-18　添加指示灯

在工作区中，选中“文本域”控件，依次选择巡视窗格中的“属性”→“属性”→“常规”选项，在“文本”框中输入“指示灯”，如图 6-2-19 所示。

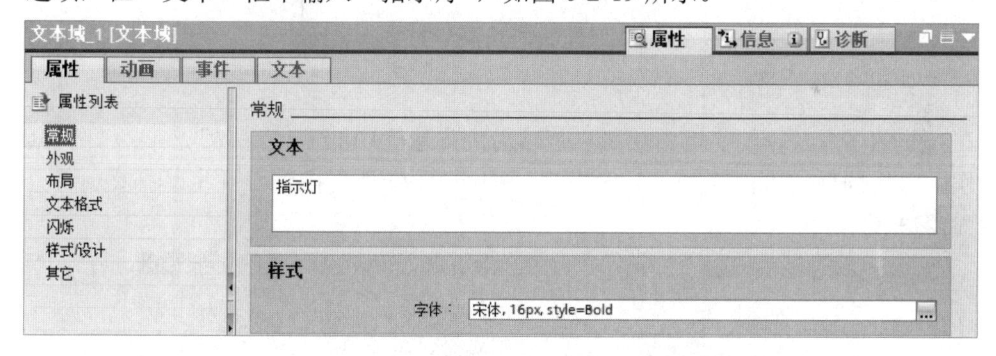

图 6-2-19　在“文本”框中输入“指示灯”

在工作区中，选中“圆”控件，依次选择“属性”→“动画”→“显示”选项，如图 6-2-20 所示。

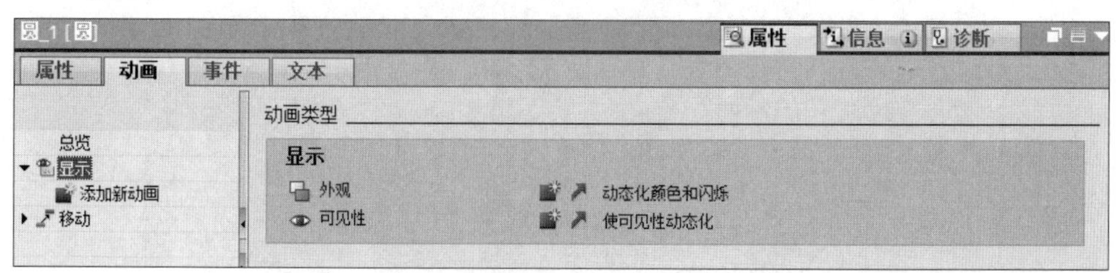

图 6-2-20　依次选择“属性”→“动画”→“显示”选项

双击图 6-2-20 中的“添加新动画”选项，然后从出现的如图 6-2-21 所示的对话框中选择“外观”选项，单击“确定”按钮。

图 6-2-21　选择“外观”选项

“圆”控件的“外观”参数配置如图 6-2-22 所示。

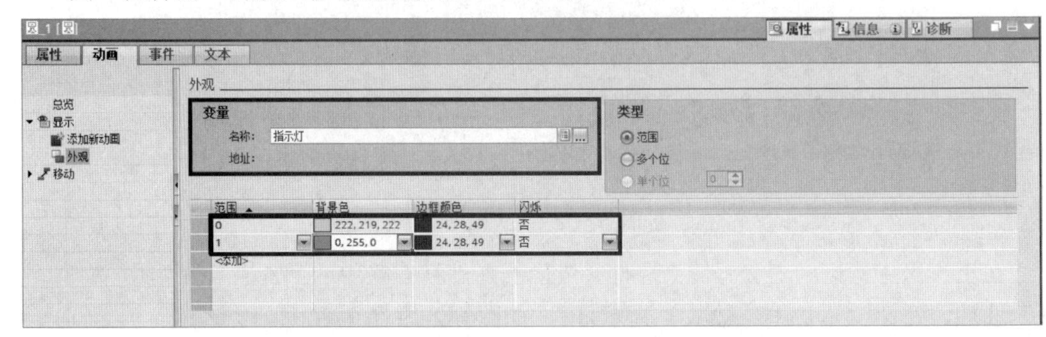

图 6-2-22　“圆”控件的“外观”参数配置

（4）组态时间设定输入框。

在右侧的“工具箱”窗格中找到“基本对象”选区中的“文本域”控件，并将其拖曳到工作区。用同样的方法找到“元素”选区中的“I/O 域”控件，并将其拖曳到工作区，如图 6-2-23 所示。

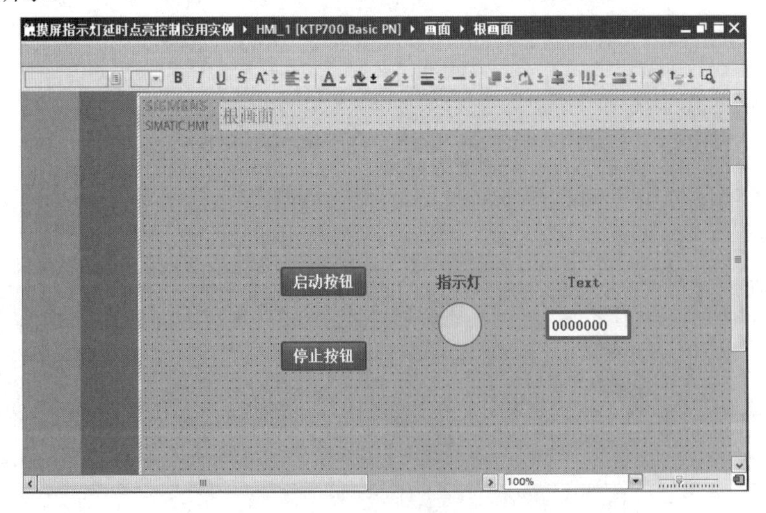

图 6-2-23　添加 I/O 域

在工作区中，选中“文本域”控件，依次选择“属性”→“属性”→“常规”选项，在“文本”框中输入“时间设定”，如图 6-2-24 所示。

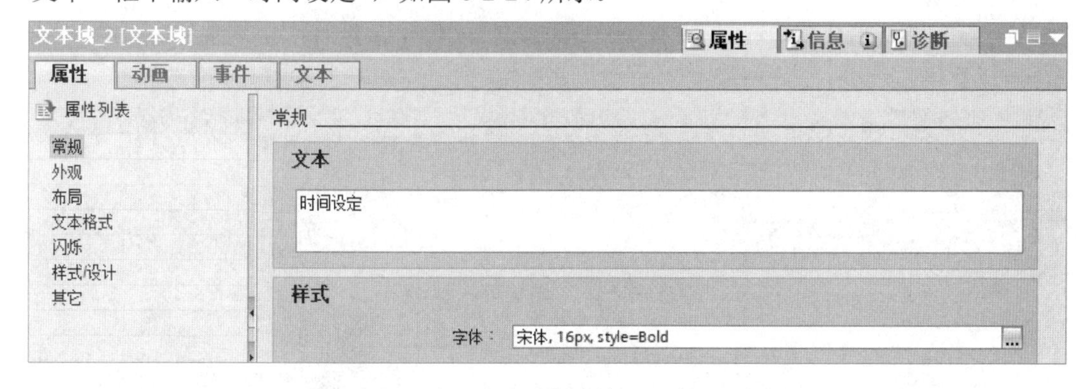

图 6-2-24　在“文本”框中输入“时间设定”

在工作区中，选中“I/O 域”控件，依次选择“属性”→“属性”→“常规”选项，对“I/O 域”控件的“常规”参数进行设置，设置参数如图 6-2-25 所示。

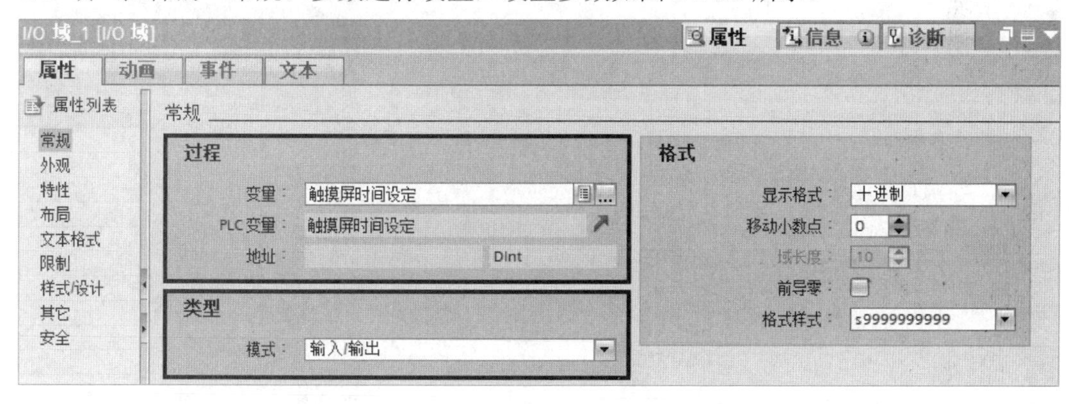

图 6-2-25　设置“I/O 域”的“常规”参数

至此触摸屏画面制作完成，可以将其下载到触摸屏和 PLC 中进行测试。

6.3　仿真软件使用方法

编写完 PLC 和触摸屏程序后，在没有硬件设备的情况下，可以通过仿真软件验证 PLC 和触摸屏程序。博途仿真软件主要包括 PLC 仿真软件和触摸屏仿真软件。

6.3.1　S7-PLCSIM 仿真软件使用方法

PLC 仿真软件是一个独立软件，安装后才能使用，软件名称为 S7-PLCSIM。

下面以 6.2 触摸屏指示灯延时点亮控制应用实例为例进行说明。

第一步：打开 PLC 项目。

打开“6.2 触摸屏指示灯延时点亮控制应用实例”项目文件，进入项目视图。

第二步：启动 PLC 仿真软件。

在“项目树”窗格中，选择“PLC_1[CPU 1511C-1 PN]”选项，依次选择“在线”→“仿真”→“启动”选项，如图 6-3-1 所示。

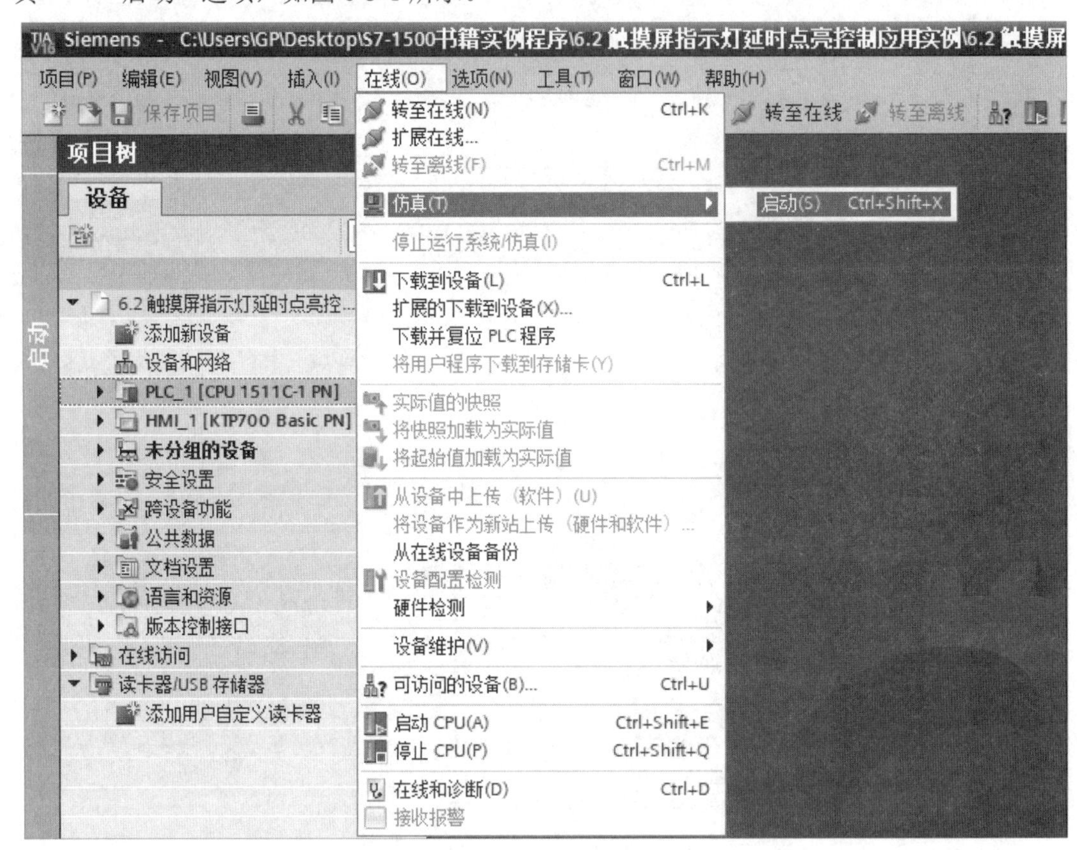

图 6-3-1 启动 PLC 仿真软件的步骤

启动 PLC 仿真软件，进入如图 6-3-2 所示的窗口。

图 6-3-2 启动 PLC 仿真软件后的窗口

第三步：将 PLC 程序下载到仿真软件中。

依次选择“在线”→“扩展的下载到设备”选项打开“扩展下载到设备”对话框，进行相关参数设置，如图 6-3-3 所示。

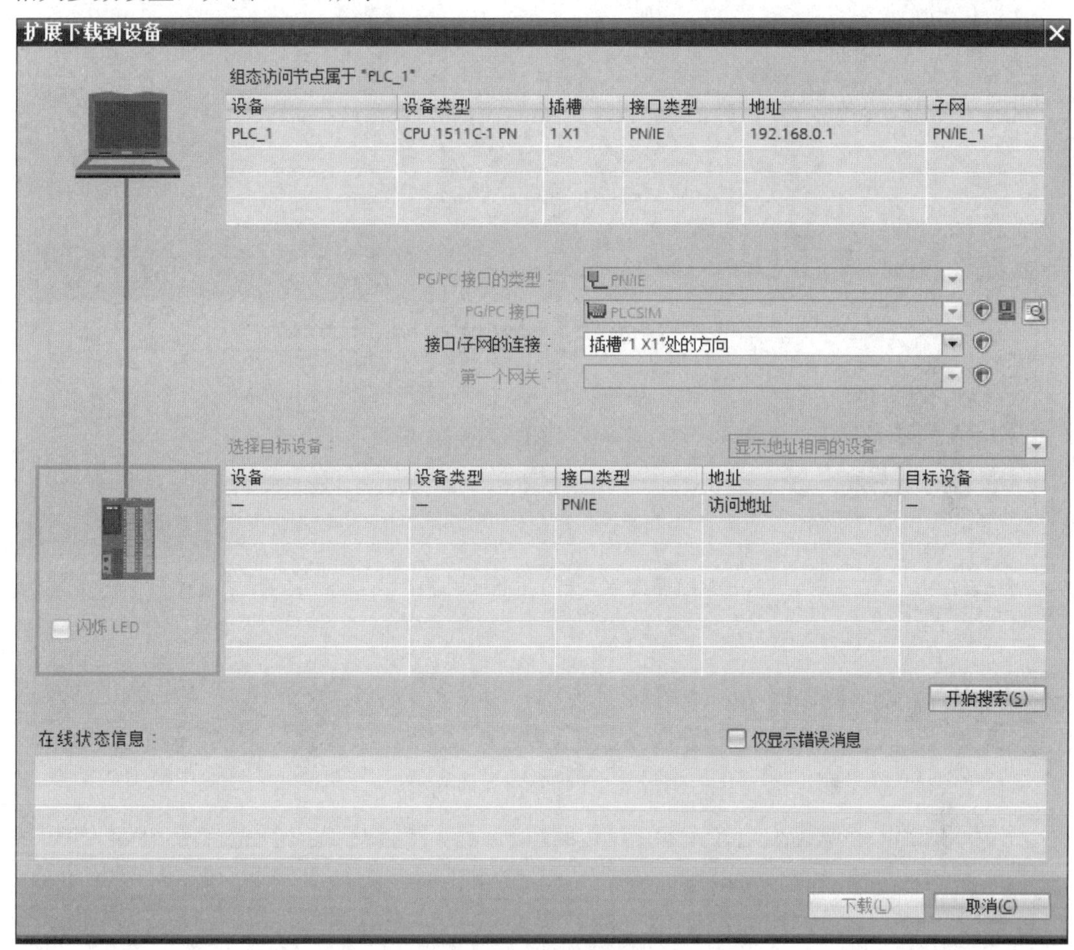

图 6-3-3　“扩展下载到设备”对话框

需要注意的是，在“扩展下载到设备”对话框中，应将“PG/PC 接口”下拉列表设置为“PLCSIM”。

单击“开始搜索”按钮，选中搜索到的仿真的 PLC，如图 6-3-4 所示。单击“下载”按钮，PLC 程序即可下载到 PLC 仿真软件中。

第四步：程序在线监控。

单击工具栏中的“在线监控”按钮，监控 PLC 程序的状态，如图 6-3-5 所示，操作方法和真实的 PLC 操作方法一致。

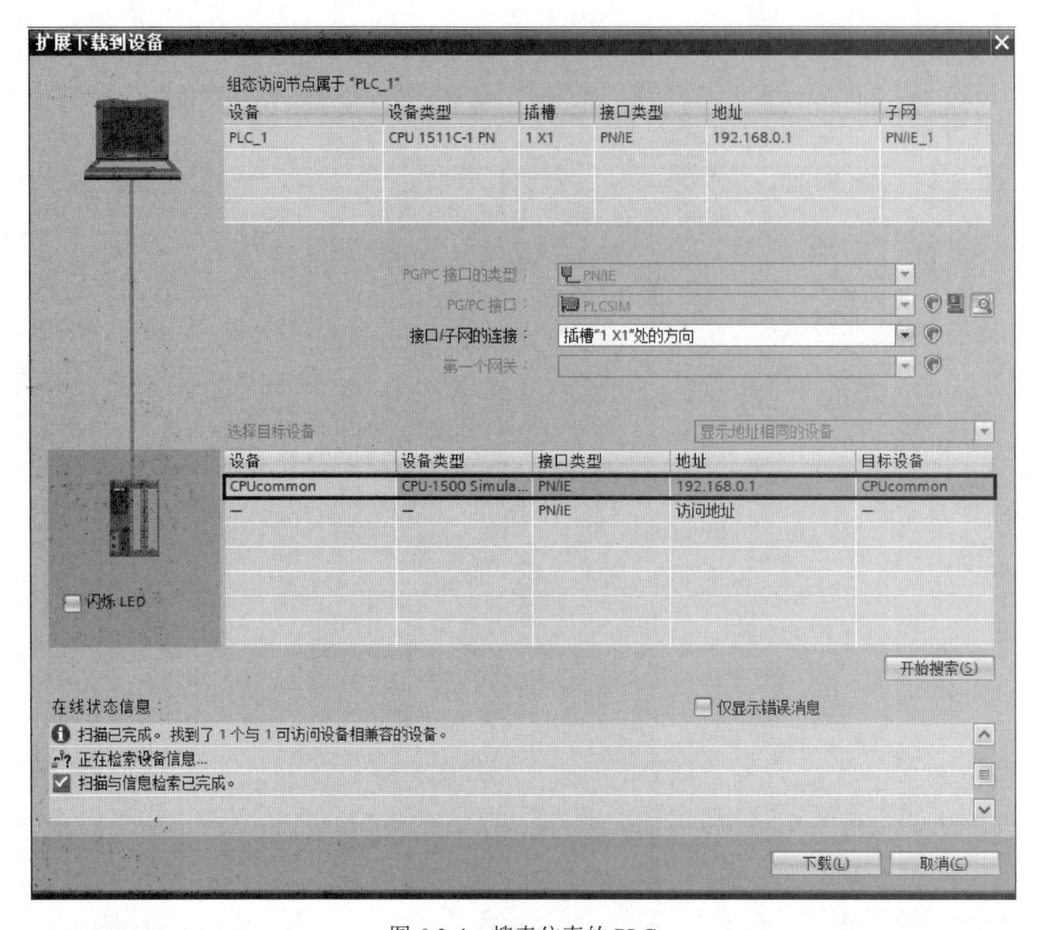

图 6-3-4　搜索仿真的 PLC

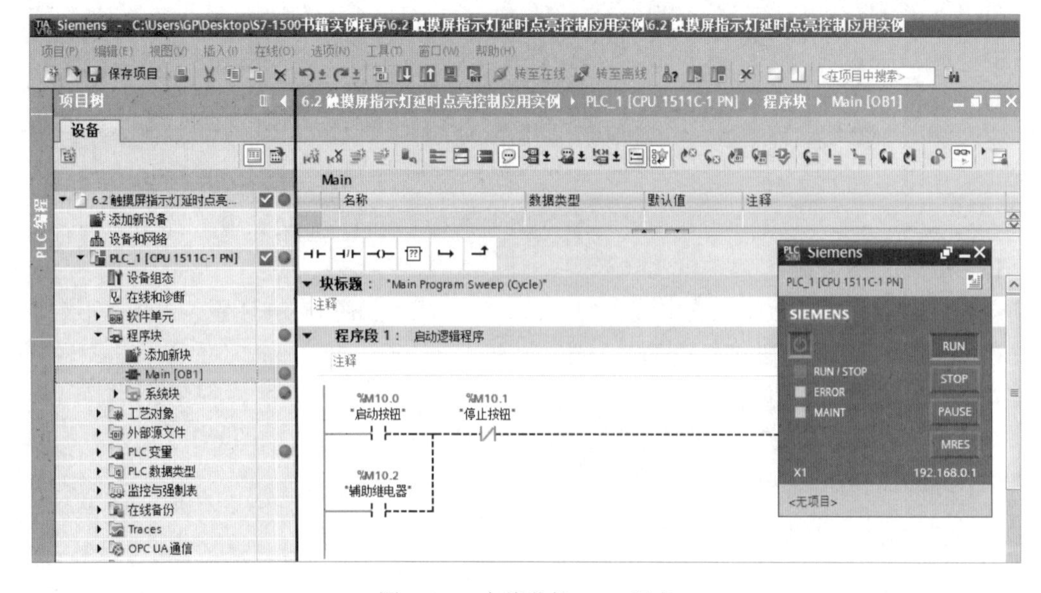

图 6-3-5　在线监控 PLC 程序

6.3.2　触摸屏仿真软件使用方法

触摸屏仿真软件已经被集成到博途 WinCC 软件中，因此不需要安装。

下面以 6.2 触摸屏指示灯延时点亮控制应用实例为例说明博途触摸屏仿真软件的使用方法。

第一步：打开项目。

打开“6.2 触摸屏指示灯延时点亮控制应用实例”项目文件，进入项目视图。

第二步：启动触摸屏仿真软件。

在“项目树”窗格中，选择“HMI_1 [KTP700 Basic PN]”选项，在工具栏中找到“启动仿真”图标，如图 6-3-6 所示。

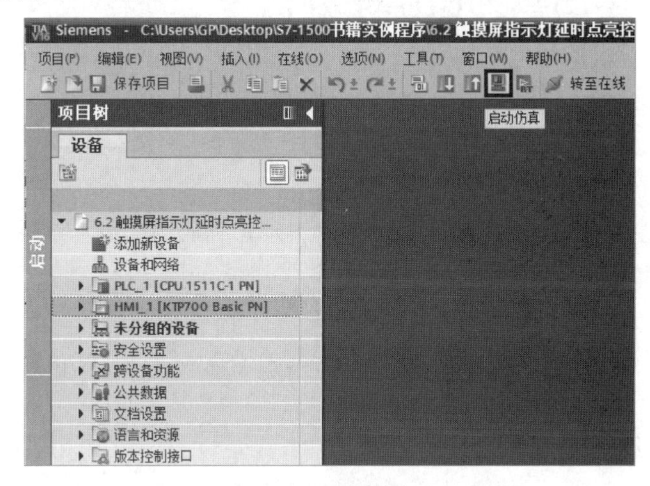

图 6-3-6　找到“启动仿真”图标

单击“启动仿真”图标，打开触摸屏仿真软件，进入如图 6-3-7 所示的窗口。仿真的触摸屏与仿真的 PLC 连接成功，按钮操作和参数设置等和真实的设备一样。

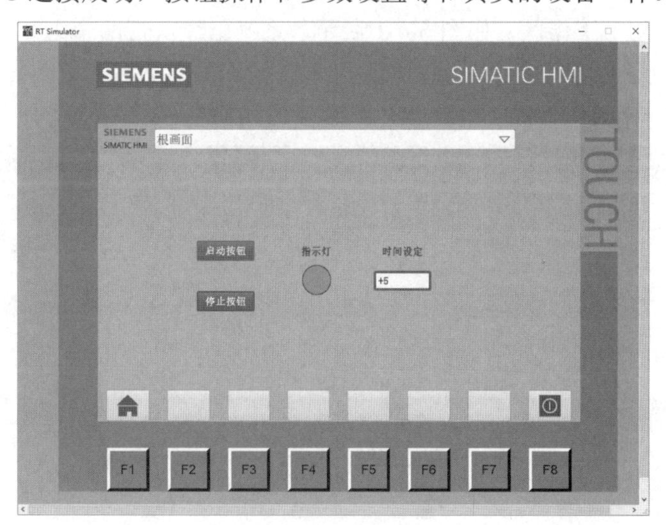

图 6-3-7　触摸屏仿真画面

6.3.3 应用经验总结

（1）S7-PLCSIM 是一个单独安装的软件，其版本需要与博途 STEP 7 软件版本一致。

（2）S7-PLCSIM Advanced 也是一款西门子 PLC 仿真软件，其通信仿真功能比较强大，但是只能仿真 S7-1500 PLC。

（3）触摸屏仿真软件已经集成到博途 WinCC 软件中，不需要独立安装。

（4）仿真的 PLC 和仿真的触摸屏可以进行通信。如果不能通信，那么可能需要在控制面板中修改“PG/PC 接口”下拉列表的设置。

6.4 触摸屏用户管理应用实例

6.4.1 实例内容

（1）实例名称：6.4 触摸屏用户管理应用实例。

（2）实例描述：在“6.2 触摸屏指示灯延时点亮控制应用实例”程序的基础上增加用户管理功能。

（3）硬件组成。

编程计算机，1 台，已安装博途 STEP 7 专业版 V16 软件和 S7-PLCSIM 仿真软件。

6.4.2 实例实施

第一步：打开“6.2 触摸屏指示灯延时点亮控制应用实例”项目文件，参考 6.2 节。

第二步：设置“用户管理”选项。

在“项目树”窗格中，单击“HMI_1 [KTP700 Basic PN]”下拉按钮，双击“用户管理”选项，进入“用户组”工作区，如图 6-4-1 所示。系统已经自带两个组和三个权限，可以选择每个组对应的权限，也可以添加组和权限。本实例不再增加组和权限，使用“Users”组，设置其权限为“Operate”。

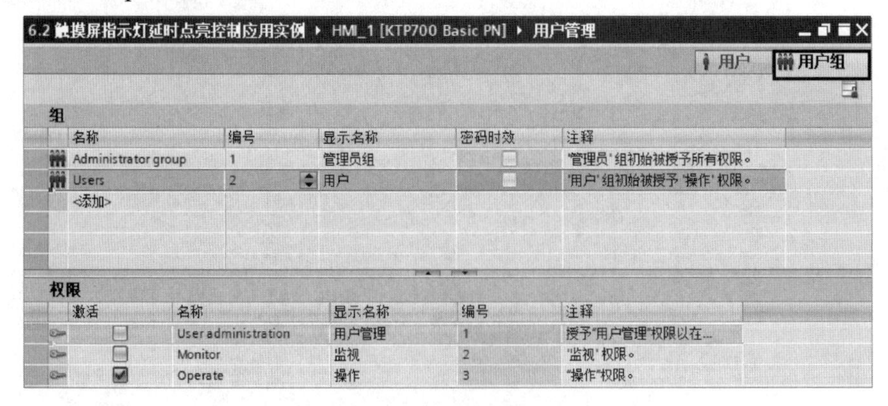

图 6-4-1 “用户组”工作区

在“用户”工作区中，如图 6-4-2 所示，添加一个新用户“Operator”，设置密码为“123456”。此用户属于“Users”组，“Users”组的权限是“Operate”。

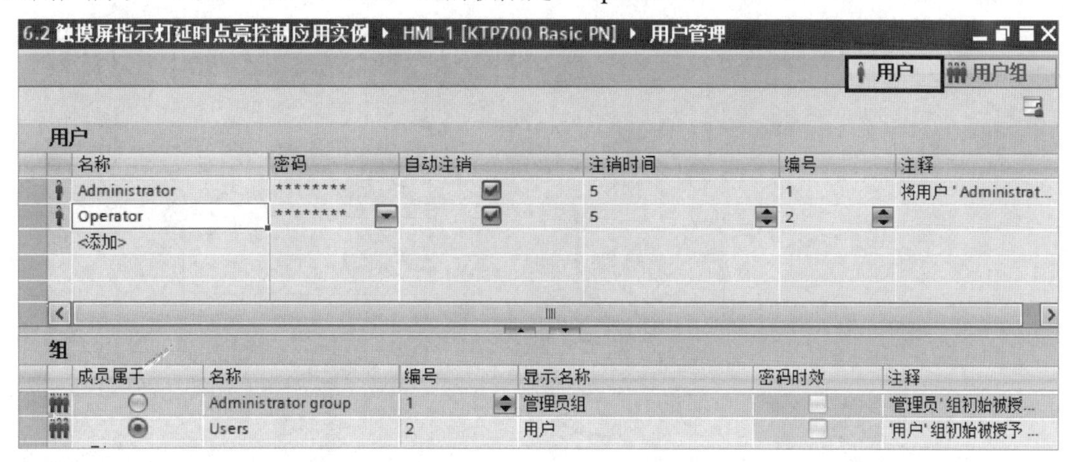

图 6-4-2　“用户”工作区

第三步：新建登录画面。

在“项目树”窗格中，依次选择“HMI_1 [KTP700 Basic PN]”→“画面”选项，双击“添加新画面”选项，添加新画面。修改新添加的画面名称为“登录画面”，如图 6-4-3 所示。

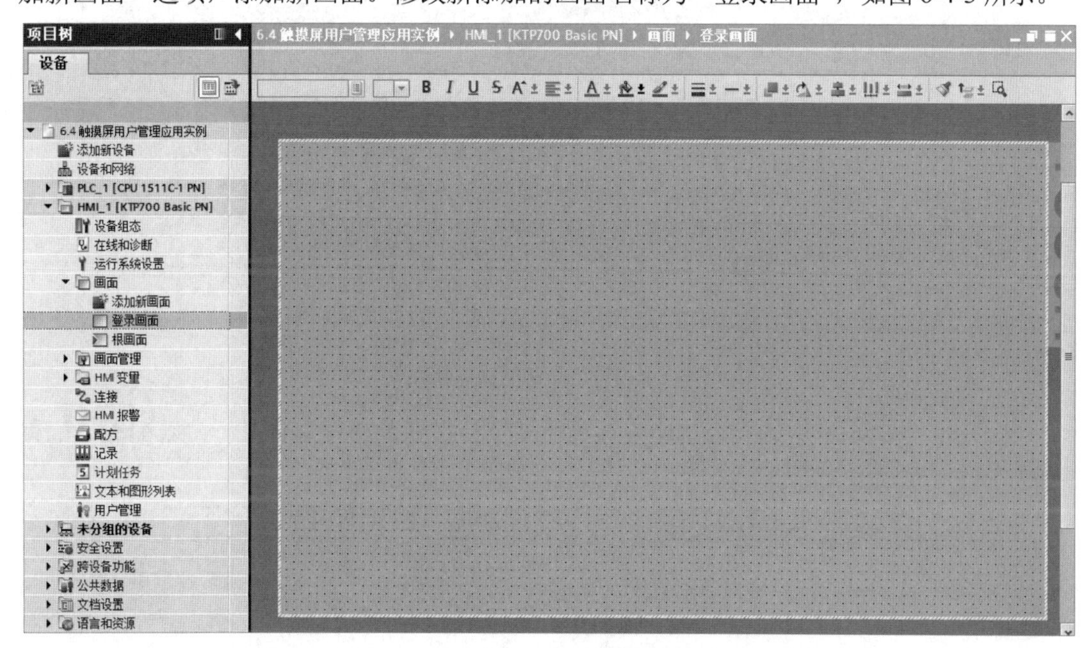

图 6-4-3　添加登录画面

第四步：组态登录按钮。

在右侧的“工具箱”窗格中找到“元素”选区中的“按钮”控件，并将“按钮”控件拖曳到工作区。

在工作区中，选中“按钮”控件，依次选择巡视窗格中的“属性”→“属性”→“常

规”选项，在“标签”选区选择“文本”单选按钮，在“按钮"未按下"时显示的图形”文本框中输入“登录”，如图 6-4-4 所示。

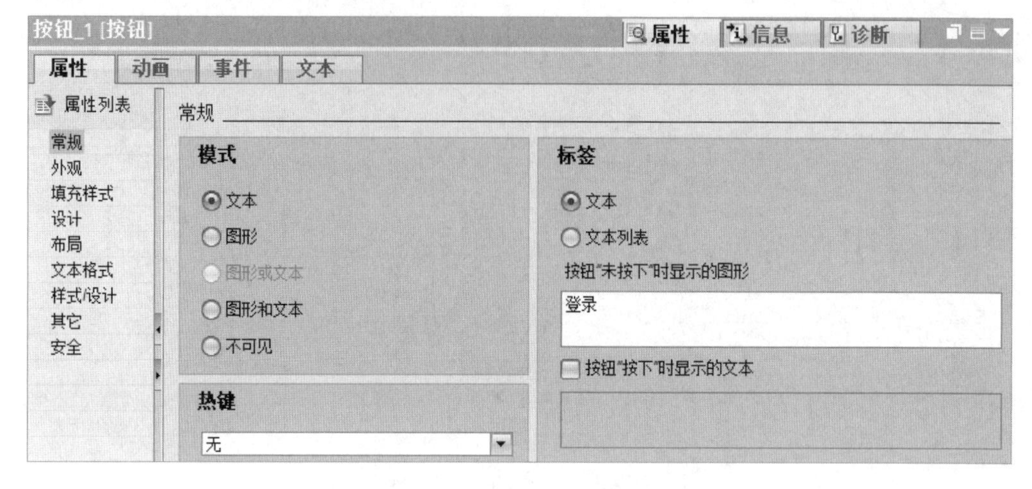

图 6-4-4　修改“按钮”控件的标签

选择“属性列表”中的“安全”选项，在“运行系统安全性”选区中将“权限”设置为“Operate”，如图 6-4-5 所示。

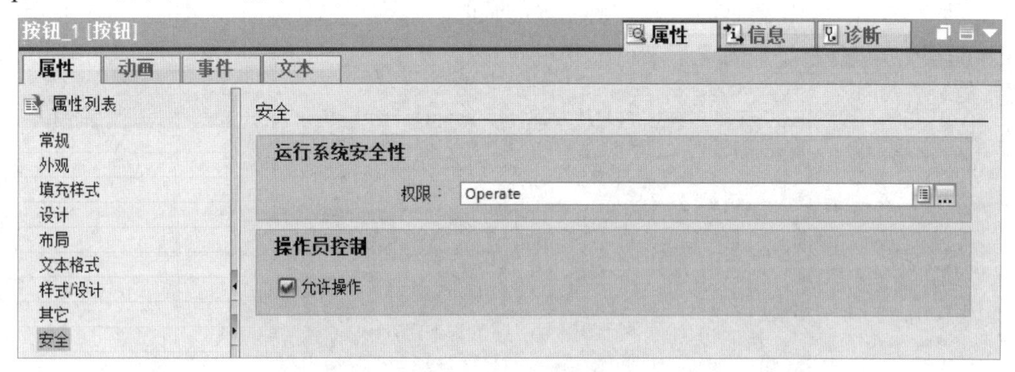

图 6-4-5　设置登录按钮权限

在“事件”选项卡中选择“单击”选项，对登录按钮的单击事件进行参数配置，配置参数如图 6-4-6 所示。

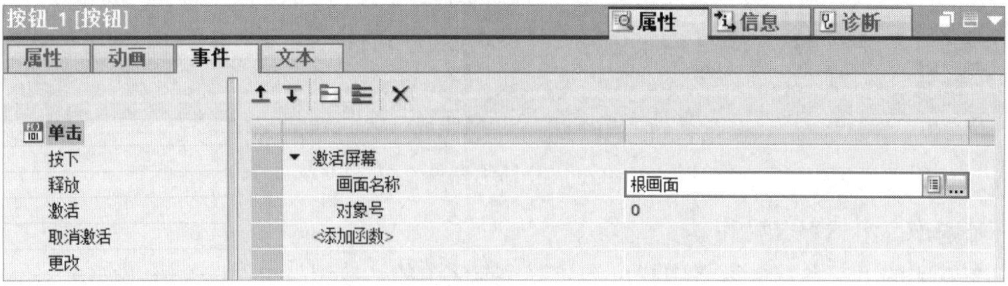

图 6-4-6　设置登录按钮的单击事件

第五步：起始画面设置。

在“项目树”窗格中，单击“HMI_1 [KTP700 Basic PN]”下拉按钮，双击“运行系统设置”选项，将“起始画面”设置为“登录画面”，如图 6-4-7 所示。

6.4 触摸屏用户管理应用实例 ▸ HMI_1 [KTP700 Basic PN] ▸ 运行系统设置

常规
服务
画面
键盘
报警
用户管理
语言和字体
变量设置

常规

画面

起始画面：登录画面
默认模板：
项目的默认样式：
HMI 设备的样式：WinCC Dark
使字体大小适应于设备大小：
屏幕分辨率：800x480

标识

项目 ID：0

历史数据

记录语言：启动语言

图 6-4-7　设置“起始画面”为“登录画面”

第六步：运行测试。

在“项目树”窗格中，选择“PLC_1[CPU 1511C-1 PN]”选项，依次选择“在线”→“仿真”→“启动”选项，进行 PLC 程序仿真。

在“项目树”窗格中，选择“HMI_1 [KTP700 Basic PN]”选项，单击工具栏中的“启动仿真”图标，开始仿真。触摸屏仿真画面如图 6-4-8 所示。

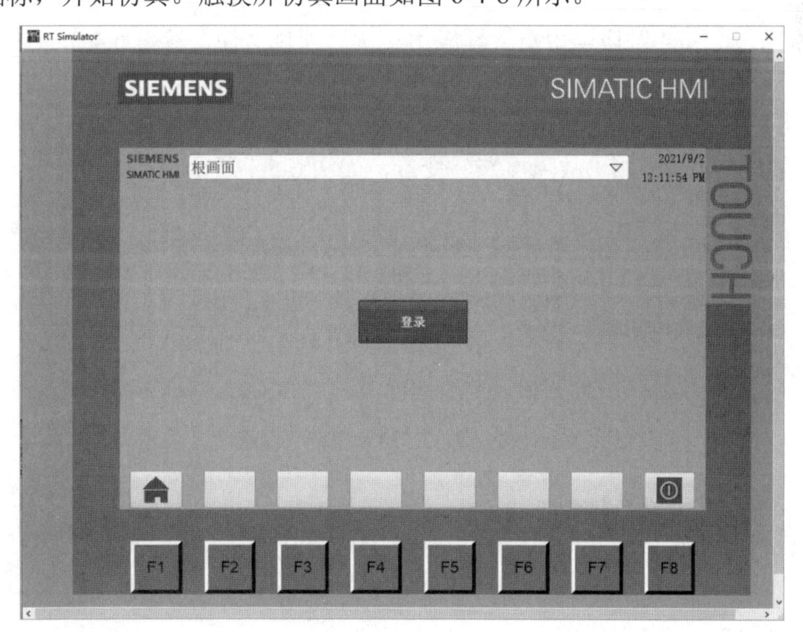

图 6-4-8　触摸屏仿真画面

单击“登录”按钮，弹出“Login”对话框，如图 6-4-9 所示，在“用户”文本框中输入“Operator”，在“密码”文本框中输入“123456”，单击“确定”按钮，即可进行画面操作。

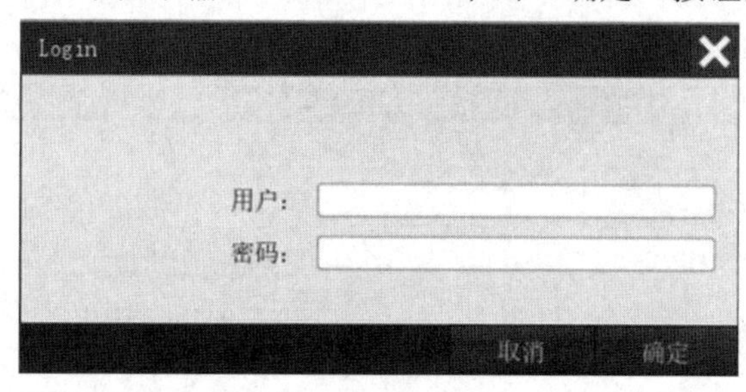

图 6-4-9 “Login”对话框

6.5 触摸屏报警设置方法应用实例

6.5.1 实例内容

（1）实例名称：6.5 触摸屏报警设置方法应用实例。

（2）实例描述：在 6.4 触摸屏用户管理应用实例的基础上增加报警功能。

（3）硬件组成：编程计算机，1 台，已安装博途 STEP 7 专业版 V16 软件和 S7-PLCSIM 仿真软件。

6.5.2 实例实施

第一步：打开“6.4 触摸屏用户管理应用实例”项目文件，参考 6.4 节。

第二步：添加新变量。

在“项目树”窗格中，依次选择“HMI_1 [KTP700 Basic PN]”→“HMI 变量”选项，双击“变量表”选项，添加“故障报警”变量，如图 6-5-1 所示。

变量表

名称 ▲	数据类型	连接	PLC 名称	PLC 变量
停止按钮	Bool	HMI_连接_1	PLC_1	停止按钮
启动按钮	Bool	HMI_连接_1	PLC_1	启动按钮
触摸屏时间设定	DInt	HMI_连接_1	PLC_1	触摸屏时间设定
指示灯	Bool	HMI_连接_1	PLC_1	触摸屏指示灯
故障报警	Word	HMI_连接_1	PLC_1	报警信息

图 6-5-1 添加“故障报警”变量

第三步：触摸屏报警设置。

在“项目树”窗格中，单击“HMI_1 [KTP700 Basic PN]”下拉按钮，双击“HMI 报警”选项，进入“离散量报警”工作区，参数设置如图 6-5-2 所示，报警的数据类型只能设置为 Word。

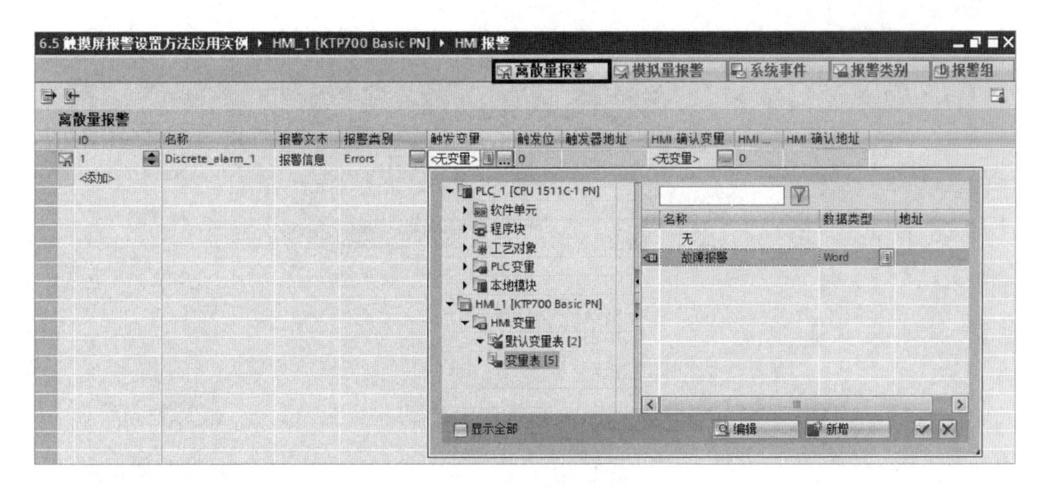

图 6-5-2　触摸屏报警设置

第四步：新建报警画面。

在“项目树”窗格中，依次选择“HMI_1 [KTP700 Basic PN]”→“画面”选项，双击“添加新画面”选项，添加新画面。将新添加的画面命名为“报警画面”，并进入画面制作视图。

在右侧的“工具箱”窗格中找到“控件”选项，并将“报警视图”控件拖曳到工作区。

在右侧的“工具箱”窗格中找到“元素”选区中的“按钮”控件，并将“按钮”控件拖曳到工作区。在工作区中，选中“按钮”控件，依次选择巡视窗格中的“属性”→“属性”→“常规”选项，在“标签”选区中选择“文本”单击按钮，在“按钮"未按下"时显示的图形”文本框中输入“返回”，如图 6-5-3 所示。

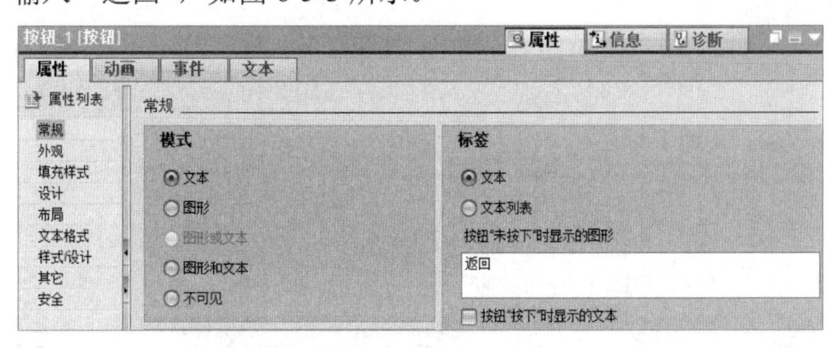

图 6-5-3　修改“按钮”控件的标签

单击“事件”选项卡，选择“单击”选项，对返回按钮的单击事件进行参数配置，配置参数如图 6-5-4 所示。

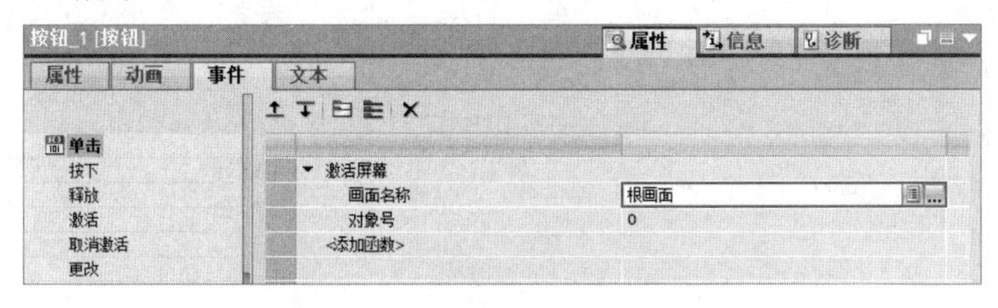

图 6-5-4　配置返回按钮的单击事件

报警画面如图 6-5-5 所示。

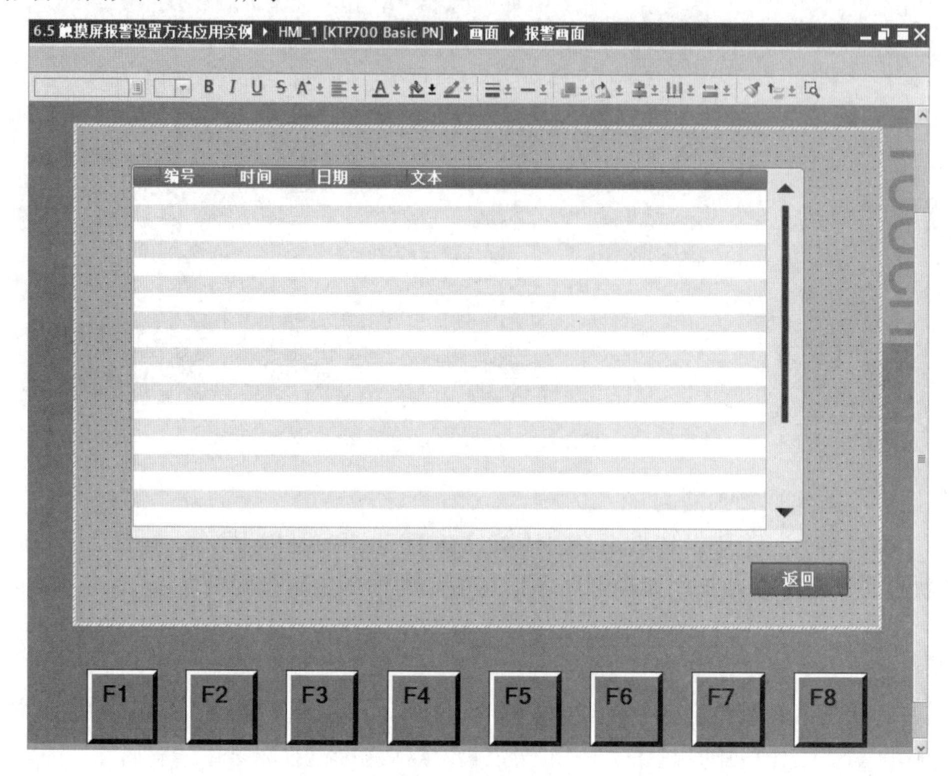

图 6-5-5　报警画面

第四步：组态报警画面按钮。

在“项目树”窗格中，依次选择“HMI_1 [KTP700 Basic PN]”→“画面”选项，双击“根画面”选项，进入画面制作视图。在右侧的“工具箱”窗格中找到“元素”选区中的“按钮”控件，并将其拖曳到工作区。

在工作区中，选中“按钮”控件，依次选择巡视窗格中的“属性”→“属性”→“常规”选项，在“标签”选区中选择“文本”单选按钮，在“按钮"未按下"时显示的图形”文本框中输入“报警画面”，如图 6-5-6 所示。

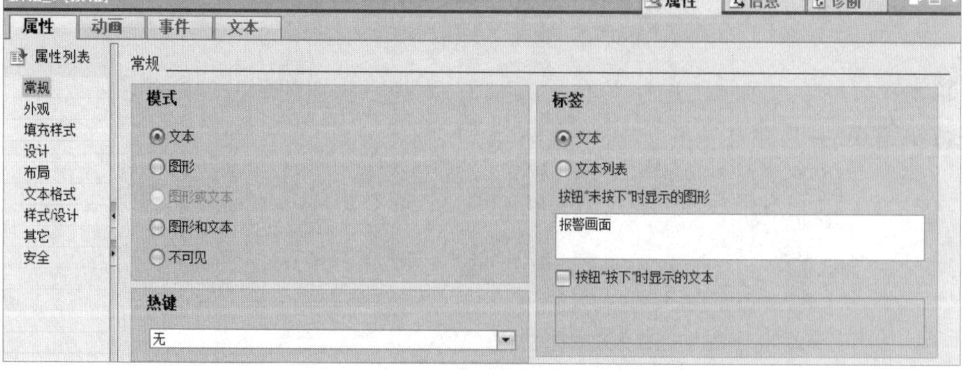

图 6-5-6　修改“按钮”控件的标签

进入“事件”选项卡，选择“单击”选项，对报警画面按钮的单击事件进行参数配置，配置参数如图 6-5-7 所示。

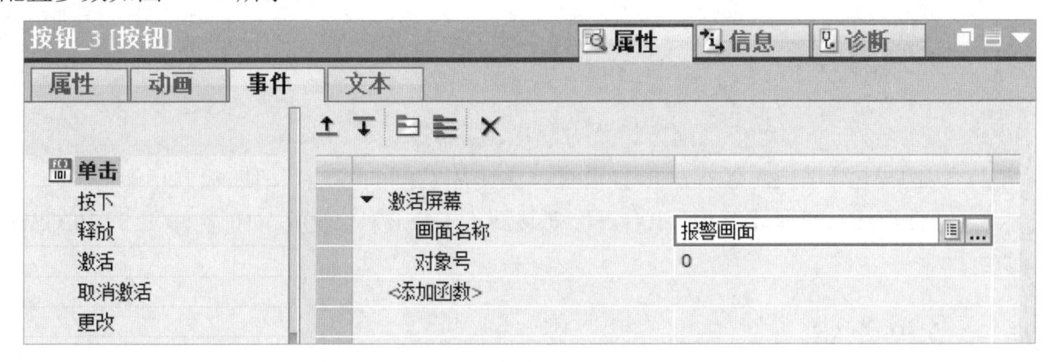

图 6-5-7　配置报警画面按钮的单击事件

第五步：运行测试。

在“项目树”窗格中，选择“PLC_1[CPU 1511C-1 PN]”选项，依次选择“在线”→“仿真”→“启动”选项，进行 PLC 程序仿真。

在“项目树”窗格中，选择“HMI_1 [KTP700 Basic PN]”选项，单击工具栏中的“启动仿真”图标，程序运行。在登录画面中，单击“登录”按钮，弹出“Login”对话框，在“用户”文本框中输入“Operator”，在“密码”文本框输入“123456”，单击“确定”按钮，进行画面操作。将 PLC 程序中的 MW20 变量写入 1，激活报警位。触摸屏报警显示画面如图 6-5-8 所示。

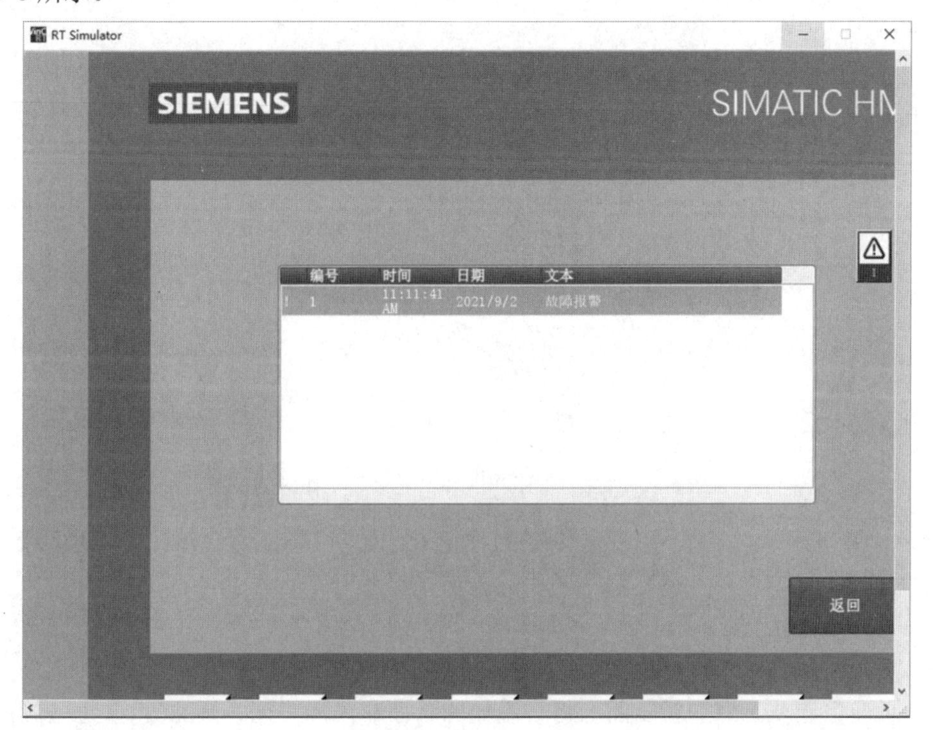

图 6-5-8　触摸屏报警显示画面

6.6 触摸屏配方设置方法应用实例

6.6.1 实例内容

（1）实例名称：6.6 触摸屏配方设置方法应用实例。

（2）实例描述：在 6.5 触摸屏报警设置方法应用实例的基础上增加配方功能。

（3）硬件组成：编程计算机，1 台，已安装博途 STEP 7 专业版 V16 软件和 S7-PLCSIM 仿真软件。

6.6.2 实例实施

第一步：打开“6.5 触摸屏报警设置方法应用实例”项目文件，参见 6.5 节。

第二步：进行配方设置。

在“项目树”窗格中，单击“HMI_1 [KTP700 Basic PN]”下拉按钮，双击“配方”选项，在“配方”工作区中添加“配方_1”变量，在“元素”工作区中添加“时间设定”元素，如图 6-6-1 所示。

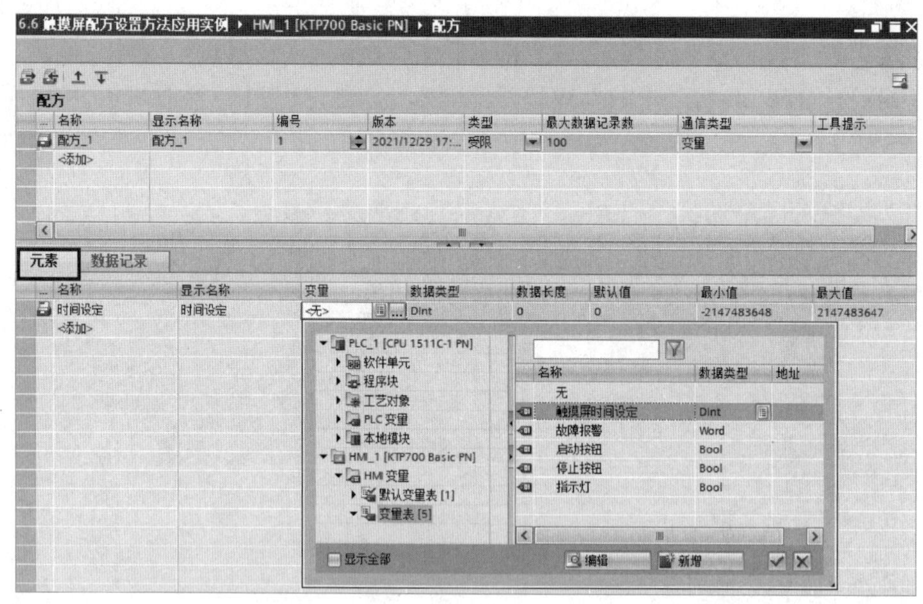

图 6-6-1 “配方”工作区和“元素”工作区的设置

进入“数据记录”工作区，新建 3 条数据记录，如图 6-6-2 所示，对应“时间设定”分别设置为“5”、“10”和“15”。

第三步：新建配方画面。

在“项目树”窗格中，依次选择“HMI_1 [KTP700 Basic PN]”→“画面”选项，双击“添加新画面”选项，添加新画面。将新添加的画面命名为“配方画面”，并进入画面制作视图。

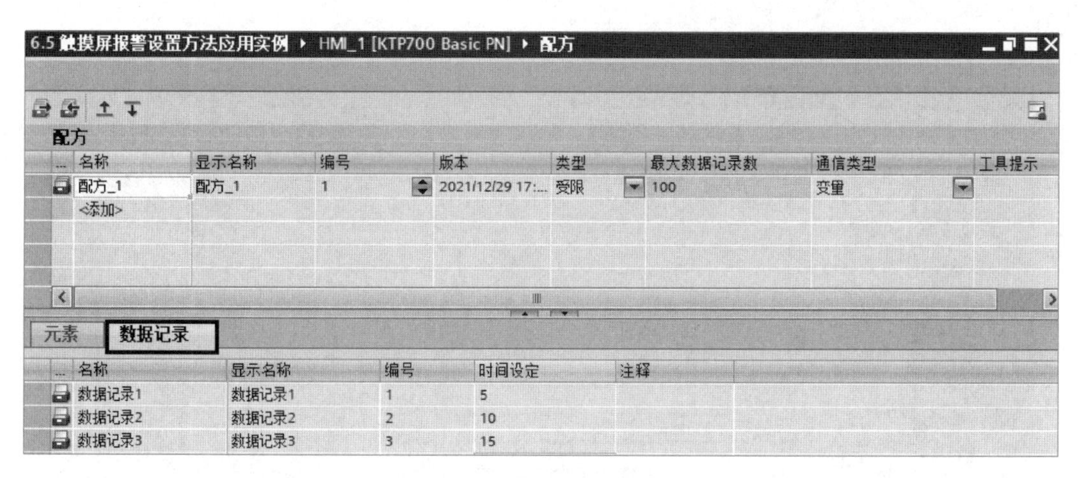

图 6-6-2　数据记录设置

在右侧的“工具箱”窗格中找到“控件”选区中的“配方视图”控件，将“配方视图”控件拖曳到工作区中。

在右侧的“工具箱”窗格中找到“元素”选区中的“按钮”控件，将“按钮”控件拖曳到工作区。在工作区中，选中“按钮”控件，依次选择巡视窗格中的“属性”→“属性”→“常规”选项。在“标签”选区中选择“文本”单选按钮，在“按钮"未按下"时显示的图形”文本框中输入“返回”，如图 6-6-3 所示。

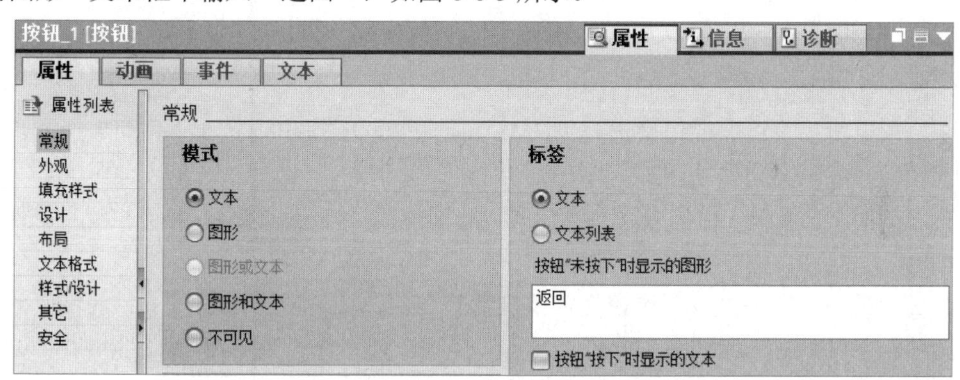

图 6-6-3　修改“按钮”控件的标签

进入“事件”选项卡，选择“单击”选项，对返回按钮的单击事件进行参数配置，配置参数如图 6-6-4 所示。

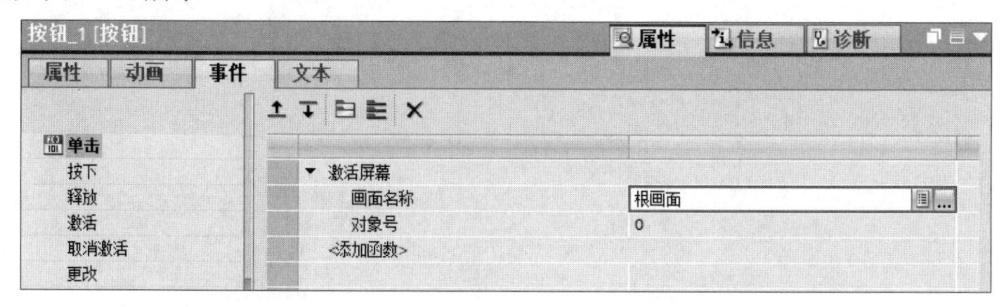

图 6-6-4　配置返回按钮的单击事件

配方画面如图 6-6-5 所示。

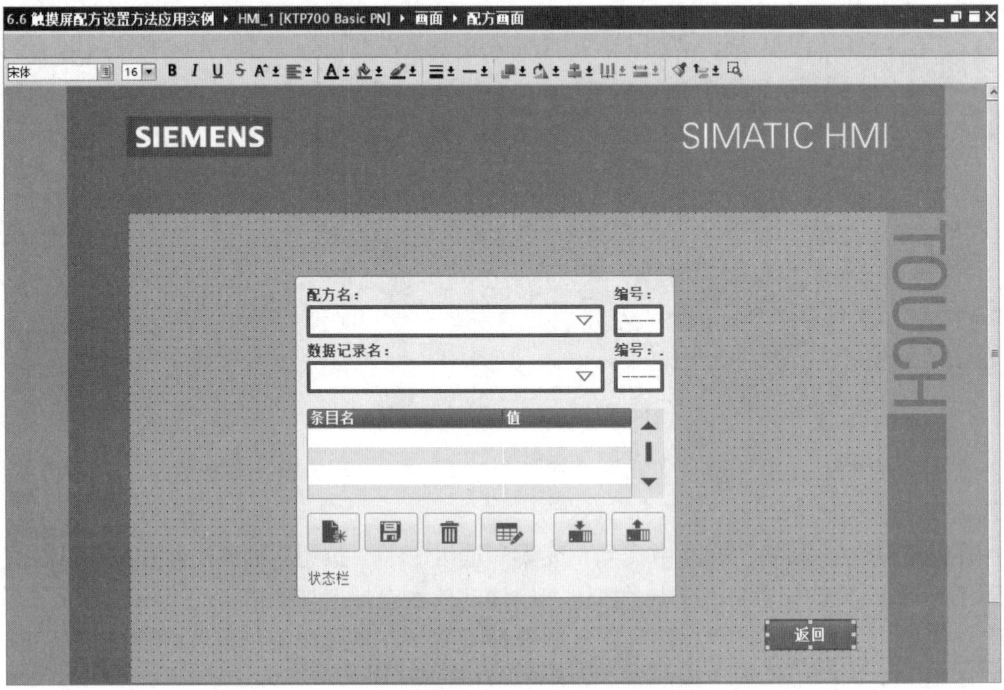

图 6-6-5　配方画面

第四步：设置组态配方画面按钮。

在“项目树”窗格中，依次选择“HMI_1 [KTP700 Basic PN]”→“画面”选项，双击“根画面”，进入画面制作视图。

在右侧的“工具箱”窗格中找到“元素”选区中的“按钮”控件，将“按钮”控件拖曳到工作区。

在工作区中，选中“按钮”控件，依次选择巡视窗格中的“属性”→“属性”→“常规”选项。在“标签”选区中，选择“文本”单选按钮，在“按钮"未按下"时显示的图形”文本框中输入“配方画面”，如图 6-6-6 所示。

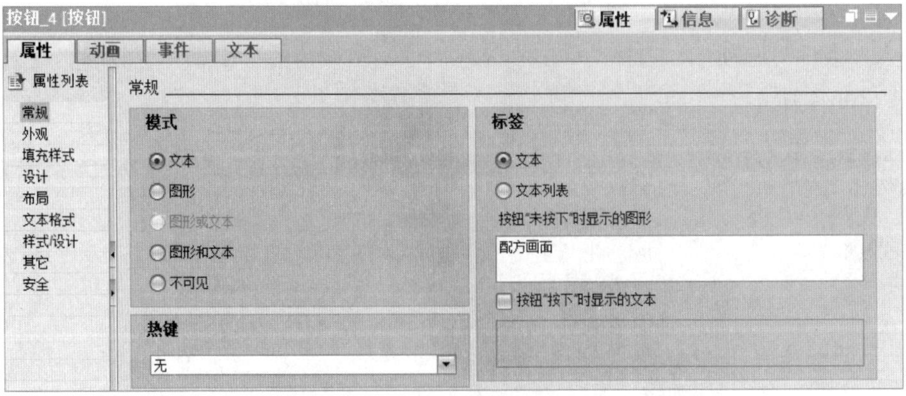

图 6-6-6　修改“按钮”控件的标签

在“事件”选项卡中，选择“单击”选项，对配方画面按钮的单击事件进行参数配置，配置参数如图 6-6-7 所示。

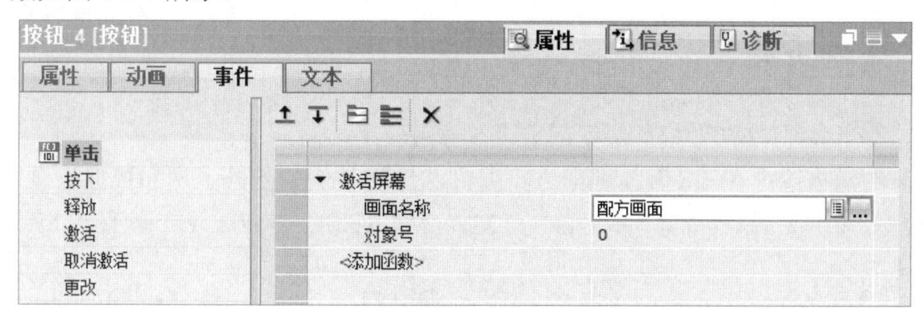

图 6-6-7　配置配方画面按钮的单击事件

第五步：运行测试。

在“项目树”窗格中，选择“PLC_1[CPU 1511C-1 PN]”选项，依次选择“在线”→“仿真”→“启动”选项，进行 PLC 程序仿真。

在“项目树”窗格中，选择“HMI_1 [KTP700 Basic PN]”选项，单击工具栏中的“启动仿真”图标，运行程序。在登录画面中，单击“登录”按钮，弹出“Login”对话框，在“用户”文本框中输入“Operator”，在“密码”文本框中输入“123456”，单击“确定”按钮，进行画面操作。在主画面中单击“配方画面”按钮，进入配方画面，如图 6-6-8 所示。在此画面中可以进行相关配方操作。

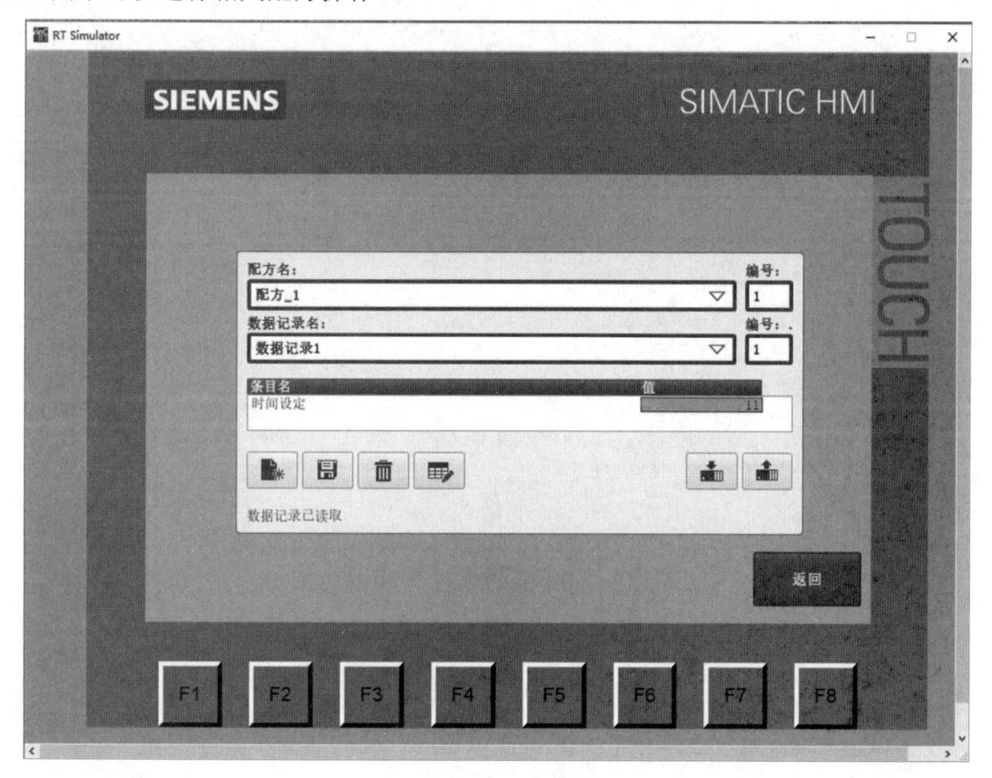

图 6-6-8　配方画面

6.7 触摸屏数据记录设置方法应用实例

6.7.1 实例内容

（1）实例名称：6.7 触摸屏数据记录设置方法应用实例。

（2）实例描述：在 6.6 触摸屏配方设置方法应用实例的基础上增加数据记录功能。

（3）硬件组成：编程计算机，1 台，已安装博途 STEP 7 专业版 V16 软件和 S7-PLCSIM 仿真软件。

6.7.2 实例实施

第一步：打开“6.6 触摸屏配方设置方法应用实例”项目文件，参考 6.6 节。

第二步：进行记录设置。

在“项目树”窗格中，单击“HMI_1 [KTP700 Basic PN]”下拉按钮，双击“配方”选项，在“数据记录”工作区中添加“数据记录_1”，在“记录变量”工作区中添加“触摸屏时间设定”变量，参数配置如图 6-7-1 所示。

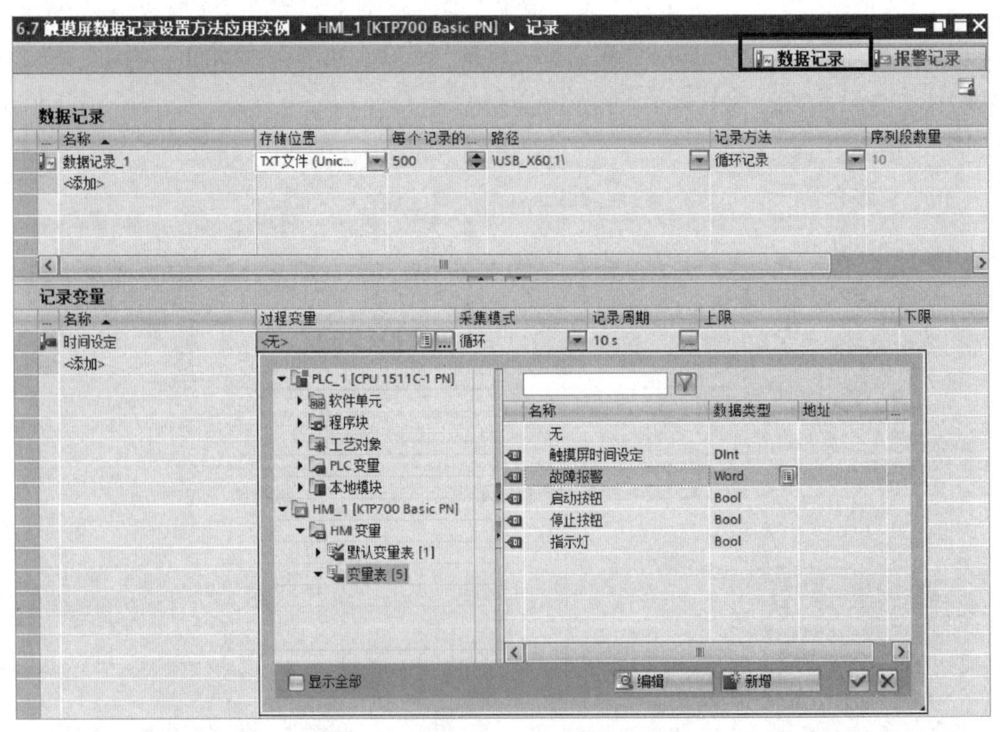

图 6-7-1 “数据记录”工作区和“记录变量”工作区中的参数配置

第三步：运行测试。

在“项目树”窗格中，选择“PLC_1[CPU 1511C-1 PN]”选项，依次选择“在线”→“仿真”→“启动”选项，进行 PLC 程序仿真。

在“项目树”窗格中，选择“HMI_1 [KTP700 Basic PN]”选项，单击工具栏中的“启动仿真”图标，运行程序。在登录画面中，单击“登录”按钮，弹出“Login”对话框，在“用户”文本框中输入“Operator”，在“密码”文本框中输入“123456”，单击“确定”按钮，进行画面操作。触摸屏将数据记录存储在 U 盘中。本实例的数据记录文件的存储路径如图 6-7-2 所示，数据记录内容如图 6-7-3 所示。

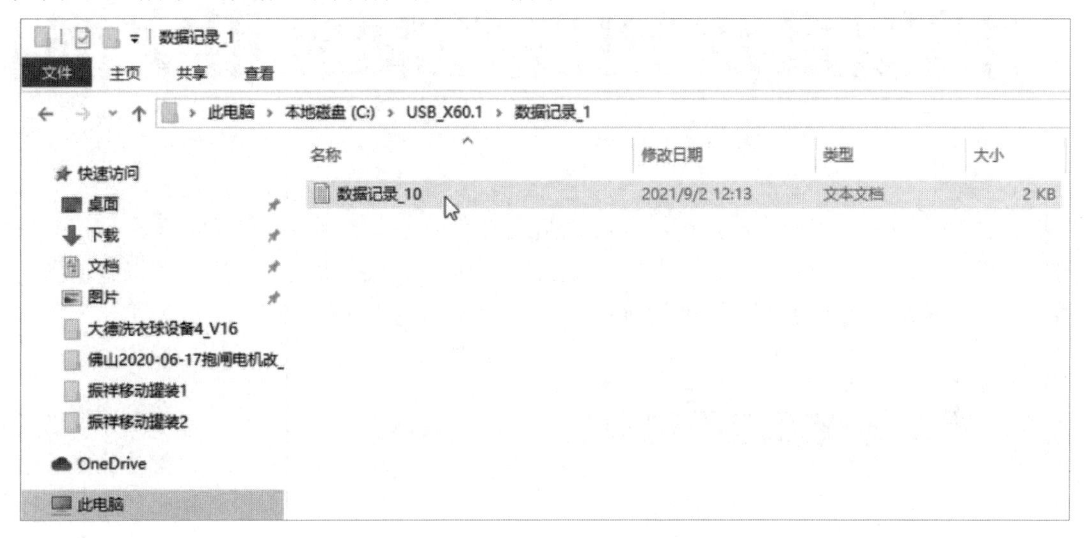

图 6-7-2　数据记录文件的存储路径

数据记录_10 - 记事本

文件(F)　编辑(E)　格式(O)　查看(V)　帮助(H)

"VarName"	"TimeString"	"VarValue"	"Validity"	"Time_ms"
"定时器时间设定"	"2021-09-02 12:11:59"	0	1	44441508322.905098
"定时器时间设定"	"2021-09-02 12:12:09"	0	1	44441508438.645836
"定时器时间设定"	"2021-09-02 12:12:19"	11	1	44441508554.386574
"定时器时间设定"	"2021-09-02 12:12:29"	11	1	44441508670.127319
"定时器时间设定"	"2021-09-02 12:12:39"	0	1	44441508785.868057
"定时器时间设定"	"2021-09-02 12:12:49"	22	1	44441508901.597221
"定时器时间设定"	"2021-09-02 12:12:59"	0	1	44441509017.349533
"定时器时间设定"	"2021-09-02 12:13:09"	33	1	44441509133.090279
"定时器时间设定"	"2021-09-02 12:13:19"	0	1	44441509248.819443
"定时器时间设定"	"2021-09-02 12:13:29"	45	1	44441509364.571754
"RT_OFF"	"2021-09-02 12:13:36"	0	2	44441509446.851852
"RT_COUNT"	11			

第 1 行，第 1 列　100%　Windows (CRLF)　UTF-16 LE

图 6-7-3　数据记录内容

第 7 章

模拟量及 PID 控制应用实例

在自动化控制和工业生产过程中，特别是在连续型过程控制中，经常需要对模拟量信号进行处理，PLC 通过模拟量输入模块读取温度、压力、流量等信号，通过模拟量输出模块对阀门、变频器等设备进行调节控制。

7.1 模拟量转换应用实例

7.1.1 功能概述

1. 模拟量模块类型

S7-1500 PLC 模拟量模块包括模拟量输入模块、模拟量输出模块和模拟量 I/O 一体化模块。模拟量输入模块支持的信号类型有电压、电流、热电阻、热电偶等，模拟量输出模块支持的信号类型有电压、电流。模拟量模块类型如表 7-1-1 所示。

表 7-1-1 模拟量模块类型

模 块 类 型	模 块 型 号	模 块 描 述
模拟量输入模块	6ES7 5317LH000AB0	AI 16：模拟量输入模块，AI 16x U，35mm 模块，不含前连接器
	6ES7 5317MH000AB0	AI 16：模拟量输入模块，AI 16x I，35mm 模块，不含前连接器
	6ES7 5317KF000AB0	AI 8：模拟量输入模块，AI 8x U/I/RTD/TC ST，支持 4 通道 RTD，35mm 模块，不含前连接器
	6ES7 5317NF100AB0	AI 8：模拟量输入模块，高速，AI 8x U/I HS，35mm 模块，不含前连接器
	6ES7 5317PF000AB0	AI 8：模拟量输入模块，高性能，通道隔离，AI 8x U/R/RTD/TC HF，支持 8 通道 RTD，35mm 模块，不含前连接器
	6ES7 5317NF000AB0	AI 8：模拟量输入模块，高性能，通道隔离，AI 8xU/I HF，35mm 模块，不含前连接器
	6ES7 5317QD000AB0	AI 4：模拟量输出模块，AI 4x U/I/RTD/TC ST，25mm 模块，含前连接器
模拟量输出模块	6ES7 5325HF000AB0	AQ 8：模拟量输出模块，高速，AQ 8x U/I HS，35mm 模块，不含前连接器
	6ES7 5325HD000AB0	AQ 4：模拟量输出模块，AQ 4x U/I ST，35mm 模块，不含前连接器

续表

模块类型	模块型号	模块描述
模拟量输出模块	6ES7 5325ND000AB0	AQ 4：模拟量输出模块，高性能，通道隔离，AQ 4x U/I HF，35mm 模块，不含前连接器
	6ES7 5325NB000AB0	AQ 2：模拟量输出模块，AQ 2x U/I ST，25mm 模块，含前连接器
模拟量 I/O 一体化模块	6ES7 5347QE000AB0	AI4/AQ2：模拟量 I/O 一体化模块 AI/AO 4x U/I/RTD/TC 2x U/I ST，25mm 模块，含前连接器

2．模拟量模块主要技术参数

（1）模拟量模块的转换量程。

当模拟量模块输入信号为 0～10V、0～20 mA 和 4～20 mA 时，转换量程为 0～27648；当模拟量模块输入信号为-10V～10V、-5V～5V 和-2.5V～2.5V 时，转换量程为-27648～27648。

（2）模拟量模块的分辨率。

分辨率是 A/D 转换芯片的转换精度，即用多少位数字表示模拟量。数字化模拟值表如表 7-1-2 所示。

表 7-1-2　数字化模拟值表

分辨率	模拟值															
位	15	14	13	12	11	10	9	8	7	6	5	4	3	2	1	0
位值	2^{15}	2^{14}	2^{13}	2^{12}	2^{11}	2^{10}	2^9	2^8	2^7	2^6	2^5	2^4	2^3	2^2	2^1	2^0
16 位	0	1	0	0	0	1	1	0	0	1	0	1	1	1	1	1
12 位	0	1	0	0	0	1	1	0	0	1	0	1	1	0	0	0

由表 7-1-2 可知，当分辨率小于 16 位时，相应的位左侧对齐，未使用的最低位补“0”。表 7-1-2 中 12 位分辨率的模块的最小变化单位为 2^3=8，0 ～ 2 位补“0”（见表 7-1-2 中的阴影处），故 12 位的 A/D 转换芯片的转换精度为 $2^3/2^{15}$=1/4096，即能够反映模拟量变化的最小单位是满量程的 1/4096。

（3）模拟量模块的转换误差。

模拟量模块的转换误差不仅受分辨率影响，还受转换芯片的外围电路影响。

7.1.2　指令说明

由于本实例需要进行模拟量的量程转换，所以会用到 SCALE_X（缩放）指令和 NORM_X（标准化）指令，指令说明如下。

在“指令”窗格中依次选择“基本指令”→“转换操作”选项，就可以找到 SCALE_X 指令和 NORM_X 指令，如图 7-1-1 所示。

1．SCALE_X 指令

（1）指令介绍。

使用 SCALE_X 指令（见图 7-1-2），可以将输入参数 VALUE 映射到指定值范围，从而进行缩放处理，计算公式为 OUT = [VALUE × (MAX – MIN)] + MIN。

基本指令		
名称	描述	版本
常规		
位逻辑运算		V1.0
定时器操作		V1.0
计数器操作		V1.0
比较操作		
数学函数		V1.0
移动操作		V2.3
转换操作		
CONVERT	转换值	
ROUND	取整	
CEIL	浮点数向上取整	
FLOOR	浮点数向下取整	
TRUNC	截尾取整	
SCALE_X	缩放	
NORM_X	标准化	

图 7-1-1　转换操作指令

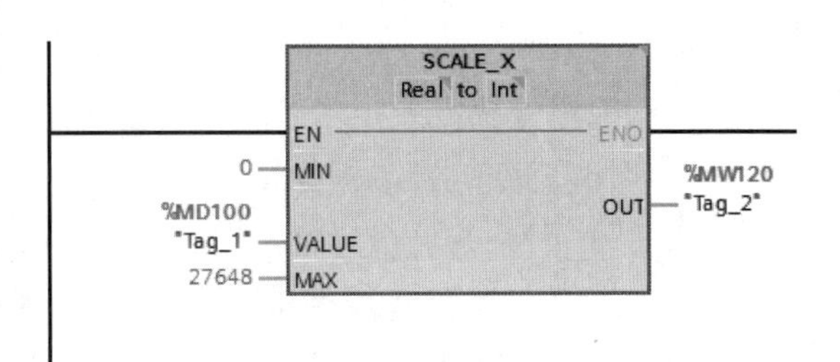

图 7-1-2　SCALE_X 指令

（2）指令参数。

SCALE_X 指令 I/O 引脚参数的说明如表 7-1-3 所示。

表 7-1-3　SCALE_X 指令 I/O 引脚参数的说明

引 脚 参 数	数 据 类 型	说　　明
MIN	整数、浮点数	取值范围下限
VALUE	浮点数	需要缩放的值
MAX	整数、浮点数	取值范围上限
OUT	整数、浮点数	缩放结果

2．NORM_X 指令

（1）指令介绍。

使用 NORM_X 指令（见图 7-1-3），可以将输入参数 VALUE 映射到线性标尺进行标准化处理，计算公式为 OUT = (VALUE – MIN) / (MAX – MIN)。

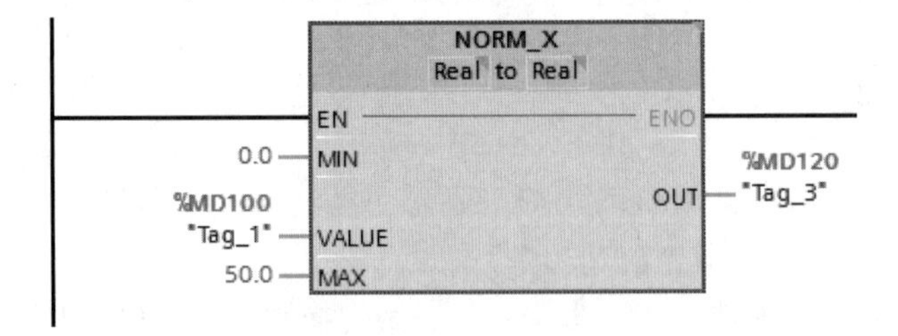

图 7-1-3　NORM_X 指令

（2）指令参数。

NORM_X 指令 I/O 引脚参数的说明如表 7-1-4 所示。

表 7-1-4　NORM_X 指令引脚的说明

引 脚 参 数	数 据 类 型	说　　明
MIN	整数、浮点数	取值范围下限
VALUE	整数、浮点数	需要标准化的值
MAX	整数、浮点数	取值范围上限
OUT	浮点数	标准化结果

7.1.3　实例内容

（1）实例名称：7.1 温度传感器测量值转换为工程量的应用实例。

（2）实例描述：温度传感器输出模拟量为 4～20 mA，对应 0～50℃。

（3）硬件组成：①CPU 1511C-1 PN，1 台，订货号：6ES7 511-1CK01-0AB0；②温度传感器，1 台，24V DC 供电，输出范围为 4～20 mA，0～50℃，两线制；③编程计算机，1 台，已安装博途 STEP 7 专业版 V16 软件。

7.1.4　实例实施

1．S7-1500 PLC 接线图

7.1 温度传感器测量值转换为工程量的应用实例的 S7-1500 PLC 接线图如图 7-1-4 所示。

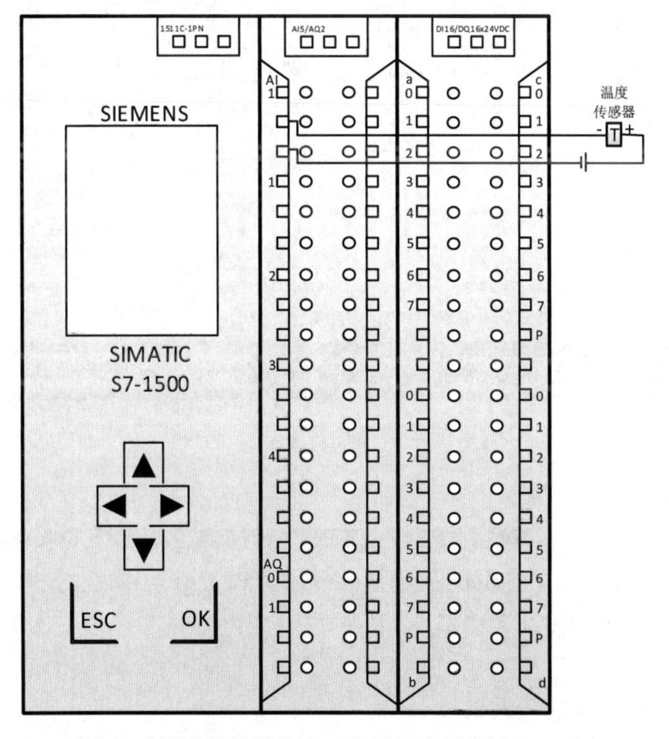

图 7-1-4　7.1 温度传感器测量值转换为工程量的应用实例的 S7-1500 PLC 接线图

2．PLC 程序编写

第一步：新建项目及组态。

打开博途软件，在 Portal 视图中，选择“创建新项目”选项，在弹出的界面中输入项目名称（7.1 温度传感器测量值转换为工程量的应用实例）、路径和作者等信息，单击“创建”按钮，生成新项目。

进入项目视图，在左侧的“项目树”窗格中，双击“添加新设备”选项，弹出“添加新设备”对话框，如图 7-1-5 所示，选择 CPU 的订货号和版本（必须与实际设备相匹配），并单击“确定”按钮。

图 7-1-5　“添加新设备”对话框

第二步：设置 CPU 属性。

在“项目树”窗格中，单击“PLC_1[CPU 1511C-1 PN]”下拉按钮，双击“设备组态”选项，在“设备视图”标签页的工作区中选中“PLC_1”，依次选择巡视窗格中的“属性”→“常规”→“PROFINET 接口[X1]”→“以太网地址”选项，修改以太网 IP 地址，如图 7-1-6 所示。

第三步：配置模拟量输入通道。

在“项目树”窗格中，单击“PLC_1[CPU 1511C-1 PN]”下拉按钮，双击“设备组态”选

项，在“设备视图”标签页的工作区中选中“PLC_1”，依次选择巡视窗格中的“属性”→“常规”→“输入”→“通道 0”选项，配置通道 0 的相关输入参数，如图 7-1-7 所示。

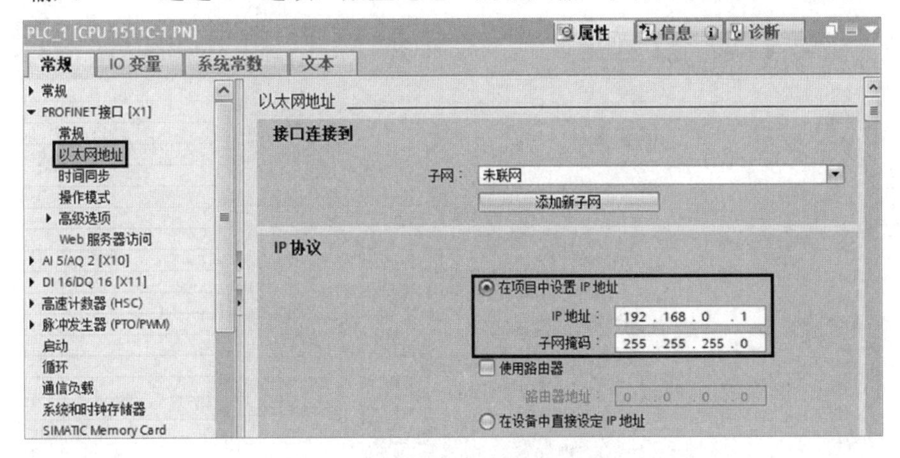

图 7-1-6　设置以太网 IP 地址

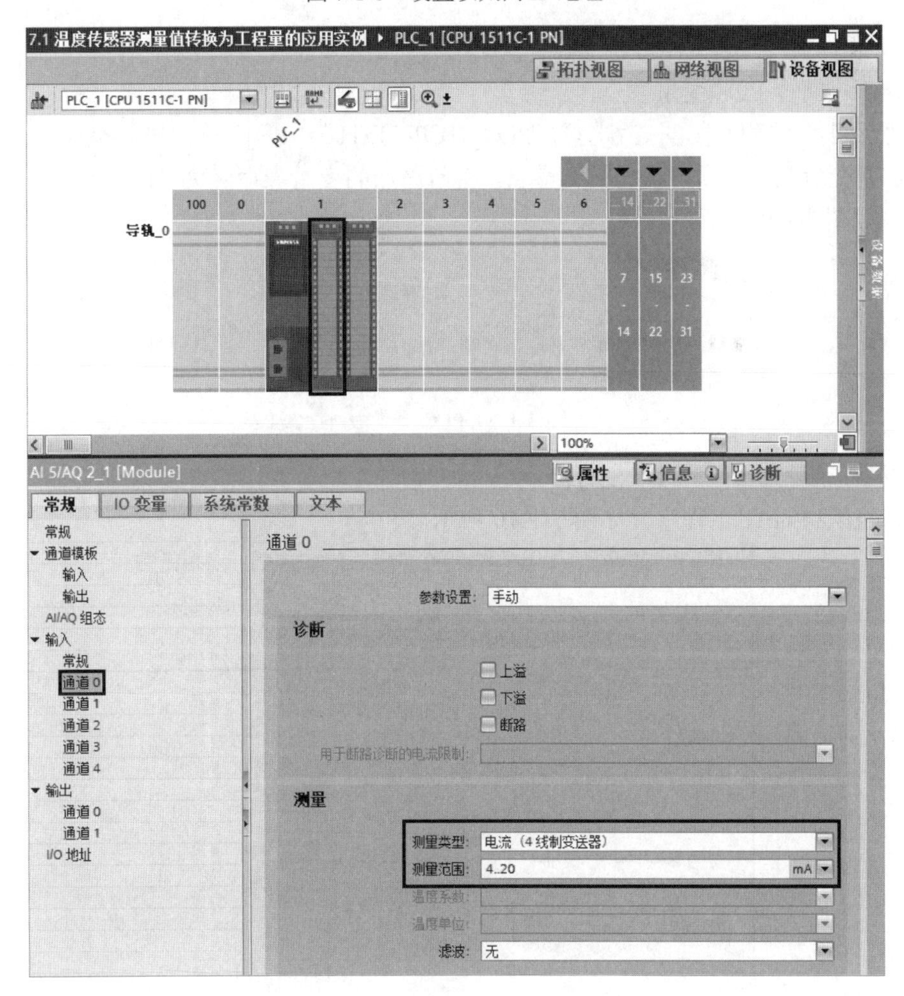

图 7-1-7　配置通道 0 的相关输入参数

在“常规”选项卡中，选择“I/O 地址”选项，设置温度传感器连接输入通道 0，通道地址为 IW0，具体配置参数如图 7-1-8 所示。

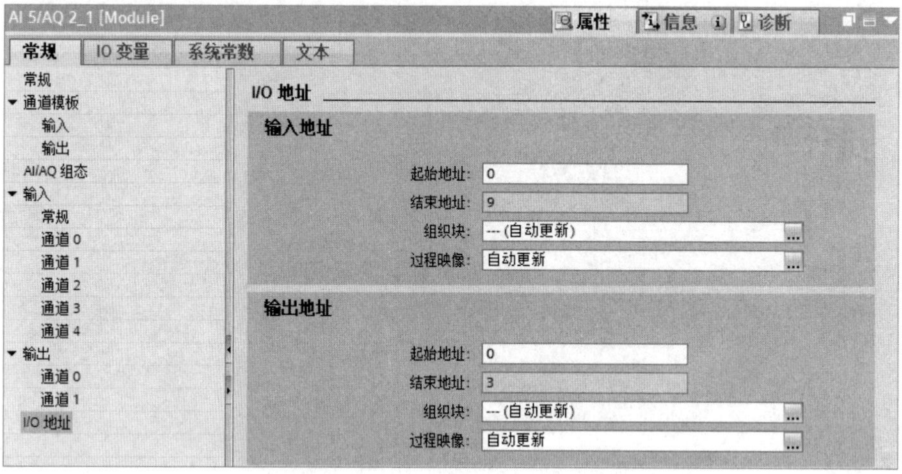

AI 5/AQ 2_1 [Module]　属性　信息　诊断

常规 | IO 变量 | 系统常数 | 文本

常规
通道模板
输入
输出
AI/AQ 组态
输入
常规
通道 0
通道 1
通道 2
通道 3
通道 4
输出
通道 0
通道 1
I/O 地址

I/O 地址

输入地址

起始地址：0
结束地址：9
组织块：--- (自动更新)
过程映像：自动更新

输出地址

起始地址：0
结束地址：3
组织块：--- (自动更新)
过程映像：自动更新

图 7-1-8　配置模拟量 I/O 地址

第四步：新建 PLC 变量表。

在“项目树”窗格中，依次选择“PLC_1[CPU 1511C-1 PN]”→“PLC 变量”选项，双击“添加新变量表”选项，添加新变量表。将新添加的变量表命名为“PLC 变量表”，并新建变量，如图 7-1-9 所示。

PLC变量表

	名称	数据类型	地址 ▲	保持
1	模拟量通道输入测量值	Int	%IW96	
2	测量值规格化	Real	%MD10	
3	工程量值	Real	%MD14	

图 7-1-9　PLC 变量表

第五步：编写组织块 OB1 主程序。

编写组织块 OB1 主程序，如图 7-1-10 所示。

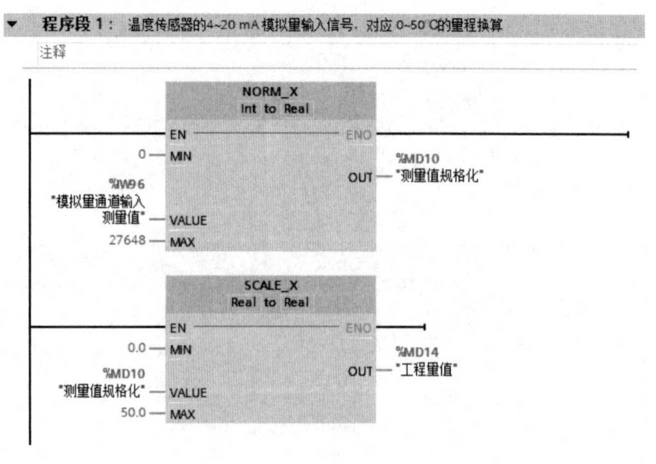

图 7-1-10　组织块 OB1 主程序

需要说明的是，图 7-1-10 中的%MD14 为转换的工程量值。

第六步：程序测试。

编译程序后，下载到 S7-1500CPU 中，通过 PLC 监控表（见图 7-1-11）监控转换结果。

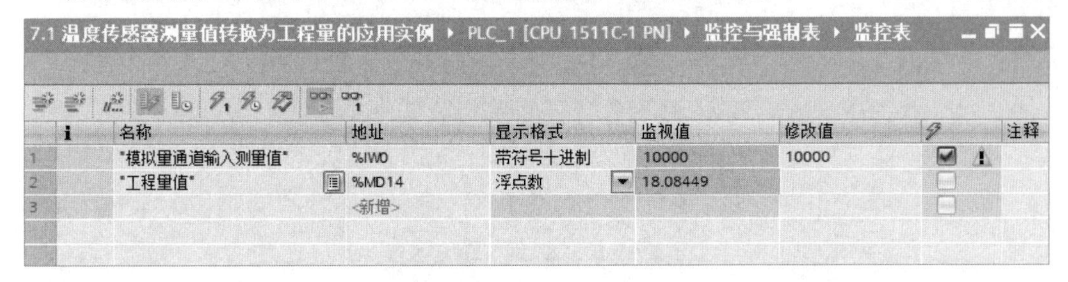

7.1 温度传感器测量值转换为工程量的应用实例 ▸ PLC_1 [CPU 1511C-1 PN] ▸ 监控与强制表 ▸ 监控表

	i	名称	地址	显示格式	监视值	修改值		注释
1		"模拟量通道输入测量值"	%IW0	带符号十进制	10000	10000		
2		"工程量值"	%MD14	浮点数	18.08449			
3			<新增>					

图 7-1-11　PLC 监控表

7.2　PID 控制应用实例

7.2.1　功能概述

PID 控制又称为比例、积分、微分控制，在控制回路中连续检测被控变量的实际测量值，并与设定值进行比较，使用生成的控制偏差来计算控制器的输出，从而尽可能快速、平稳地将被控对象调整到设定值。PID 控制系统示意图如图 7-2-1 所示。

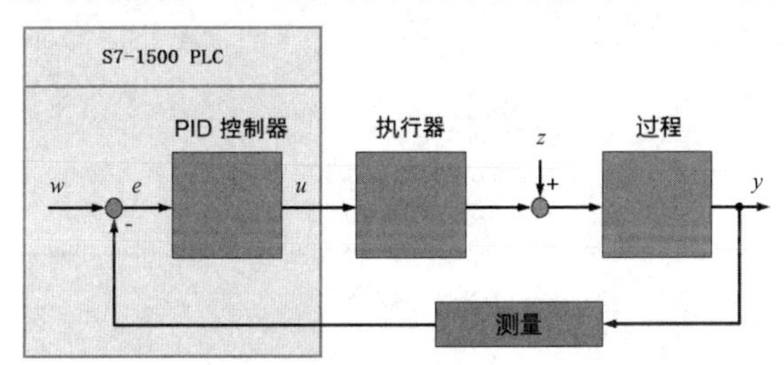

w—设定值；e—误差；u—控制器输出；z—扰动；y—过程变量。

图 7-2-1　PID 控制系统示意图

S7-1500 PLC 提供了多路 PID 控制回路，用户可以手动调试参数，也可以使用自整定调试工具，由 PID 控制器自动整定参数。博途软件还提供了 PID 调试控制面板，通过该面板用户可以直观地了解被控变量的状态。

S7-1500 PLC 的 PID 控制功能主要由 3 部分组成：PID 指令块、循环中断块、工艺对象。PID 指令块定义了控制算法，该算法在循环中断块中按一定周期执行，PID 控制工艺对象用于定义 I/O 参数、调试参数及监控参数等。

7.2.2　指令说明

在“指令”窗格中依次选择“工艺”→“PID 控制”→“Compact PID”选项，打开“Compact

PID”指令集，如图 7-2-2 所示。

图 7-2-2 “Compact PID”指令集

“Compact PID”指令集主要包括 3 个指令：PID_Compact 指令（集成了调节功能的通用 PID 控制器）、PID_3Step 指令（集成了阀门调节功能的 PID 控制器）和 PID_Temp 指令（温度 PID 控制器）。每个指令在被拖曳到程序工作区中时，都将自动分配背景数据块。既可以自行修改背景数据块的名称，也可以手动或自动分配编号。PID_Compact 指令为常用指令，本书主要介绍该指令。

1. 指令介绍

PID_Compact 指令提供了一种集成了调节功能的通用 PID 控制器，具有抗积分饱和功能，并且能够对比例作用和微分作用进行加权运算。PID_Compact 指令需要在时间中断组织块中调用。PID_Compact 指令如图 7-2-3 所示。

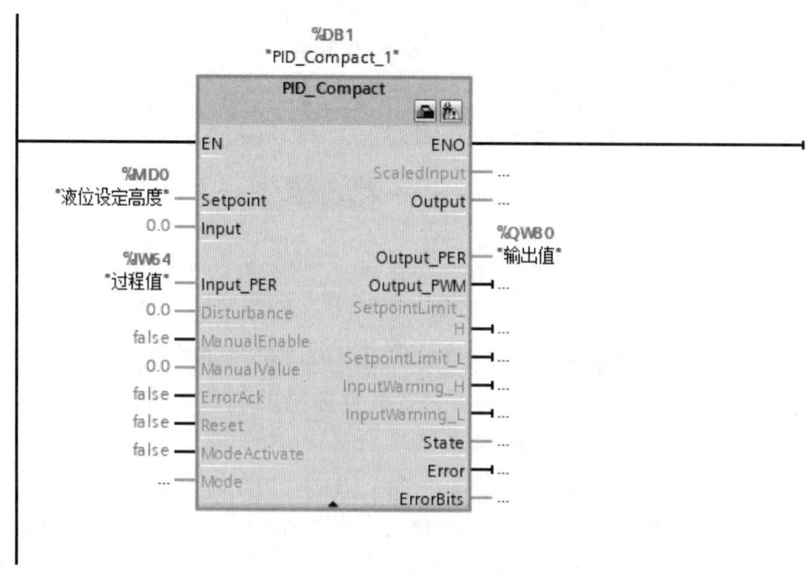

图 7-2-3 PID_Compact 指令

2. 指令参数

PID_Compact 指令 I/O 引脚参数说明如表 7-2-1 所示。

表 7-2-1　PID_Compact 指令 I/O 引脚参数说明

引 脚 参 数	数 据 类 型	说　　明
Setpoint	Real	自动模式下的设定值
Input	Real	用户程序的变量用作过程值的源
Input_PER	Word	模拟量输入用作过程值的源
Disturbance	Real	扰动变量或预控制值
ManualEnable	Bool	处于上升沿时，激活“手动模式”； 处于下降沿时，激活由 Mode 参数指定的工作模式
ManualValue	Real	手动模式下的输出值
ErrorAck	Bool	处于上升沿时，将复位 ErrorBits 和 Warning
Reset	Bool	重新启动控制器
ModeActivate	Bool	处于上升沿时，将切换到由 Mode 参数指定的工作模式
Mode	Int	指定 PID_Compact 将转换的工作模式，具体如下。 Mode=0：未激活； Mode=1：预调节； Mode=2：精确调节； Mode=3：自动模式； Mode=4：手动模式
ScaledInput	Real	标定的过程值
Output	Real	Real 形式的输出值
Output_PER	Word	模拟量输出值
Output_PWM	Bool	脉宽调制输出值
SetpointLimit_H	Bool	当该值为 1 时，说明达到了设定值的绝对上限
SetpointLimit_L	Bool	当该值为 1 时，说明达到了设定值的绝对下限
InputWarning_H	Bool	当该值为 1 时，说明过程值达到或超出警告上限
InputWarning_L	Bool	当该值为 1 时，说明过程值经达到或低于警告下限
State	Int	显示 PID 控制器的当前工作模式，具体如下。 State=0：未激活； State=1：预调节； State=2：精确调节； State=3：自动模式； State=4：手动模式； State=5：带错误监视的替代输出值
Error	Bool	当该值为 1 时，表示周期内错误消息未解决
ErrorBits	DWord	错误消息代码

7.2.3　实例内容

（1）实例名称：7.2 水箱液位 PID 控制应用实例。

（2）实例描述：水箱结构图如图 7-2-4 所示。水箱主要由储水箱、回水箱、水泵、进水管道、排水管道、排水阀和液位传感器组成。通过改变排水阀排水量，PLC 自动控制水泵的转速，保证水箱内的液位稳定。

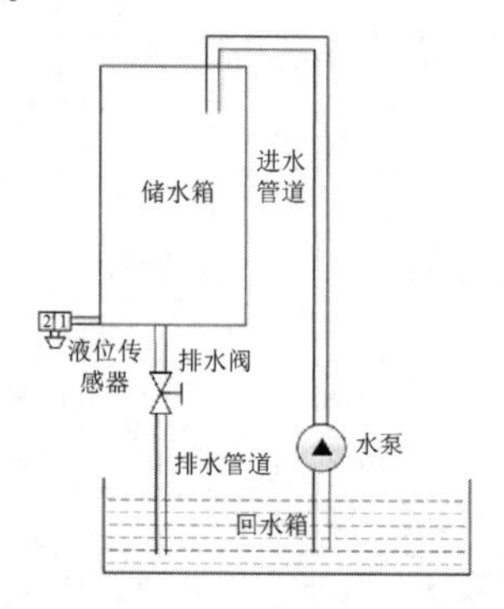

图 7-2-4　水箱结构图

（3）硬件组成：①CPU 1511C-1 PN，1 台，订货号：6ES7 511-1CK01-0AB0；②编程计算机，1 台，已安装博途 STEP 7 专业版 V16 软件；③液位传感器，1 台，24V DC 供电，输出范围为 4～20 mA，0～1m，两线制；④泵控制器，1 台，用模拟量 4～20 mA 控制转速；⑤水箱，1 台。

7.2.4　实例实施

1．S7-1500 PLC 接线图

7.2 水箱液位 PID 控制应用实例的 S7-1500 PLC 接线图如图 7-2-5 所示。

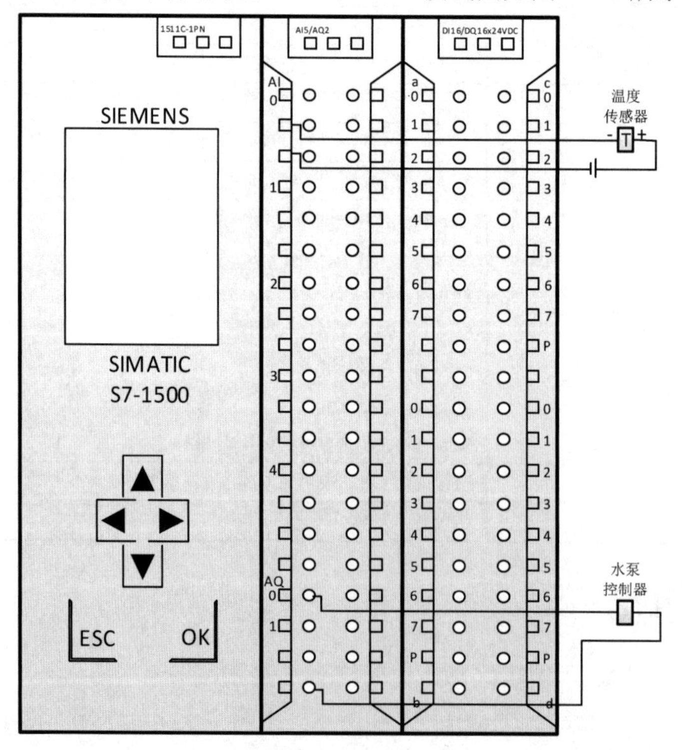

图 7-2-5　7.2 水箱液位 PID 控制应用实例的 S7-1500 PLC 接线图

2. 程序编写

第一步：新建项目及组态。

打开博途软件，在 Portal 视图中选择“创建新项目”选项，在弹出的界面中输入项目名称（7.2 水箱液位 PID 控制应用实例）、路径和作者等信息，单击“创建”按钮，生成新项目。

进入项目视图，在左侧的“项目树”窗格中，双击“添加新设备”选项，弹出“添加新设备”对话框，如图 7-2-6 所示，选择 CPU 的订货号和版本（必须与实际设备相匹配），并单击“确定”按钮。

图 7-2-6　“添加新设备”对话框

第二步：设置 CPU 属性。

在“项目树”窗格中，单击“PLC_1[CPU 1511C-1 PN]”下拉按钮，双击“设备组态”选项，在“设备视图”标签页的工作区中选中“PLC_1”，依次选择巡视窗格中的“属性”→“常规”→“PROFINET 接口[X1]”→“以太网地址”选项，修改以太网 IP 地址，如图 7-2-7 所示。

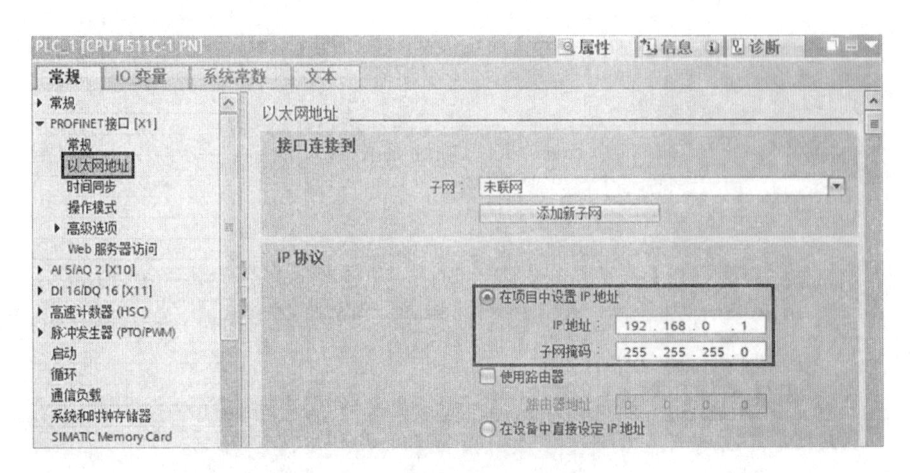

图 7-2-7　设置以太网 IP 地址

第三步：配置模拟量 I/O 通道。

在“项目树”窗格中，单击“PLC_1[CPU 1511C-1 PN]”下拉按钮，双击“设备组态”选项，在“设备视图”标签页的工作区中选中“PLC_1”，依次选择巡视窗格中的“属性”→“常规”→“输入”→“通道 0”选项，配置通道 0 的相关输入参数，如图 7-2-8 所示。

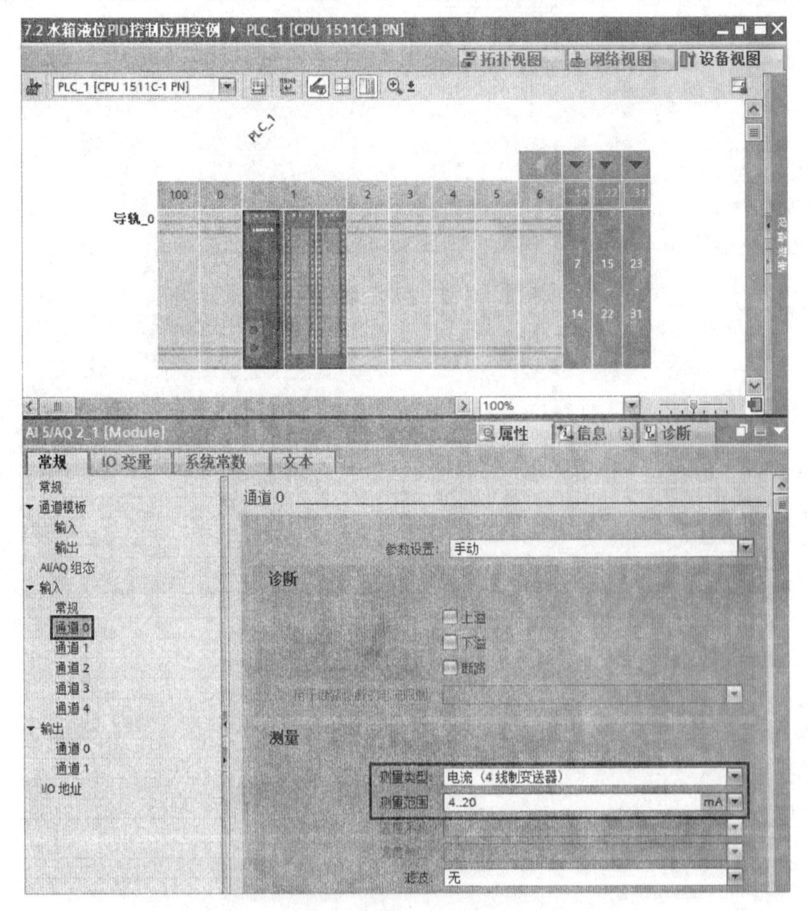

图 7-2-8　配置通道 0 的相关输入参数

依次选择“输出”→“通道 0”选项，配置通道 0 的相关输出参数，如图 7-2-9 所示。

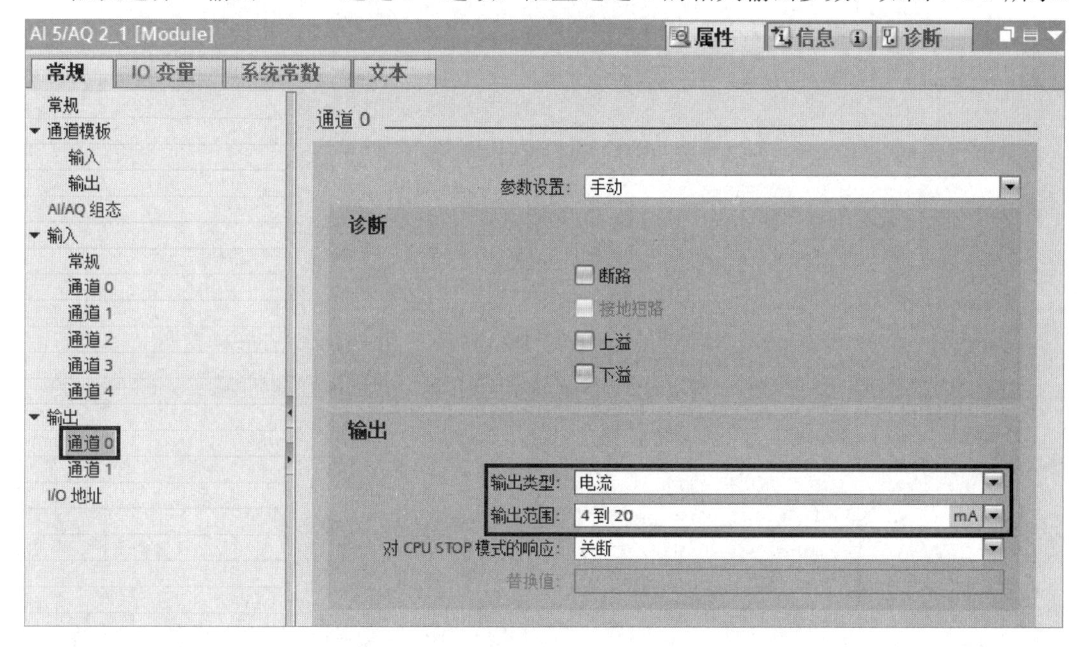

图 7-2-9　配置通道 0 的相关输出参数

在“常规”选项卡中选择“I/O 地址”选项，设置 I/O 地址，如图 7-2-10 所示。液位传感器连接输入通道 0，通道地址为 IW0；控制阀门连接输出通道 0，通道地址为 QW0。

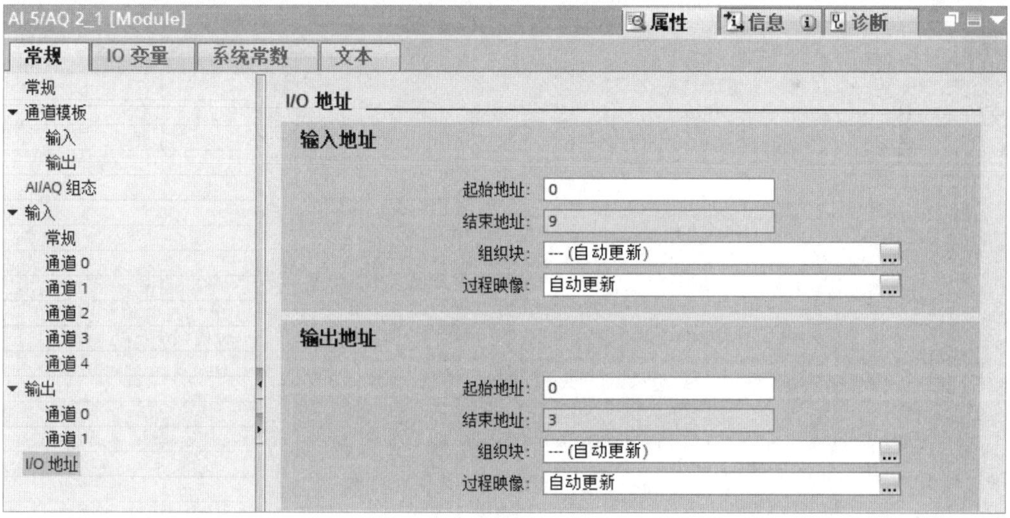

图 7-2-10　设置 I/O 地址

第四步：新建 PLC 变量表。

在“项目树”窗格中，依次选择“PLC_1[CPU 1511C-1 PN]”→“PLC 变量”选项，双击“添加新变量表”选项，添加新变量表。将新添加的变量表命名为“PLC 变量表”，并新建变量，如图 7-2-11 所示。

PLC变量表					
		名称	数据类型	地址	保持
1		模拟量通道输入值	Int	%IW0	
2		模拟量通道输出值	Int	%QW0	
3		液位设定值	Real	%MD10	

图 7-2-11　PLC 变量表

第五步：添加循环中断程序块，并添加 PID 指令块。

在“项目树”窗格中，依次选择“PLC_1[CPU 1511C-1 PN]”→“程序块”选项，双击“添加新块”选项，选择“Cyclic interrupt”选项，将“循环时间”设为“500000”，如图 7-2-12 所示，单击“确定”按钮。该循环中断时间就是 PID 算法采样时间。

图 7-2-12　添加循环中断程序块

在“指令”窗格中，依次选择“工艺”→“PID 控制”→“Compact PID”选项，找到 PID_Compact 指令，将其拖入循环中断程序，并进行参数配置，如图 7-2-13 所示。

第六步：设定 PID 控制工艺对象的参数。

在“项目树”窗格中，依次选择“PLC_1[CPU 1511C-1 PN]”→“工艺对象”→“PID_Compact_1”选项。双击“组态”选项，进入 PID 控制工艺对象参数设定界面，如图 7-2-14 所示。

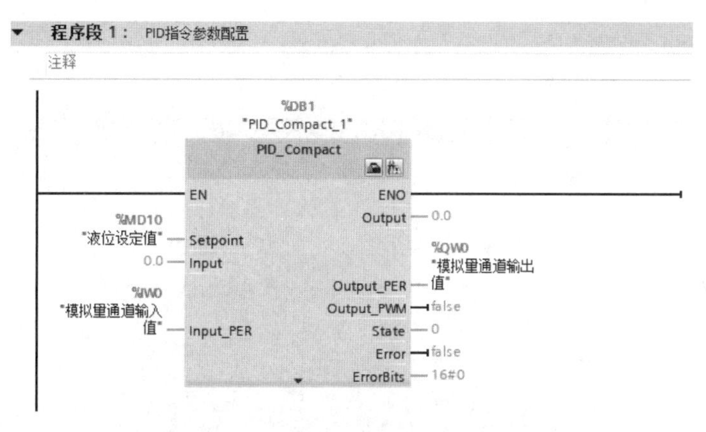

图 7-2-13　添加 PID_Compact 指令块

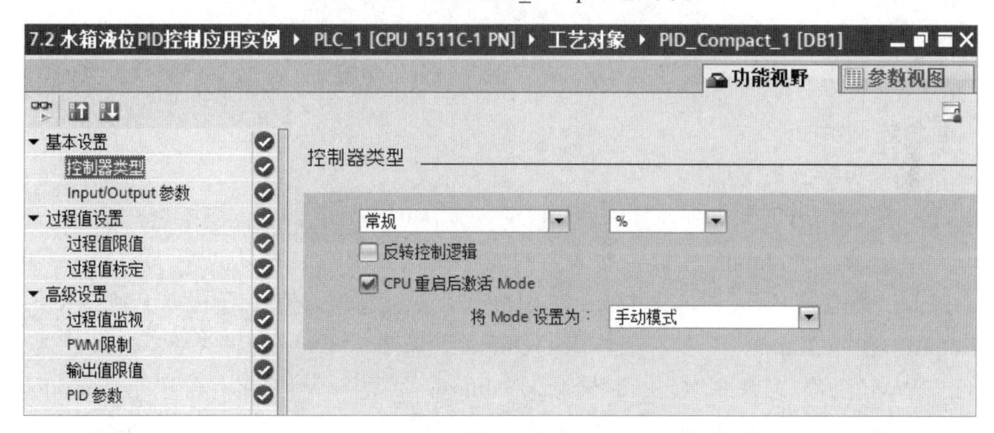

图 7-2-14　PID 控制工艺对象参数设定界面

（1）基本参数设置。

“基本设置”选项下有两个选项，分别是“控制器类型”选项和“Input/Output 参数”选项。

① 设置控制器类型：选择“控制器类型”选项，将“控制器类型”设置为“长度”，将“单位”设置为“m”，勾选“CPU 重启后激活 Mode”复选框，在“将 Mode 设置为”下拉列表中选择“自动模式”选项，如图 7-2-15 所示。

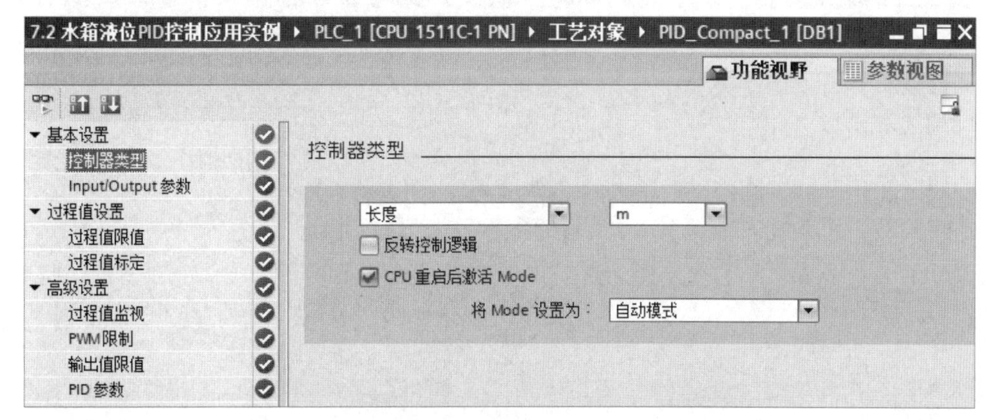

图 7-2-15　设置控制器类型

② 设置 Input/Output 参数：选择“Input/Output 参数”选项，设置控制器的 Setpoint、Input 和 Output 参数，参数配置如图 7-2-16 所示。

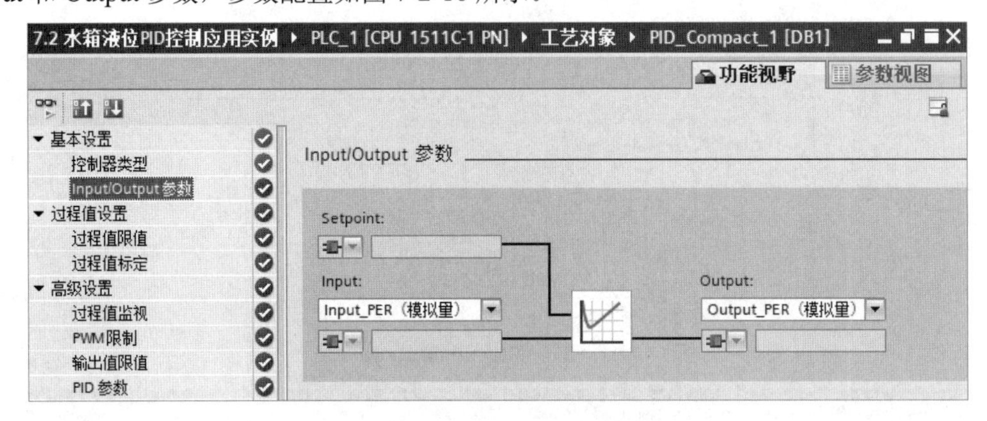

图 7-2-16　设置 Input/Output 参数

主要参数说明如下。

Setpoint：PID 的设定值。

Input：在“Input”下拉列表中有“Input”选项和“Input_PER（模拟量）”选项。若选择“Input”选项，则 Input 参数为缩放后的过程值，如 0～100%，或者 0～1m；若选择“Input_PER（模拟量）”选项，则 Input 参数为模拟量通道输入值，范围为 0～27648。

Output：在“Output”下拉列表中有“Output”选项、“Output_PER（模拟量）”选项、“Output_PWM”选项。若选择“Output”选项，则 Output 参数为 0～100%；若选择“Output_PER（模拟量）”选项，则 Output 参数为模拟量通道输出值，范围为 0～27648；若选择“Output_PWM”选项，则 Output 参数为脉宽调制输出。

（2）过程值设置。

“过程值设置”选项下有两个选项，分别是“过程值限值”选项和“过程值标定”选项。

① 过程值限值：选择“过程值限值”选项，设置 PID 调节过程中的上限值和下限值。在本实例中，水位高度最小值为 0m，最大值为 1m，参数配置如图 7-2-17 所示。

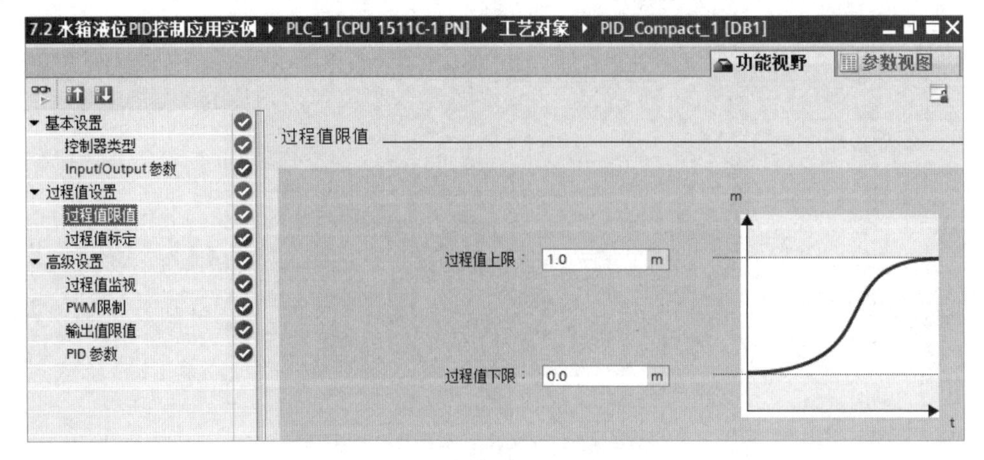

图 7-2-17　设置过程值限值

② 过程值标定：选择“过程值标定”选项，设置被控对象与模拟量间的对应关系。在本实例中，液位传感器信号输出范围为 4～20 mA，对应的水位高度为 0～1m，也就是说，当水位为 1m 时，对应的 PLC 模拟量输入为 20mA，对应的数值为 27648，参数配置如图 7-2-18 所示。

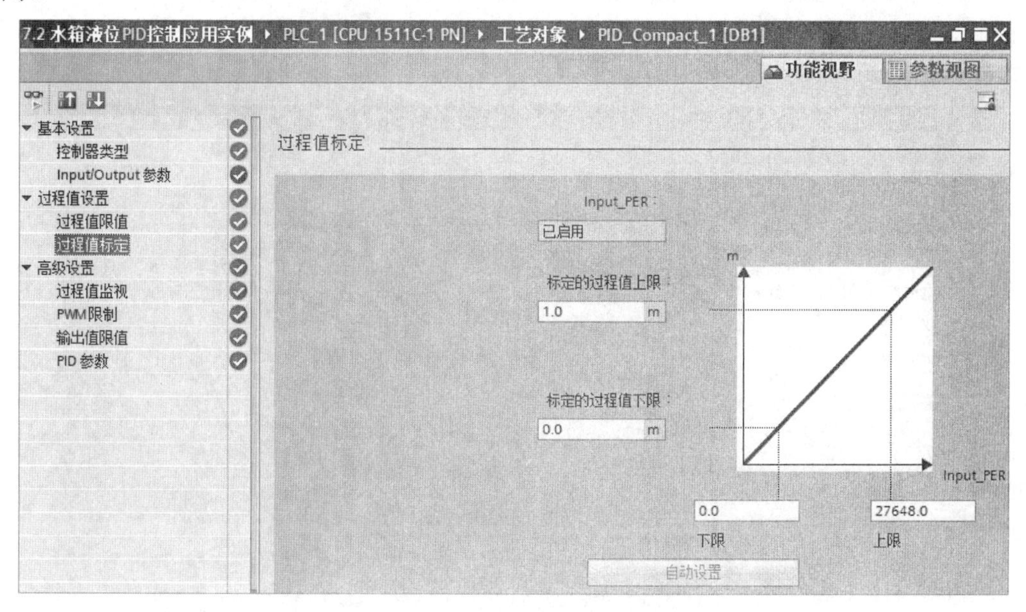

图 7-2-18　设置过程值标定

（3）高级设置。

“高级设置”选项下有 4 个选项，分别是“过程值监视”选项、“PWM 限制”选项、“输出值限值”选项和“PID 参数”选项。

① 过程值监视：选择“过程值监视”选项，设置警告的上限值和下限值。在运行期间，若过程值高于警告上限值，则输出参数 InputWarning_H；若过程值低于警告下限值，则输出参数 InputWarning_L。在本实例中，设定“警告的上限”为“0.9”，“警告的下限”为“0.1”，参数配置如图 7-2-19 所示。

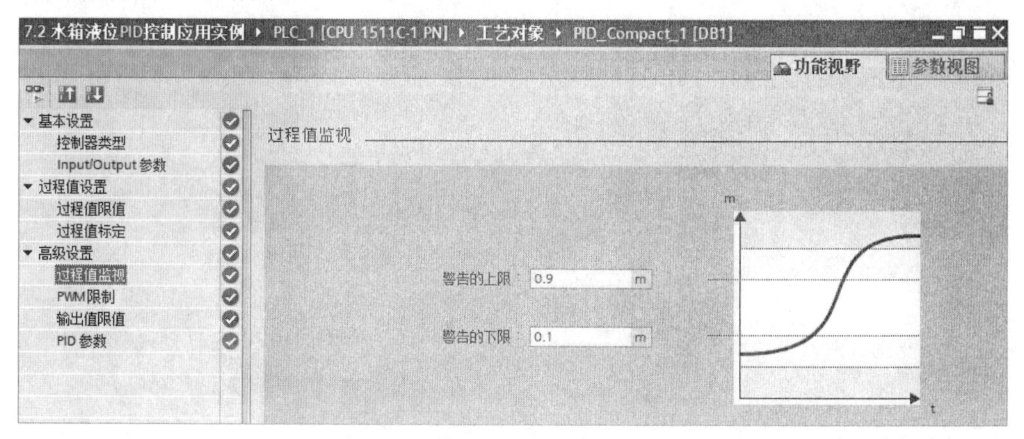

图 7-2-19　设置过程值监视

② PWM 限制：选择“PWM 限制”选项，设置输出 PWM 的接通和断开时间。对于本实例来说不需要设定相关参数。

③ 输出值限值：选择“输出值限值”选项，以百分比形式组态输出值的绝对限值，无论在手动模式下，还是在自动模式下，都不会超过输出值的绝对限值。

在本实例中，将“输出值的上限”设定为“100.0”，将“输出值的下限”设定为“0.0”，参数配置如图 7-2-20 所示。

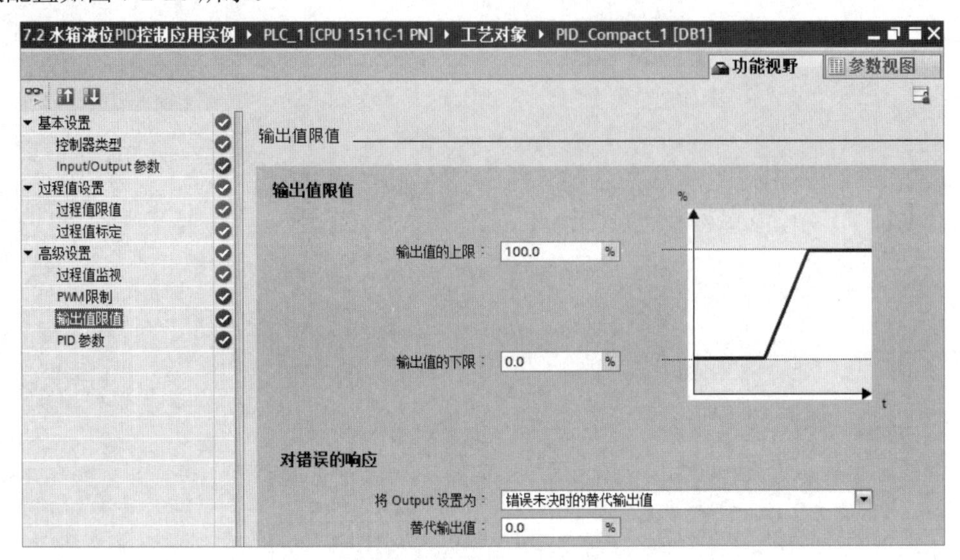

图 7-2-20　设置输出值限值

④ PID 参数：单击“PID 参数”选项，勾选“启用手动输入”复选框。将“PID 算法采样时间”设置为“0.5”，这个时间应与循环中断程序 Cyclic interrupt 的循环时间一致。其他参数既可以手动输入，也可以通过自整定调试工具实现参数的设定，本实例通过手动输入来设定参数，如图 7-2-21 所示。

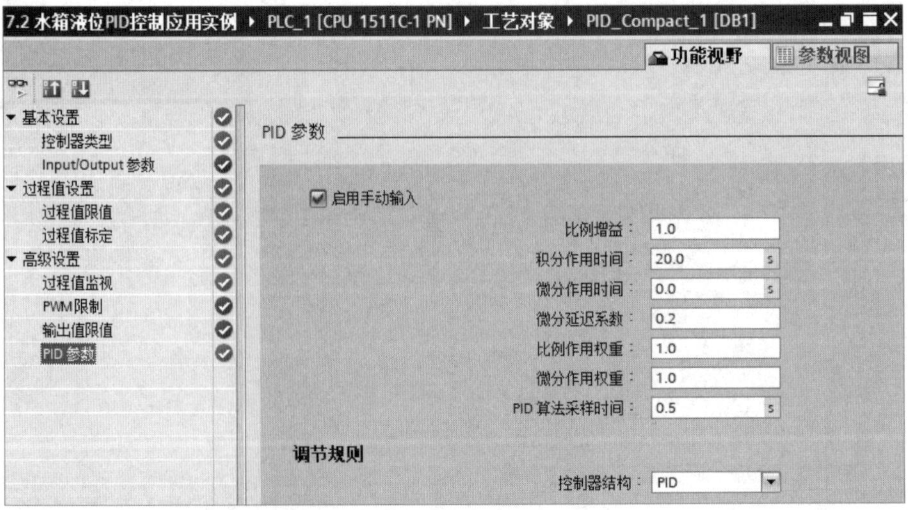

图 7-2-21　设置 PID 参数

第七步：程序调试。

程序编译后，下载到 S7-1500 CPU 中，通过 PLC 监控表监控调试结果，如图 7-2-22 所示。

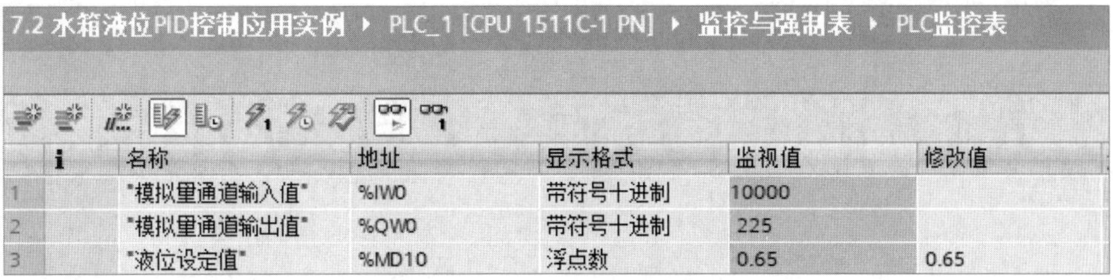

7.2 水箱液位PID控制应用实例 ▸ PLC_1 [CPU 1511C-1 PN] ▸ 监控与强制表 ▸ PLC监控表

	i	名称	地址	显示格式	监视值	修改值
1		"模拟量通道输入值"	%IW0	带符号十进制	10000	
2		"模拟量通道输出值"	%QW0	带符号十进制	225	
3		"液位设定值"	%MD10	浮点数	0.65	0.65

图 7-2-22　PLC 监控表

7.2.5　应用经验总结

（1）建议在时间中断组织块中执行 PID 指令块，以便保证 PID 算法采样时间固定。

（2）自整定调试方法：在 PID 系统调试过程中，若调试经验不丰富，可以使用 PID 控制工艺对象中提供的 PID 自整定调试工具。使用 PID 自整定调试工具，系统会先计算出初步的参数值，再进一步优化参数。

第 8 章 以太网通信方法及其应用实例

8.1 工业以太网的基础知识

工业以太网具有传输速度快、传输数据量大、便于无线连接、抗干扰能力强等特点，被广泛应用于工业自动化控制现场，是主流的总线型网络。

8.1.1 工业以太网概述

工业以太网是在以太网技术和 TCP/IP 技术的基础上开发的一种工业网络，在技术上与商业以太网（IEEE 802.3 标准）兼容，是对商业以太网的技术通信实时性和工业应用环境等进行改进并添加一些控制应用功能后形成的。

1．计算机网络通信的基础模型

开放系统互连（Open System Interconnection，OSI）参考模型是由国际标准化组织（International Organization Standardization，ISO）和国际电话电报咨询委员会（International Telegraph and Telephone Consultative Committee，CCITT）联合制定的。OSI 参考模型为开放式互连信息系统提供了一种功能结构框架，是计算机网络通信的基础模型。OSI 参考模型简化了相关的网络操作，提高了不同厂商产品之间的兼容性，促进了标准化工作，在结构上进行了分层，易于学习和操作。OSI 参考模型中的 7 层结构分别是物理层、链路层、网络层、传输层、会话层、表示层和应用层，如图 8-1-1 所示。

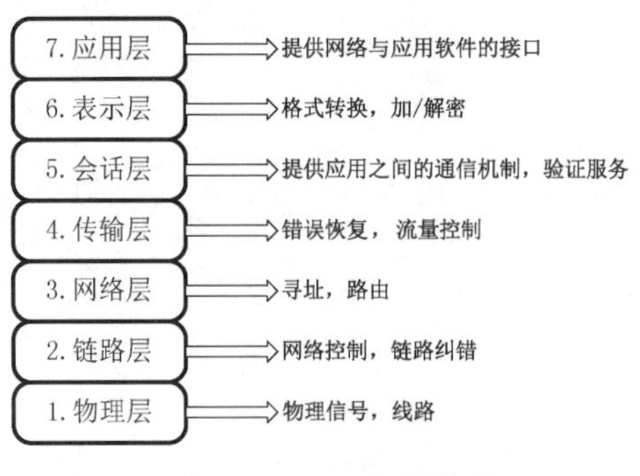

图 8-1-1 OSI 参考模型

① 物理层：提供建立、维护和拆除物理链路需要的机械、电气、功能和规程。网卡、网线和集线器等都属于物理层设备。

② 链路层：提供网络层实体间的数据发送和接收功能，提供数据链路的流控。网桥和交换机等都属于数据链路层设备。

③ 网络层：具有控制分组传送系统的操作、路由选择、拥护控制和网络互连等功能，作用是将具体的物理传送对高层透明。路由器属于网络层设备。

④ 传输层：具有建立、维护和拆除传送连接的功能，为选择的网络层提供最合适的服务，在系统间提供可靠的、透明的数据传送，提供端到端的错误恢复和流量控制。

⑤ 会话层：具有建立、维护和结束两个进程间的会话连接的功能。

⑥ 表示层：代表应用进程协商数据，可完成数据转换、格式化和文本压缩。

⑦ 应用层：提供开放系统互联模型的用户服务，如事务处理程序、文件传送协议和网络管理等。

2．IP 地址和子网掩码

（1）IP 地址。

IP 地址是指互联网协议地址（Internet Protocol Address）。IP 地址是 IP 协议提供的一种统一的地址格式，它为互联网上的每一个网络和每一台主机分配一个逻辑地址，以避免物理地址差异产生的影响。

每个设备都必须具有一个 IP 地址。每个 IP 地址分为 4 段，每段占 8 位，用十进制格式表示，如 192.168.0.100。

（2）子网掩码。

子网掩码定义 IP 子网的边界。子网掩码不能单独存在，必须结合 IP 地址一起使用。子网掩码只有一个作用，就是将某个 IP 地址划分成网络地址和主机地址两部分。

子网掩码是一个 32 位的地址。对于 A 类 IP 地址，默认的子网掩码是 255.0.0.0；对于 B 类 IP 地址，默认的子网掩码是 255.255.0.0；对于 C 类 IP 地址，默认的子网掩码是 255.255.255.0。

3．MAC 地址

在网络中，制造商为每个设备分配一个介质访问控制地址（MAC 地址），以进行标识。MAC 地址由 6 组数字组成，每组数字中有两个十六进制数，如 01-23-45-67-89-AB。

4．以太网拓扑结构

（1）总线型网络结构。

早期的以太网大多使用总线型结构，其优点是连接简单，常用在小规模的网络中，不需要配置专用的网络设备，但由于不易隔离故障点，易造成网络拥塞等，已经逐渐被以集线器和交换机为核心的星型网络代替。总线型网络结构示意图如图 8-1-2 所示。

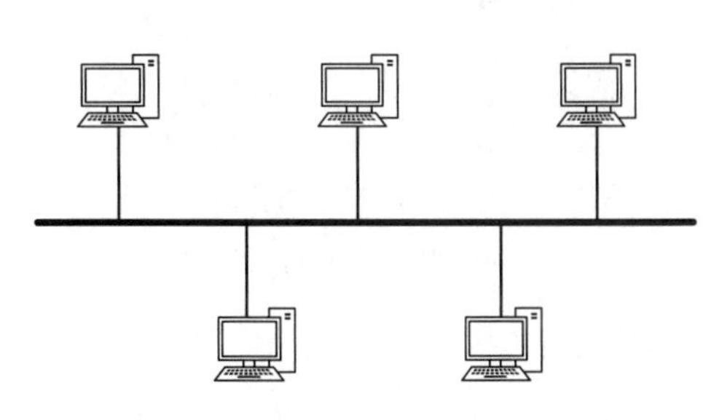

图 8-1-2　总线型网络结构示意图

（2）星型网络结构。

星型网络结构采用专用的网络设备（如交换机）作为核心节点，通过双绞线将局域网中的各台主机连接到核心节点上。星型网络结构虽然需要的线缆比总线型网络结构多，但其连接器比总线型网络结构的连接器便宜。此外，星型网络结构可以通过级联的方式很方便地将网络扩展到很大的规模，因此被绝大部分以太网采用。星型网络结示意图如图 8-1-3 所示。

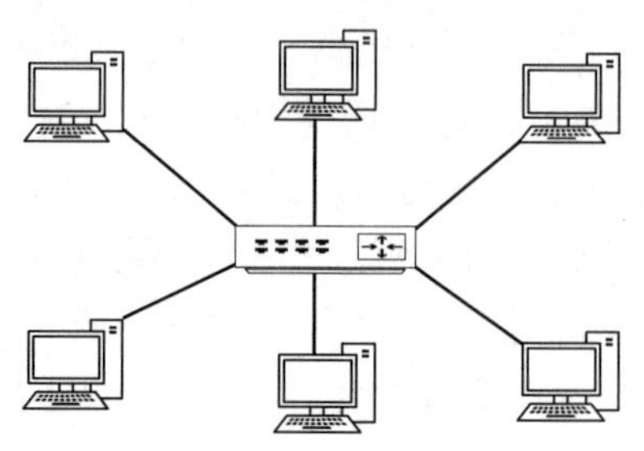

图 8-1-3　星型网络结构示意图

8.1.2　S7-1500 PLC 以太网接口的通信服务

1. 网络连接方式

S7-1500 CPU 的 PROFINET 接口有以下两种网络连接方法。

（1）直接连接。

当一台 S7-1500 CPU 与一个编程设备、触摸屏或其他 PLC 通信时，也就是说，只有两个通信设备时，可以实现直接通信，即不需要使用交换机，直接用网线就可以连接两个设备，如图 8-1-4 所示。

（2）交换机连接。

当两个以上 CPU 或触摸屏通信时，可能需要增加交换机。比如，使用安装在导轨上的 CSM1277 四端口以太网交换机连接一台 S7-1200 CPU、一台 S7-1500 CPU 和一台触摸屏，如图 8-1-5 所示。

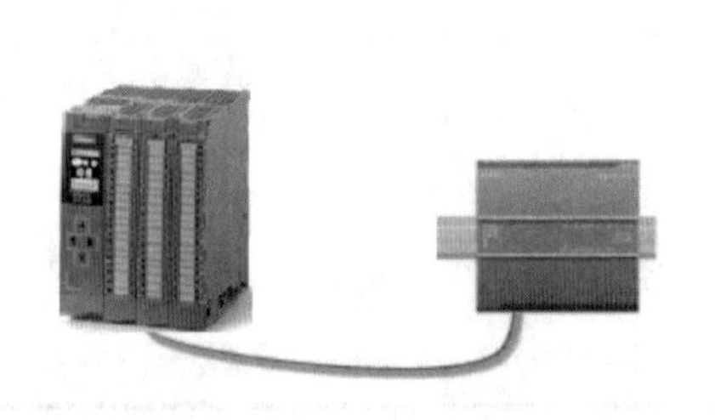

图 8-1-4　PLC 之间直接用网线连接

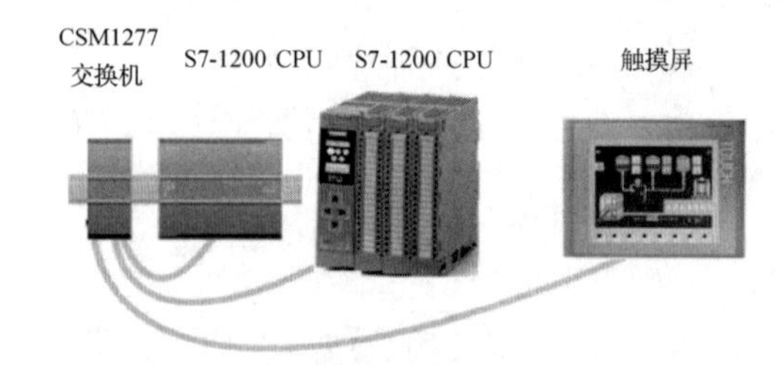

图 8-1-5　多台设备通过交换机连接

2. 通信服务

S7-1500 PLC 通过 PROFINET 接口可以支持实时通信和非实时通信。实时通信包括 PROFINET 通信，非实时通信包括编程设备通信、触摸屏通信、S7 通信、MODBUS TCP 通信、开放式用户通信等。通信服务如表 8-1-1 所示。

表 8-1-1　通信服务

通 信 服 务	功　　能	使用以太网接口
PROFINET 通信	I/O 控制器和 I/O 设备之间的数据交换	√
编程设备通信	调试、测试、诊断	√
触摸屏通信	操作员控制和监视	√
S7 通信	使用已组态的连接交换数据	√
MODBUS TCP 通信	使用 MODBUS TCP 通过工业以太网交换数据	√
开放式用户通信	使用 TCP/IP、ISO on TCP、UDP 协议通过工业以太网交换数据	√

注：√表示支持。

3．通信连接资源

S7-1500 PLC 以太网接口的通信连接资源（见图 8-1-6）可以在博途软件中，通过依次选择 CPU 硬件组态的“属性”→“常规”→“连接资源”选项查看。

连接资源

	站资源			模块资源
	预留		动态	PLC_1 [CPU 1511C-1 PN]
最大资源数：	10		54	64
	最大	已组态	已组态	已组态
PG 通信：	4	-	-	-
HMI 通信：	4	0	0	0
S7 通信：	0	-	0	0
开放式用户通信：	0	-	0	0
Web 通信：	2	-	-	-
OPC UA 客户端/服务器通信：	0	-	-	-
其它通信:	-	-	0	0
使用的总资源：		0	0	0
可用资源：		10	54	64

图 8-1-6　S7-1500 PLC 以太网接口的通信连接资源

需要说明的是，每台触摸屏可能使用的连接资源可能是 1 个、2 个或者 3 个，由具体应用确定。

8.2　PROFINET 通信应用实例

8.2.1　功能概述

1．概述

PROFINET 是一种基于工业以太网技术的，使用 TCP/IP 和 IT 标准的，实时的现场总线标准。PROFINET 为自动化通信领域提供了一个完整的网络解决方案，包括实时以太网、运动控制、分布式自动化、故障安全及网络安全等应用，可以实现通信网络的一网到底，即从上到下使用同一网络。西门子在十多年前就推出了 PROFINET，如今 PROFINET 已大规模应用于各个行业。

PROFINET 设备分为 I/O 控制器、I/O 设备和 I/O 监视器。

① I/O 控制器是用于对连接的 I/O 设备进行寻址的设备，这意味着 I/O 控制器将与分配的现场设备交换输入信号和输出信号。

② I/O 设备是分配给一个 I/O 控制器的分布式现场设备，如远程 I/O 设备、变频器和伺服驱动器等。

③ I/O 监控器是用于调试和诊断的编程设备，如 PC、触摸屏等。

2．PROFINET 通信的数据传输方式

PROFINET 通信有如下 3 种数据传输方式。

① 非实时数据传输（NRT）。

② 实时数据传输（RT）。

③ 等时数据传输（IRT）。

PROFINET 通信使用 OSI 参考模型第一层、第二层和第七层，支持灵活的网络结构，如总线型、星型等。

8.2.2 实例内容

（1）实例名称：8.2 PROFINET 通信应用实例

（2）实例描述：一台 S7-1500 PLC 和一台 S7-1200 PLC 间进行 PROFINET 通信，S7-1500 PLC 作为 PROFINET I/O 控制器，S7-1200 PLC 作为 PROFINET I/O 设备。I/O 控制器读取 I/O 设备 QB500 中的数据到 IB500，将 QB500 中的数据写入 IB500。

（3）硬件组成：① CPU 1511C-1 PN，1 台，订货号：6ES7 511-1CK01-0AB0。② CPU 1214C DC/DC/DC，1 台，订货号：6ES7 214-1AG40-0XB0。③ 四口交换机，1 台。④ 编程计算机，1 台，已安装博途 STEP 7 专业版 V16 软件。

8.2.3 实例实施

第一步：新建项目及组态 PROFINET I/O 控制器。

打开博途软件，在 Portal 视图中选择“创建新项目”选项，在弹出的界面中输入项目名称（8.2 PROFINET 通信应用实例）、路径和作者等信息，单击“创建”按钮，生成新项目。

进入项目视图，在左侧的“项目树”窗格中，选择“添加新设备”选项，弹出“添加新设备”对话框，如图 8-2-1 所示，选择 CPU 的订货号和版本（必须与实际设备相匹配），单击“确定”按钮。

第二步：设置 PROFINET I/O 控制器的 CPU 属性。

在“项目树”窗格中，单击“PLC_1[CPU 1511C-1 PN]”下拉按钮，双击“设备组态”选项，在“设备视图”标签页的工作区中，选中“PLC_1”，依次选择巡视窗格中的“属

性”→“常规”→“PROFINET 接口[X1]”→“以太网地址”选项，修改以太网 IP 地址，如图 8-2-2 所示。

图 8-2-1　“添加新设备”对话框

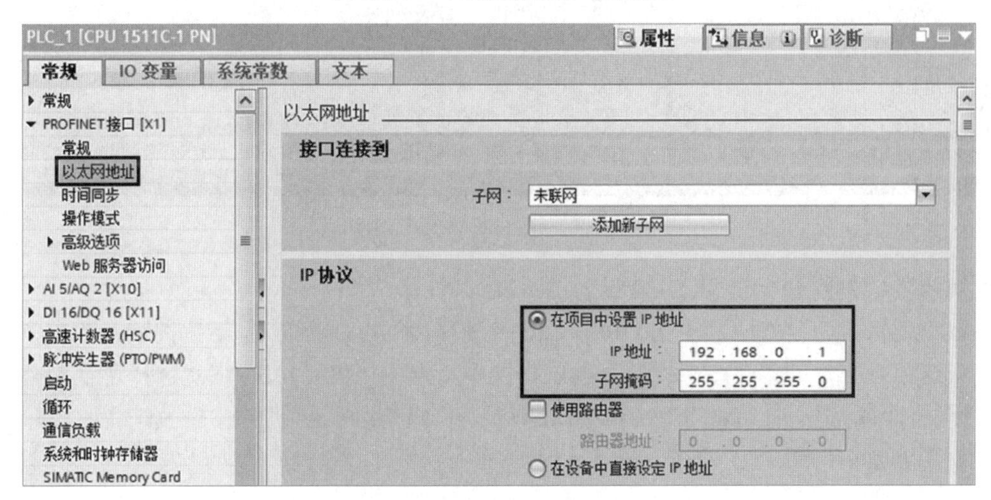

图 8-2-2　修改以太网 IP 地址

第三步：组态 PROFINET I/O 设备。

在“项目树”窗格中，选择“添加新设备”选项，弹出“添加新设备”对话框，如图 8-2-3 所示，选择 CPU 的订货号和版本（必须与实际设备相匹配），单击“确定”按钮。

图 8-2-3 “添加新设备”对话框

第四步：设置 PROFINET I/O 设备的 CPU 属性。

在“项目树”窗格中，单击“PLC_2[CPU 1214C DC/DC/DC]”下拉按钮，双击“设备组态”选项，在“设备视图”标签页的工作区中，选中“PLC_2”，依次选择巡视窗格中的“属性”→“常规”→“PROFINET 接口[X1]”→“以太网地址”选项，修改以太网 IP 地址，如图 8-2-4 所示。

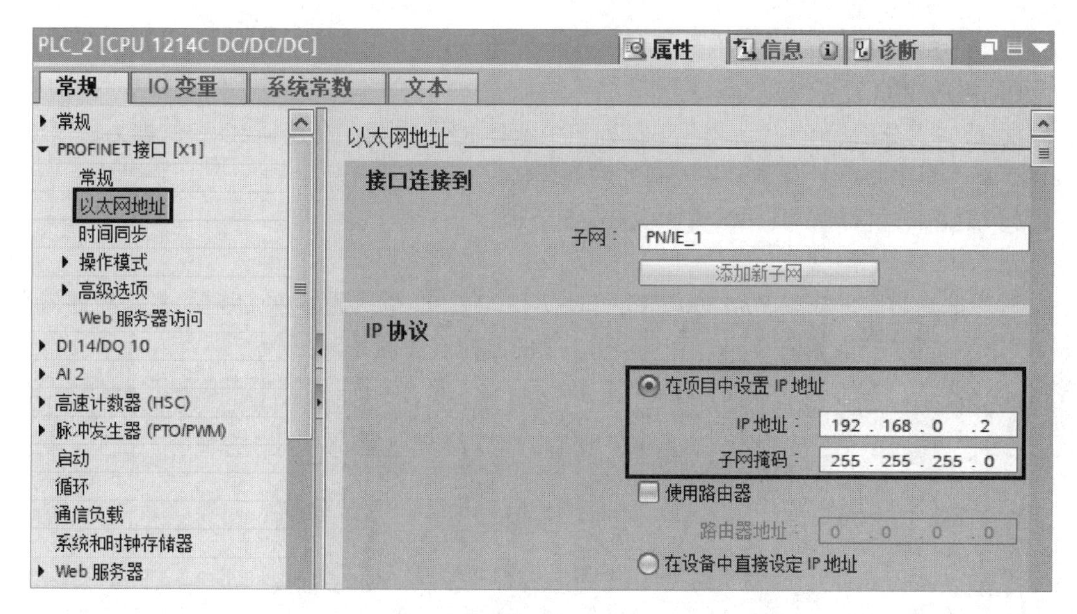

图 8-2-4　修改以太网 IP 地址

第五步：组态 PROFINET 通信数据交换区。

在“项目树”窗格中，单击“PLC_2[CPU 1214C DC/DC/DC]”下拉按钮，双击“设备组态”选项，在“设备视图”标签页的工作区中，选中“PLC_2”，依次选择巡视窗格中的“属性”→“常规”→“PROFINET 接口[X1]”→“操作模式”选项，进行相应配置。PROFINET 通信数据交换区配置参数如图 8-2-5 所示。

	传输区	类型	IO 控制器中的地址	↔	智能设备中的地址	长度
1	传输区_1	CD	I 500	←	Q 500	1 字节
2	传输区_2	CD	Q 500	→	I 500	1 字节
3	<新增>					

图 8-2-5　PROFINET 通信数据交换区配置参数

图 8-2-5 中的主要配置如下。

① 勾选“IO 设备”复选框。

② 在“已分配的 IO 控制器”下拉列表中选择 IO 控制器。在选择 IO 控制器后，“网络视图”标签页中将显示两个设备之间的网络连接。

③ 组态传输区域，具体数据如图 8-2-5 所示。

第六步：程序测试。

程序编译后，下载到 S7-1500 CPU 和 S7-1200 CPU 中，通过 PLC 监控表监控通信数据。PLC_1 的监控表如图 8-2-6 所示，PLC_2 的监控表如图 8-2-7 所示。

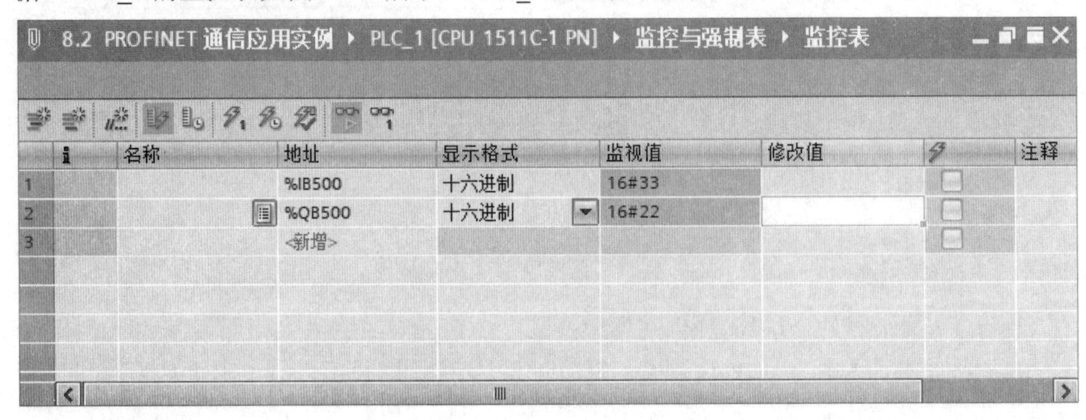

图 8-2-6 PLC_1 监控表

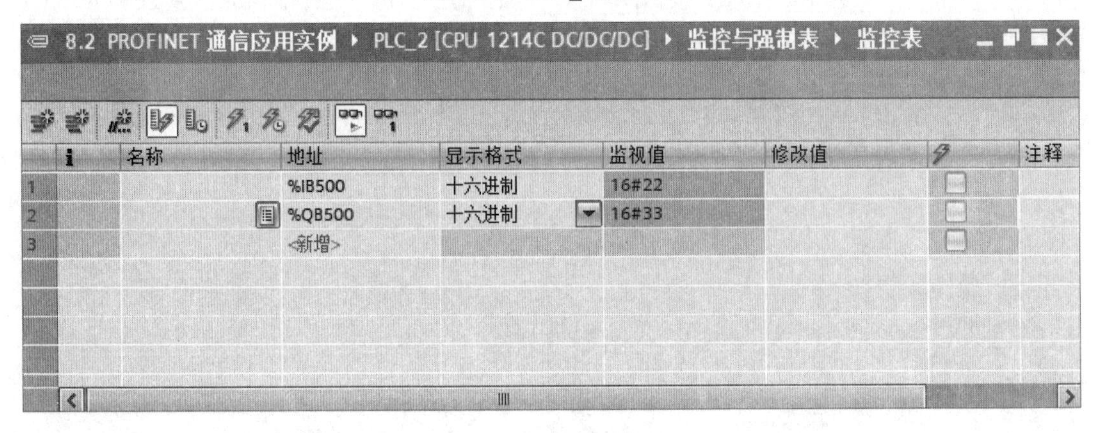

图 8-2-7 PLC_2 监控表

8.2.4 应用经验总结

（1）PROFINET 通信是基于连接的通信，需要组态，当连接断开时，CPU 故障灯点亮。

（2）在 PROFINET 网络中，S7-1500 CPU 可以同时作为 I/O 控制器和 I/O 设备。

（3）以太网通信距离在 100m 以内，可以使用光纤等设备延长网络通信距离。

8.3　S7 通信应用实例

8.3.1　功能概述

S7 通信是西门子 S7 系列 PLC 基于 MPI（信息传递接口）、PROFIBUS 和以太网的一种优化的通信协议，是面向连接的协议，在进行数据交换前，必须与通信伙伴建立连接。S7 通信协议属于西门子私有协议，本节主要介绍基于以太网的 S7 通信。

S7 通信服务集成在 S7 控制器中，属于 OSI 参考模型第七层（应用层）的服务，采用客户端-服务器原则。S7 连接属于静态连接，可以与同一个通信伙伴建立多个连接，同一时刻可以访问的通信伙伴的数量取决于 CPU 的连接资源。

S7-1500 PLC 通过集成的 PROFINET 接口支持 S7 通信，采用单边通信方式，只需客户端调用 PUT/GET 通信指令。

8.3.2　指令说明

在“指令”窗格中依次选择“通信”→“S7 通信”选项，打开“S7 通信”指令集，如图 8-3-1 所示。“S7 通信”指令集主要包括两个通信指令：GET 指令和 PUT 指令，将每个指令块拖曳到程序工作区中将自动分配背景数据块，背景数据块集的名称可以自行修改，编号可以手动或自动分配。

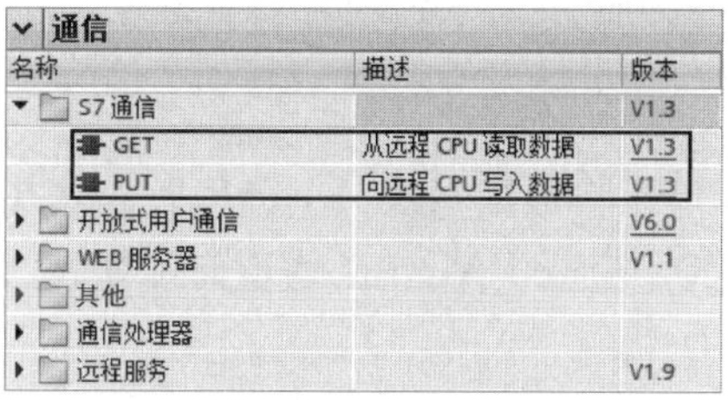

通信

名称	描述	版本
S7 通信		V1.3
GET	从远程 CPU 读取数据	V1.3
PUT	向远程 CPU 写入数据	V1.3
开放式用户通信		V6.0
WEB 服务器		V1.1
其他		
通信处理器		
远程服务		V1.9

图 8-3-1　“S7 通信”指令集

1．GET 指令

（1）指令介绍。

GET 指令（见图 8-3-2）可以从远程伙伴 CPU 读取数据。伙伴 CPU 可以处于 RUN 模式，也可以处于 STOP 模式。无论伙伴 CPU 处于何种模式，S7 通信都可以正常运行。

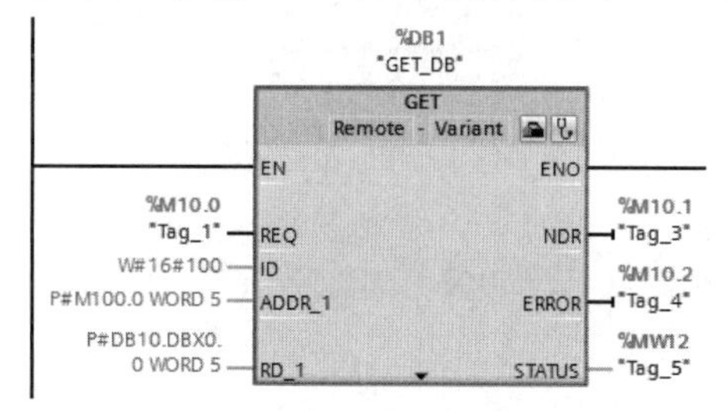

图 8-3-2　GET 指令

（2）指令参数。

GET 指令的 I/O 引脚参数说明如表 8-3-1 所示。

表 8-3-1　GET 指令的 I/O 引脚参数说明

引脚参数	数据类型	说　明
REQ	Bool	在上升沿时执行 GET 指令
ID	Word	用于指定与伙伴 CPU 连接的寻址参数
ADDR_1	REMOTE	指向伙伴 CPU 中待读取区域的指针；当指针 REMOTE 访问某个数据块时，必须始终指定该数据块。 示例：P#DB10.DBX5.0 WORD 5
ADDR_2	REMOTE	
ADDR_3	REMOTE	
ADDR_4	REMOTE	
RD_1	VARIANT	指向本地 CPU 中用于输入已读数据的区域的指针
RD_2	VARIANT	
RD_3	VARIANT	
RD_4	VARIANT	
NDR	Bool	0 表示作业尚未开始或仍在运行； 1 表示作业已成功完成
ERROR	Bool	如果上一个请求有错误，将变为 TRUE 并保持一个周期
STATUS	Word	错误代码

2．PUT 指令

（1）指令介绍。

PUT 指令（见图 8-3-3）可以将数据写入一个远程伙伴 CPU。伙伴 CPU 可以处于 RUN 模式，也可以处于 STOP 模式。无论伙伴 CPU 处于何种模式，S7 通信都可以正常运行。

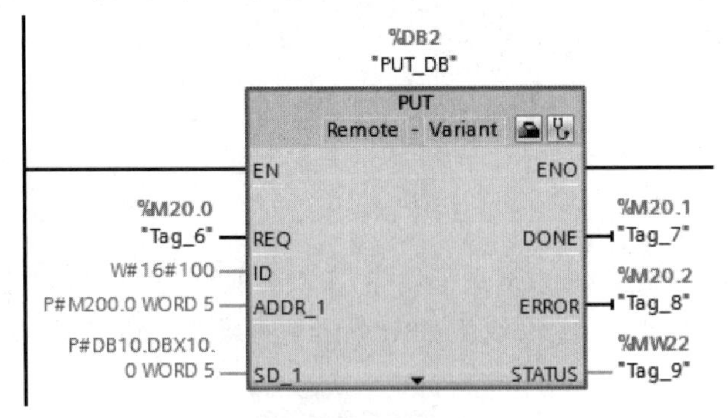

图 8-3-3　PUT 指令

（2）指令参数。

PUT 指令的 I/O 引脚参数说明，如表 8-3-2 所示。

表 8-3-2　PUT 指令的 I/O 引脚参数说明

引脚参数	数据类型	说　明
REQ	Bool	在上升沿时执行 PUT 指令
ID	Word	用于指定与伙伴 CPU 连接的寻址参数
ADDR_1	REMOTE	指向伙伴 CPU 中待写入数据的区域的指针，当指针 REMOTE 访问某个数据块时，必须始终指定该数据块 示例：P#DB10.DBX5.0 WORD 5
ADDR_2	REMOTE	
ADDR_3	REMOTE	
ADDR_4	REMOTE	
SD_1	VARIANT	指向本地 CPU 中包含要发送数据的区域的指针
SD_2	VARIANT	
SD_3	VARIANT	
SD_4	VARIANT	
DONE	Bool	完成位，如果上一个请求无错完成，将变为 TRUE 并保持一个周期
ERROR	Bool	如果上一个请求有错误，将变为 TRUE 并保持一个周期
STATUS	Word	错误代码

8.3.3　实例内容

（1）实例名称：8.3 S7 通信应用实例。

（2）实例描述：一台 S7-1500 PLC 和一台 S7-1200 PLC 间进行 S7 通信，S7-1500 PLC 作为客户端，S7-1200 PLC 作为服务器。客户端将服务器的 MW100～MW108 中的数据读取到客户端的 DB10.DBW0～DB10.DBW8；客户端将 DB10.DBW10～DB10.DBW18 中的数据写入服务器的 MW200- MW208。

（3）硬件组成：①CPU 1511C-1 PN，1 台，订货号：6ES7 511-1CK01-0AB0。②CPU 1214C DC/DC/DC，1 台，订货号：6ES7 214-1AG40-0XB0。③四口交换机，1 台。④编程计算机，1 台，已安装博途 STEP 7 专业版 V16 软件。

8.3.4　实例实施

第一步：新建项目及组态客户端 S7-1500 CPU。

打开博途软件，在 Portal 视图中选择“创建新项目”选项，在弹出的界面中输入项目名称（8.3 S7 通信应用实例）、路径和作者等信息，单击“创建”按钮，生成新项目。

进入项目视图，在左侧的“项目树”窗格中，选择“添加新设备”选项，弹出“添加新设备”对话框，如图 8-3-4 所示，选择 CPU 的订货号和版本（必须与实际设备相匹配），单击“确定”按钮。

第二步：设置客户端 CPU 属性。

在“项目树”窗格中，单击“PLC_1[CPU 1511C-1 PN]”下拉按钮，双击“设备组态”选项，在“设备视图”标签页的工作区中，选中“PLC_1”，依次选择巡视窗格中的“属

性”→“常规”→“PROFINET 接口[X1]”→“以太网地址”选项，修改以太网 IP 地址，如图 8-3-5 所示。

图 8-3-4 “添加新设备”对话框

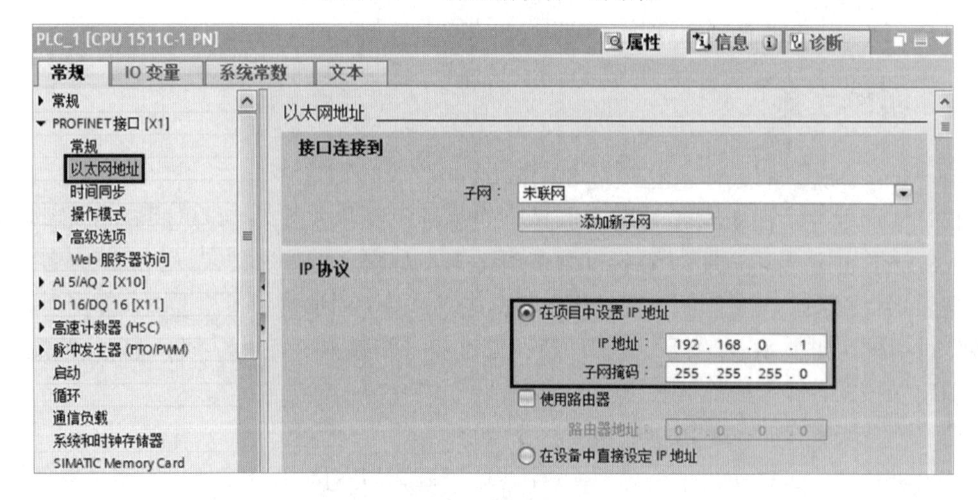

图 8-3-5 修改以太网 IP 地址

选择“常规”选项卡下的“系统和时钟存储器”选项，勾选“启用时钟存储器字节”复选框，如图 8-3-6 所示。

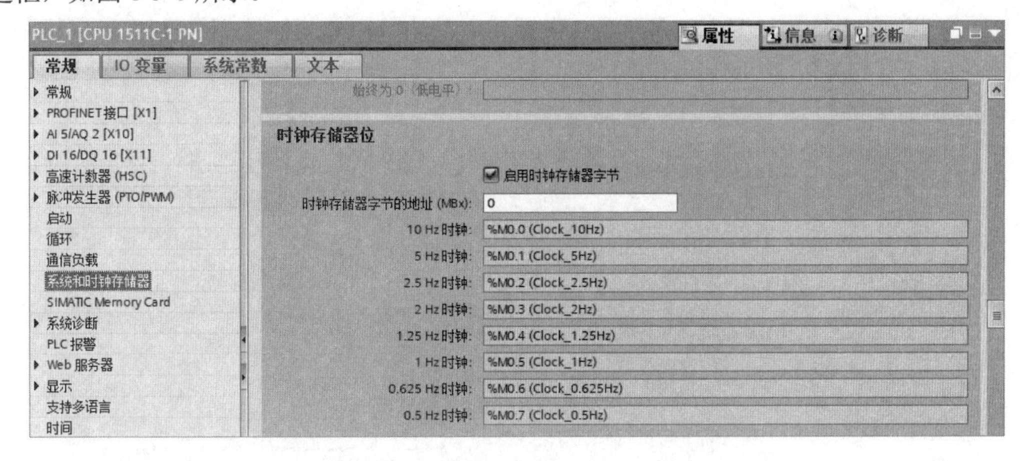

图 8-3-6　设置系统和时钟存储器

注意，程序中会用到时钟存储器 M0.5。

第三步：组态服务器 S7-1200 CPU。

在“项目树”窗格中，选择“添加新设备”选项，弹出“添加新设备”对话框，如图 8-3-7 所示，选择 CPU 的订货号和版本（必须与实际设备相匹配），单击“确定”按钮。

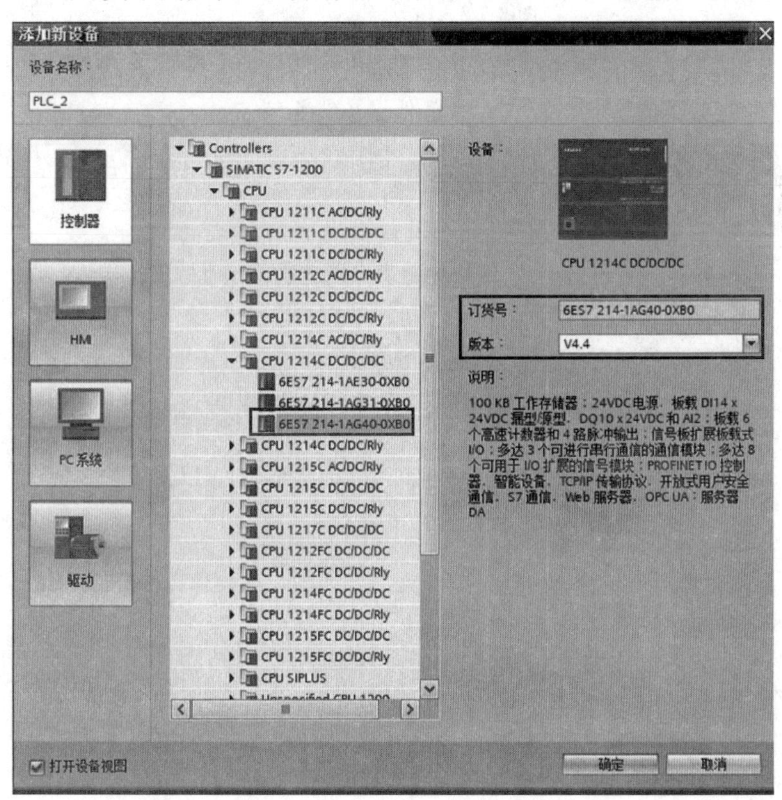

图 8-3-7　“添加新设备”对话框

第四步：设置服务端 CPU 属性。

在“项目树”窗格中，单击“PLC_2[CPU 1214C DC/DC/DC]”下拉按钮，双击“设备组态”选项，在“设备视图”标签页的工作区中，选中“PLC_2”，依次选择巡视窗格中的“属性”→“常规”→“PROFINET 接口[X1]”→“以太网地址”选项，修改以太网 IP 地址，如图 8-3-8 所示。

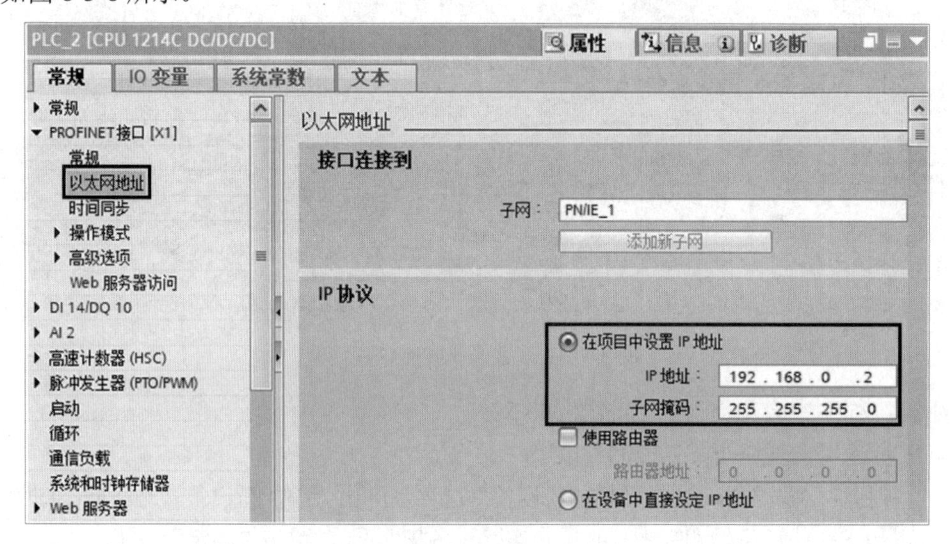

图 8-3-8　修改以太网 IP 地址

在“常规”选项卡中依次选择“防护与安全”→“连接机制”选项，勾选“允许来自远程对象的 PUT/GET 通信访问”复选框，如图 8-3-9 所示。

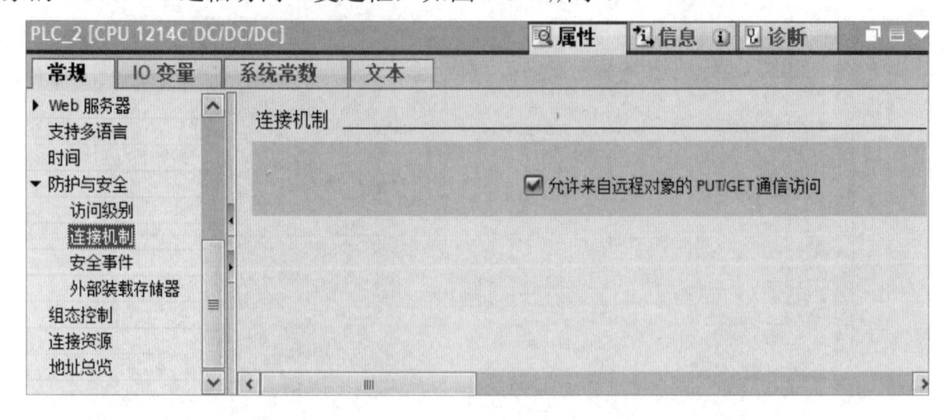

图 8-3-9　激活连接机制

第五步：组态 S7 连接。

在“项目树”窗格中，选择“设备和网络”选项。在“网络视图”标签页中，单击“连接”按钮，在“连接”下拉列表中选择“S7 连接”选项，选中“PLC_1”的 PROFINET 接口的绿色小方框，按住鼠标左键拖曳出一条线到“PLC_2”的 PROFINET 接口的绿色小方框后松开，S7 连接完成组态。完成组态的 S7 连接如图 8-3-10 所示。

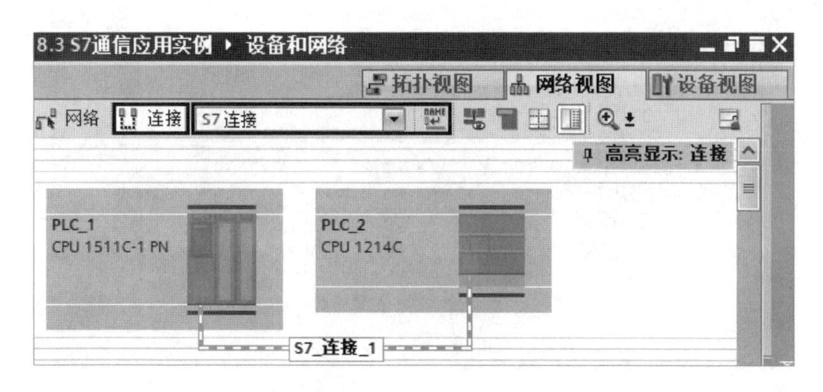

图 8-3-10　完成组态的 S7 连接

在“网络视图”标签页的工作区中，依次选择“网络数据”→“连接”选项，查看 S7 连接参数，如图 8-3-11 所示。

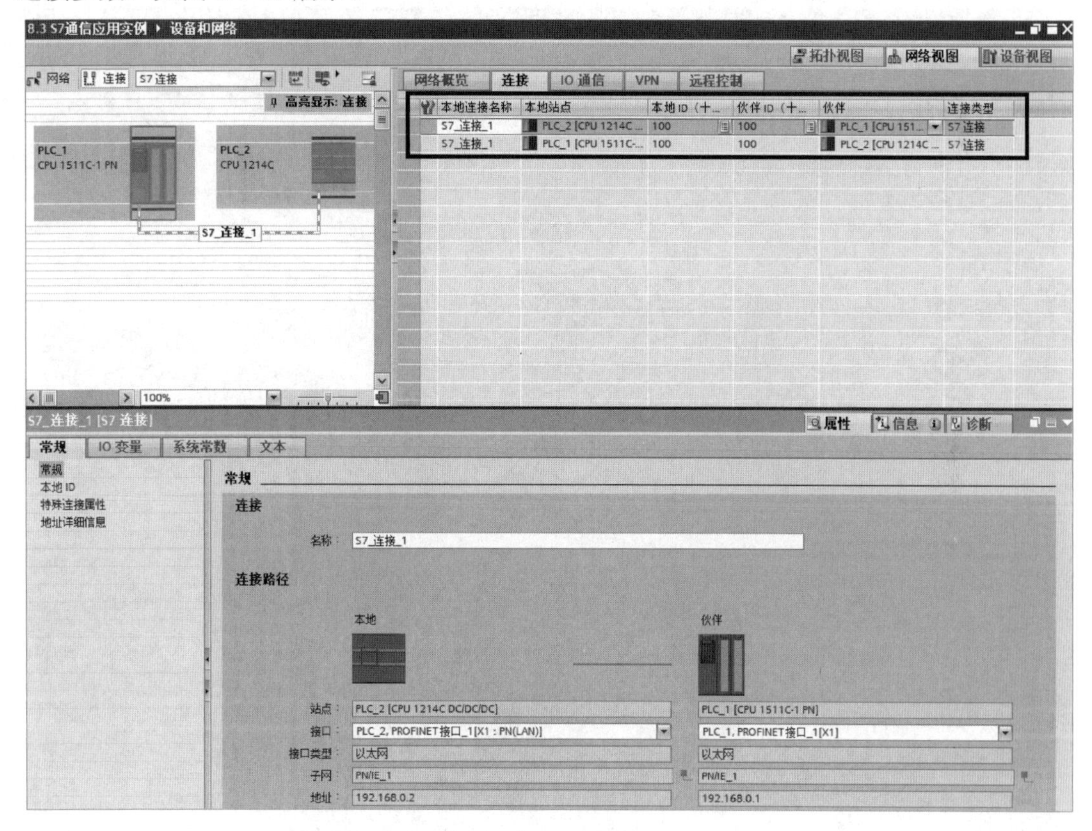

图 8-3-11　S7 连接参数

需要说明的是，图 8-3-11 方框中的内容为连接数据。

第六步：创建客户端 PLC 变量表。

在“项目树”窗格中，依次选择“PLC_1[CPU 1511C-1 PN]”→“PLC 变量”选项，双击“添加新变量表”选项，添加新变量表。将新添加的变量表命名为“PLC 变量表”，并在“PLC 变量表”中新建变量，如图 8-3-12 所示。

PLC变量表

		名称	数据类型	地址	保持
1		接收数据成功	Bool	%M10.1	
2		接收数据错误	Bool	%M10.2	
3		接收数据状态	Word	%MW12	
4		发送数据成功	Bool	%M20.1	
5		发送数据错误	Bool	%M20.2	
6		发送数据状态	Word	%MW22	

图 8-3-12　PLC 变量表

第七步：创建接收和发送数据区。

（1）在“项目树”窗格中，依次选择“PLC_1[CPU 1511C-1 PN]”→“程序块”→“添加新块”选项，单击“数据块”选项创建数据块，在“名称”文本框中输入“数据块_1”，将“编号”设置为“10”，选择“手动”单选按钮，单击“确定”按钮，如图 8-3-13 所示。

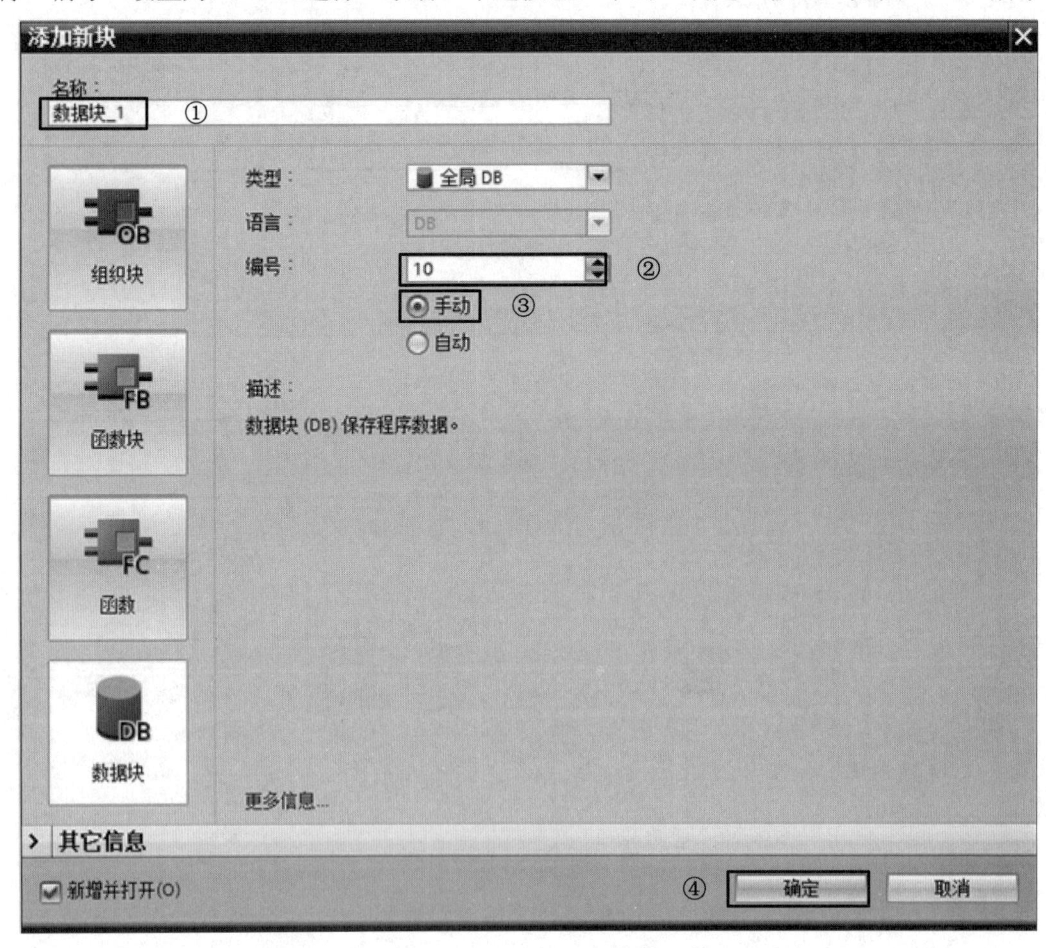

图 8-3-13　创建数据块

（2）选中新建的“数据块_1”，右击，在弹出的快捷菜单中选择“属性”命令，取消勾选“优化的块访问”复选框，如图 8-3-14 所示，单击“确定”按钮。

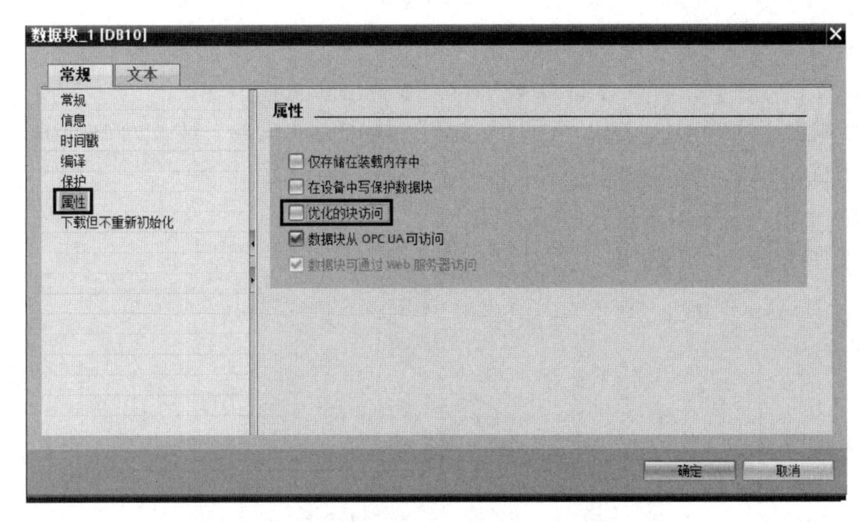

图 8-3-14　取消勾选“优化的块访问”复选框

（3）在数据块_1 中创建 5 个字的用于存放接收数据的数组和 5 个字的用于存放发送数据的数组，如图 8-3-15 所示。

数据块_1

	名称	数据类型	偏移量	起始值	保持
1	▼ Static				
2	▼ 接收数据区	Array[0..4] of Word	0.0		
3	接收数据区[0]	Word	0.0	16#0	
4	接收数据区[1]	Word	2.0	16#0	
5	接收数据区[2]	Word	4.0	16#0	
6	接收数据区[3]	Word	6.0	16#0	
7	接收数据区[4]	Word	8.0	16#0	
8	▼ 发送数据区	Array[0..4] of Word	10.0		
9	发送数据区[0]	Word	10.0	16#0	
10	发送数据区[1]	Word	12.0	16#0	
11	发送数据区[2]	Word	14.0	16#0	
12	发送数据区[3]	Word	16.0	16#0	
13	发送数据区[4]	Word	18.0	16#0	

图 8-3-15　接收数据区和发送数据区

第八步：编写组织块 OB1 主程序。

（1）编写 GET 指令程序段，如图 8-3-16 所示。

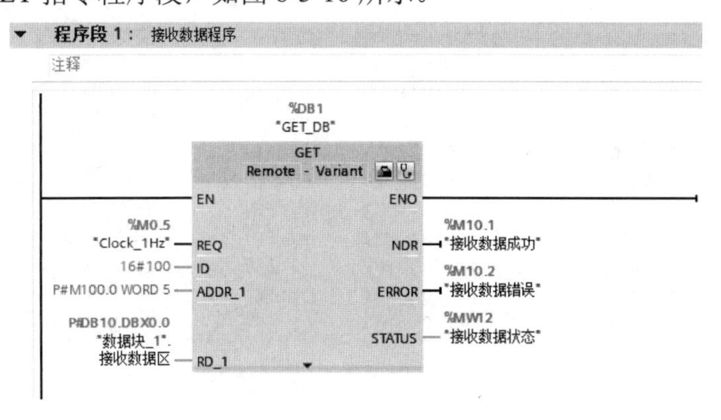

图 8-3-16　GET 指令程序段

对于图 8-3-16，主要参数说明如下。

① REQ 输入引脚为时钟存储器 M0.5，在上升沿时执行指令。

② ID 输入引脚为连接 ID，要与“连接”选项卡中的配置一致，为 16#100。

③ ADDR_1 输入引脚为发送到通信伙伴数据区的地址。

④ RD_1 输入引脚为本地接收数据区。

（2）编写 PUT 指令程序段，如图 8-3-17 所示。

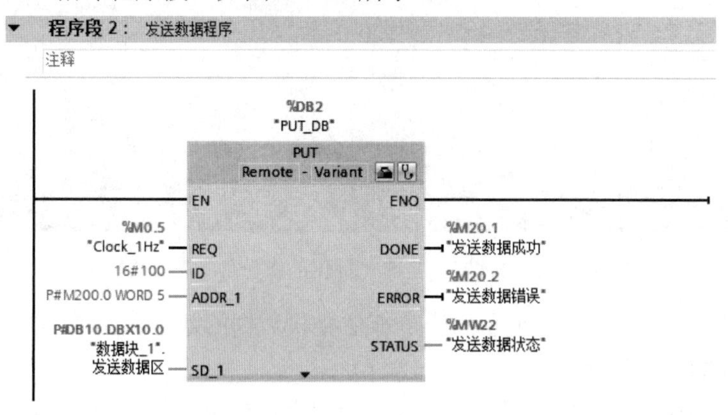

图 8-3-17　PUT 指令程序段

对于图 8-3-17，主要参数说明如下。

① REQ 输入引脚为时钟存储器 M0.5，上升沿时执行指令。

② ID 输入引脚为连接 ID，要与“连接”选项卡中的配置一致，为 16#100。

③ ADDR_1 输入引脚为从通信伙伴数据区读取数据的地址。

④ SD_1 输入引脚为本地发送数据地址。

第九步：程序测试。

程序编译后，下载到 S7-1500 CPU 和 S7-1200 CPU 中，通过监控表监控通信数据。PLC_1 的监控表如图 8-3-18 所示，PLC_2 的监控表如图 8-3-19 所示。

8.3 S7通信应用实例 ▸ PLC_1 [CPU 1511C-1 PN] ▸ 监控与强制表 ▸ PLC监控表

	i	名称	地址	显示格式	监视值	修改值
1		"数据块_1".接收数据区[0]	%DB10.DBW0	十六进制	16#1210	
2		"数据块_1".接收数据区[1]	%DB10.DBW2	十六进制	16#1211	
3		"数据块_1".接收数据区[2]	%DB10.DBW4	十六进制	16#1212	
4		"数据块_1".接收数据区[3]	%DB10.DBW6	十六进制	16#1213	
5		"数据块_1".接收数据区[4]	%DB10.DBW8	十六进制	16#1214	
6		"数据块_1".发送数据区[0]	%DB10.DBW10	十六进制	16#1310	16#1310
7		"数据块_1".发送数据区[1]	%DB10.DBW12	十六进制	16#1320	16#1320
8		"数据块_1".发送数据区[2]	%DB10.DBW14	十六进制	16#1330	16#1330
9		"数据块_1".发送数据区[3]	%DB10.DBW16	十六进制	16#1340	16#1340
10		"数据块_1".发送数据区[4]	%DB10.DBW18	十六进制	16#1350	16#1350

图 8-3-18　PLC_1 的监控表

8.3 S7通信应用实例 ▸ PLC_2 [CPU 1214C DC/DC/DC] ▸ 监控与强制表 ▸ PLC监控表

	i	名称	地址	显示格式	监视值	修改值
1			%MW100	十六进制	16#1210	16#1210
2			%MW102	十六进制	16#1211	16#1211
3			%MW104	十六进制	16#1212	16#1212
4			%MW106	十六进制	16#1213	16#1213
5			%MW108	十六进制	16#1214	16#1214
6			%MW200	十六进制	16#1310	
7			%MW202	十六进制	16#1320	
8			%MW204	十六进制	16#1330	
9			%MW206	十六进制	16#1340	
10			%MW208	十六进制	16#1350	

图 8-3-19　PLC_2 的监控表

8.3.5　应用经验总结

（1）S7-1200 PLC 作为 S7 通信的服务端，需要激活连接机制才可以进行通信。具体操作为依次选择巡视窗格中的“属性”→“常规”→“防护与安全”→“连接机制”选项，勾选“允许来自远程对象的 PUT/GET 通信访问”复选框。

（2）S7 通信使用 GET 指令和 PUT 指令进行单边编程。

（3）伙伴 CPU 读/写区域不支持优化的数据块。

8.4　MODBUS TCP 通信应用实例

8.4.1　功能概述

MODBUS TCP 通信是施耐德公司于 1996 年推出的基于以太网 TCP/IP 的 MODBUS 协议。MODBUS TCP 是开放式协议，很多设备都集成了此协议，如 PLC、机器人、智能工业相机和其他智能设备。

MODBUS TCP 通信结合以太网物理网络和 TCP/IP，采用包含 MODBUS 应用协议数据的报文传输方式。MODBUS 设备间的数据交换是通过功能码实现的，有些功能码用于对位操作，有些功能码用于对字操作。

S7-1500 CPU 集成的以太网接口支持 MODBUS TCP 通信，可作为 MODBUS TCP 客户端或者服务端。MODBUS TCP 通信使用 TCP 通信作为通信路径，通信时将占用 S7-1500 CPU 的开放式用户通信连接资源，通过调用 MODBUS TCP 客户端指令（MB_CLIENT）和 MODBUS TCP 服务端指令（MB_SERVER）进行数据交换。

8.4.2 指令说明

在“指令”窗格中依次选择“通信”→“其他”→“MODBUS TCP”选项，打开“MODBUS TCP”指令集，如图 8-4-1 所示。

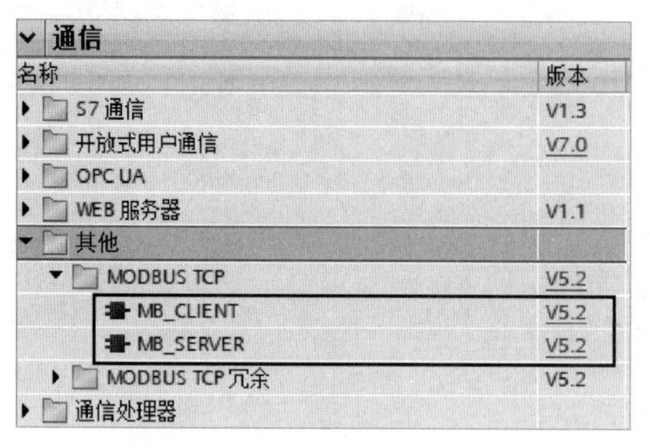

图 8-4-1 “MODBUS TCP”指令集

“MODBUS TCP”指令集主要包括两个指令：MB_CLIENT 指令和 MB_SERVER 指令。每个指令在被拖曳到程序工作区中时，都将自动分配背景数据块。用户可以自行修改背景数据块的名称，其编号既可以通过手动方式分配，也可以通过自动方式分配。

1. MB_CLIENT 指令

（1）指令介绍。

MB_CLIENT 指令（见图 8-4-2）作为 MODBUS TCP 客户端指令，可以在客户端和服务器间建立连接、发送 MODBUS 请求、接收响应和控制服务器断开。

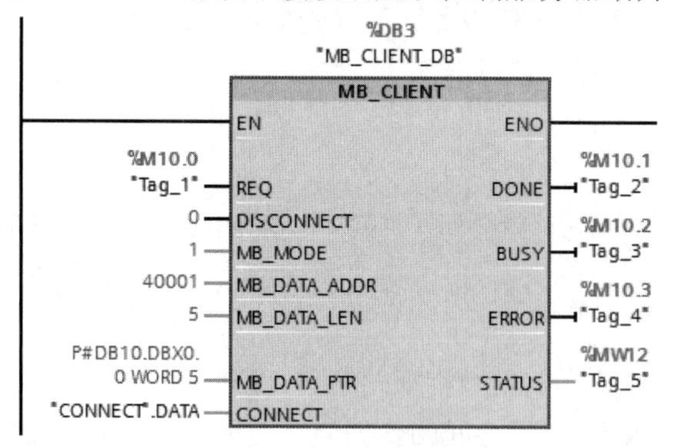

图 8-4-2 MB_CLIENT 指令

（2）指令参数。

MB_CLIENT 指令的 I/O 引脚参数说明如表 8-4-1 所示。

表 8-4-1 MB_CLIENT 指令的 I/O 引脚参数说明

引脚参数	数据类型	说明
REQ	Bool	与服务器之间的通信请求，上升沿有效

续表

引脚参数	数据类型	说　明
DISCONNECT	Bool	通过该参数，可以控制与 MODBUS TCP 服务器建立连接和断开连接。0 表示建立连接；1 表示断开连接
MB_MODE	USINT	选择 MODBUS 请求模式（读取、写入或诊断）。0 表示读；1 表示写
MB_DATA_ADDR	UDINT	MB_CLIENT 指令访问数据的起始地址
MB_DATA_LEN	UINT	数据长度，即数据访问的位或字的个数
MB_DATA_PTR	VARIANT	指向 MODBUS TCP 数据寄存器的指针：寄存器缓冲数据进入 MODBUS TCP 服务器或来自 MODBUS TCP 服务器。指针必须分配一个未进行优化的全局数据块或 *M* 位存储器地址
CONNECT	VARIANT	引用包含系统数据类型为 TCON_IP_v4 的连接参数的数据块结构
DONE	Bool	最后一个作业成功完成，立即将输出参数 DONE 置位为“1”
BUSY	Bool	作业状态位，0 表示无正在处理的作业；1 表示作业正在处理
ERROR	Bool	错误位，0 表示无错误；1 表示出现错误
STATUS	Word	错误代码

2. MB_SERVER 指令

（1）指令介绍。

MB_SERVER 指令（见图 8-4-3）作为 MODBUS TCP 服务器指令，用于处理 MODBUS TCP 客户端的连接请求，并接收 MODBUS 请求和发送响应。

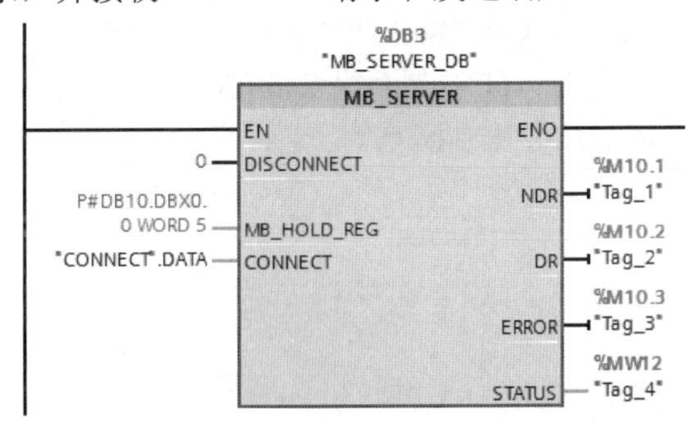

图 8-4-3　MB_SERVER 指令

（2）指令参数。

MB_SERVER 指令的 I/O 引脚参数说明如表 8-4-2 所示。

表 8-4-2　MB_SERVER 指令的 I/O 引脚参数说明

引脚参数	数据类型	说　明
DISCONNECT	Bool	尝试与伙伴设备进行“被动”连接。也就是说，服务器被动地侦听来自任何 IP 地址的 TCP 连接请求。若 DISCONNECT = 0 且不存在连接，则可以启动被动连接；若 DISCONNECT = 1 且存在连接，则执行断开连接操作。该参数允许程序控制何时接受连接。当启用此输入引脚时，无法尝试其他操作

续表

引脚参数	数据类型	说　明
MB_HOLD_REG	VARIANT	指向 MB_SERVER 指令中 MODBUS 保持性寄存器的指针。MB_HOLD_REG 引用的存储区必须大于两个字节。保持性寄存器中包含 MODBUS TCP 客户端通过 MODBUS 功能 3（读取）、6（写入）、16（多次写入）和 23（在一个作业中读写）可访问的值。作为保持性寄存器，MB_HOLD_REG 可以使用具有优化访问权限的全局数据块，也可以使用 *M* 位存储器
CONNECT	VARIANT	引用包含系统数据类型为 TCON_IP_v4 的连接参数的数据块结构
NDR	Bool	0 表示无新数据；1 表示从 MODBUS TCP 客户端写入的新数据
DR	Bool	0 表示未读取数据； 1 表示从 MODBUS TCP 客户端读取的数据
ERROR	Bool	如果上一个请求有错误，将变为 TRUE 并保持一个周期
STATUS	Word	错误代码

8.4.3 实例内容

（1）实例名称：8.4 MODBUS TCP 通信应用实例。

（2）实例描述：一台 S7-1500 PLC 和一台 S7-1200 PLC 之间进行 MODBUS TCP 通信，S7-1500 PLC 作为客户端，S7-1200 PLC 作为服务器。客户端将 DB10.DBW0～DB10.DBW8 的数据写入服务器的 DB100.DBW0～DB100.DBW8。

（3）硬件组成：① CPU 1511C-1 PN，1 台，订货号：6ES7 511-1CK01-0AB0。② CPU 1214C DC/DC/DC，1 台，订货号：6ES7 214-1AG40-0XB0。③ 四口交换机，1 台。④ 编程计算机，1 台，已安装博途 STEP 7 专业版 V16 软件。

8.4.4 实例实施

1. 客户端程序编写

第一步：新建项目及组态 S7-1500 CPU。

打开博途软件，在 Portal 视图中，单击“创建新项目”选项，在弹出的界面中输入项目名称（8.4 MODBUS TCP 通信应用实例）、路径和作者等信息，单击“创建”按钮，生成新项目。

进入项目视图，在左侧的“项目树”窗格中，选择“添加新设备”选项，弹出“添加新设备”对话框，如图 8-4-4 所示，选择 CPU 的订货号和版本（必须与实际设备相匹配），单击“确定”按钮。

第二步：设置 CPU 属性。

在“项目树”窗格中，单击“PLC_1[CPU 1511C-1 PN]”下拉按钮，双击“设备组态”选项，在“设备视图”标签页的工作区中，选中“PLC_1”，依次选择巡视窗格中的“属性”→“常规”→“PROFINET 接口[X1]”→“以太网地址”选项，修改以太网 IP 地址，

如图 8-4-5 所示。

图 8-4-4　“添加新设备”对话框

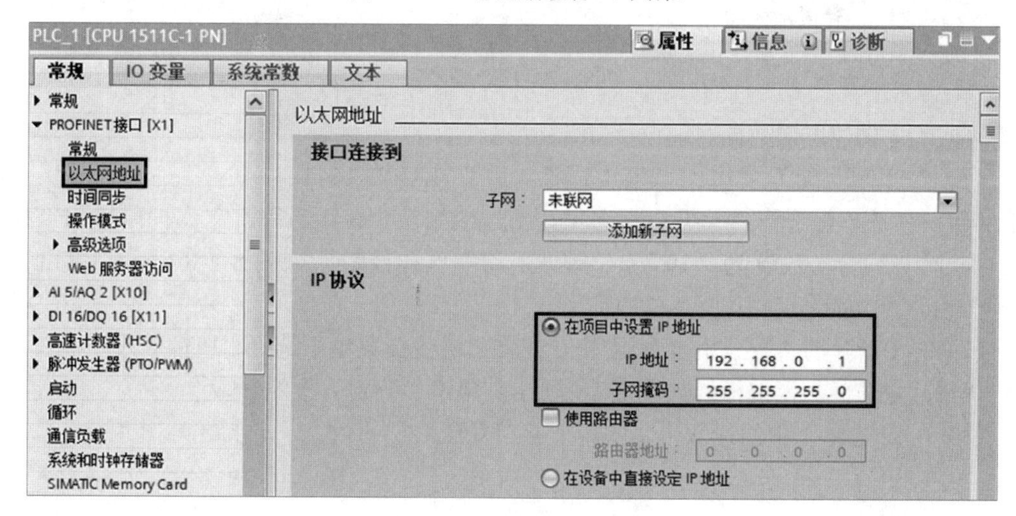

图 8-4-5　修改以太网 IP 地址

在“常规”选项卡中，选择“系统和时钟存储器”选项，勾选“启用时钟存储器字节”复选框，如图 8-4-6 所示。

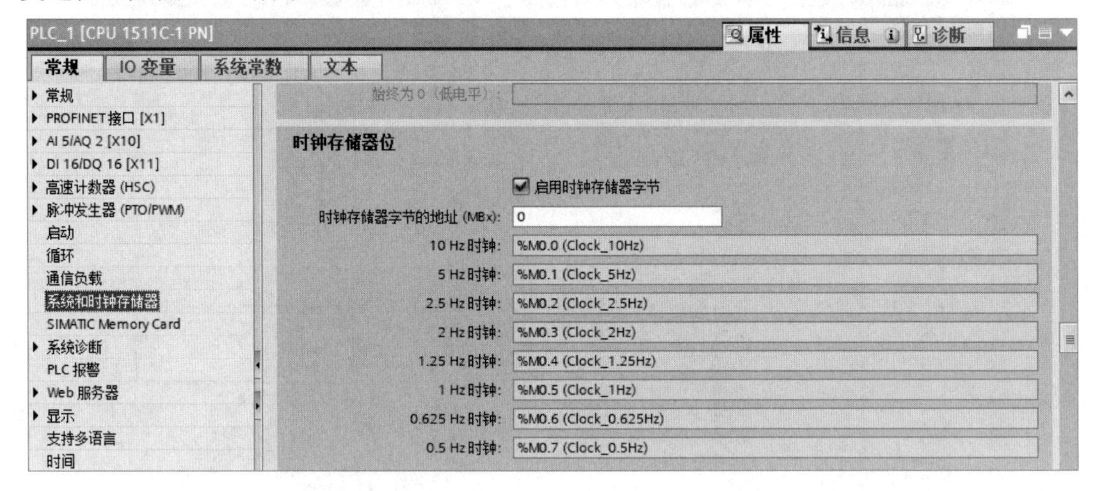

图 8-4-6　勾选“启用时钟存储器字节”复选框

注意，程序中会用到时钟存储器 M0.5。

第三步：创建 PLC 变量表

在“项目树”窗格中，依次选择“PLC_1[CPU 1511C-1 PN]”→“PLC 变量”选项，双击“添加新变量表”选项，添加新变量表。将新添加的变量表命名为“PLC 变量表”，并在“PLC 变量表”中新建变量，如图 8-4-7 所示。

PLC变量表

		名称	数据类型	地址	保持
1		通信完成	Bool	%M10.0	
2		通信作业中	Bool	%M10.1	
3		通信错误	Bool	%M10.2	
4		通信状态	Word	%MW12	

图 8-4-7　PLC 变量表

第四步：创建发送数据区。

（1）在“项目树”窗格中，依次选择“PLC_1[CPU 1511C-1 PN]”→“程序块”→“添加新块”选项，选择“数据块”选项，创建数据块。在“名称”文本框中输入“数据块_1”，将“编号”设置为“10”，选择“手动”单选按钮，如图 8-4-8 所示，单击“确定”按钮。

（2）选中新建的“数据块_1”，右击，在弹出的快捷菜单中选择“属性”命令，取消勾选“优化的块访问”复选框，如图 8-4-9 所示，单击“确定”按钮。

（3）在数据块_1 中创建 5 个字的用于存储发送数据的数组，如图 8-4-10 所示。

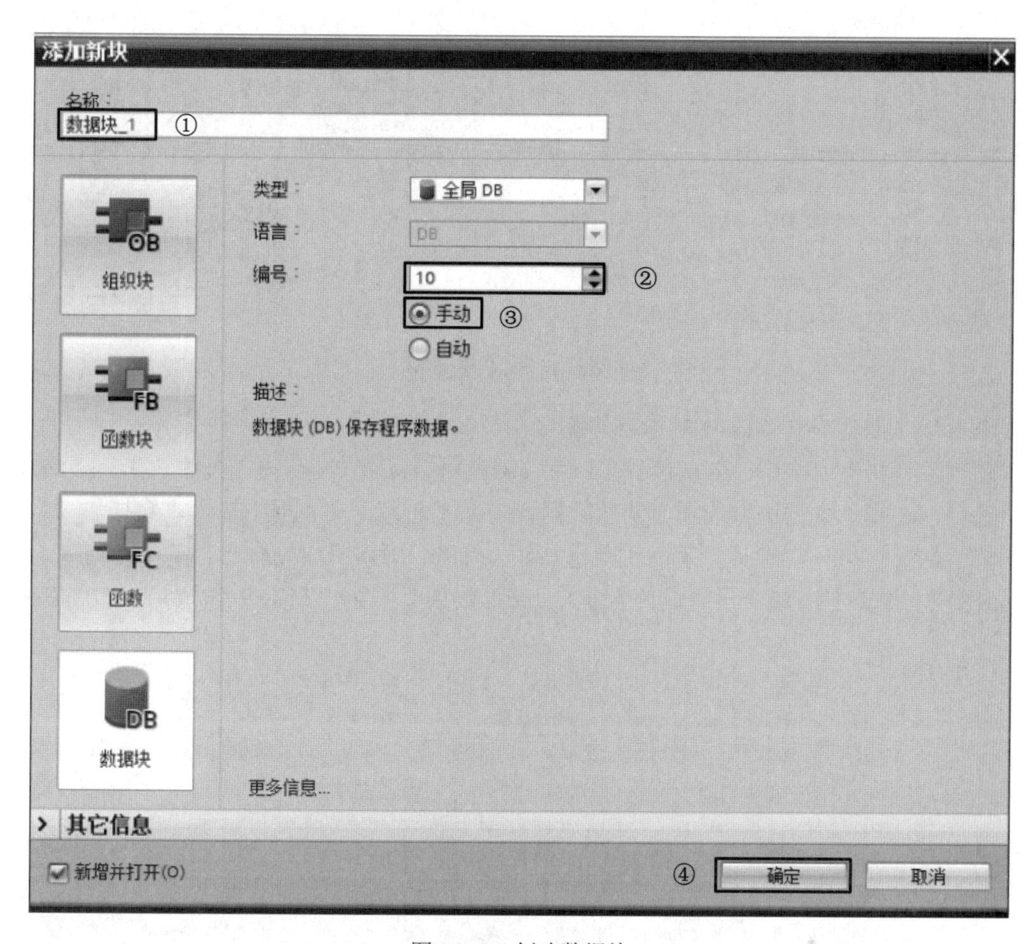

图 8-4-8　创建数据块

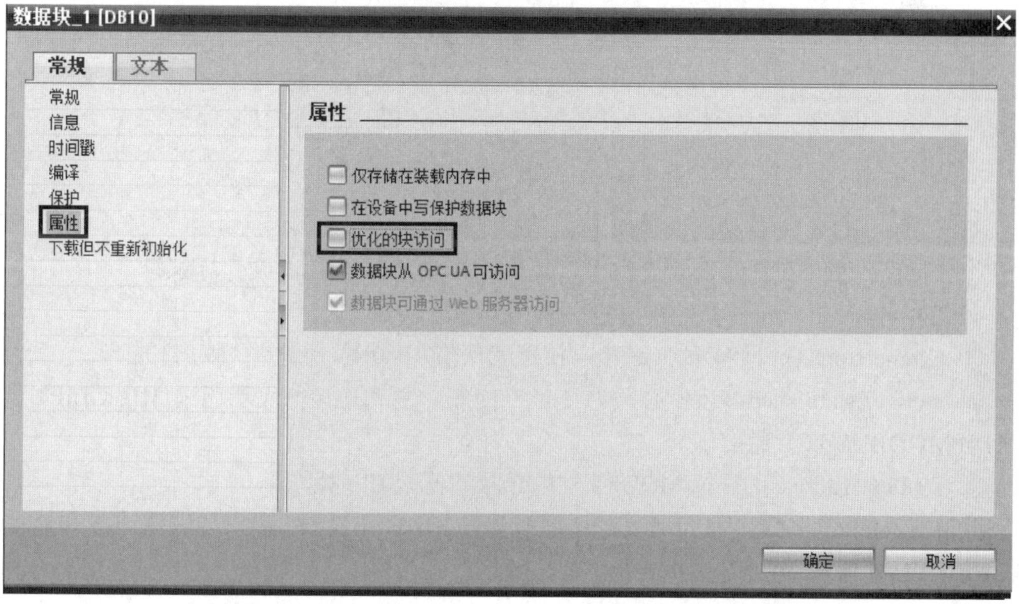

图 8-4-9　取消勾选“优化的块访问”复选框

数据块_1

	名称	数据类型	偏移量	起始值	保持
1	▼ Static				
2	▼ 发送数据区	Array[0..4] of Word	0.0		
3	发送数据区[0]	Word	0.0	16#0	
4	发送数据区[1]	Word	2.0	16#0	
5	发送数据区[2]	Word	4.0	16#0	
6	发送数据区[3]	Word	6.0	16#0	
7	发送数据区[4]	Word	8.0	16#0	

图 8-4-10　发送数据区

第五步：创建 MB_CLIENT 指令的连接参数的数据块。

在“项目树”窗格中，依次选择“PLC_1[CPU 1511C-1 PN]”→“程序块”→“添加新块”选项，选择“数据块”选项，创建数据块。在“名称”文本框中输入“数据块_2”，将“编号”设置为“11”，选择“手动”单选按钮，单击“确定”按钮。

在数据块_2 中添加变量“通信设置”，设置数据类型为“TCON_IP_v4”，如图 8-4-11 所示。

数据块_2

	名称	数据类型	起始值	保持
1	▼ Static			
2	▼ 通信设置	TCON_IP_v4		
3	InterfaceId	HW_ANY	16#40	
4	ID	CONN_OUC	16#1	
5	ConnectionType	Byte	16#0B	
6	ActiveEstablished	Bool	TRUE	
7	▼ RemoteAddress	IP_V4		
8	▼ ADDR	Array[1..4] of Byte		
9	ADDR[1]	Byte	192	
10	ADDR[2]	Byte	168	
11	ADDR[3]	Byte	0	
12	ADDR[4]	Byte	2	
13	RemotePort	UInt	502	
14	LocalPort	UInt	0	

图 8-4-11　设置“通信设置”变量

对于图 8-4-11，主要参数说明如下。

① InterfaceId：在默认变量表中可以找到 PROFINET 接口的硬件标识符。

② ID：输入一个介于 1～4095 的连接 ID 编号。

③ ConnectionType：对于 TCP/IP，使用默认值 16#0B（十进制数为 11）。

④ ActiveEstablished：该值必须为 1 或 TRUE，主动连接，表示通过 MB_CLIENT 指令启动 MODBUS TCP 通信。

⑤ RemoteAddress：目标 MODBUS TCP 服务器的 IP 地址。

⑥ RemotePort：默认值为 502。该编号为 MODBUS TCP 客户端试图连接和通信的 MODBUS TCP 服务器的 IP 端口号。

⑦ LocalPort：对于 MODBUS TCP 客户端连接，该值必须为 0。

第六步：编写组织块 OB1 主程序。

编写 MB_CLIENT 指令程序段，如图 8-4-12 所示。当引脚 REQ 上升沿有效时，客户端将 MB_DATA_PTR 参数写入服务器的 MODBUS 地址 40001～40005。

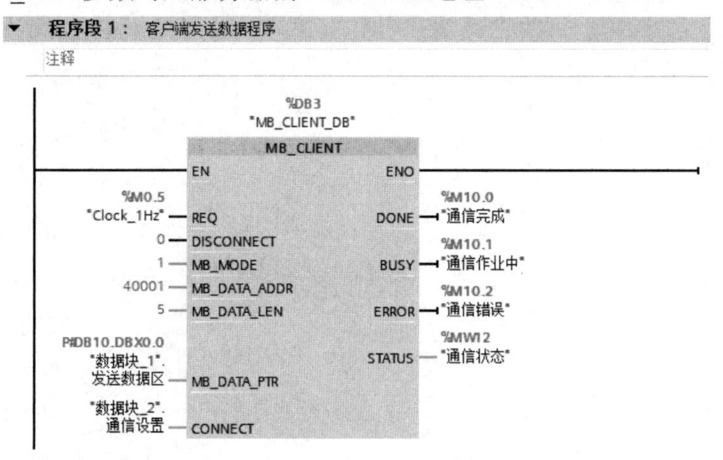

图 8-4-12　MB_CLIENT 指令

对于图 8-4-12，主要参数说明如下。

① REQ：在上升沿时执行该指令。

② DISCONNECT：为 0，表示建立连接。

③ MB_MODE：为 1，表示写操作。

④ MB_DATA_ADDR：从站的起始地址。

⑤ MB_DATA_LEN：写的数据长度。

⑥ MB_DATA_PTR：写的数据地址。

⑦ CONNECT：引用包含系统数据类型为 TCON_IP_v4 的连接参数的数据块。

2. 服务端程序编写

第一步：组态 S7-1200 CPU。

在“项目树”窗格中，选择“添加新设备”选项，弹出“添加新设备”对话框，如图 8-4-13 所示，选择 CPU 的订货号和版本（必须与实际设备相匹配），单击“确定”按钮。

第二步：设置 CPU 属性。

在“项目树”窗格中，单击“PLC_2[CPU 1214C DC/DC/DC]”下拉按钮，双击“设备组态”选项，在“设备视图”标签页的工作区中，选中“PLC_2”，依次选择巡视窗格中的“属性”→“常规”→“PROFINET 接口[X1]”→“以太网地址”选项，修改以太网 IP 地址，如图 8-4-14 所示。

第三步：创建 PLC 变量表。

在“项目树”窗格中，依次选择“PLC_2[CPU 1214C DC/DC/DC]”→“PLC 变量”选项，双击“添加新变量表”选项，添加新变量表。将新添加的变量表命名为“PLC 变量表”，并在“PLC 变量表”中新建变量，如图 8-4-15 所示。

图 8-4-13 “添加新设备”对话框

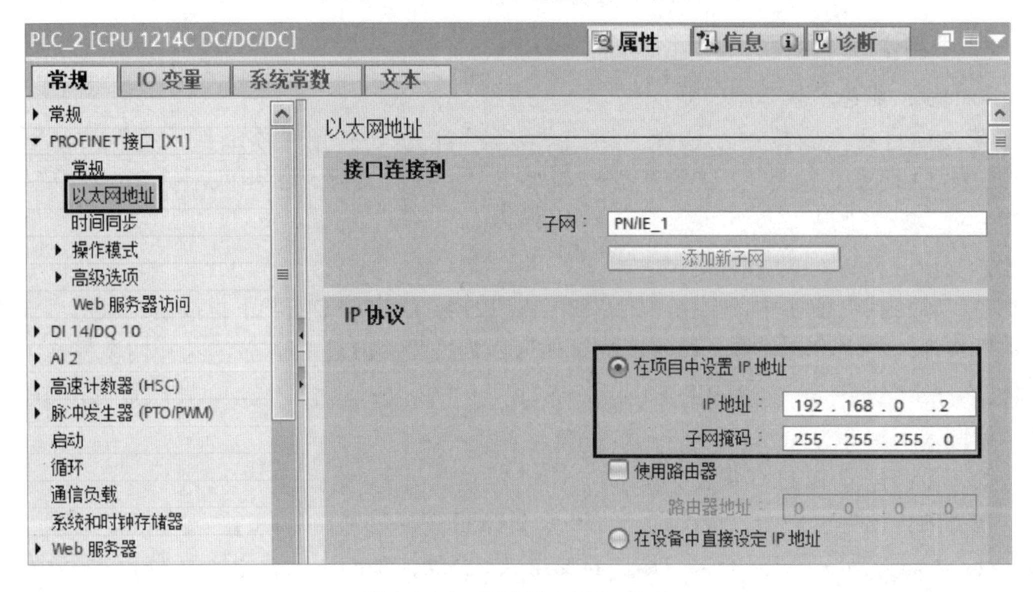

图 8-4-14 修改以太网 IP 地址

PLC变量表

		名称	数据类型	地址	保持
1		数据写入完成	Bool	%M10.0	
2		数据读取完成	Bool	%M10.1	
3		通信错误	Bool	%M10.2	
4		通信状态	Word	%MW20	

图 8-4-15　PLC 变量表

第四步：创建接收数据区。

（1）在“项目树”窗格中，依次选择“PLC_2[CPU 1214C DC/DC/DC]”→“程序块”→“添加新块”选项，选择“数据块”选项，创建数据块。在“名称”文本框中输入“数据块_1”，将“编号”设置为“100”，选择“手动”单选按钮，如图 8-4-16 所示，单击“确定”按钮。

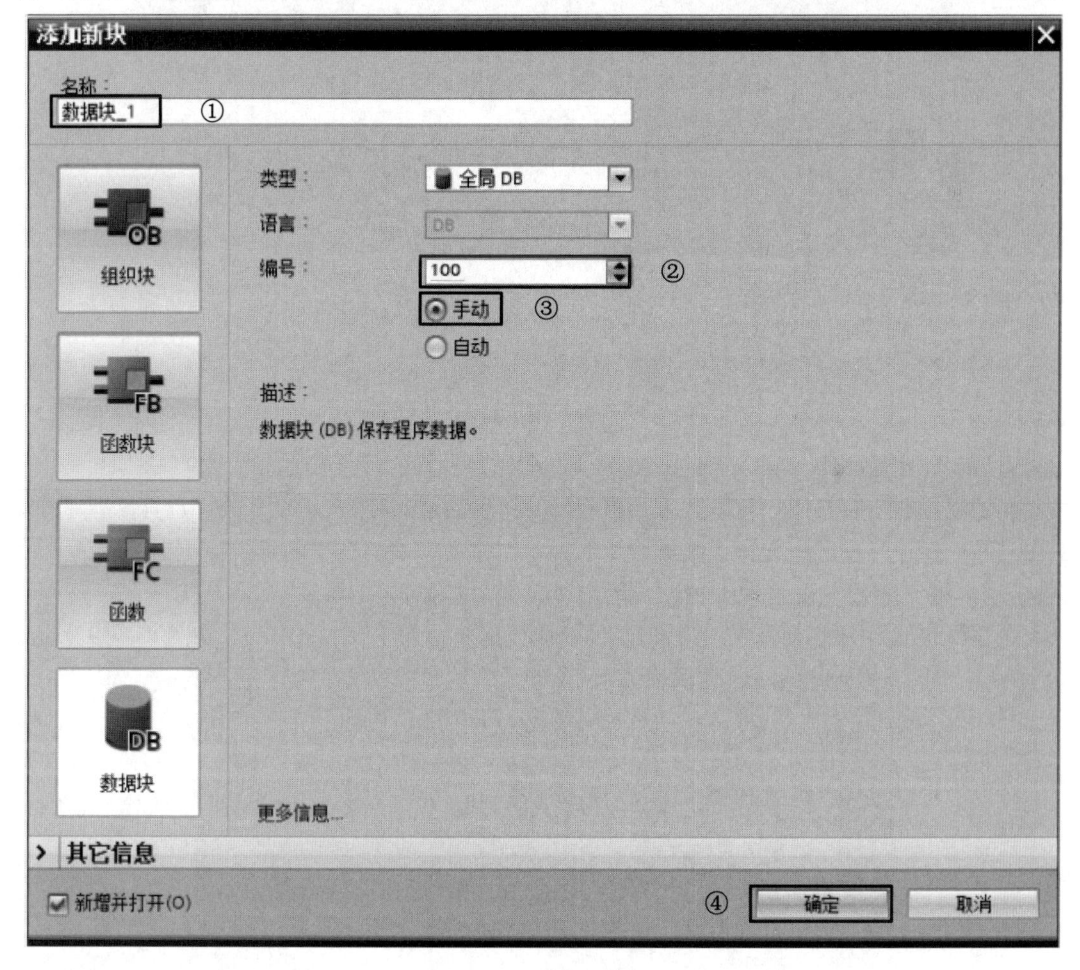

图 8-4-16　创建数据块

（2）选中新建的“数据块_1”，右击，在弹出的快捷菜单中选择“属性”命令，取消勾选“优化的块访问”复选框，如图 8-4-17 所示，单击“确定”按钮。

（3）在数据块_1 中创建 5 个字的数组用于存储发送数据，如图 8-4-18 所示。

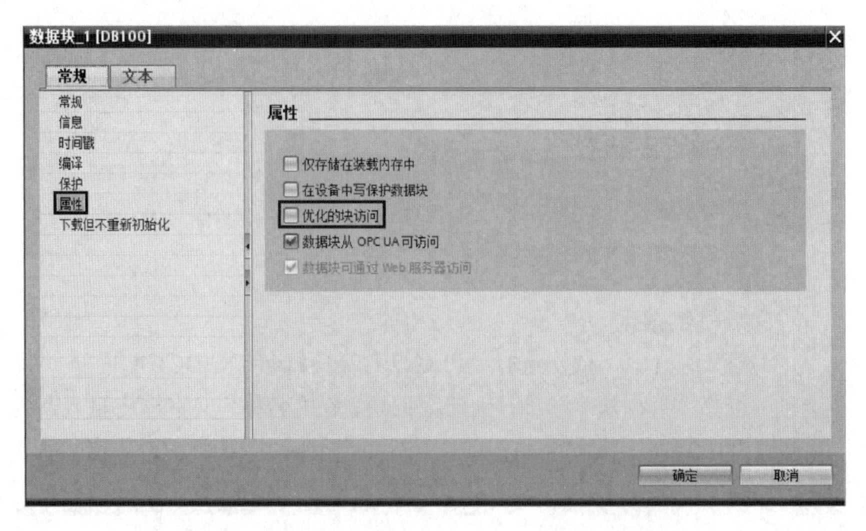

图 8-4-17　取消勾选“优化的块访问”复选框

数据块_1

	名称	数据类型	偏移量	起始值	保持
1	▼ Static				
2	▼ 接收数据区	Array[0..4] of Word	0.0		
3	接收数据区[0]	Word	0.0	16#0	
4	接收数据区[1]	Word	2.0	16#0	
5	接收数据区[2]	Word	4.0	16#0	
6	接收数据区[3]	Word	6.0	16#0	
7	接收数据区[4]	Word	8.0	16#0	

图 8-4-18　接收数据区

第五步：创建 MB_SERVER 指令的 CONNECT 引脚的连接描述指针数据块。

在“项目树”窗格中，依次选择“PLC_2[CPU 1214C DC/DC/DC]”→“程序块”选项，双击“添加新块”选项，选择“数据块”选项，创建数据块。在“名称”文本框中输入“数据块_2”，将“编号”设置为“101”，单击“确定”按钮。

在数据块_2 中添加变量“通信设置”，设置数据类型为 TCON_IP_v4，如图 8-4-19 所示。

数据块_2

	名称	数据类型	起始值	保持
1	▼ Static			
2	▼ 通信设置	TCON_IP_v4		
3	InterfaceId	HW_ANY	16#40	
4	ID	CONN_OUC	16#1	
5	ConnectionType	Byte	16#0B	
6	ActiveEstablished	Bool	0	
7	▼ RemoteAddress	IP_V4		
8	▼ ADDR	Array[1..4] of Byte		
9	ADDR[1]	Byte	192	
10	ADDR[2]	Byte	168	
11	ADDR[3]	Byte	0	
12	ADDR[4]	Byte	1	
13	RemotePort	UInt	0	
14	LocalPort	UInt	502	

图 8-4-19　设置“通信设置”变量

对于图 8-4-19，主要参数说明如下。

① InterfaceId：在默认变量表中可以找到 PROFINET 接口的硬件标识符。

② ID：输入一个介于 1～4095 的连接 ID 编号。

③ ConnectionType：对于 TCP/IP，使用默认值 16#0B（十进制数为 11）。

④ ActiveEstablished：该值必须为 0 或 FALSE，被动连接，表示 MODBUS TCP 服务器正在等待 MODBUS TCP 客户端的通信请求。

⑤ RemoteAddress：目标 MODBUS TCP 客户端的 IP 地址。

⑥ RemotePort：对于 MODBUS TCP 服务器连接，该值必须为 0。

⑦ LocalPort：默认值为 502。该编号为 MODBUS TCP 服务器试图连接和通信的 MODBUS TCP 客户端的 IP 端口号。

第六步：编写组织块 OB1 主程序。

编写 MB_SERVER 指令程序段，如图 8-4-20 所示。服务器将 MODBUS 地址 40001～40005 的数据写入 DB100.DBW0～DB100.DBW8。

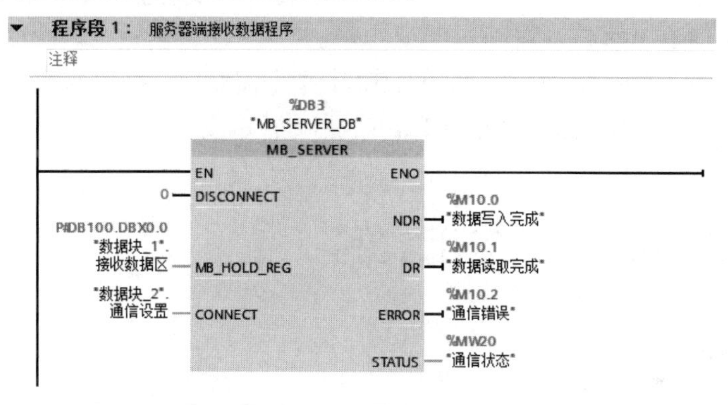

图 8-4-20　MB_SERVER 指令

对于图 8-4-20，主要参数说明如下。

① DISCONNECT：0 表示建立连接。

② MB_HOLD_REG：MODBUS 保持寄存器 40001 对应的地址。

③ CONNECT：引用包含系统数据类型为 TCON_IP_v4 的连接参数的数据块。

3．程序测试

程序编译后，下载到 S7-1500 CPU 和 S7-1200 CPU 中，通过监控表监控通信数据。PLC_1 的监控表如图 8-4-21 所示，PLC_2 的监控表如图 8-4-22 所示。

8.4 MODBUS TCP通信应用实例 ▸ PLC_1 [CPU 1511C-1 PN] ▸ 监控与强制表 ▸ PLC监控表

	i	名称	地址	显示格式	监视值	修改值	9	
1		"数据块_1".发送数据区[0]	%DB10.DBW0	十六进制	16#1111	16#1111	☑	⚠
2		"数据块_1".发送数据区[1]	%DB10.DBW2	十六进制	16#2222	16#2222	☑	⚠
3		"数据块_1".发送数据区[2]	%DB10.DBW4	十六进制	16#3333	16#3333	☑	⚠
4		"数据块_1".发送数据区[3]	%DB10.DBW6	十六进制	16#4444	16#4444	☑	⚠
5		"数据块_1".发送数据区[4]	%DB10.DBW8	十六进制	16#5555	16#5555	☑	⚠

图 8-4-21　PLC_1 的监控表

8.4 MODBUS TCP通信应用实例 ▸ PLC_2 [CPU 1214C DC/DC/DC] ▸ 监控与强制表 ▸ PLC监控表

	i	名称	地址	显示格式	监视值	修改值	
1		"数据块_1".接收数据区[0]	%DB100.DBW0	十六进制	16#1111		
2		"数据块_1".接收数据区[1]	%DB100.DBW2	十六进制	16#2222		
3		"数据块_1".接收数据区[2]	%DB100.DBW4	十六进制	16#3333		
4		"数据块_1".接收数据区[3]	%DB100.DBW6	十六进制	16#4444		
5		"数据块_1".接收数据区[4]	%DB100.DBW8	十六进制	16#5555		

图 8-4-22　PLC_2 的监控表

8.4.5　应用经验总结

（1）MODBUS TCP 客户端支持多个 TCP 连接，连接的最大数目取决于使用的 CPU 类型。

（2）MODBUS TCP 客户端如果需要连接多个 MODBUS TCP 服务器，就需要调用多个 MB_CLIENT 指令，每个 MB_CLIENT 指令需要分配不同的背景数据块和不同的连接 ID。

（3）MODBUS TCP 客户端对同一个 MODBUS TCP 服务器进行多次读写操作时，需要调用多个 MB_CLIENT 指令，每个 MB_CLIENT 指令需要分配相同的背景数据块和相同的连接 ID，且同一时刻只能有一个 MB_CLIENT 指令被触发。

8.5　开放式用户通信应用实例

8.5.1　功能概述

开放式用户通信（OUC 通信）是基于以太网进行数据交换的协议，适用于 PLC 间、PLC 与第三方设备、PLC 与高级语言等进行数据交换。开放式用户通信有以下 3 种通信方式。

（1）TCP 通信方式。

TCP 通信方式支持 TCP/IP 的开放式数据通信。TCP/IP 采用面向数据流的数据传送，发送的数据长度最好是固定的。如果数据长度发生变化，就需要在接收数据区判断数据流的开始和结束位置，比较烦琐，并且需要考虑发送和接收的时序。

（2）ISO-on-TCP 通信方式。

由于 ISO 不支持以太网路由，因此西门子应用 RFC1006 将 ISO 映射到 TCP 上，实现网络路由。

（3）UDP（User Datagram Protocol）通信方式。

UDP 属于 OSI 参考模型第四层协议，支持简单数据传输，无须确认数据。与 TCP 通信方式相比，UDP 通信方式没有连接。

S7-1500 CPU 通过集成的以太网接口进行开放式用户通信连接，通过调用发送数据指令（TSEND_C）和接收数据指令（TRCV_C）进行数据交换，通信方式为双边通信。

8.5.2　指令说明

在“指令”窗格中依次选择“通信”→“开放式用户通信”选项，打开“开放式用户通信”指令集，如图 8-5-1 所示。

“开放式用户通信”指令集包括 3 个通信指令和一个“其他”指令文件夹，3 个通信指令为 TSEND_C（发送数据）指令、TRCV_C（接收数据）指令和 TMAIL_C（发送电子邮件）指令。

其中，TSEND_C 指令和 TRCV_C 指令是常用指令，下面做详细说明。

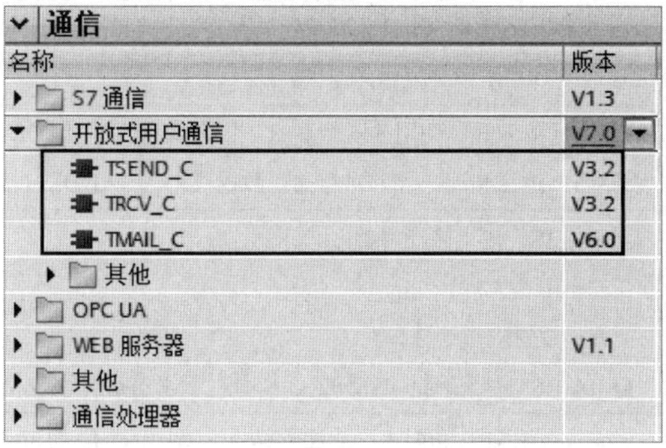

通信	
名称	版本
S7 通信	V1.3
开放式用户通信	V7.0
TSEND_C	V3.2
TRCV_C	V3.2
TMAIL_C	V6.0
其他	
OPC UA	
WEB 服务器	V1.1
其他	
通信处理器	

图 8-5-1　“开放式用户通信”指令集

1. TSEND_C 指令

（1）指令介绍。

使用 TSEND_C 指令设置并建立通信连接，CPU 会自动保持和监视该连接。TSEND_C 指令异步执行，先设置并建立通信连接，然后通过现有通信连接发送数据，最后断开或重置通信连接。TSEND_C 指令如图 8-5-2 所示。

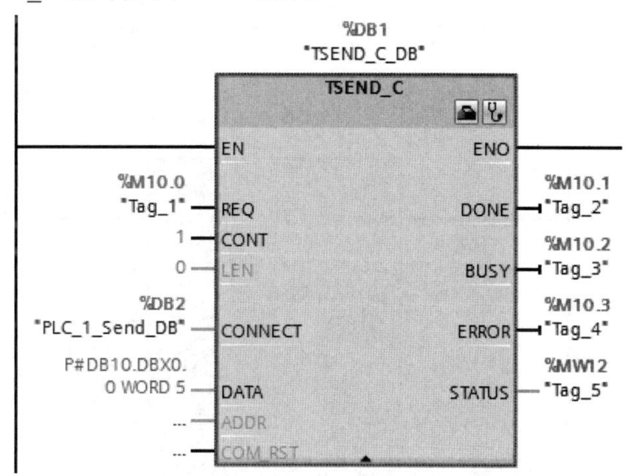

图 8-5-2　TSEND_C 指令

（2）指令参数。

TSEND_C 指令的 I/O 引脚参数说明如表 8-5-1 所示。

表 8-5-1　TSEND_C 指令的 I/O 引脚参数说明

引脚参数	数据类型	说　明
REQ	Bool	在上升沿执行 TSEND_C 指令
CONT	Bool	控制通信连接。为 0 时，断开通信连接；为 1 时，建立并保持通信连接
LEN	UDInt	要通过作业发送的最大字节数，可选隐藏参数。如果在 DATA 参数中使用具有优化访问权限的发送数据区，那么 LEN 参数值必须为“0”
CONNECT	VARIANT	指向连接描述结构的指针。对于 TCP 通信方式或 UDP 通信方式，使用 TCON_IP_v4 数据类型。对于 ISO-on-TCP 通信方式，使用 TCON_IP_RFC 数据类型
DATA	VARIANT	指向发送数据区的指针。该指针包含要发送数据的地址和长度。在传送结构时，发送端和接收端的数据结构必须相同。
ADDR	VARIANT	UDP 通信方式需使用的隐藏参数，指向数据类型 TADDR_Param 的指针。接收方的地址信息（IP 地址和端口号）将存储在数据类型为 TADDR_Param 的数据块中
COM_RST	Bool	重置连接，可选隐藏参数。 0 表示不相关； 1 表示重置现有连接。 COM_RST 参数通过 TSEND_C 指令进行求值后将被复位，因此不应静态互连
DONE	Bool	最后一个作业成功完成，立即将输出参数，DONE 置位为 1
BUSY	Bool	作业状态位。0 表示无正在处理的作业；1 表示作业正在处理
ERROR	Bool	错误位。0 表示无错误；1 表示出现错误
STATUS	Word	错误代码

2．TRCV_C 指令

（1）指令介绍。

使用 TRCV_C 指令设置并建立通信连接，CPU 会自动保持和监视该连接。TRCV_C 指令异步执行，先设置并建立通信连接，然后通过现有通信连接接收数据。TRCV_C 指令如图 8-5-3 所示。

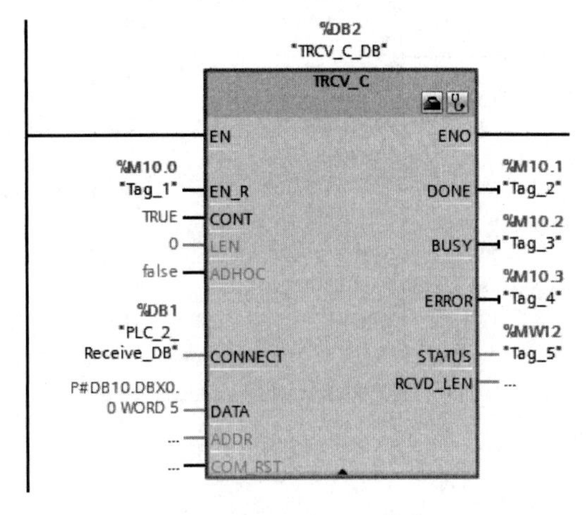

图 8-5-3　TRCV_C 指令

（2）指令参数。

TRCV_C 指令的 I/O 引脚参数说明如表 8-5-2 所示。

表 8-5-2　TRCV_C 指令的 I/O 引脚参数说明

引脚参数	数据类型	说　明
EN_R	Bool	启用接收功能
CONT	Bool	控制通信连接。0 表示断开通信连接；1 表示建立通信连接，并在接收数据后保持
LEN	UDInt	要接收数据的最大长度。如果在 DATA 参数中使用具有优化访问权限的接收数据区，那么 LEN 参数值必须为 0
ADHOC	Bool	TCP 选项使用 Ad-hoc 模式，可选隐藏参数
CONNECT	VARIANT	指向连接描述结构的指针。对于 TCP 通信方式或 UDP 通信方式，使用 TCON_IP_v4 数据类型；对于 ISO-on-TCP 通信方式，使用 TCON_IP_RFC 数据类型
DATA	VARIANT	指向接收数据区的指针。在传送数据时，发送端和接收端的数据结构必须相同
ADDR	VARIANT	UDP 通信方式需要使用的隐藏参数，指向数据类型 TADDR_Param 的指针。发送方的地址信息（IP 地址和接口号）将存储在数据类型为 TADDR_Param 的数据块中
COM_RST	Bool	重置连接，可选隐藏参数 0 表示不相关； 1 表示重置现有连接。 COM_RST 参数通过 TRCV_C 指令求值后将被复位，因此不应静态互连
DONE	Bool	最后一个作业成功完成，立即将输出参数 DONE 置位为 1
BUSY	Bool	作业状态位。0 表示无正在处理的作业；1 表示作业正在处理
ERROR	Bool	错误位。0 表示无错误；1 表示出现错误
STATUS	Word	错误代码
RCVD_LEN	UDInt	实际接收到的数据量（以字节为单位）

8.5.3　实例内容

（1）实例名称：8.5 开放式用户通信应用实例。

（2）实例描述：一台 S7-1500 PLC 和一台 S7-1200 PLC 之间进行开放式用户通信，S7-1500 PLC 作为客户端，S7-1200 PLC 作为服务器。客户端将 DB10.DBW0～DB10.DBW8 的数据写入服务器 DB100.DBW0～DB100.DBW8。

（3）硬件组成：① CPU 1511C-1 PN，1 台，订货号：6ES7 511-1CK01-0AB0。② CPU 1214C DC/DC/DC，1 台，订货号：6ES7 214-1AG40-0XB0。③ 四口交换机，1 台。④ 编程计算机，1 台，已安装博途 STEP 7 专业版 V16 软件。

8.5.4　实例实施

1．新建项目及组态连接

第一步：新建项目及组态客户端 CPU。

打开博途软件，在 Portal 视图中选择“创建新项目”选项，在弹出的界面中输入项目名称（8.5 开放式用户通信应用实例）、路径和作者等信息，单击“创建”按钮，生成新项目。

进入项目视图，在左侧的“项目树”窗格中，选择“添加新设备”选项，弹出“添加新设备”对话框，如图 8-5-4 所示，选择 CPU 的订货号和版本（必须与实际设备相匹配），单击“确定”按钮。

图 8-5-4　“添加新设备”对话框

在“项目树”窗格中，单击“PLC_1[CPU 1511C-1 PN]”下拉按钮，双击“设备组态”选项，在“设备视图”标签页的工作区中，选中“PLC_1”，依次选择巡视窗格中的“属性”→“常规”→“PROFINET 接口[X1]”→“以太网地址”选项，修改以太网 IP 地址，如图 8-5-5 所示。

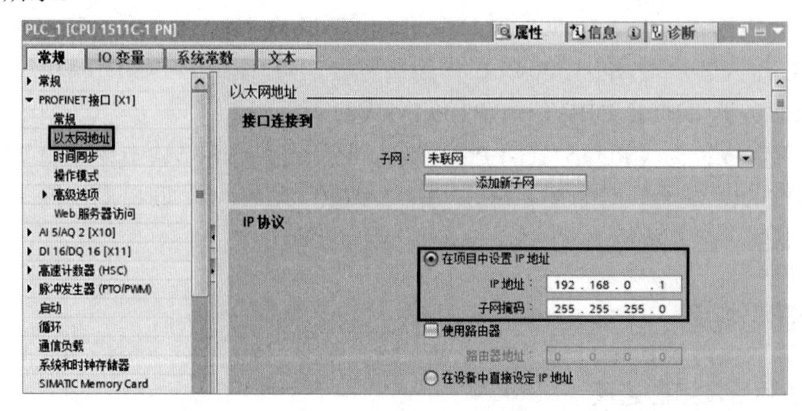

图 8-5-5　修改以太网 IP 地址

在“常规”选项卡中选择“系统和时钟存储器”选项，勾选“启用时钟存储器字节”复选框，如图 8-5-6 所示。

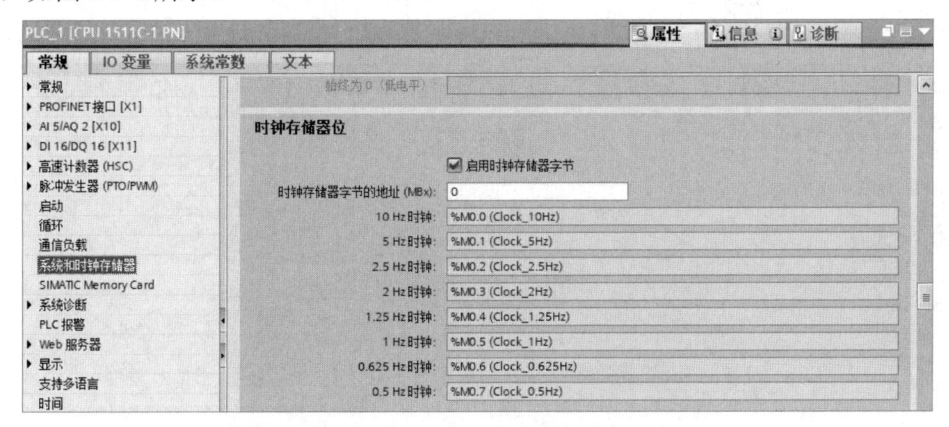

图 8-5-6　勾选“启用时钟存储器字节”复选框

需要说明的是，程序中会用到时钟存储器 M0.5。

第二步：组态服务器 CPU。

在“项目树”窗格中，选择“添加新设备”选项，弹出“添加新设备”对话框，如图 8-5-7 所示，选择 CPU 的订货号和版本（必须与实际设备相匹配），单击“确定”按钮。

图 8-5-7　“添加新设备”对话框

单击“PLC_2[CPU 1214C DC/DC/DC]”下拉按钮，双击“设备组态”选项，在“设备视图”标签页的工作区中，选中“PLC_2”，依次选择巡视窗格中的“属性”→“常规”→“PROFINET 接口[X1]”→“以太网地址”选项，修改以太网 IP 地址，如图 8-5-8 所示。

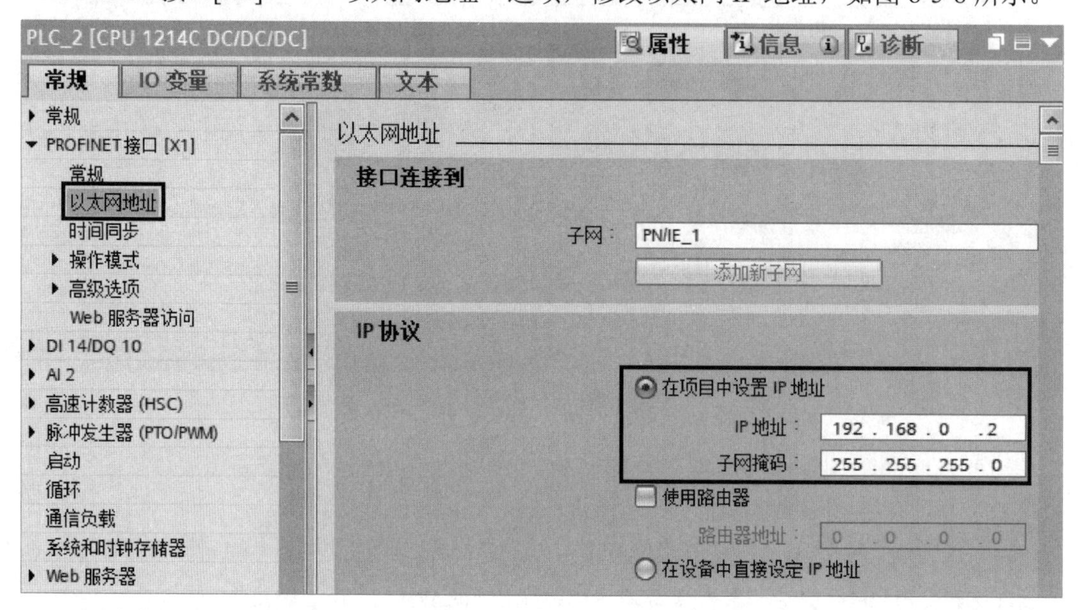

图 8-5-8　修改以太网 IP 地址

在“常规”选项卡中选择“系统和时钟存储器”选项，勾选“启用时钟存储器字节”复选框，如图 8-5-9 所示。

图 8-5-9　勾选“启用时钟存储器字节”复选框

第三步：创建网络连接。

在“项目树”窗格中，选择“设备和网络”选项。在“网络视图”标签页中选中“PLC_1”的 PROFINET 接口的绿色小方框，按住鼠标左键拖曳出一条线到“PLC_2”的 PROFINET 接口的绿色小方框后松开，建立连接。创建完成的网络连接如图 8-5-10 所示。

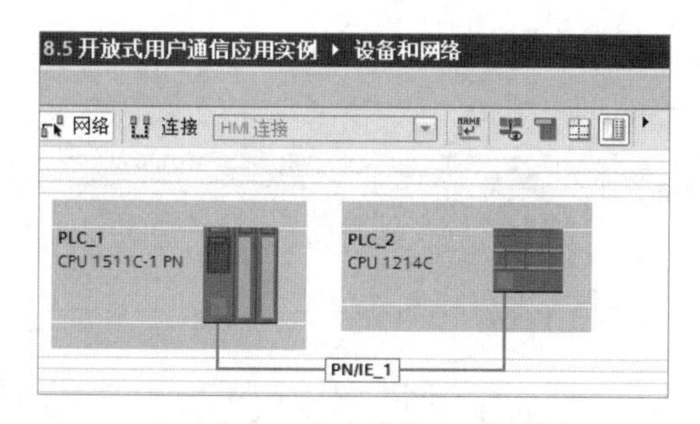

图 8-5-10　创建完成的网络连接

2．编写客户端程序

第一步：创建 PLC 变量表。

在“项目树”窗格中，依次选择“PLC_1[CPU 1511C-1 PN]”→“PLC 变量”选项，双击“添加新变量表”选项，添加新变量表。将新添加的变量表命名为“PLC 变量表”，并在“PLC 变量表”中新建变量，如图 8-5-11 所示。

PLC变量表

	名称	数据类型	地址	保持
1	发送状态	Word	%MW12	☐
2	数据发送错误	Bool	%M10.3	☐
3	数据发送中	Bool	%M10.2	☐
4	数据发送完成	Bool	%M10.1	☐

图 8-5-11　PLC 变量表

第二步：创建发送数据区。

（1）在“项目树”窗格中，依次选择“PLC_1[CPU 1511C-1 PN]”→“程序块”→“添加新块”选项，选择“数据块”选项，创建数据块。在“名称”文本框中输入“数据块_1”，将“编号”设置为“10”，选择“手动”单选按钮，单击“确定”按钮，如图 8-5-12 所示。

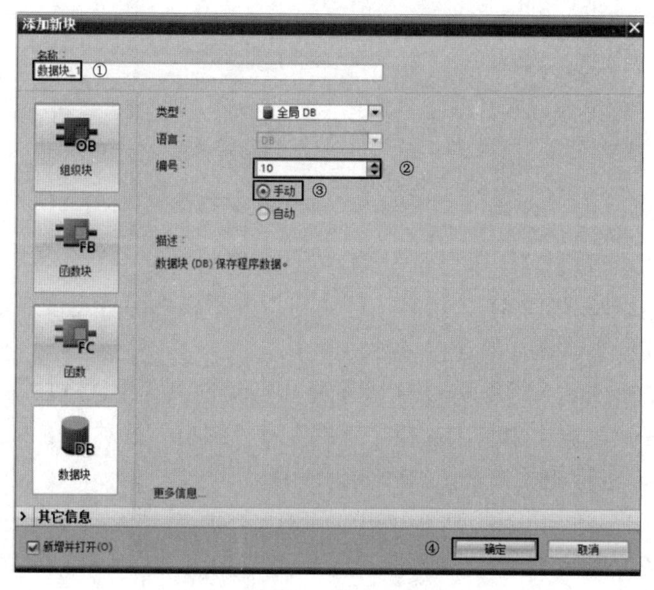

图 8-5-12　创建数据块

（2）选中新建的“数据块_1”，右击，在弹出的快捷菜单中选择“属性”命令，取消勾选“优化的块访问”复选框，如图 8-5-13 所示，单击“确定”按钮。

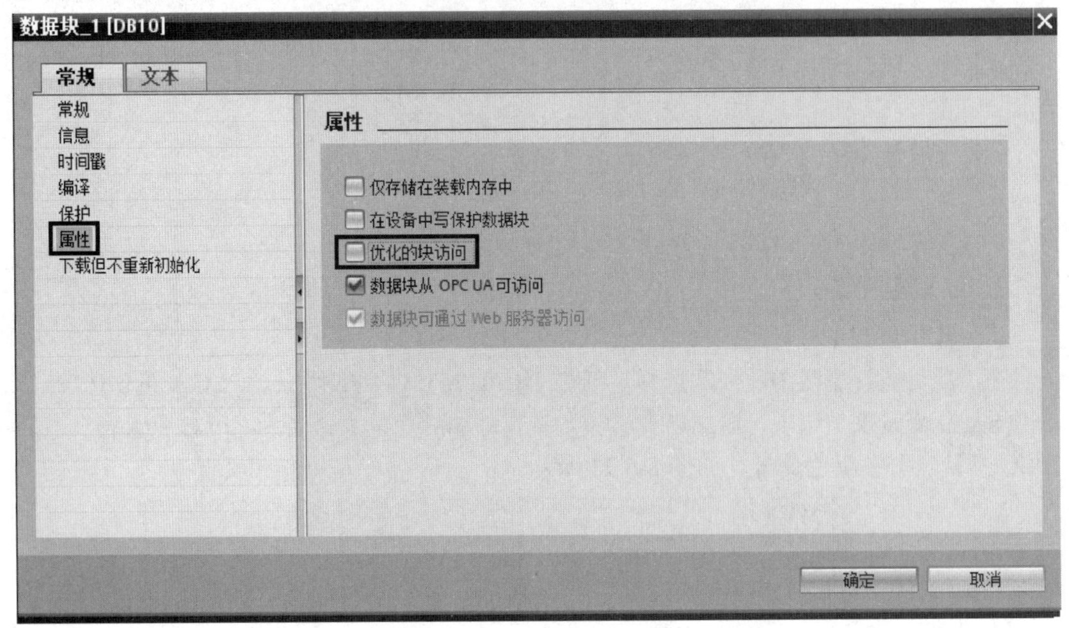

图 8-5-13　取消勾选“优化的块访问”复选框

（3）在数据块_1 中，创建 5 个字的用于存储发送数据的数组，如图 8-5-14 所示。

数据块_1

	名称	数据类型	偏移量	起始值	保持
1	▼ Static				☐
2	▼ 发送数据区	Array[0..4] of Word	0.0		☐
3	发送数据区[0]	Word	0.0	16#0	☐
4	发送数据区[1]	Word	2.0	16#0	☐
5	发送数据区[2]	Word	4.0	16#0	☐
6	发送数据区[3]	Word	6.0	16#0	☐
7	发送数据区[4]	Word	8.0	16#0	☐

图 8-5-14　发送数据区

第三步：编写组织块 OB1 主程序。

主程序主要是编写 TSEND_C 指令，可使用指令的属性组态连接参数和块参数。

（1）组态 TSEND_C 指令的连接参数。

将 TSEND_C 指令插入组织块 OB1 主程序，自动生成背景数据块。选中 TSEND_C 指令的任意部分，在巡视窗格中依次选择“属性”→“组态”选项，进入 TSEND_C 指令的“连接参数”界面，进行相关设置，如图 8-5-15 所示。

（2）编写 TSEND_C 指令的参数，如图 8-5-16 所示。

对于图 8-5-16，主要参数说明如下。

① REQ：在上升沿时执行该指令。

② CONT：1 表示建立并保持通信连接。

③ CONNECT：指向连接描述结构的数据块。

④ DATA：指向发送数据区的地址。

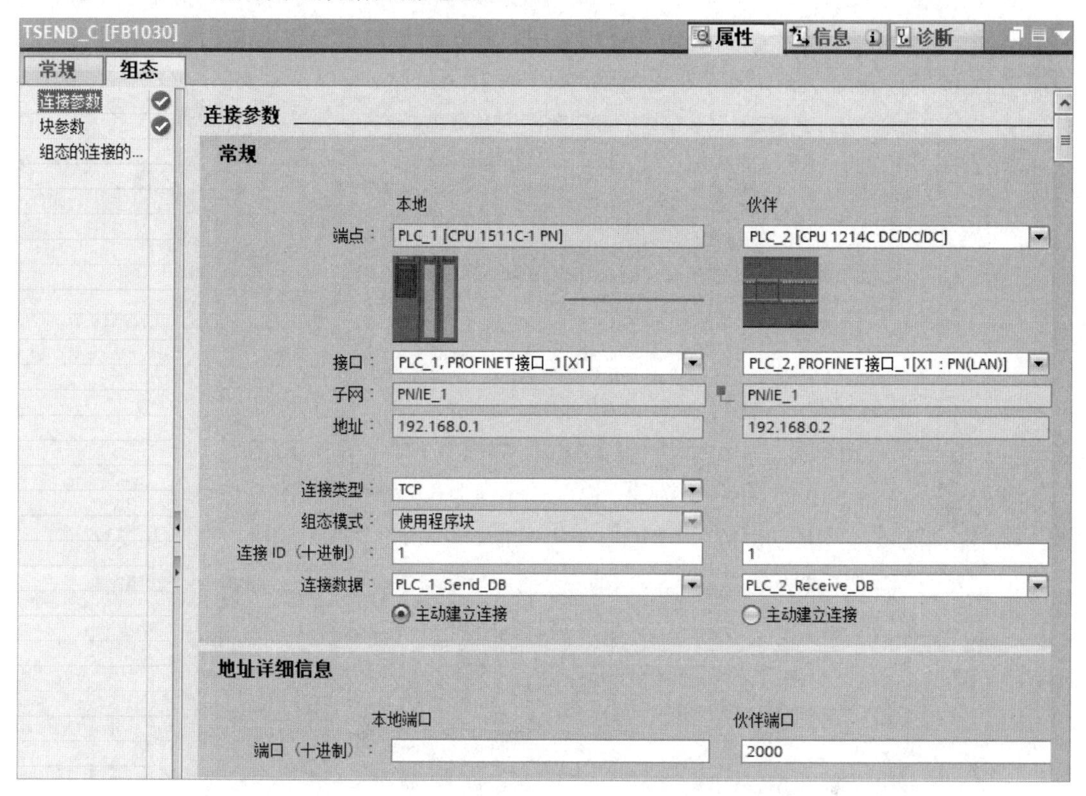

图 8-5-15　TSEND_C 指令的“连接参数”界面

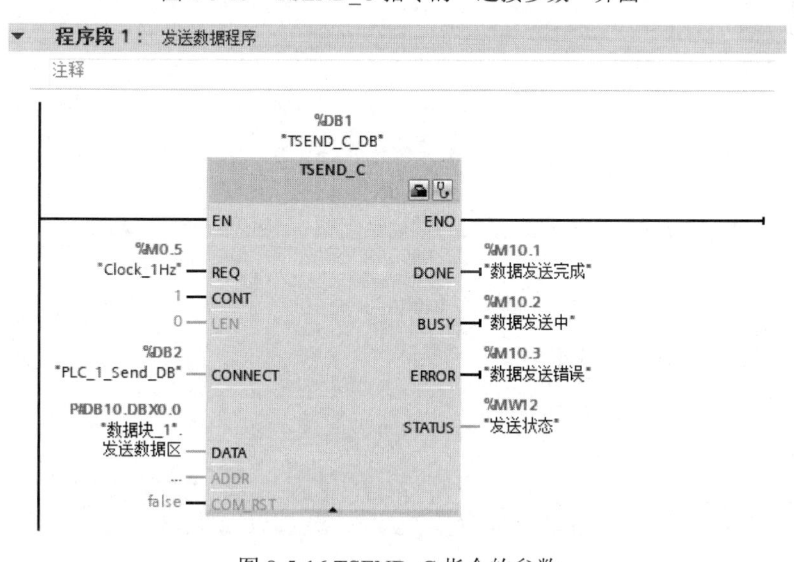

图 8-5-16 TSEND_C 指令的参数

3．编写服务器程序

第一步：创建 PLC 变量表。

在“项目树”窗格中，依次选择“PLC_2[CPU 1214C DC/DC/DC]”→“PLC 变量”选项，双击“添加新变量表”选项，添加新变量表。将新添加的变量表命名为“PLC 变量表”，并在“PLC 变量表”中新建变量，如图 8-5-17 所示。

PLC变量表

	名称	数据类型	地址	保持
1	数据接收量	Word	%MW30	
2	接收状态	Word	%MW20	
3	数据接收错误	Bool	%M10.3	
4	数据接收中	Bool	%M10.2	
5	数据接收完成	Bool	%M10.1	

图 8-5-17　PLC 变量表

第二步：创建接收数据区。

（1）在“项目树”窗格中，依次选择“PLC_2[CPU 1214C DC/DC/DC]”→“程序块”→“添加新块”选项，选择“数据块”选项，创建数据块。在“名称”文本框中输入“数据块_1”，将“编号”修改为“100”，选择“手动”单选按钮，单击“确定”按钮，如图 8-5-18 所示。

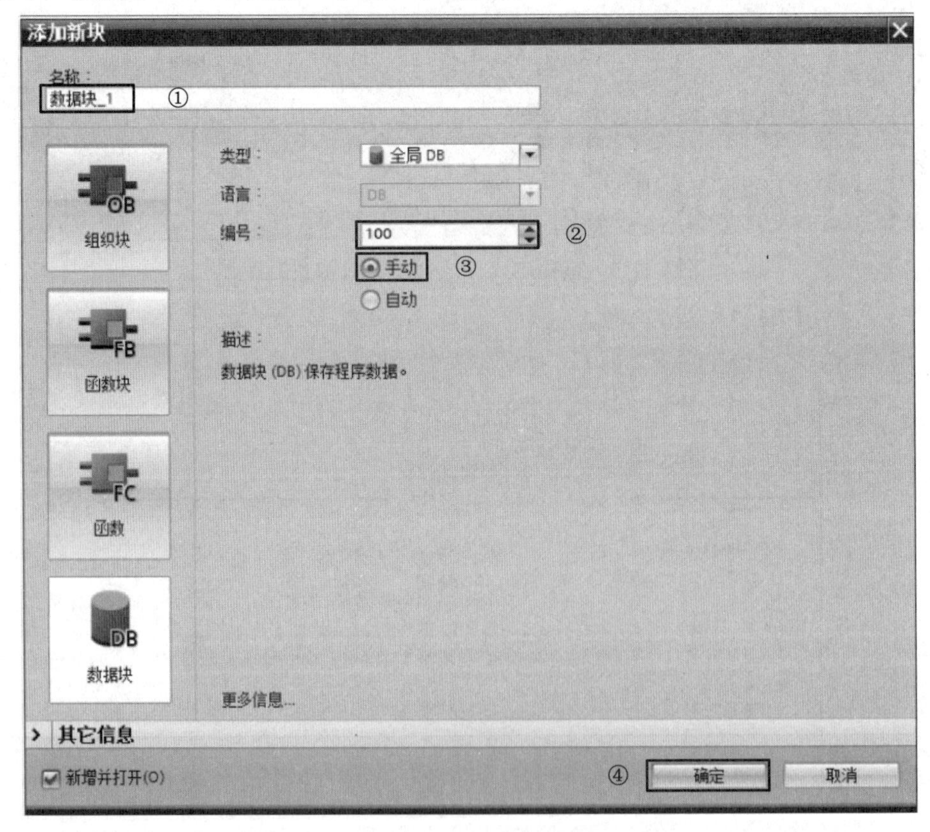

图 8-5-18　创建数据块

（2）选中新建的“数据块_1”，右击，在弹出的快捷菜单中选择“属性”命令，取消勾

选“优化的块访问”复选框，如图 8-5-19 所示，单击“确定”按钮。

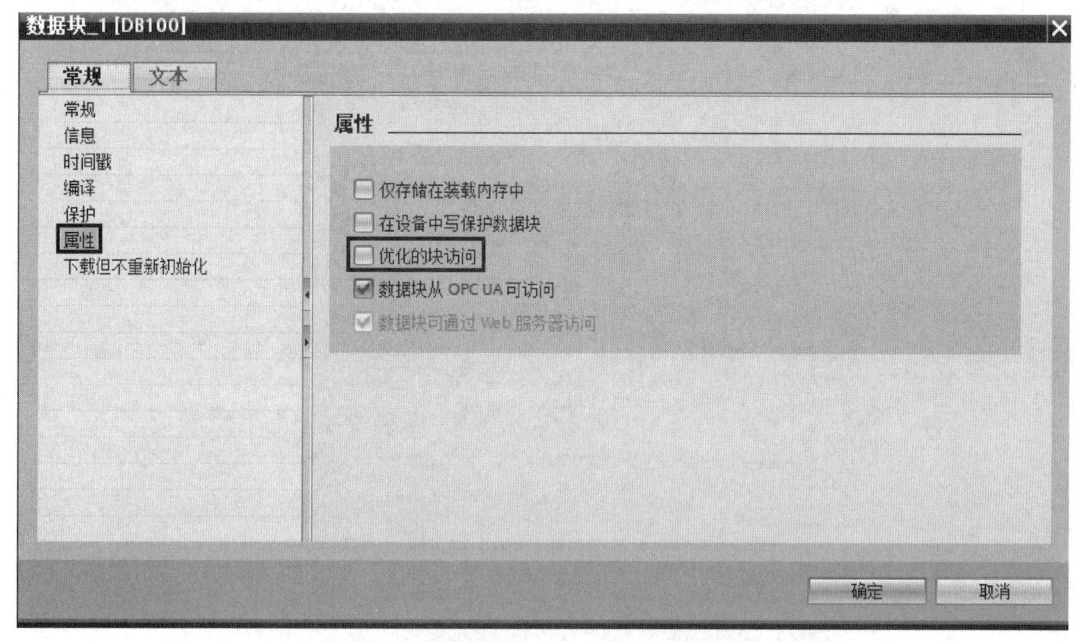

图 8-5-19　取消勾选“优化的块访问”复选框

（3）在数据_1 块中创建 5 个字的用于存储接收数据的数组，如图 8-5-20 所示。

数据块_1

	名称	数据类型	偏移量	起始值	保持
1	▼ Static				
2	▼ 接收数据区	Array[0..4] of Word	0.0		
3	接收数据区[0]	Word	0.0	16#0	
4	接收数据区[1]	Word	2.0	16#0	
5	接收数据区[2]	Word	4.0	16#0	
6	接收数据区[3]	Word	6.0	16#0	
7	接收数据区[4]	Word	8.0	16#0	

图 8-5-20　接收数据区

第三步：编写组织块 OB1 主程序。

（1）配置 TRCV_C 指令的连接参数。

将 TRCV_C 指令插入组织块 OB1 主程序，自动生成背景数据块。选中 TRCV_C 指令的任意部分，在巡视窗格中依次选择“属性”→“组态”选项，进入 TRCV_C 指令的“连接参数”界面，进行相关设置，如图 8-5-21 所示。

（2）编写 TRCV_C 指令的参数，如图 8-5-22 所示。

对于图 8-5-22，主要参数说明如下。

① EN_R：1 表示启用接收功能。

② CONT：1 表示建立通信连接并在接收数据后保持。

③ CONNECT：指向连接描述结构的数据块。

④ DATA：指向接收数据区的地址。

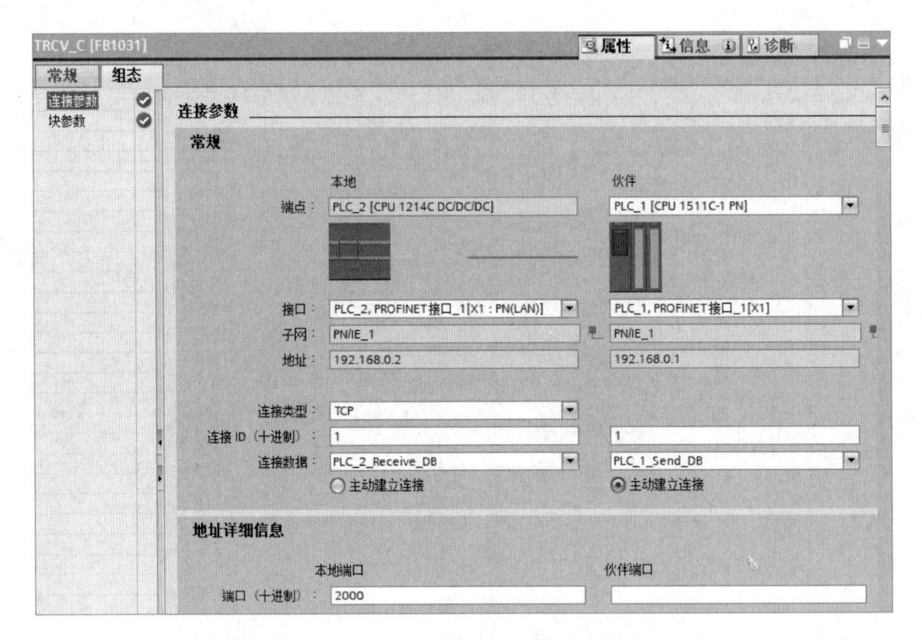

图 8-5-21　TRCV_C 指令的“连接参数”界面

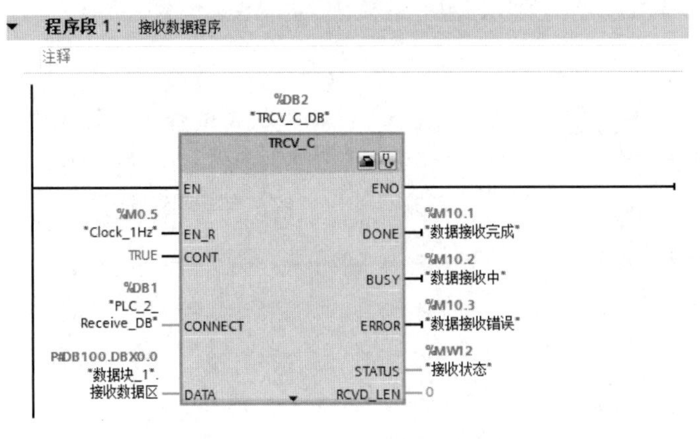

图 8-5-22　TRCV_C 指令的参数

4．程序测试

程序编译后，下载到 S7-1500 CPU 和 S7-1200 CPU 中，通过监控表监控通信数据。PLC_1 的监控表如图 8-5-23 所示，PLC_2 的监控表如图 8-5-24 所示。

8.5 开放式用户通信应用实例 ▸ PLC_1 [CPU 1511C-1 PN] ▸ 监控与强制表 ▸ PLC监控表

	i	名称	地址	显示格式	监视值	修改值	9	
1		"数据块_1".发送数据...	%DB10.DBW0	十六进制	16#1111	16#1111	☑	!
2		"数据块_1".发送数据区[1]	%DB10.DBW2	十六进制	16#2222	16#2222	☑	!
3		"数据块_1".发送数据区[2]	%DB10.DBW4	十六进制	16#3333	16#3333	☑	!
4		"数据块_1".发送数据区[3]	%DB10.DBW6	十六进制	16#4444	16#4444	☑	!
5		"数据块_1".发送数据区[4]	%DB10.DBW8	十六进制	16#5555	16#5555	☑	!

图 8-5-23　PLC_1 的监控表

...式用户通信应用实例 ▸ PLC_2 [CPU 1214C DC/DC/DC] ▸ 监控与强制表 ▸ PLC监控表

	i	名称	地址	显示格式	监视值	修改值	
1		"数据块_1".接收数据区[0]	%DB100.DBW0	十六进制	16#1111		
2		"数据块_1".接收数据区[1]	%DB100.DBW2	十六进制	16#2222		
3		"数据块_1".接收数据区[2]	%DB100.DBW4	十六进制	16#3333		
4		"数据块_1".接收数据区[3]	%DB100.DBW6	十六进制	16#4444		
5		"数据块_1".接收数据区[4]	%DB100.DBW8	十六进制	16#5555		

图 8-5-24　PLC_2 的监控表

8.6　S7-1500 PLC 与 ET 200SP 通信应用实例

8.6.1　功能概述

1. 概述

西门子 ET 200 分布式系统可以使现场层的各个组件通过 PROFINET 网络和 PROFIBUS 网络与 PLC 实现快速的数据交换，是 PLC 系统的重要组成部分。

西门子 ET 200 分布式系统具有丰富的产品线，主要包括 ET 200SP、ET 200MP、ET 200S 和 ET 200M。其中用于控制柜内的 IP20 产品到无须控制柜的 IP67 产品具有节省电缆且反应时间短的特点。

2. ET 200SP 产品家族概述

ET 200SP 分布式 I/O 系统是自动化工程中使用最多的远程 I/O 产品，也是本书应用实例中使用的产品。ET 200SP 分布式 I/O 系统是一个灵活的可扩展系统，其通过接口模块进行分布式 I/O 模块扩展，接口模块通过现场总线将过程信号传送至 CPU。ET 200SP 分布式 I/O 系统组成如图 8-6-1 所示。

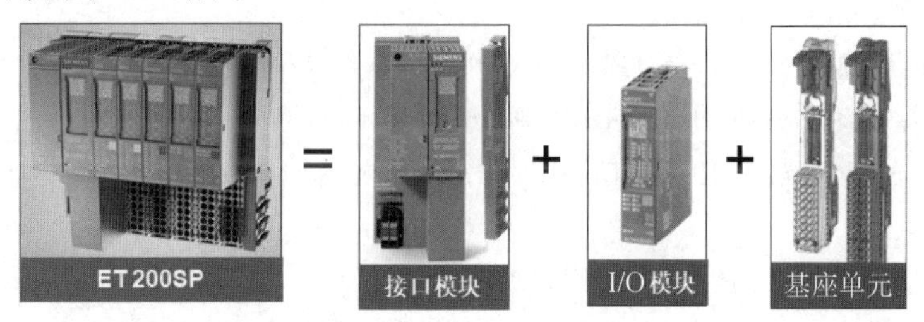

图 8-6-1　ET 200SP 分布式 I/O 系统组成

ET 200SP 分布式 I/O 系统安装在标准 DIN 导轨上，一个站点主要包括以下基本配置。

① 接口模块：接口模块将 ET 200SP 与 PROFIBUS DP 总线或 PROFINET 网络相连接。

② I/O 模块：具有多种模块，包括、工艺模块、通信模块等。工艺模块包括计数器模

块、时间戳模块、脉冲输出模块等。通信模块包括点对点通信模块（支持 MODBUS RTU 主/从和 USS 多种协议）、IO-Link 模块、AS-i 接口模块。

③ 基座单元：ET 200SP 分布式 I/O 系统的基座单元为 I/O 模块提供可靠的连接，具有供电及背板通信等功能。

8.6.2 实例内容

（1）实例名称：8.6 S7-1500 与 ET 200SP 通信应用实例。

（2）实例描述：一台 S7-1500 PLC 和一台 ET 200SP 分布式 I/O 系统之间进行 PROFINET 通信，S7-1500 PLC 读取 ET 200SP 分布式 I/O 系统的输入信号，控制 ET 200SP 分布式 I/O 系统的输出信号。

（3）硬件组成：① CPU 1511C-1 PN，1 台，订货号：6ES7 511-1CK01-0AB0。② ET 200SP，1 套，接口模块 1 台，订货号：6ES7 155-6AR00-0AN0； 8 点输入模块 1 台，订货号：6ES7 131-6BF01-0BA0；8 点输出模块 1 台，订货号：6ES7 132-6BF01-0BA0；基座单元 2 台，订货号：6ES7 193-6BP00-0DA0。③ 四口交换机，1 台。④ 编程计算机，1 台，已安装博途 STEP 7 专业版 V16 软件。

8.6.3 实例实施

第一步：新建项目及组态 CPU。

打开博途软件，在 Portal 视图中选择“创建新项目”选项，在弹出的界面中输入项目名称（8.6 S7-1500 与 ET 200SP 通信应用实例）、路径和作者等信息，单击“创建”按钮，生成新项目。

进入项目视图，在左侧的“项目树”窗格中，选择“添加新设备”选项，弹出“添加新设备”对话框，如图 8-6-2 所示，选择 CPU 的订货号和版本（必须与实际设备相匹配），单击“确定”按钮。

第二步：设置 CPU 属性。

在“项目树”窗格中，单击“PLC_1[CPU 1511C-1 PN]”下拉按钮，双击“设备组态”选项，在“设备视图”标签页的工作区中，选中“PLC_1”，依次选择巡视窗格中的“属性”→“常规”→“PROFINET 接口[X1]”→“以太网地址”选项，修改以太网 IP 地址，如图 8-6-3 所示。

第三步：组态 ET 200SP 及 PROFINET 网络。

在“项目树”窗格中，双击“设备和网络”选项。在“硬件目录”窗格中依次选择“Distributed I/O”→“ET 200SP”→“Interface modules”→“PROFINET”→“IM 155-6 PN BA”选项，双击“6ES7 155-6AR00-0AN0”模块或拖曳“6ES7 155-6AR00-0AN0”模块（ET 200SP 的接口模块）至“网络视图”标签页的工作区中，如图 8-6-4 所示。

图 8-6-2　“添加新设备”对话框

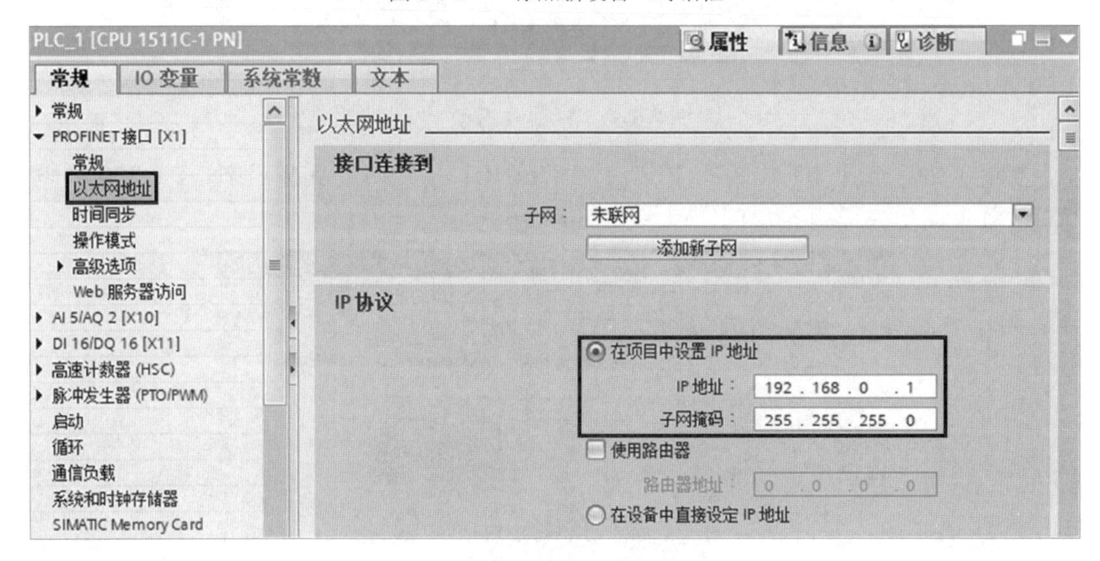

图 8-6-3　修改以太网 IP 地址

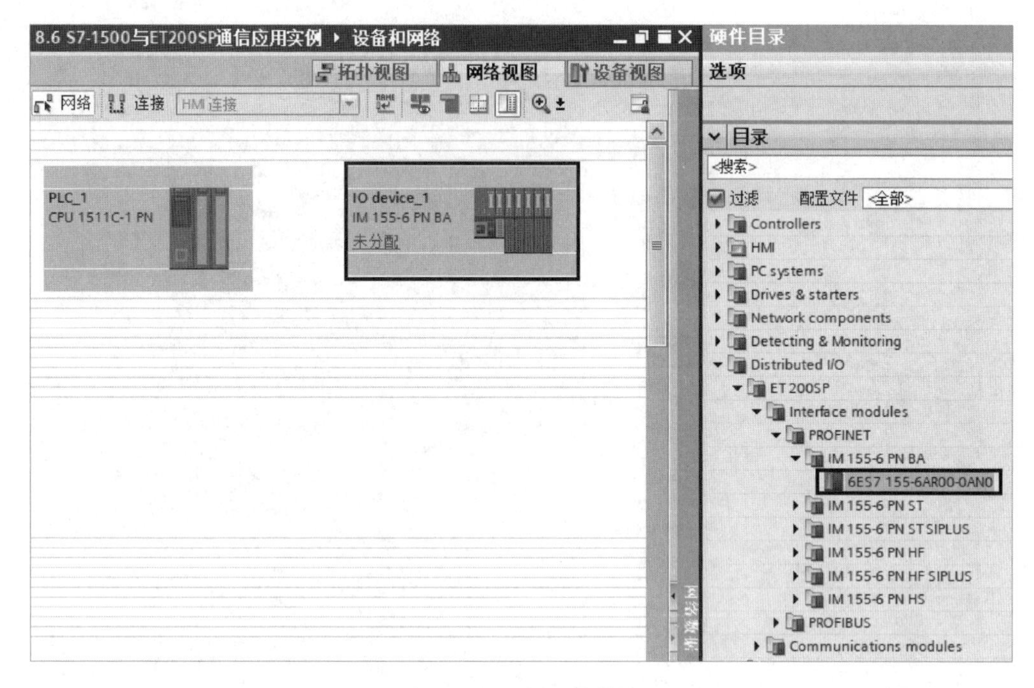

图 8-6-4　添加通信模块

在“网络视图”标签页的工作区中，先单击 ET 200SP 中的“未分配”，如图 8-6-5 所示。

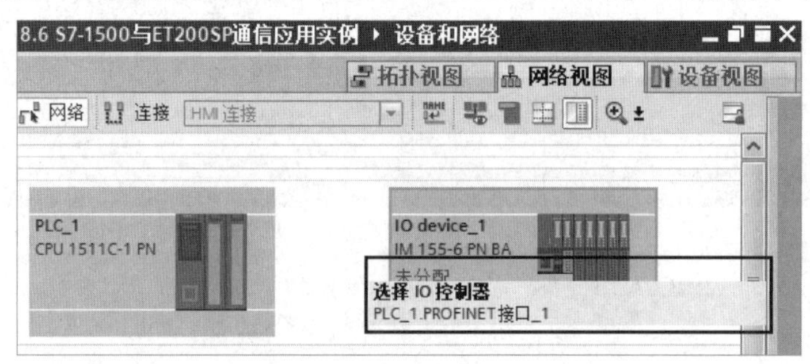

图 8-6-5　单击“未分配”

然后单击“选择 IO 控制器 PLC_1.PROFINET 接口_1”完成组态。ET 200SP 与 PROFINET 网络完成组态后的网络图如图 8-6-6 所示。

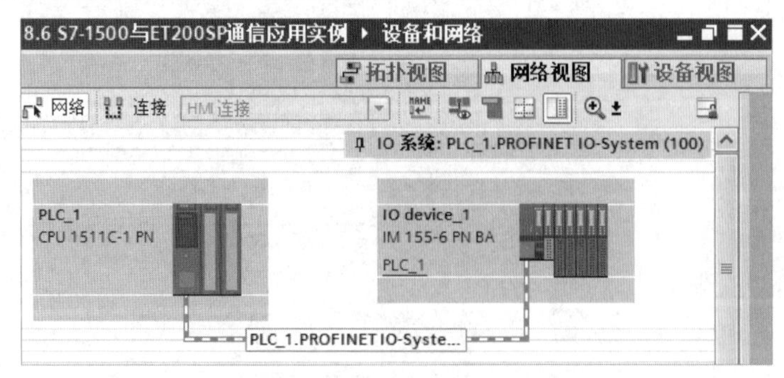

图 8-6-6　ET 200SP 与 PROFINET 网络完成组态后的网络图

第四步：分配设备名称。

在“网络视图”标签页的工作区中，选中 ET 200SP，右击，在弹出的快捷菜单中选择“分配设备名称”命令，如图 8-6-7 所示，打开“分配 PROFINET 设备名称”对话框，如图 8-6-8 所示。

图 8-6-7　选择“分配设备名称”命令

在“分配 PROFINET 设备名称”对话框中，单击“更新列表”按钮，更新“网络中的可访问节点”列表，如图 8-6-9 所示。

选中“网络中的可访问节点”列表中的 ET 200SP 所在行，单击“分配名称”按钮，保证组态设备的名称和实际设备的名称一致。

第五步：配置 ET 200SP。

在“网络视图”标签页的工作区中，双击 ET 200SP，进入 ET 200SP 的“设备视图”标签页。依次选择巡视窗格的“属性”→“常规”→“PROFINET 接口[X150]”→“以太网地址”选项，修改以太网 IP 地址，如图 8-6-10 所示。

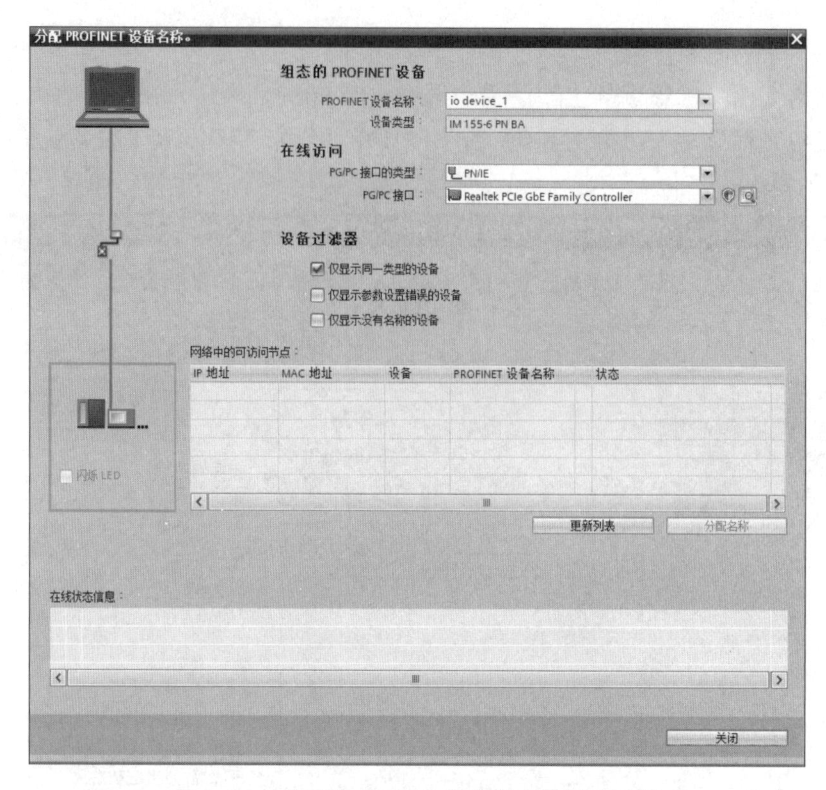

图 8-6-8　“分配 PROFINET 设备名称”对话框

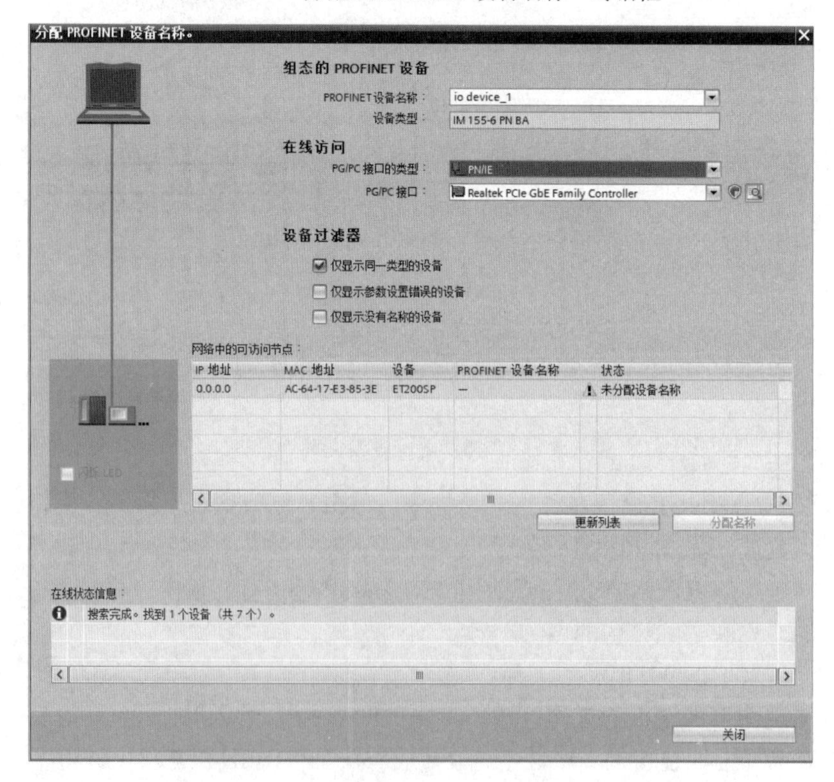

图 8-6-9　更新“网络中的可访问节点”列表

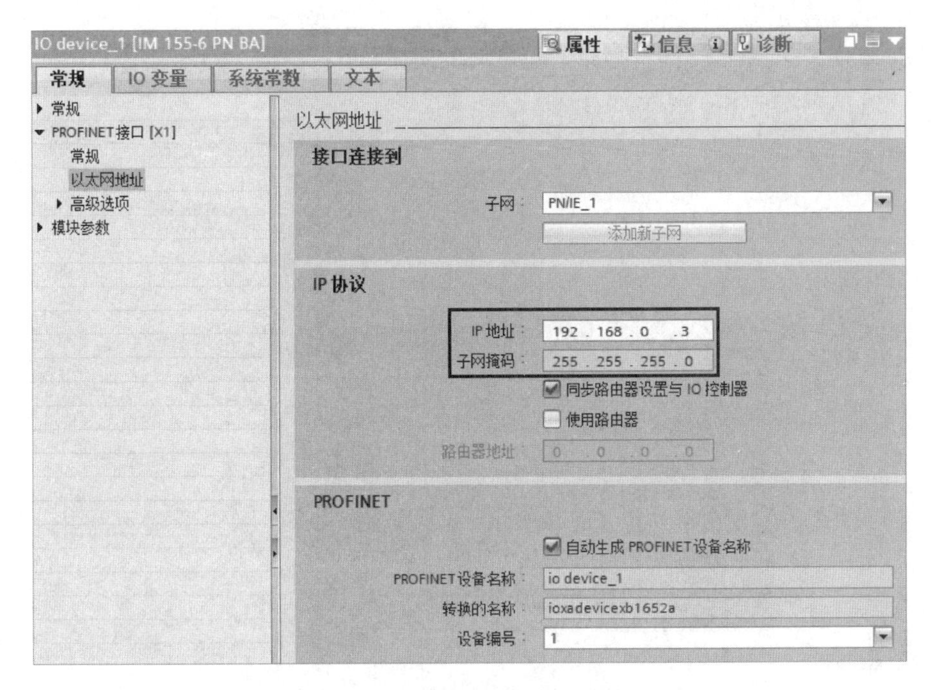

图 8-6-10　修改以太网 IP 地址

在“硬件目录”窗格中依次选择“DI”→“DI 8x24VDC ST”选项，拖曳“6ES7 131-6BF01-0BA0”模块（ET 200SP 的输入模块）至插槽 1，如图 8-6-11 所示。

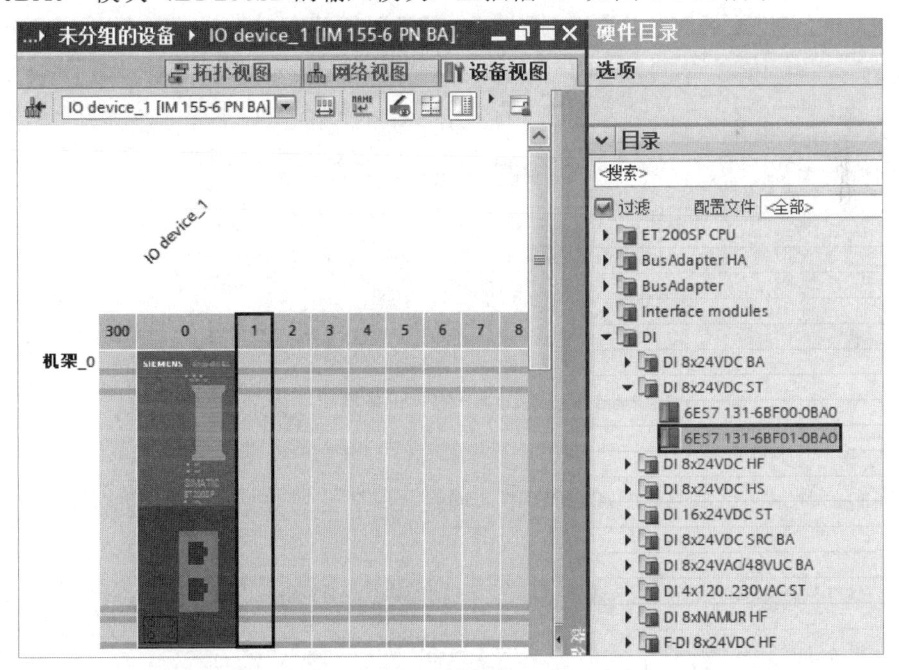

图 8-6-11　组态数字量输入模块

在“硬件目录”窗格中依次选择“DQ”→“DQ 8x24VDC/0.5A ST”选项，拖曳“6ES7 132-6BF01-0BA0”模块（ET 200SP 的输出模块）至插槽 2，如图 8-6-12 所示。

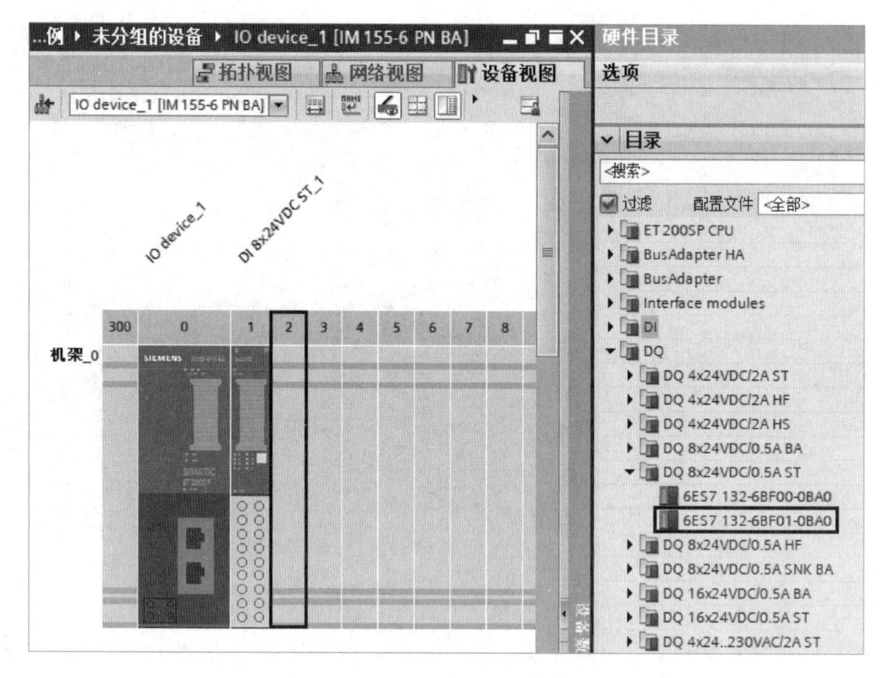

图 8-6-12　组态数字量输出模块

进入 ET 200SP 的“设备概览”选项卡，如图 8-6-13 所示。插槽 1 中的 DI 8x24VDC ST_1 模块的 I 地址是“124”，插槽 2 中的 DQ 8x24VDC/0.5A ST_1 模块的 Q 地址是“126”。

模块	机架	插槽	I 地址	Q 地址	类型	订货号	固件
	0	300					
IO device_1	0	0			IM 155-6 PN BA	6ES7 155-6AR00-0AN0	V3.2
PROFINET接口	0	0 X1			PROFINET接口		
DI 8x24VDC ST_1	0	1	124		DI 8x24VDC ST	6ES7 131-6BF01-0BA0	V0.0
DQ 8x24VDC/0.5A ST_1	0	2		126	DQ 8x24VDC/0.5A ST	6ES7 132-6BF01-0BA0	V0.0
服务器模块_1	0	3			服务器模块	6ES7 193-6PA00-0AA0	V1.1
	0	4					
	0	5					
	0	6					
	0	7					
	0	8					
	0	9					
	0	10					

图 8-6-13　ET 200SP 的“设备概览”选项卡

第六步：程序测试。

程序编译后，下载到 S7-1500 CPU 中，通过强制表监控数据。PLC 的强制表如图 8-6-14 所示。

8.6 S7-1500与ET200SP通信应用实例 ▸ PLC_1 [CPU 1511C-1 PN] ▸ 监控与强制表 ▸ 强制表

	i	名称	地址	显示格式	监视值	强制值	F	注释
1	F		%IB124:P	十六进制		16#FF	☑	
2	F		%QB126:P	十六进制		16#FF	☑	

图 8-6-14　PLC 的强制表

8.7　S7-1500 PLC 与 ABB 机器人通信应用实例

8.7.1　功能概述

机器人的应用范围越来越广，带有 PROFINET 接口的机器人可以通过 PROFINET 接口与 S7-1500 PLC 进行通信，从而实现机器人的通信控制。本节主要讲解 ABB 机器人的 PROFINET 通信方式。

8.7.2　实例内容

（1）实例名称：8.7 S7-1500 PLC 与 ABB 机器人应用实例。

（2）实例描述：S7-1500 PLC 与 ABB 机器人间进行 PROFINET 通信，控制机器人运行至一个绝对位置。S7-1500 PLC 将 QB200 中的数据写入发送给机器人的组输入信号 gi1，机器人将组输出信号 go0 中的数据写入 PLC 的 IB200。

（3）硬件组成：① CPU 1511C-1 PN，1 台，订货号：6ES7 511-1CK01-0AB0。② ABB 机器人，1 台，控制柜是 IRC5 系列，需要添加 888-3 PROFINET Device 选项。③ 四口交换机，1 台。④ 编程计算机，1 台，已安装博途 STEP 7 专业版 V16 软件。

8.7.3　实例实施

1. 机器人的基本参数配置

第一步：配置菜单选择。

（1）示教器的初始界面如图 8-7-1 所示。

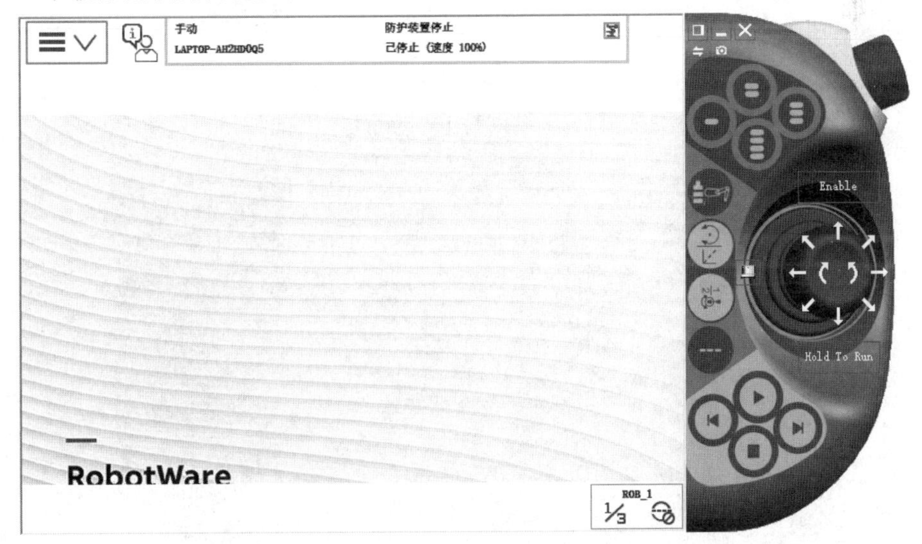

图 8-7-1　示教器的初始界面

（2）单击左上角的开始菜单图标，打开示教器开始菜单界面如，图 8-7-2 所示。

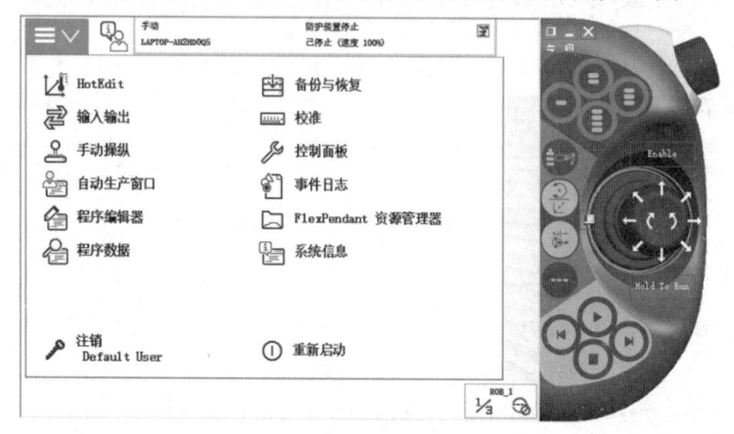

图 8-7-2　示教器开始菜单界面

（3）选择图 8-7-2 中的“控制面板”选项，打开“控制面板”界面，如图 8-7-3 所示。

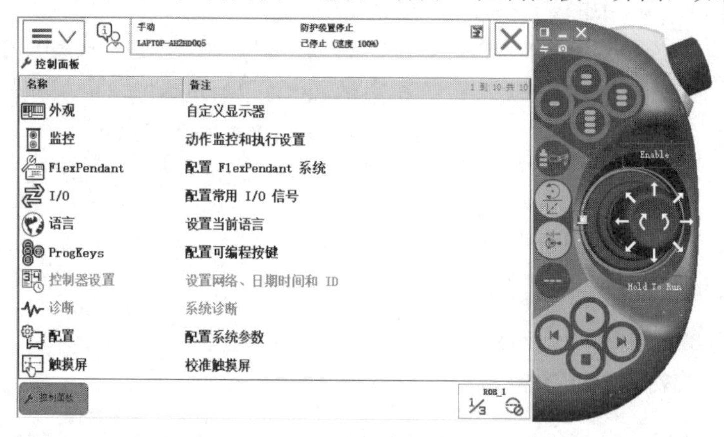

图 8-7-3　“控制面板”界面

（4）选择图 8-7-3 中的“配置”选项，打开“配置”界面如图 8-7-4 所示。

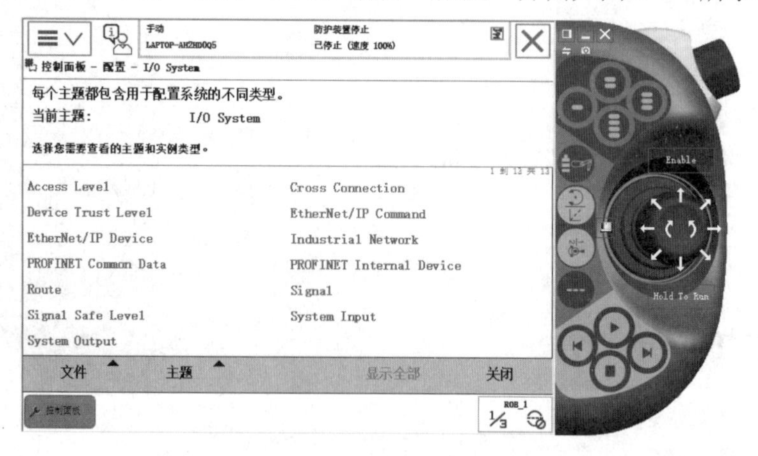

图 8-7-4　“配置”界面

第二步：IP 地址设置。

（1）依次选择“主题”→“Communication”选项，如图 8-7-5 所示，进入“Communication”界面，如图 8-7-6 所示。

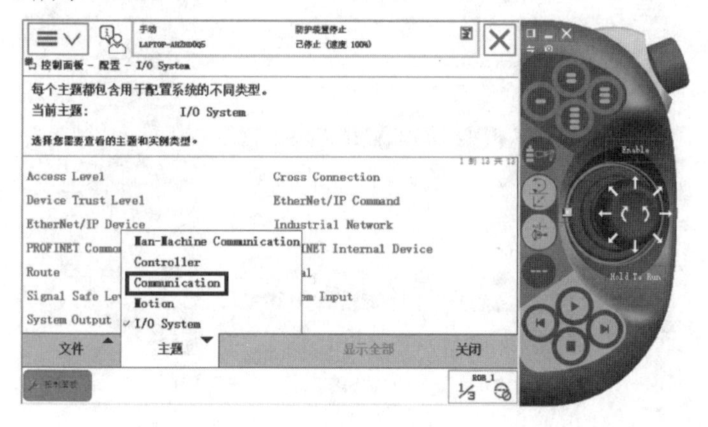

图 8-7-5　依次选择“主题”→“Communication”选项

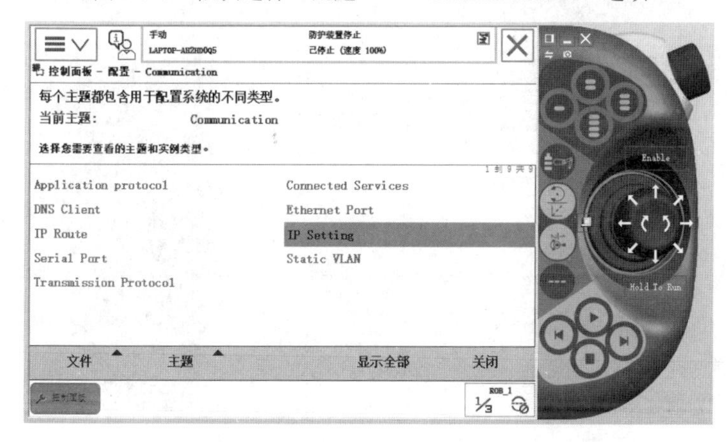

图 8-7-6　“Communication”界面

（2）选择图 8-7-6 中的“IP Setting”选项，进入“IP Setting”界面，如图 8-7-7 所示。

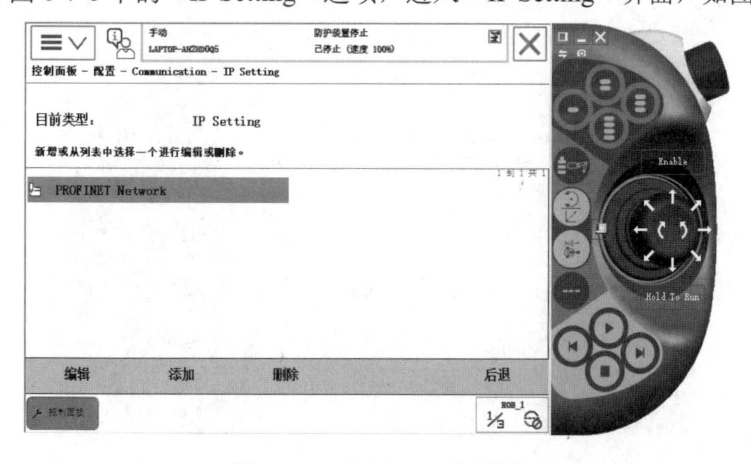

图 8-7-7　“IP Setting”界面

（3）选择图 8-7-7 中的“PROFINET Network”选项，进入“PROFINET Network”界面，如图 8-7-8 所示，修改 IP 地址。

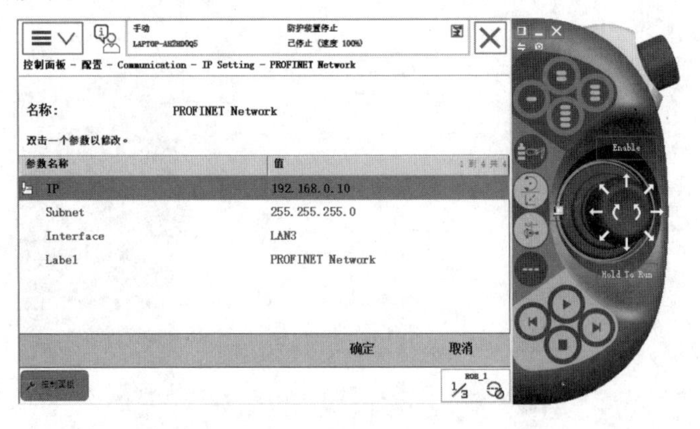

图 8-7-8 “PROFINET Network”界面

单击“确定”按钮，弹出“重新启动”提示框，如图 8-7-9 所示，单击“是”按钮，重新启动控制器。

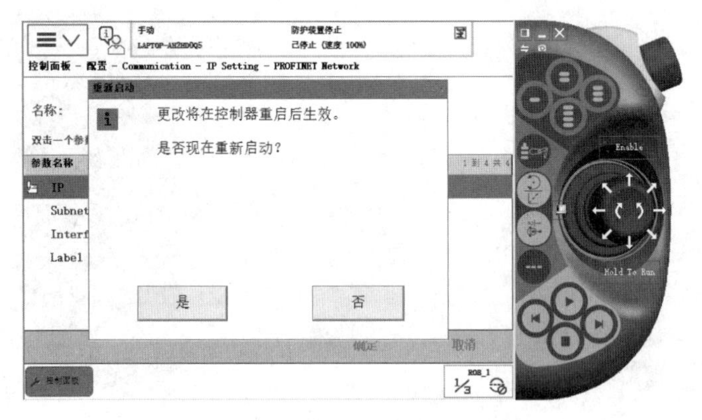

图 8-7-9 “重新启动”提示框

（4）在如图 8-7-4 所示的界面中依次选择“主题”→“Communication”选项，进入“Communication”界面，选择“Static VLAN”选项，如图 8-7-10 所示。

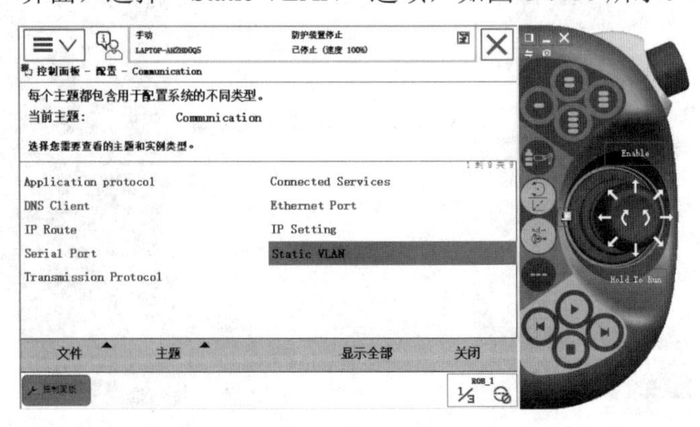

图 8-7-10 选择“Static VLAN”选项

选择“X5”选项，如图 8-7-11 所示。

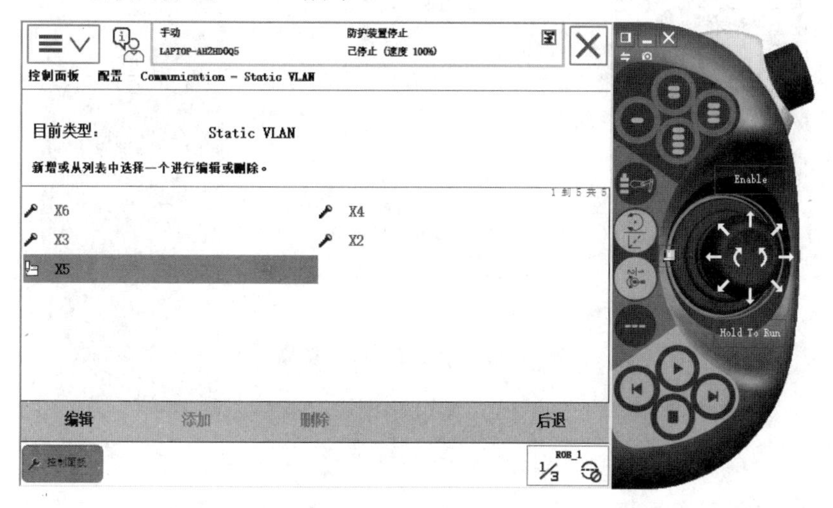

图 8-7-11　选择“X5”选项

双击“Interface”选项，如图 8-7-12 所示，确定物理端口的位置，这个物理端口的位置是不能改变的。

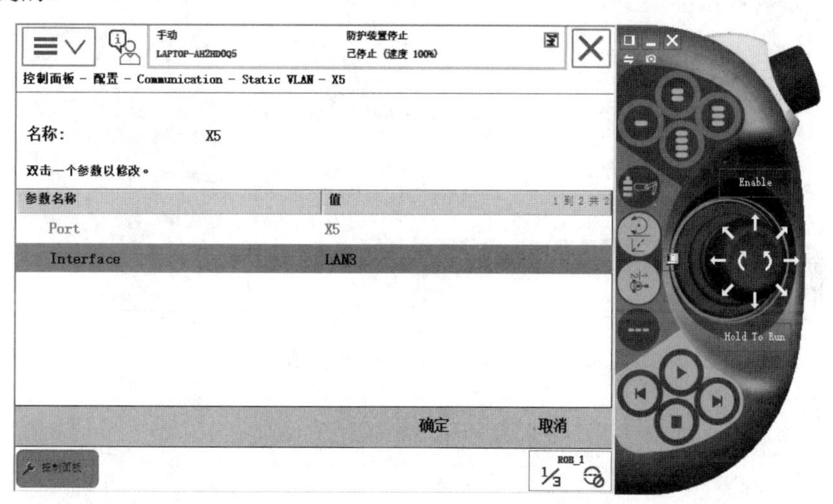

图 8-7-12　双击“Interface”选项

第三步：PN 名称设置。

（1）在如图 8-7-4 所示的界面中，依次选择“主题”→“I/O System”选项，如图 8-7-13 所示，进入“I/O System”界面，选择“Industrial Network”选项，如图 8-7-14 所示。

（2）设置 PROFINET 站名为“abbrobot”，如图 8-7-15 所示。

第四步：I/O 地址参数设置。

（1）在如图 8-7-4 所示的界面中，依次选择“主题”→“I/O System”选项，如图 8-7-16 所示，进入“I/O System”界面，选择“PROFINET Internal Device”选项，如图 8-7-17 所示。

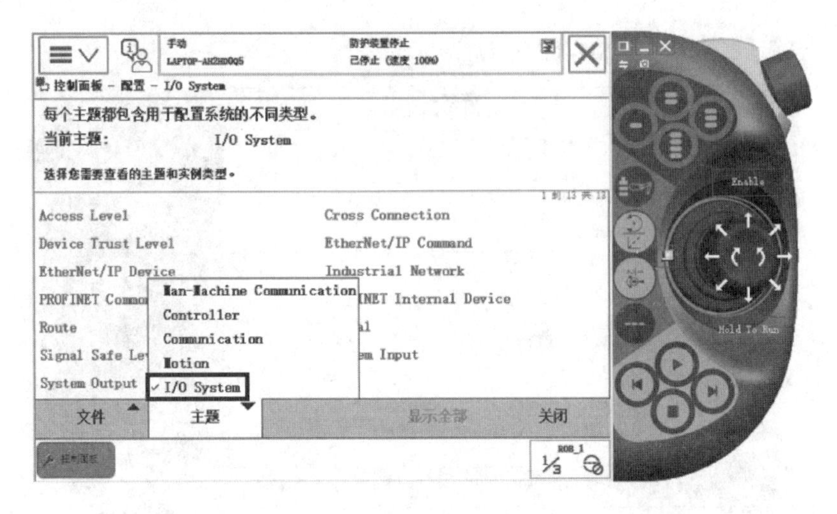

图 8-7-13　依次选择“主题”→“I/O System”选项

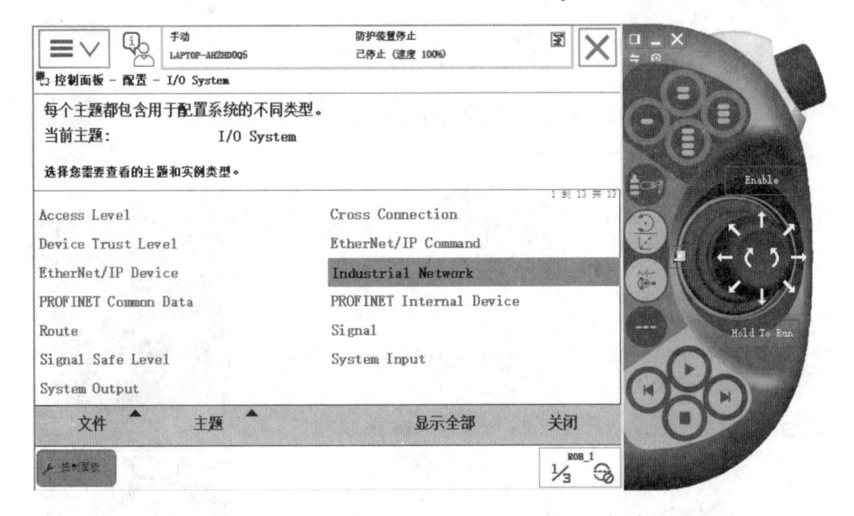

图 8-7-14　选择“Industrial Network”选项

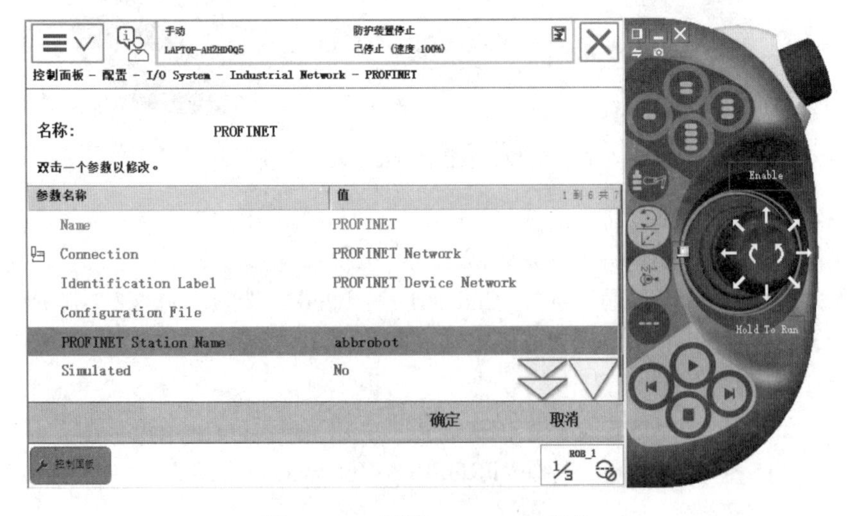

图 8-7-15　设置 PROFINET 站名

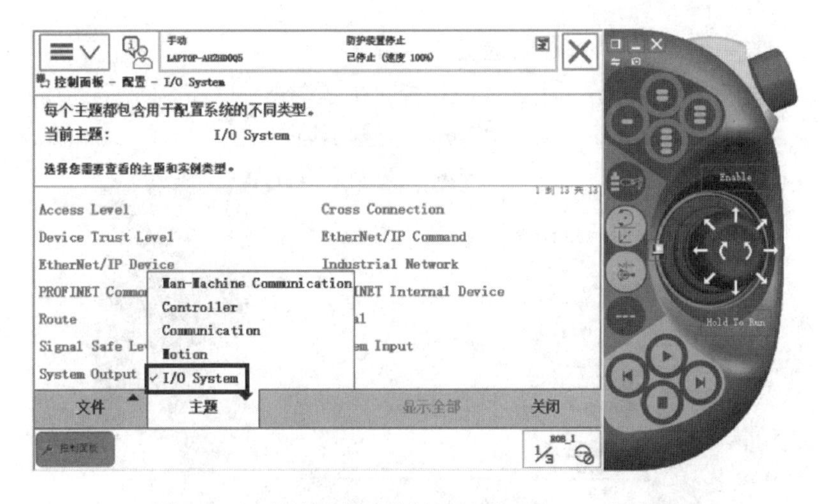

图 8-7-16　依次选择“选择”→“I/O System”选项

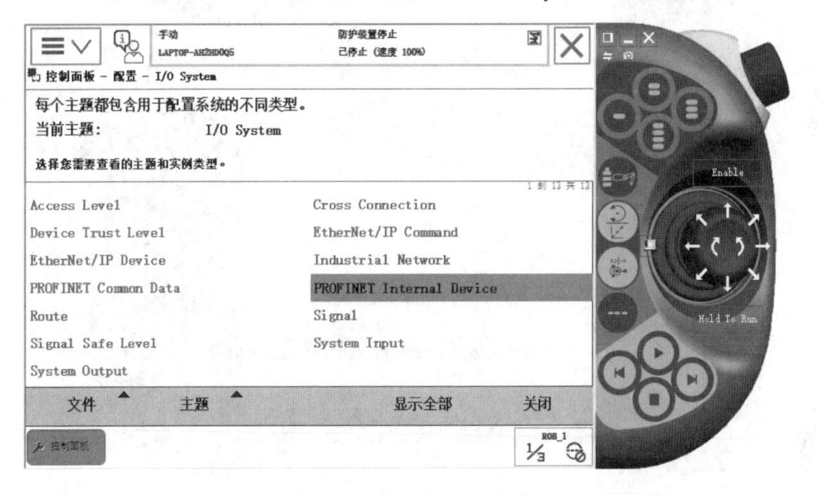

图 8-7-17　选择“PROFINET Internal Device”选项

（2）将“Input Size”和“Output Size”均设置为“8”，如图 8-7-18 所示。

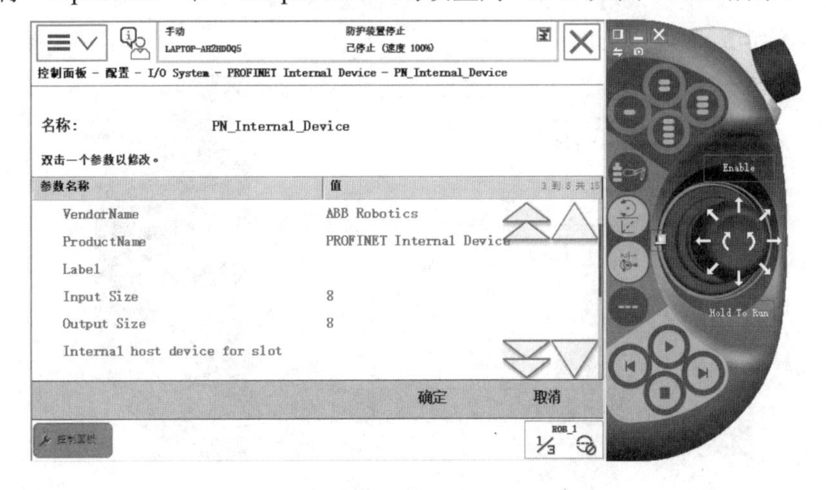

图 8-7-18　设置 I/O 字节

第五步：创建 I/O 变量与 PLC 对应关系。

（1）在如图 8-7-4 所示的界面中，依次选择“主题”→“I/O System”选项，如图 8-7-19 所示，进入“I/O System”界面，选择“Signal”选项，如图 8-7-20 所示。

图 8-7-19　依次选择“主题”→“I/O System”选项

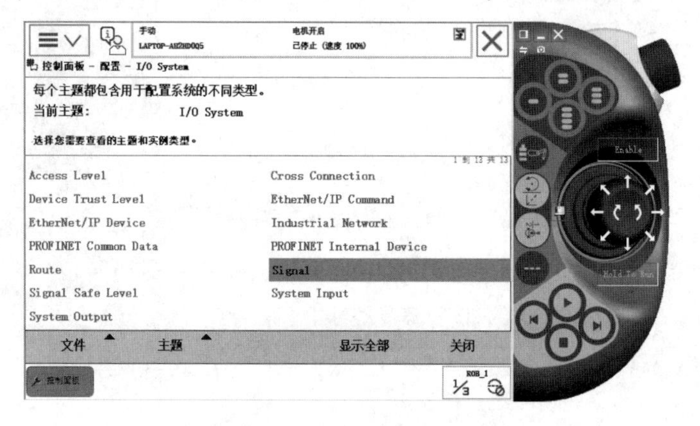

图 8-7-20　选择“Signal”选项

（2）先创建一个组输入信号 gi1，设置参数如图 8-7-21 所示；再创建一个组输出信号 go0，设置参数如图 8-7-22 所示。

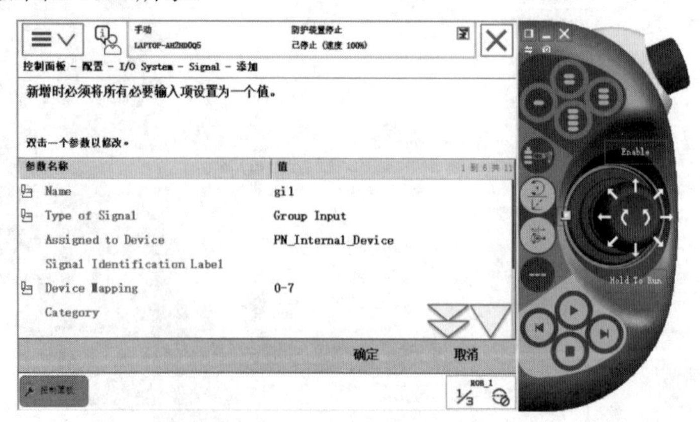

图 8-7-21　组输入信号 gi1 的参数

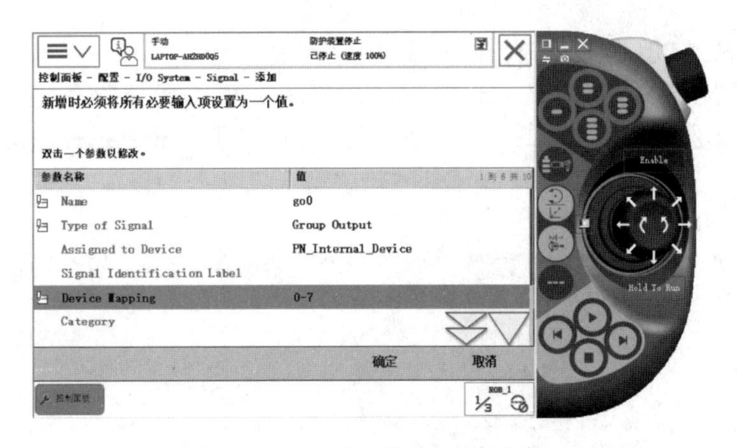

图 8-7-22　组输出信号 go0 的参数

2. PLC 程序编写

第一步：新建项目及组态 CPU。

打开博途软件，在 Portal 视图中选择“创建新项目”选项，在弹出的界面中输入项目名称（8.7 S7-1500 与 ABB 机器人通信应用实例）、路径和作者等信息，单击“创建”按钮，生成新项目。

进入项目视图，在左侧的“项目树”窗格中，选择“添加新设备”选项，弹出“添加新设备”对话框，如图 8-7-23 所示，选择 CPU 的订货号和版本（必须与实际设备相匹配），单击“确定”按钮。

图 8-7-23　“添加新设备”对话框

第二步：设置 PROFINET I/O 控制器的 CPU 属性。

在“项目树”窗格中，单击“PLC_1[CPU 1511C-1 PN]”下拉按钮，双击“设备组态”选项，在“设备视图”标签页的工作区中，选中“PLC_1”，依次选择巡视窗格中的“属性”→“常规”→“PROFINET 接口[X1]”→“以太网地址”选项，修改以太网 IP 地址，如图 8-7-24 所示。

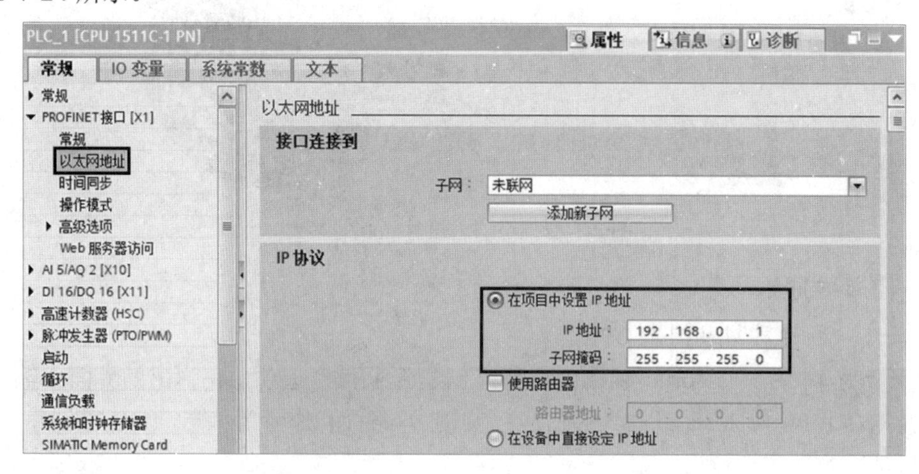

图 8-7-24　修改以太网 IP 地址

第三步：安装机器人的 GSD 文件。

在 Protal 视图中的菜单栏中的“选项”菜单下选择“管理通用站描述文件（GSD）”命令，如图 8-7-25 所示，弹出“管理通用站描述文件”对话框，如图 8-7-26 所示。在“源路径”文本框中输入 GSD 文件的存储路径，在“导入路径的内容”表中可以看到名为“GSDML-V2.33-ABB-Robotics-Robot-device-20180814.xml”的文件。勾选此文件前的复选框，单击“安装”按钮，安装文件。文件安装完成后，弹出“安装已成功完成”提示框，单击“关闭”按钮。

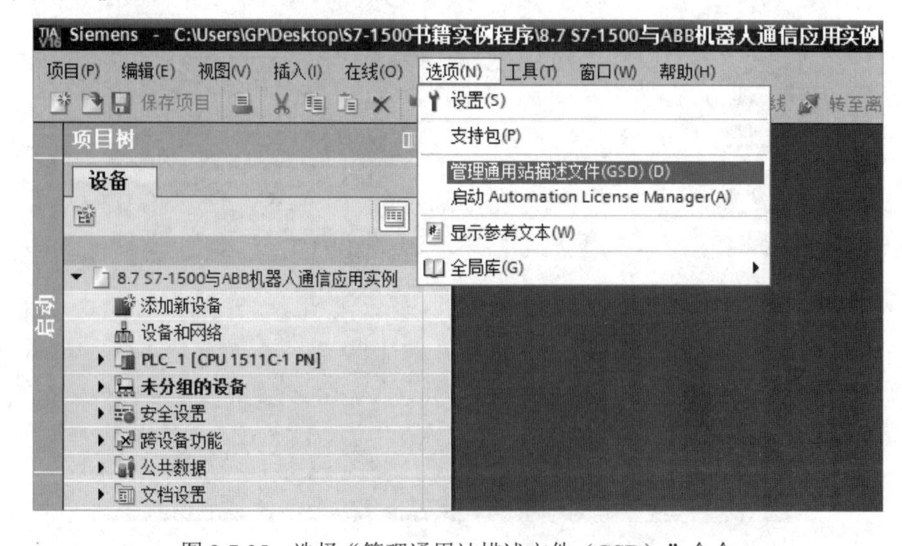

图 8-7-25　选择“管理通用站描述文件（GSD）”命令

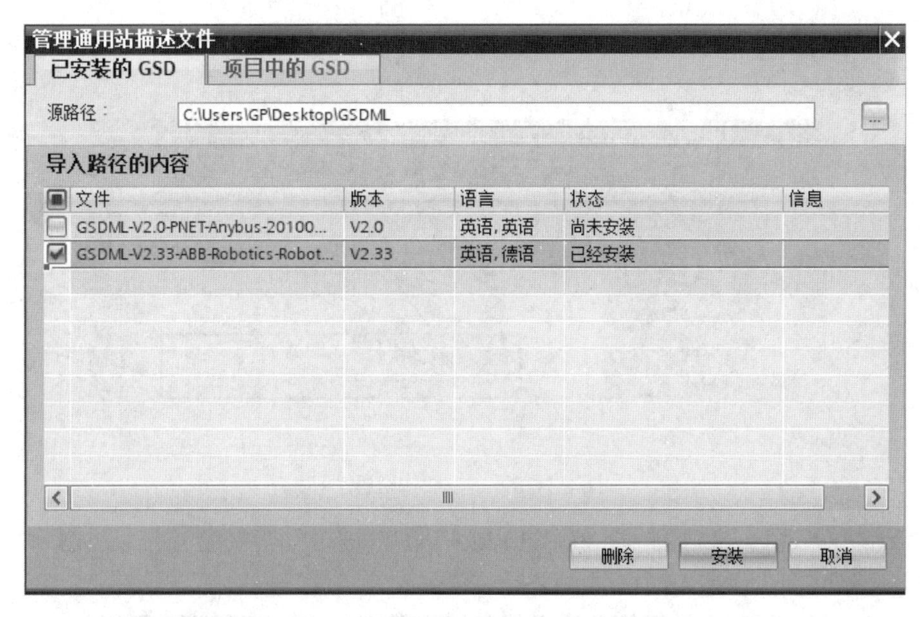

图 8-7-26　“管理通用站描述文件”对话框

第四步：组态 ABB 机器人及 PROFINET 网络。

在“项目树”窗格中，双击“设备和网络”选项，在“硬件目录”窗格中依次选择“Other field devices”→“PROFINET IO”→“I/O”→“ABB Robotics”→“Robot Device”选项，双击“BASIC V1.4”模块或拖曳“BASIC V1.4”模块至网络视图中，如图 8-7-27 所示。

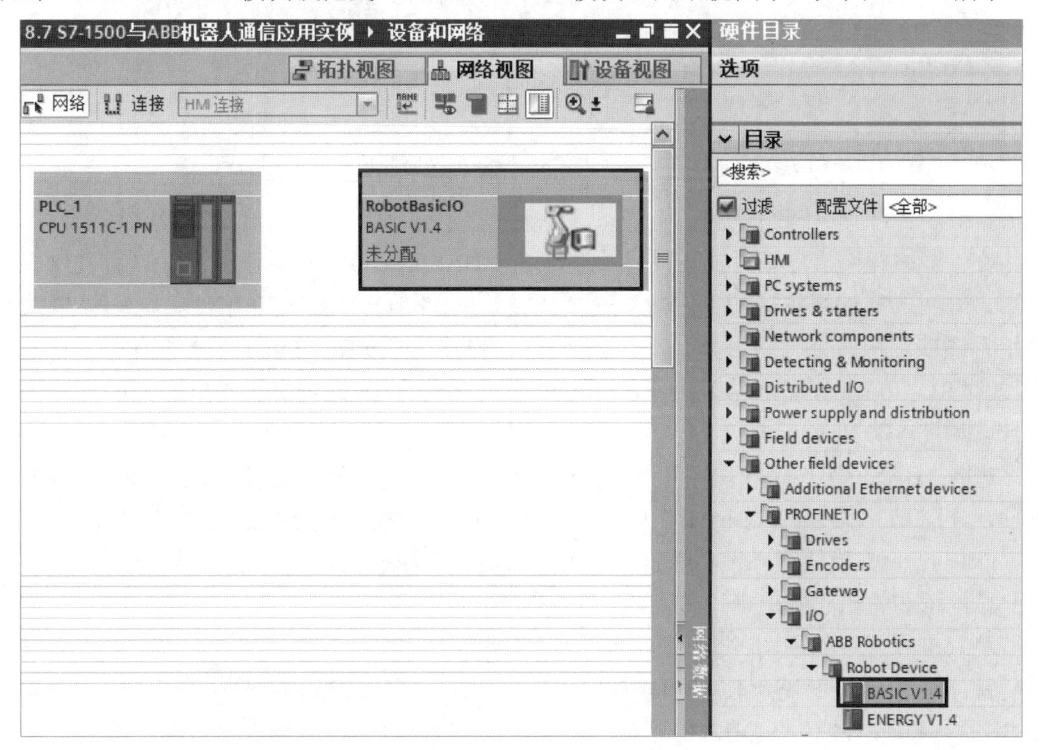

图 8-7-27　组态 ABB 机器人

在“网络视图”标签页的工作区中，先单击“BASIC V1.4”模块中的“未分配”，如图 8-7-28 所示。

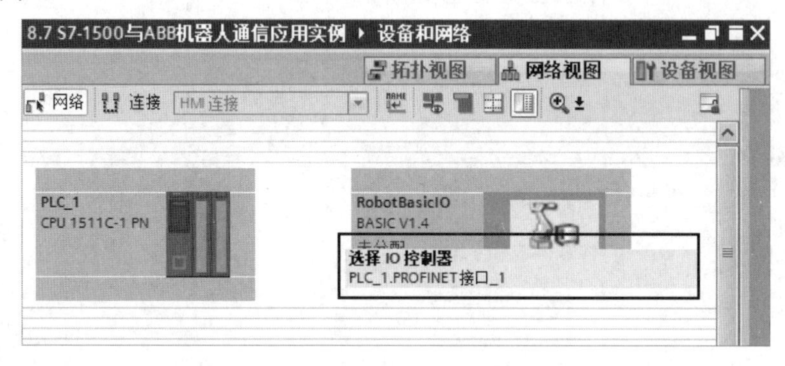

图 8-7-28　单击“未分配”

然后单击“选择 IO 控制器 PLC_1.PROFINET 接口_1”完成组态。ABB 机器人与 PROFINET 网络完成组态的网络图如图 8-7-29 所示。

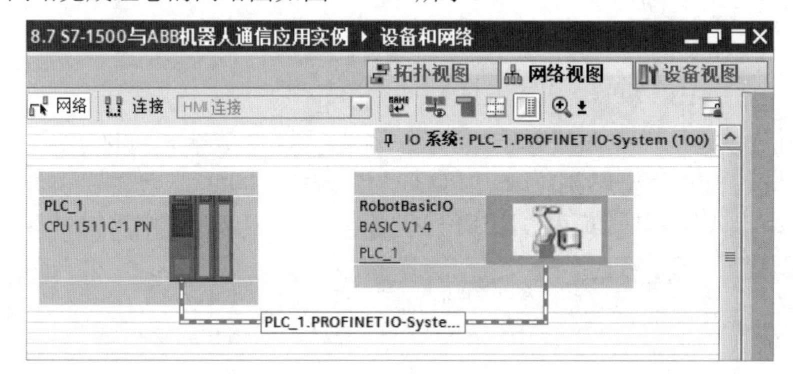

图 8-7-29　ABB 机器人与 PROFINET 网络完成组态的网络图

第五步：配置 ABB 机器人。

在“网络视图”标签页的工作区中，双击“BASIC V1.4”模块，进入“设备视图”标签页，依次选择巡视窗格的“属性”→“常规”→“PROFINET 接口[X150]”→“以太网地址”选项，修改以太网 IP 地址，取消勾选“自动生成 PROFINET 设备名称”复选框，修改“PROFINET 设备名称”为“abbrobot”，此名称和 IP 地址必须与机器人的设置保持一致，如图 8-7-30 所示。

进入“BASIC V1.4”模块的“设备概览”选项卡。选择“硬件目录”窗格中的“Module”选项，分别双击拖曳“DI 8 bytes”模块和“DO 8 bytes”模块或分别拖曳“DI 8 bytes”模块和“DO 8 bytes”模块至“设备概览”选项卡的插槽 1 和插槽 2，如图 8-7-31 所示，并将输入起始地址和输出起始地址均改为 200。

第六步：程序测试。

程序编译后，下载到 S7-1500 CPU 中，通过监控表监控通信数据。PLC 的监控表如图 8-7-32 所示。PLC 将 QB200 中的 1 写入输入信号 gi1，在机器人示教器上可以查看输入状态值，如图 8-7-33 所示。

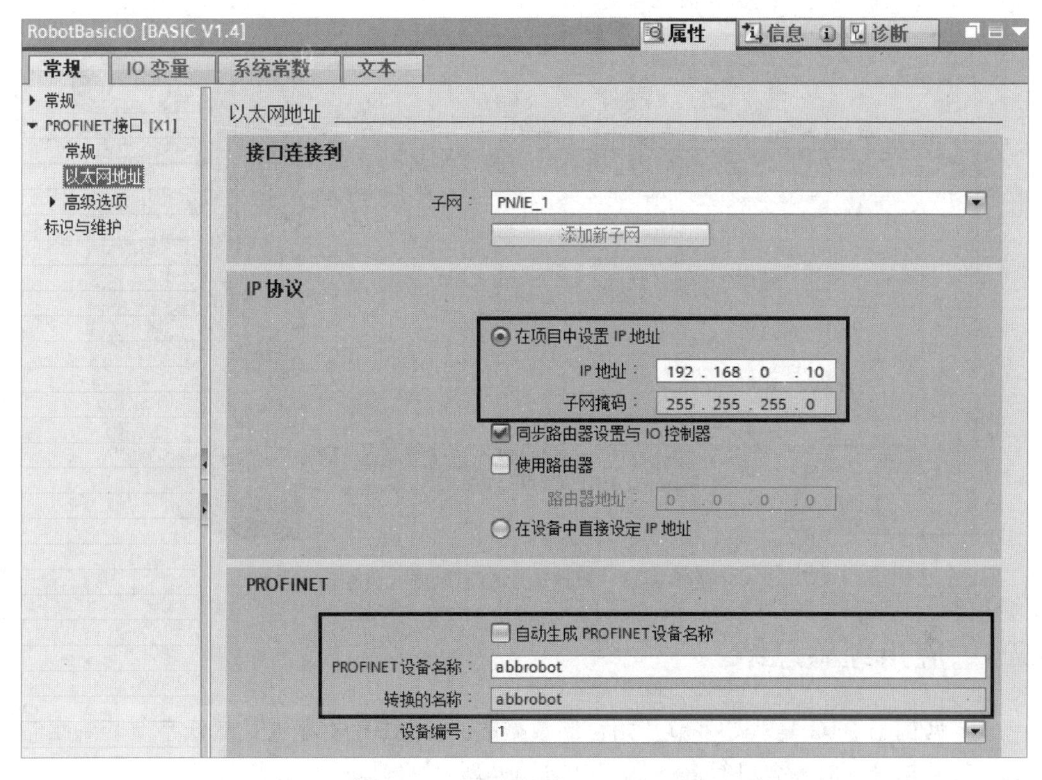

图 8-7-30　修改以太网 IP 地址和 PROFINET 设备名称

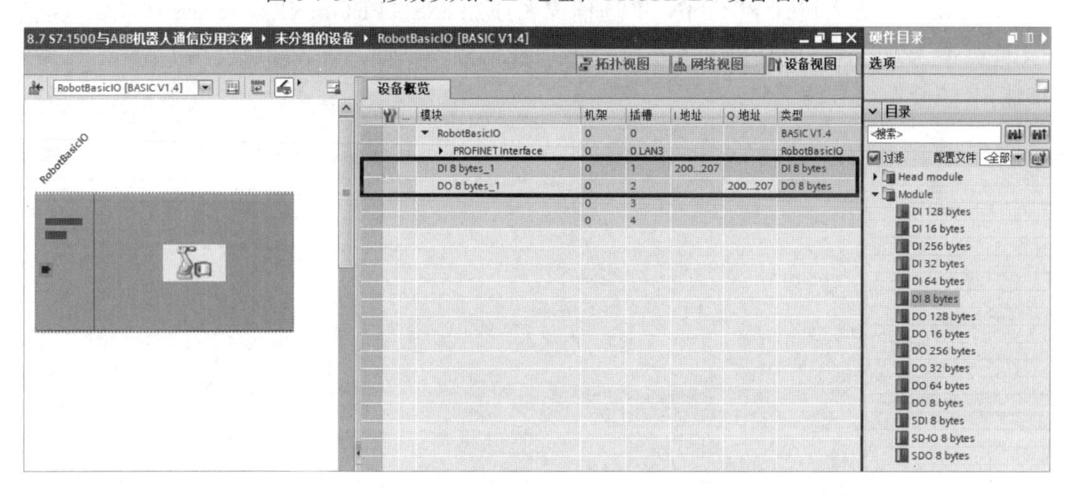

图 8-7-31　添加“DI 8 bytes”模块和“DO 8 bytes”模块

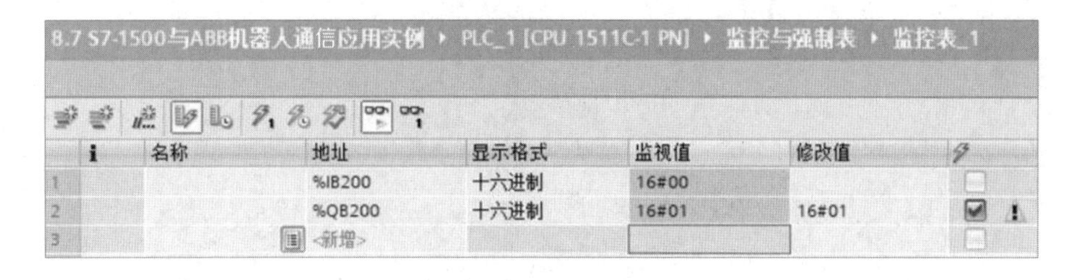

图 8-7-32　PLC 的监控表

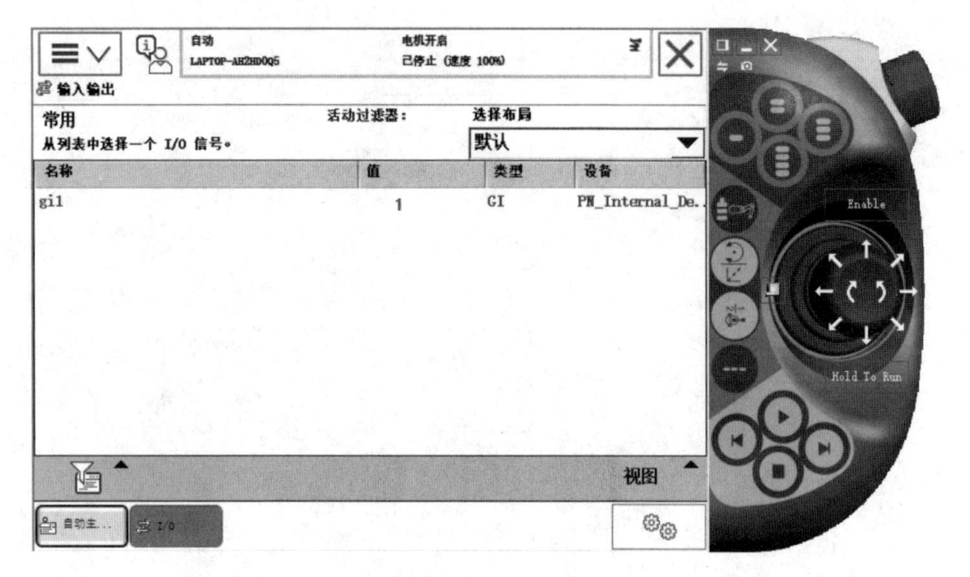

图 8-7-33　机器人示教器组输入监控

8.7.4　应用经验总结

（1）西门子 PLC 是从高字节开始存储数据的，而 ABB 机器人是从低字节开始存储数据的，在数据交换时需要进行高、低字节对调处理。

（2）ABB 机器人进行 PROFINET 通信需要添加 888-3 PROFINET Device 选项，该选项仅支持机器人做从站，而且机器人不需要增加任何额外硬件；网络接口使用 LAN3；机器人控制柜上的硬件编号为 X5。

第9章 S7-1500 PLC控制变频器应用实例

变频器主要用于控制交流电机的速度，在工业自动化控制中得到广泛应用。PLC与变频器经常配合使用，本章主要介绍S7-1500 PLC控制变频器的两种常用控制方法。

9.1 西门子变频器概述

西门子变频器主要包括V20变频器和G120变频器。

9.1.1 V20变频器概述

V20变频器（见图9-1-1）是基本型变频器，提供了经济型的解决方案。V20变频器有7种外形尺寸，有三相400V和单相230V两种电源规格，功率范围为0.12～30kW，主要应用于控制风机、水泵、传送装置等设备。

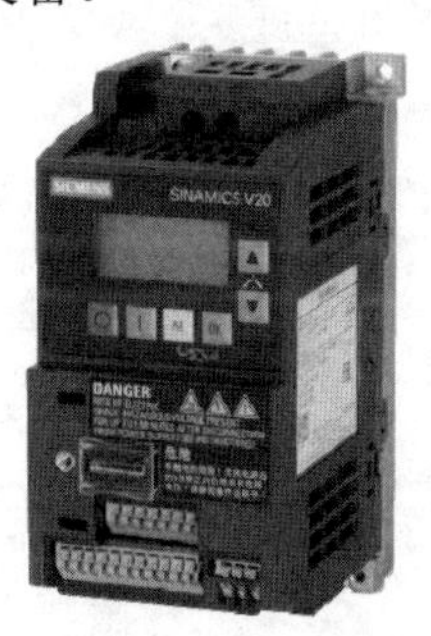

图9-1-1 V20变频器

V20变频器通过简单的参数设定就可以实现预定的控制功能。V20变频器内置了常用的连接宏与应用宏，具有丰富的I/O接口和LED面板；集成了USS和MODBUS RTU通信协议，可以与PLC通信。

9.1.2 G120 变频器概述

G120 变频器（见图 9-1-2）是一款通用型变频器，能够满足工业与民用领域广泛应用的需求。

G120 变频器采用模块化设计，包含控制单元（CU）和功率模块（PM），控制单元可以对功率模块和连接的电机进行控制，功率模块可以为电机提供 0.37～250kW 的工作电源。

操作面板可以用于对变频器进行调试和监控，也可以使用调试软件 STARTER 对变频器进行调试、优化和诊断。

图 9-1-2 G120 变频器

9.2 S7-1500 PLC 通过端子控制 V20 变频器应用实例

9.2.1 功能概述

变频器端子控制方式的优点是成本比较低；缺点是由于采取硬接线控制方式，线路容易受到干扰，因此布线要求较高，需要规范布线和接线，以降低干扰。

变频器端子控制主要包括启/停控制方法、频率给定方法和运行状态反馈方法等。

（1）启/停控制方法。

启/停控制方法是通过 PLC 数字量输出控制变频器的启动和停止的。若 PLC 的数字量输出点是继电器型的，则可以直接连接电机的启动信号端子；若 PLC 的数字量输出点是晶体管型的，则可以通过中间继电器转换为无源触点后再连接变频器的启动信号端子。

（2）频率给定方法。

频率给定方法是指通过 PLC 模拟量输出控制变频器的运行频率。

（3）运行状态反馈方法。

运行状态反馈方法是指将变频器的运行状态输出端子连接到 PLC 的输入端子上，以便 PLC 监控变频器的运行状态。

9.2.2 实例内容

（1）实例名称：9.2 S7-1500 PLC 通过端子控制 V20 变频器应用实例。

（2）实例描述：S7-1500 PLC 通过 PLC 数字量输出控制变频器的启动和停止，通过模拟量输出调节变频器运行频率，通过变频器的输出端子向 PLC 反馈运行状态。

（3）硬件组成：①CPU 1511C-1 PN，1 台，订货号：6ES7 511-1CK01-0AB0。②V20 变频器，1 台，订货号：6SL3210-5BB12-5UV1。③编程计算机，1 台，已安装博途 STEP 7 专业版 V16 软件。

9.2.3　实例实施

1．S7-1500 PLC 与 V20 变频器接线

S7-1500 PLC 与 V20 变频器接线图如图 9-2-1 所示。

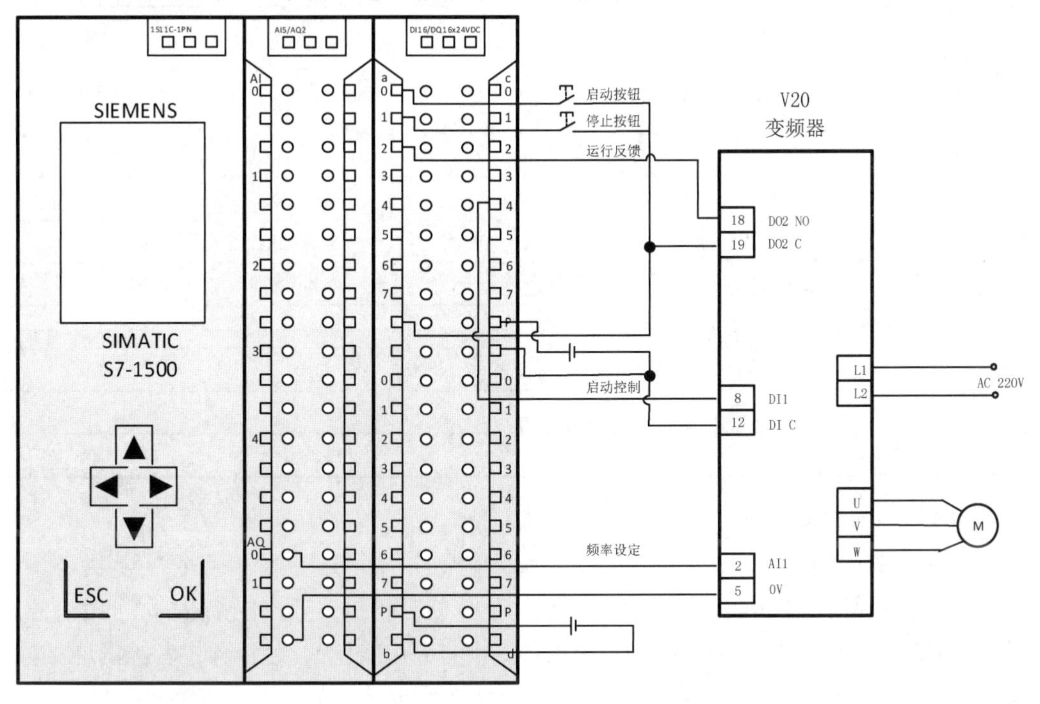

图 9-2-1　S7-1500 PLC 与 V20 变频器接线图

2．变频器参数设置

第一步：变频器参数复位。

V20 变频器参数复位如表 9-2-1 所示。

表 9-2-1　V20 变频器参数复位

参 数 地 址	内　　容	参　数　值
P0010	调试参数	30
P0970	工厂复位	1

第二步：变频器参数设置。

V20 变频器参数设置如表 9-2-2 所示。

表 9-2-2　V20 变频器参数设置

参 数 地 址	内　　容	参　数　值
P0003	用户访问级别	3（专家访问级别）
P0304	电机额定电压	220V
P0305	电机额定电流	1.29A

续表

参数地址	内　容	参数值
P0307	电机额定功率	0.25kW
P0308	功率因数 COS φ	0.800
P0310	电机额定频率	50Hz
P0311	电机额定转速	1425rad/min
P0700	选择命令源	2（端子）
P0701	数字量输入 1 的功能	1（ON/OFF1）
P0732	数字量输出 2 的功能	52.2（变频器运行状态）
P0756	模拟量输入类型	0，单极性电压输入（0～10V）
P1000	频率设定值选择	2（模拟量设定值）
P1080	最小频率	0Hz
P1082	最大频率	50Hz
P1120	加速时间	3s
P1121	减速时间	3s

3．PLC 程序编写

第一步：新建项目及组态 CPU。

打开博途软件，在 Portal 视图中，选择“创建新项目”选项，在弹出的界面中输入项目名称（9.2 S7-1500 PLC 通过端子控制 V20 变频器应用实例）、路径和作者等信息，单击“创建”按钮，生成新项目。

在左侧的“项目树”窗格中，选择“组态设备”选项，双击“添加新设备”选项，弹出“添加新设备”对话框，如图 9-2-2 所示，选择 CPU 的订货号和版本（必须与实际设备相匹配），单击“确定”按钮。

第二步：设置 CPU 属性。

在“项目树”窗格中，单击“PLC_1[CPU 1511C-1 PN]”下拉按钮，双击“设备组态”选项，在“设备视图”标签页的工作区中，选中“PLC_1”，依次选择巡视窗格中的“属性”→“常规”→“PROFINET 接口[X1]”→“以太网地址”选项，修改以太网 IP 地址，如图 9-2-3 所示。

第三步：配置模拟量输出通道。

在“项目树”窗格中，单击“PLC_1[CPU 1511C-1 PN]”下拉按钮，双击“设备组态”选项，在“设备视图”标签页的工作区中，选中“PLC_1”的插槽 1 的模拟量模块，依次选择巡视窗格中的“属性”→“常规”→“输入”→“通道 0”选项，配置模拟量输出通道，设置参数如图 9-2-4 所示。

在“常规”选项卡中，选择“I/O 地址”选项，设置模拟量输出通道 0 的 I/O 地址为 QW0，具体配置参数如图 9-2-5 所示。

图 9-2-2　“添加新设备”对话框

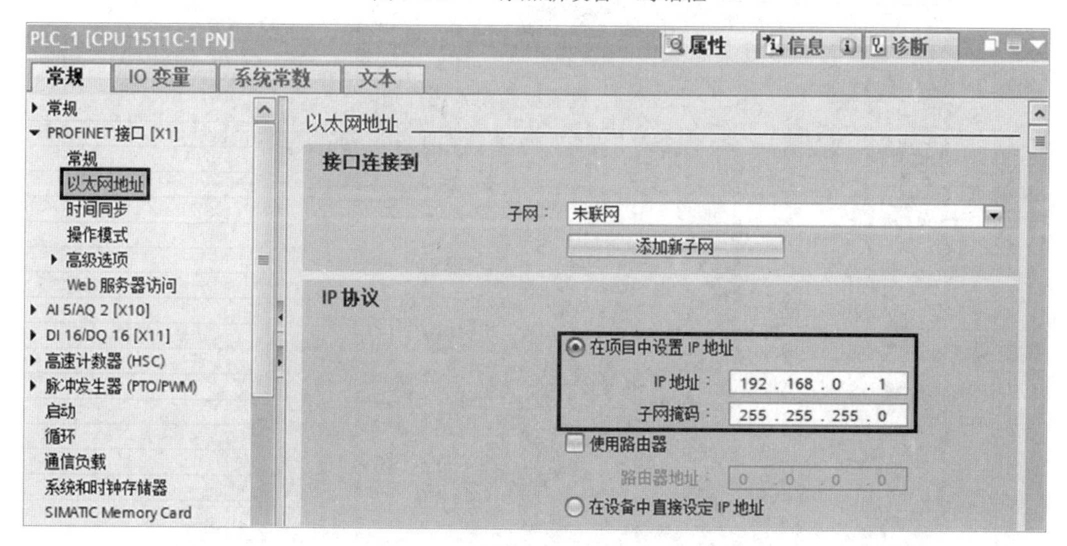

图 9-2-3　修改以太网 IP 地址

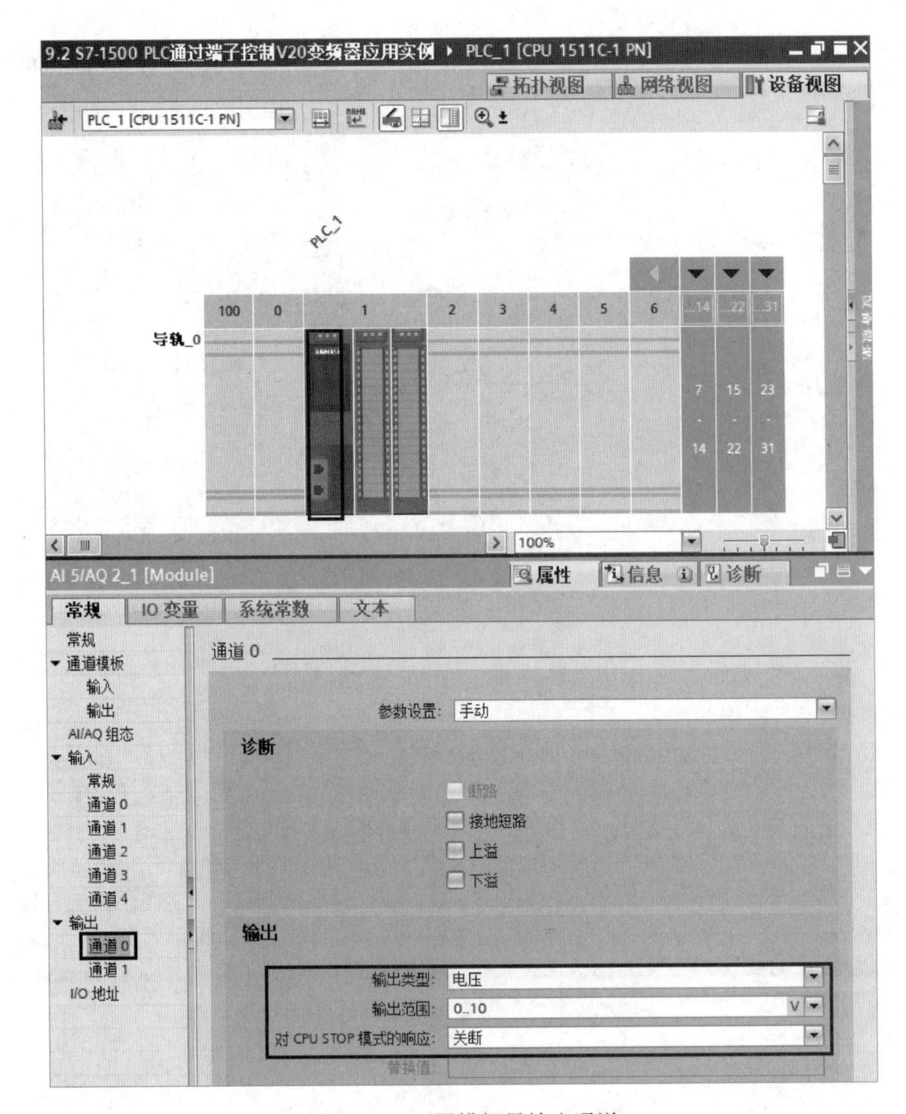

图 9-2-4 配置模拟量输出通道

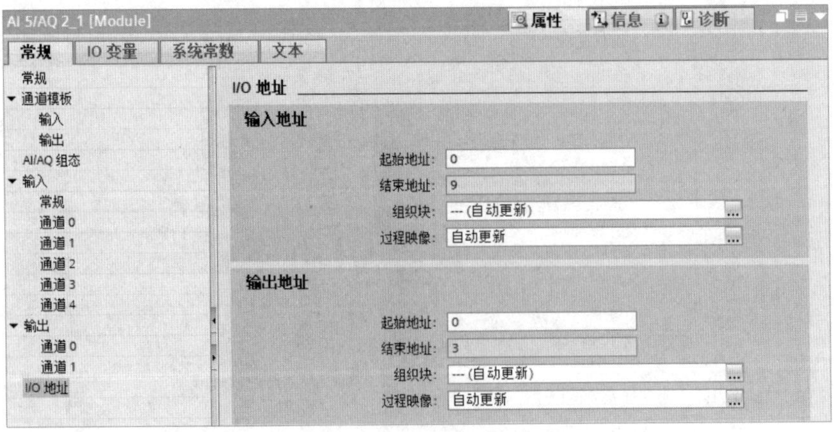

AI 5/AQ 2_1 [Module]
属性 信息 诊断
常规 | IO 变量 | 系统常数 | 文本

常规
通道模板
输入
输出
AI/AQ 组态
输入
常规
通道 0
通道 1
通道 2
通道 3
通道 4
输出
通道 0
通道 1
I/O 地址

I/O 地址

输入地址
起始地址: 0
结束地址: 9
组织块: --- (自动更新)
过程映像: 自动更新

输出地址
起始地址: 0
结束地址: 3
组织块: --- (自动更新)
过程映像: 自动更新

图 9-2-5 配置模拟量 I/O 地址

第四步：创建 PLC 变量表。

在“项目树”窗格中，依次选择“PLC_1[CPU 1511C-1 PN]”→“PLC 变量”选项，双击“添加新变量表”选项，添加新变量表。将新添加的变量表命名为“PLC 变量表”，并在“PLC 变量表”中新建变量，如图 9-2-6 所示。

PLC变量表

	名称	数据类型	地址 ▲	保持
1	启动按钮	Bool	%I10.0	☐
2	停止按钮	Bool	%I10.1	☐
3	变频器运行状态反馈	Bool	%I10.2	☐
4	变频器启动控制	Bool	%Q4.5	☐
5	模拟量输出	Word	%QW0	☐
6	频率给定存储器	Int	%MW20	☐
7	辅助存储器	Real	%MD30	☐

图 9-2-6　PLC 变量表

第五步：编写组织块 OB1 主程序。

（1）编写变频器“启、保、停”控制程序，如图 9-2-7 所示。

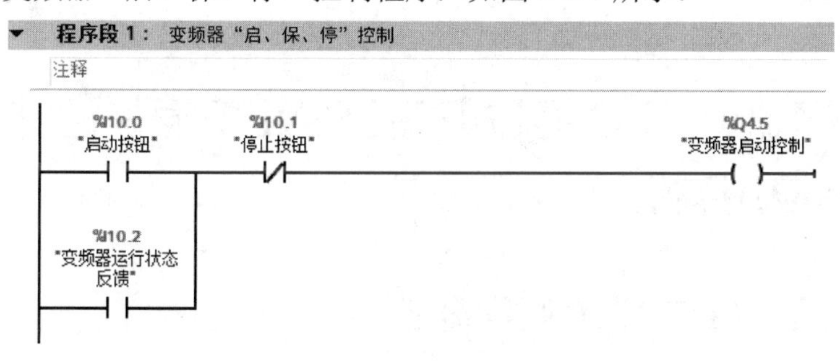

图 9-2-7　变频器“启、保、停”控制程序

（2）编写变频器频率给定程序，如图 9-2-8 所示。

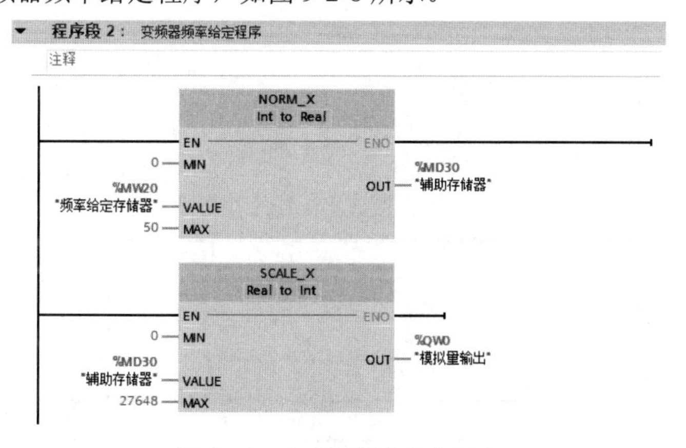

图 9-2-8　变频器频率给定程序

NORM_X 指令和 SCALE_X 指令可参考第 7 章中的相关内容。

4．程序测试

程序编译后，下载到 S7-1500 CPU 中，按以下步骤进行程序测试。

（1）启动操作：按下启动按钮（I10.0），变频器启动控制（Q4.5）为 TRUE，变频器启动。

（2）停止操作：按下停止按钮（I10.1），变频器启动控制（Q4.5）为 FALSE，变频器停止。

（3）频率设定：通过修改频率给定存储器（MW20）的数值，改变变频器运行频率。

PLC 的监控表如图 9-2-9 所示。

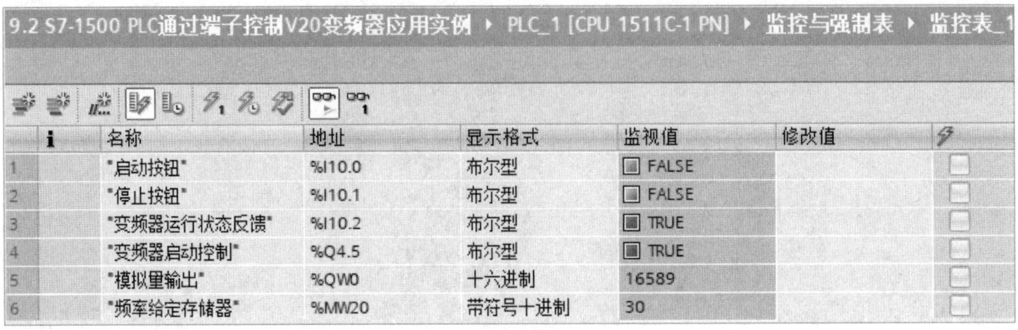

9.2 S7-1500 PLC通过端子控制V20变频器应用实例 ▸ PLC_1 [CPU 1511C-1 PN] ▸ 监控与强制表 ▸ 监控表_1

	i	名称	地址	显示格式	监视值	修改值	
1		"启动按钮"	%I10.0	布尔型	FALSE		
2		"停止按钮"	%I10.1	布尔型	FALSE		
3		"变频器运行状态反馈"	%I10.2	布尔型	TRUE		
4		"变频器启动控制"	%Q4.5	布尔型	TRUE		
5		"模拟里输出"	%QW0	十六进制	16589		
6		"频率给定存储器"	%MW20	带符号十进制	30		

图 9-2-9　PLC 的监控表

9.3　S7-1500 PLC 通过 PROFINET 通信控制 G120 变频器应用实例

9.3.1　变频器 PROFINET 通信概述

G120 变频器是由控制单元和功率模块两部分构成的，支持 PROFINET 通信的控制单元有 CU230P-2 PN、CU240E-2 PN、CU240E-2 PN F、CU250S-2 PN 四种。G120 变频器是通过报文进行数据交换的。

1. G120 变频器支持的主要报文类型

G120 变频器支持的主要报文类型如表 9-3-1 所示。

表 9-3-1　G120 变频器支持的主要报文类型

报文类型 P0922	过程数据					
	PZD1	PZD2	PZD3	PZD4	PZD5	PZD6
报文 1PZD2/2	STW1	NSOLL_A				
	ZSW1	NIST_A_GLATT				
报文 20PZD2/6	STW1	NSOLL_A				
	ZSW1	NIST_A_GLATT	IAIST_GLATT	MIST_GLATT	PIST_GLATT	MELD_NAMUR
报文 350PZD4/4	STW1	NSOLL_A	M_LIM	STW3		
	ZSW1	NIST_A_GLATT	IAIST_GLATT	ZSW3		
报文 352PZD6/6	STW1	NSOLL_A	预留过程数据			
	ZSW1	NIST_A_GLATT	IAIST_GLATT	MIST_GLATT	WARN_CODE	FAULT_CODE

续表

报文类型 P0922	过程数据					
	PZD1	PZD2	PZD3	PZD4	PZD5	PZD6
报文 353PZD6/6	STW1	NSOLL_A				
	ZSW1	NIST_A_GLATT				
报文 354PZD6/6	STW1	NSOLL_A	预留过程数据			
	ZSW1	NIST_A_GLATT	IAIST_GLATT	MIST_GLATT	WARN_CODE	FAULT_CODE
报文 999PZD*n*/*m*	STW1	接收数据报文长度可定义（$n = 1,\cdots,8$）				
	ZSW1	发送数据报文长度可定义（$m = 1,\cdots,8$）				

2. 过程数据（PZD 区）说明

G120 变频器通信报文的 PZD 区是过程数据，过程数据包括控制字/状态字和设定值/实际值。控制字和状态字的具体说明如下。

（1）STW1 控制字如表 9-3-2 所示。

表 9-3-2　STW1 控制字

控制字位	数　值	含　义	参数设置
0	0	OFF1 停车（P1121 斜坡）	P840=r2090.0
	1	启动	
1	0	OFF2 停车（自由停车）	P844=r2090.1
2	0	OFF3 停车（P1135 斜坡）	P848=r2090.2
3	0	脉冲禁止	P852=r2090.3
	1	脉冲使能	
4	0	斜坡函数发生器禁止	P1140=r2090.4
	1	斜坡函数发生器使能	
5	0	斜坡函数发生器冻结	P1141=r2090.5
	1	斜坡函数发生器开始	
6	0	设定值禁止	P1142=r2090.6
	1	设定值使能	
7	1	上升沿故障复位	P2103=r2090.7
8		未用	
9		未用	
10	0	不由 PLC 控制（过程值被冻结）	P854=r2090.10
	1	由 PLC 控制（过程值有效）	
11	1	设定值反向	P1113=r2090.11
12		未用	
13	1	电动电位计（Motor Potentiometer，MOP）升速	P1035=r2090.13
14	1	电动电位计降速	P1036=r2090.14
15	1	CDS 位 0	P810=r2090.15

常用控制字：H047E 为运行准备；H047F 为正转启动。

（2）ZSW1 状态字如表 9-3-3 所示。

表 9-3-3　ZSW1 状态字

状态字位	数　值	含　义	参数设置
0	1	接通就绪	P2080[0]=r899.0
1	1	运行就绪	P2080[1]=r899.1
2	1	运行使能	P2080[2]=r899.2
3	1	变频器故障	P2080[3]=r2139.3
4	0	OFF2 激活	P2080[4]=r899.4
5	0	OFF3 激活	P2080[5]=r899.5
6	1	禁止合闸	P2080[6]=r899.6
7	1	变频器报警	P2080[7]=r2139.7
8	0	设定值/实际值偏差过大	P2080[8]=r2197.7
9	1	PZD（过程数据）控制	P2080[9]=r899.9
10	1	达到比较转速	(P2141) P2080[10]=r2199.1
11	0	达到转矩极限	P2080[11]= r1407.7
12	1	抱闸打开	P2080[12]=r899.12
13	0	电机过载	P2080[13]=r2135.14
14	1	电机正转	P2080[14]=r2197.3
15	0	显示 CDS 位 0 状态，即变频器过载	P2080[15]=r836.0/ P2080[15]=r2135.15

（3）NSOLL_A 控制字为速度设定值。

（4）NIST_A_GLATT 状态字为速度实际值。

需要说明的是，① 速度设定值和速度实际值需要经过标准化；② 变频器接收十进制有符号整数 16384（十六进制数为 H4000）对应 100%的速度，接收的最大速度为 32767（200%）；③ 在参数 P2000 中设置 100%对应的参考转速。

9.3.2　实例内容

（1）实例名称：9.3 S7-1500 PLC 通过 PROFINET 通信控制 G120 变频器应用实例。

（2）实例描述：S7-1500 PLC 通过 PROFINET 通信控制 G120 变频器的启动、停止和速度。

（3）硬件组成：① CPU 1511C-1 PN，1 台，订货号：6ES7 511-1CK01-0AB0。② G120 变频器控制单元，1 台，订货号：6SL3244-0BB12-1FA0。③ G120 变频器功率单元，1 台，订货号：6SL3210-1PB13-0UL0。④ G120 变频器操作面板，1 台，订货号：6SL3255-0AA00-4JC2。⑤ 四口交换机，1 台。⑥ 编程计算机，1 台，已安装博途 STEP 7 专业版 V16 软件。

9.3.3　实例实施

1．变频器参数设置

G120 变频器参数设置如表 9-3-4 所示。

表 9-3-4　G120 变频器参数设置

参 数 地 址	内　　容	参　数　值
P0003	用户访问级别	3（专家访问级别）
P0304	电机额定电压	220V
P0305	电机额定电流	1.40A
P0307	电机额定功率	0.55kW
P0308	功率因数 COS ϕ	0.800
P0310	电机额定频率	50Hz
P0311	电机额定转速	1425rad/min
P0922	通信报文	352
P1080	最小频率	0Hz
P1082	最大频率	50Hz
P1120	加速时间	3s
P1121	减速时间	3s

2．PLC 程序编写

第一步：新建项目及组态 CPU。

打开博途软件，在 Portal 视图中选择“创建新项目”选项，在弹出的界面中输入项目名称（9.3 S7-1500 PLC 通过 PROFINET 通信控制 G120 变频器应用实例）、路径、作者等信息，单击“创建”按钮，生成新项目。

进入项目视图，在左侧的“项目树”窗格中，双击“添加新设备”选项，弹出“添加新设备”对话框，如图 9-3-1 所示，选择 CPU 的订货号和版本（必须与实际设备相匹配），单击“确定”按钮。

第二步：设置 CPU 属性。

在“项目树”窗格中，单击“PLC_1[CPU 1511C-1 PN]”下拉按钮，双击“设备组态”选项，在“设备视图”标签页的工作区中，选中“PLC_1”，依次选择巡视窗格中的“属性”→“常规”→“PROFINET 接口[X1]”→“以太网地址”选项，修改以太网 IP 地址，如图 9-3-2 所示。

第三步：组态 PROFINET 网络。

在“项目树”窗格中，双击“设备和网络”选项，在“硬件目录”窗格中依次选择“Other field devices”→“PROFINET IO”→“Drives”→“SIEMENS AG”→“SINAMICS”选项，双击“SINAMICS G120 CU240E-2PN(-F)V4.7”模块或拖曳“SINAMICS G120 CU240E-2PN(-F)V4.7”模块至“网络视图”标签页的工作区中，如图 9-3-3 所示。

图 9-3-1 “添加新设备”对话框

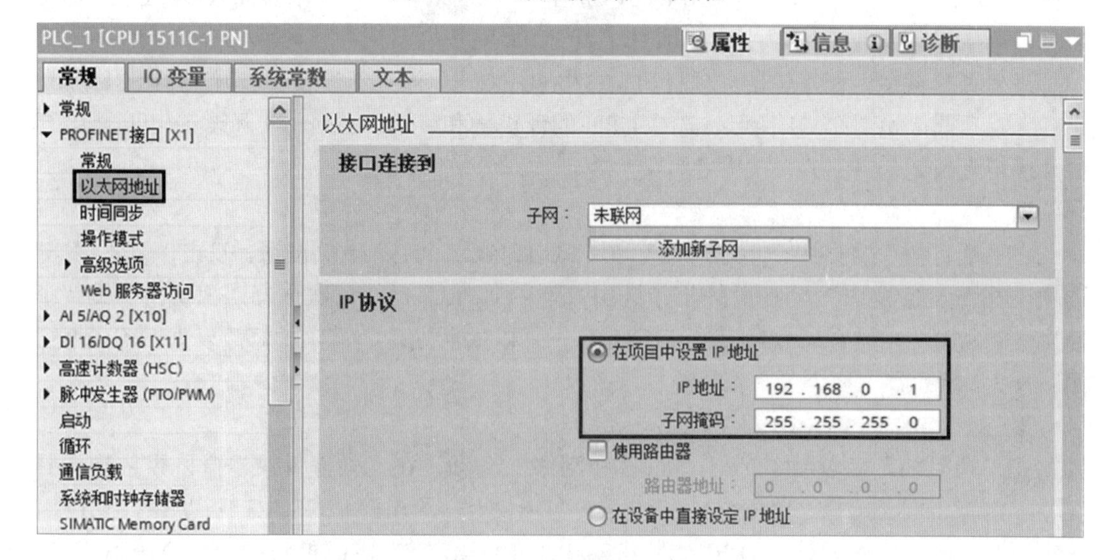

图 9-3-2 修改以太网 IP 地址

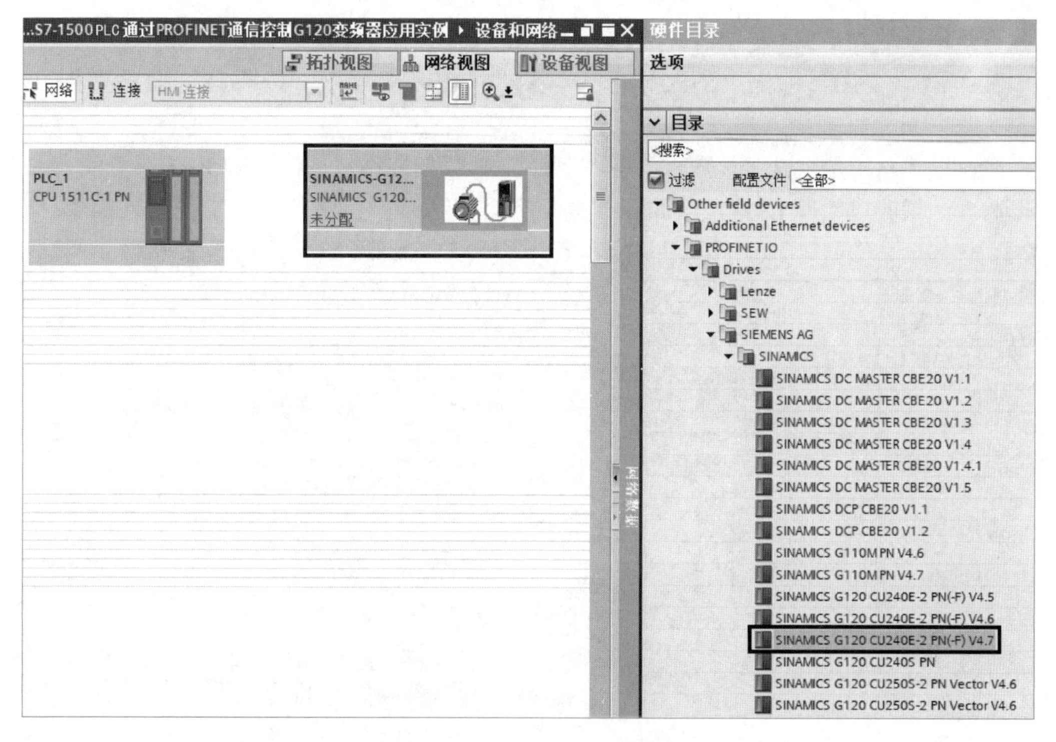

图 9-3-3　添加 G120 变频器

在“网络视图”标签页的工作区中，先单击 G120 变频器中的“未分配”，如图 9-3-4 所示。

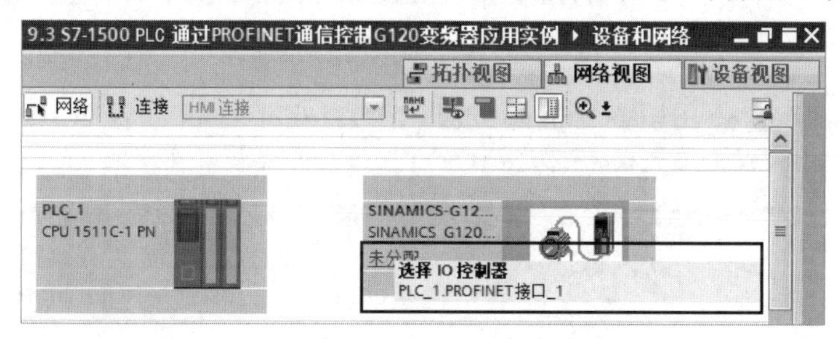

图 9-3-4　单击“未分配”

然后单击“选择 IO 控制器 PLC_1.PROFINET 接口_1”完成组态。

G120 变频器与 PROFINET 网络完成组态的网络图如图 9-3-5 所示。

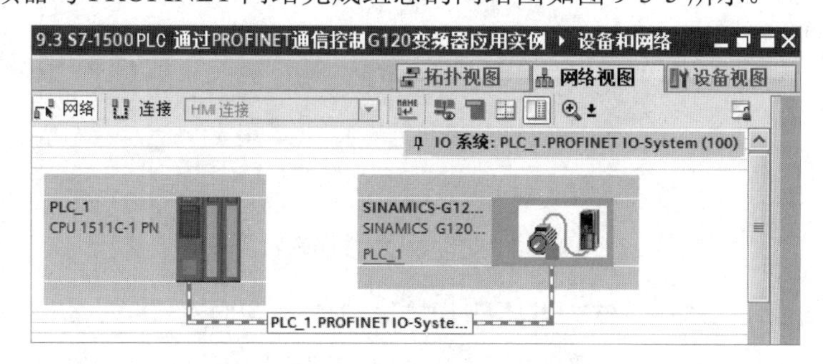

图 9-3-5　G120 变频器与 PROFINET 网络完成组态的网络图

第四步：配置 G120 变频器参数。

在“网络视图”标签页的工作区中，双击 G120 变频器，进入其“设备视图”标签页。

在巡视窗格中依次选择“属性”→“常规”→“PROFINET 接口[X150]”→“以太网地址”选项，修改以太网 IP 地址，如图 9-3-6 所示。

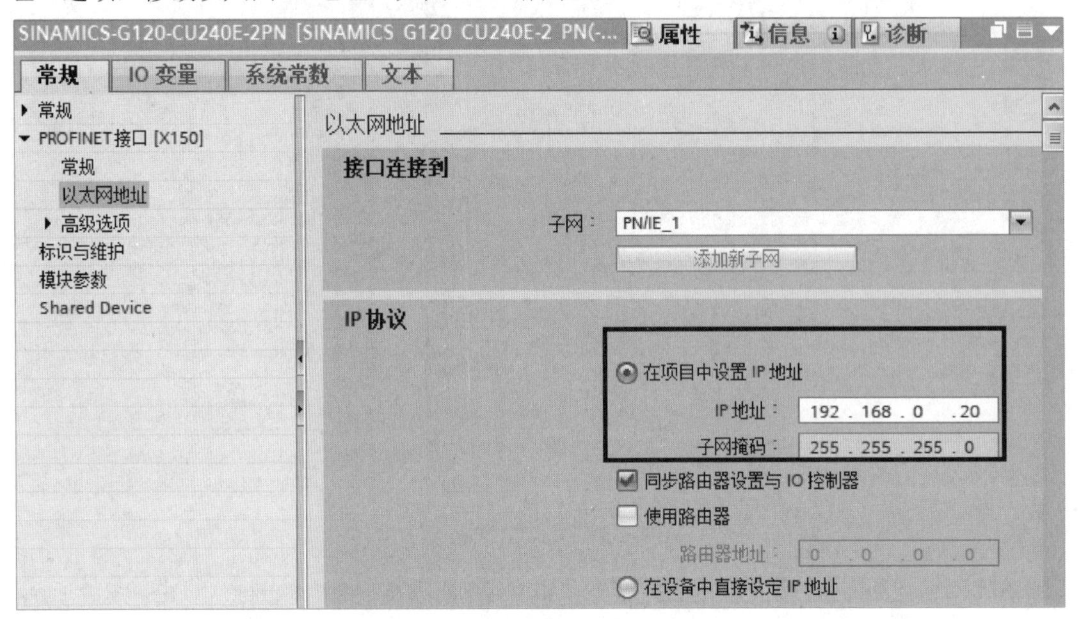

图 9-3-6　修改以太网 IP 地址

在“硬件目录”窗格中选择“Submodules”选项，双击“西门子报文 352，PZD6/6”模块或拖曳“西门子报文 352，PZD6/6”模块至“设备概览”标签页的插槽 13，如图 9-3-7 所示。

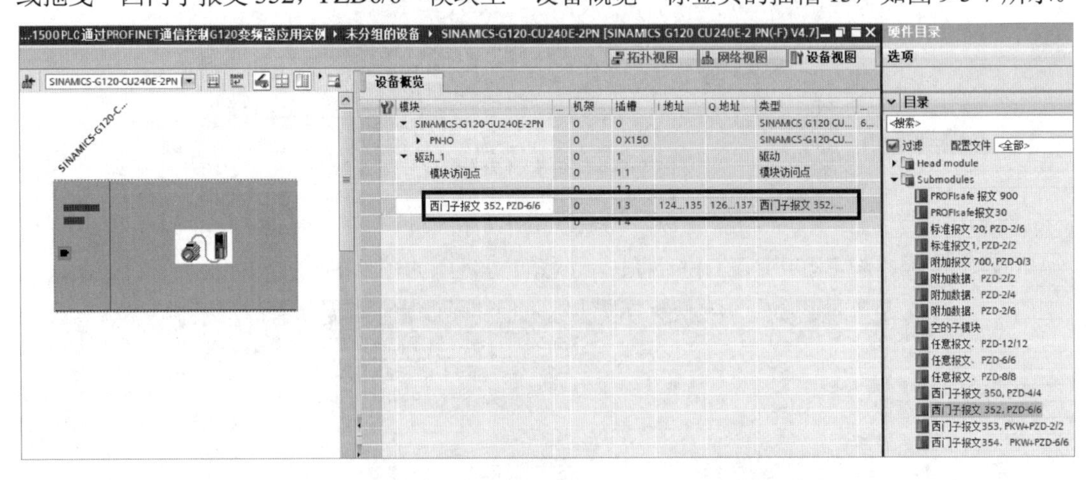

图 9-3-7　配置 G120 变频器报文

需要说明的是，①PQW126 为 STW1 控制字地址；②PQW128 为 NSOLL_A 控制字地址；③PIW124 为 ZSW1 状态字地址；④PIW126 为 NIST_A_GLATT 状态字地址。

第五步：分配设备名称。

在“网络视图”标签页的工作区中，选中 G120 变频器，右击，在弹出的快捷菜单中选择“分配设备名称”命令，如图 9-3-8 所示，弹出“分配 PROFINET 设备名称”对话框，如图 9-3-9 所示。

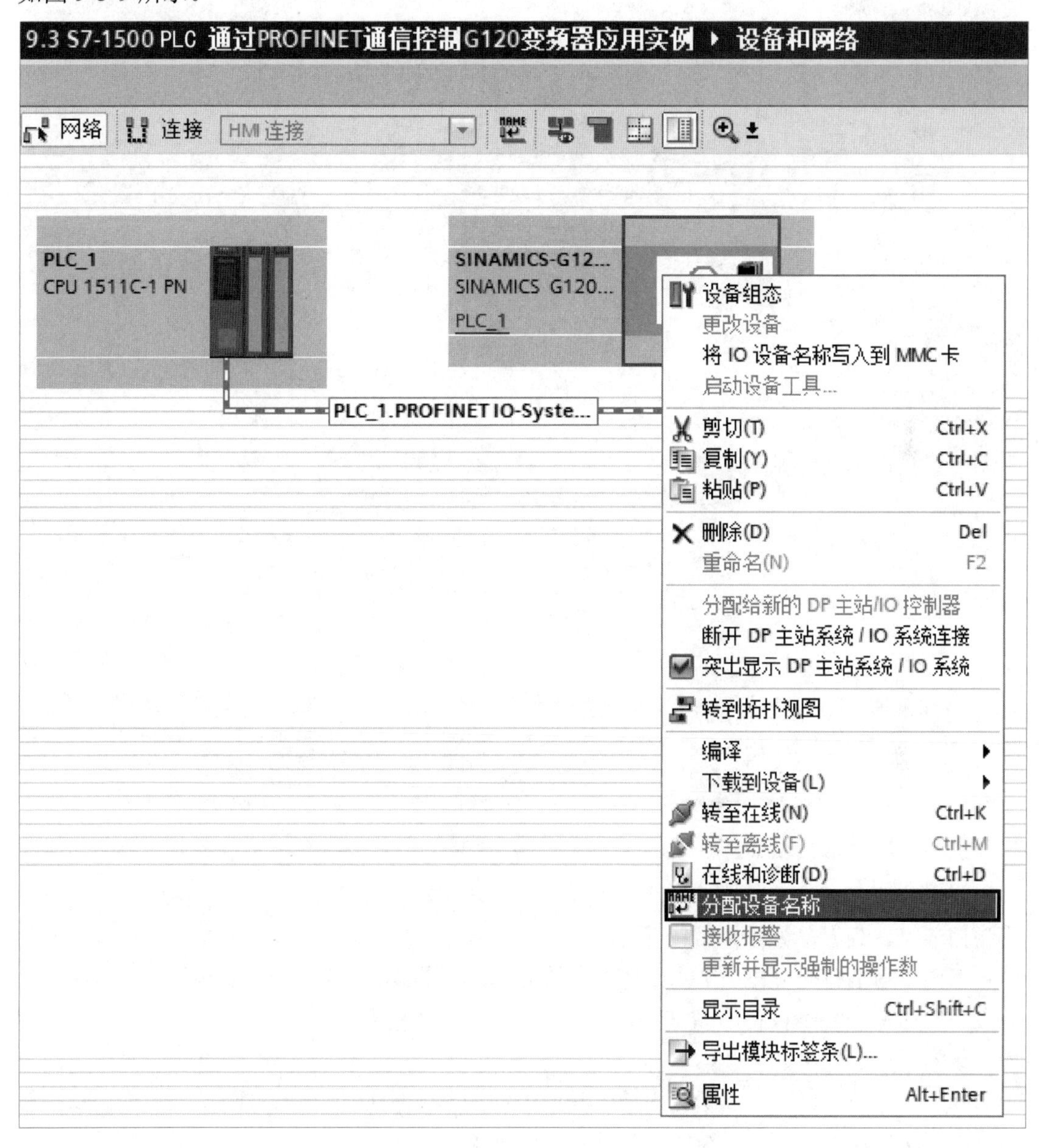

图 9-3-8　选择“分配设备名称”命令

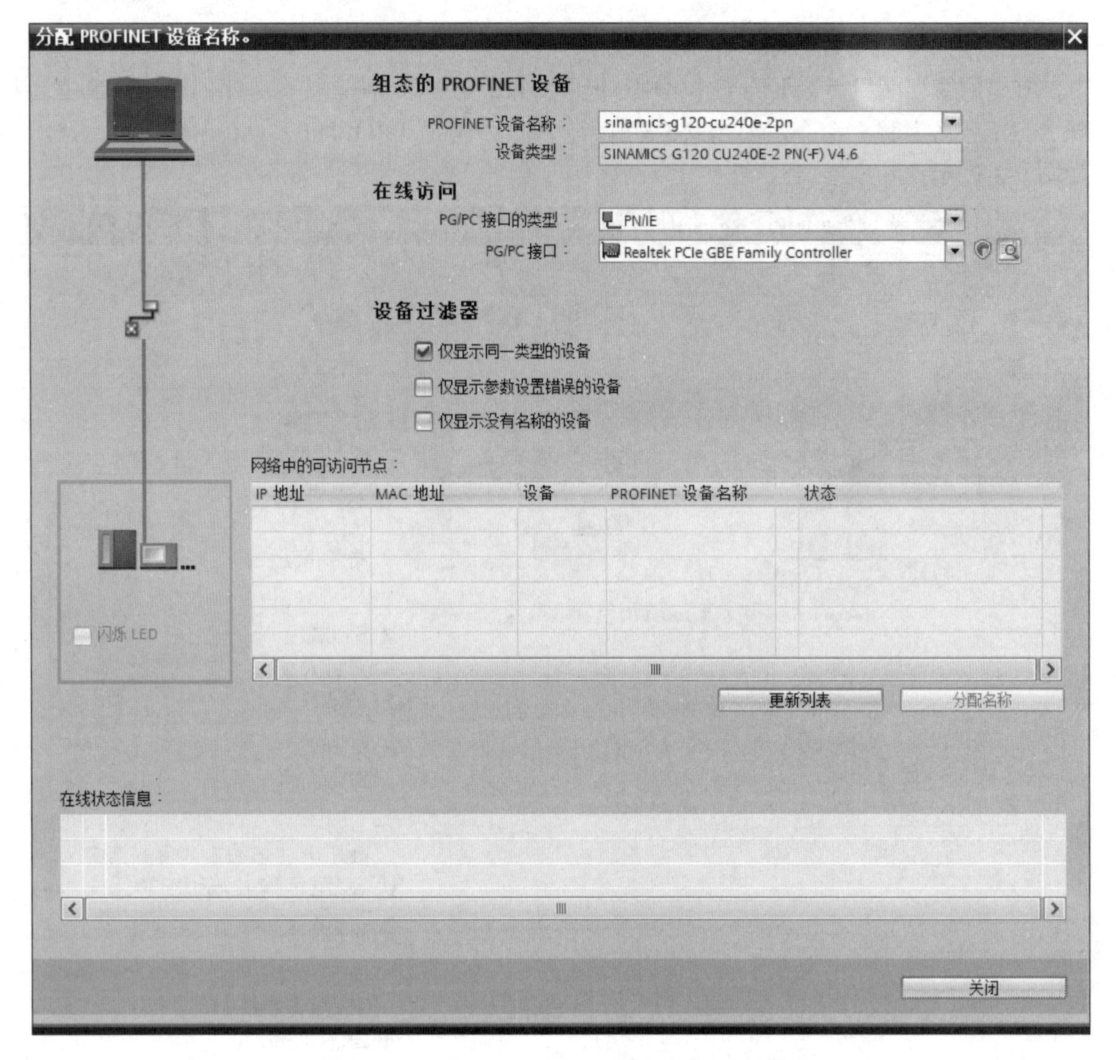

图 9-3-9 “分配 PROFINET 设备名称”对话框

在“分配 PROFINET 设备名称”对话框中，单击“更新列表”按钮，更新“网络中的可访问节点”列表，如图 9-3-10 所示。

选中“网络中的可访问节点”列表中的 G120 变频器，单击“分配名称”按钮，保证组态设备的名称和实际设备的名称一致。

第六步：创建 PLC 变量表。

在“项目树”窗格中，依次选择“PLC_1[CPU 1511C-1 PN]”→“PLC 变量”选项，双击“添加新变量表”选项，添加新变量表。将新添加的变量表命名为“PLC 变量表”，并在“PLC 变量表”中新建变量，如图 9-3-11 所示。

第七步：编写组织块 OB1 主程序，如图 9-3-12 所示。

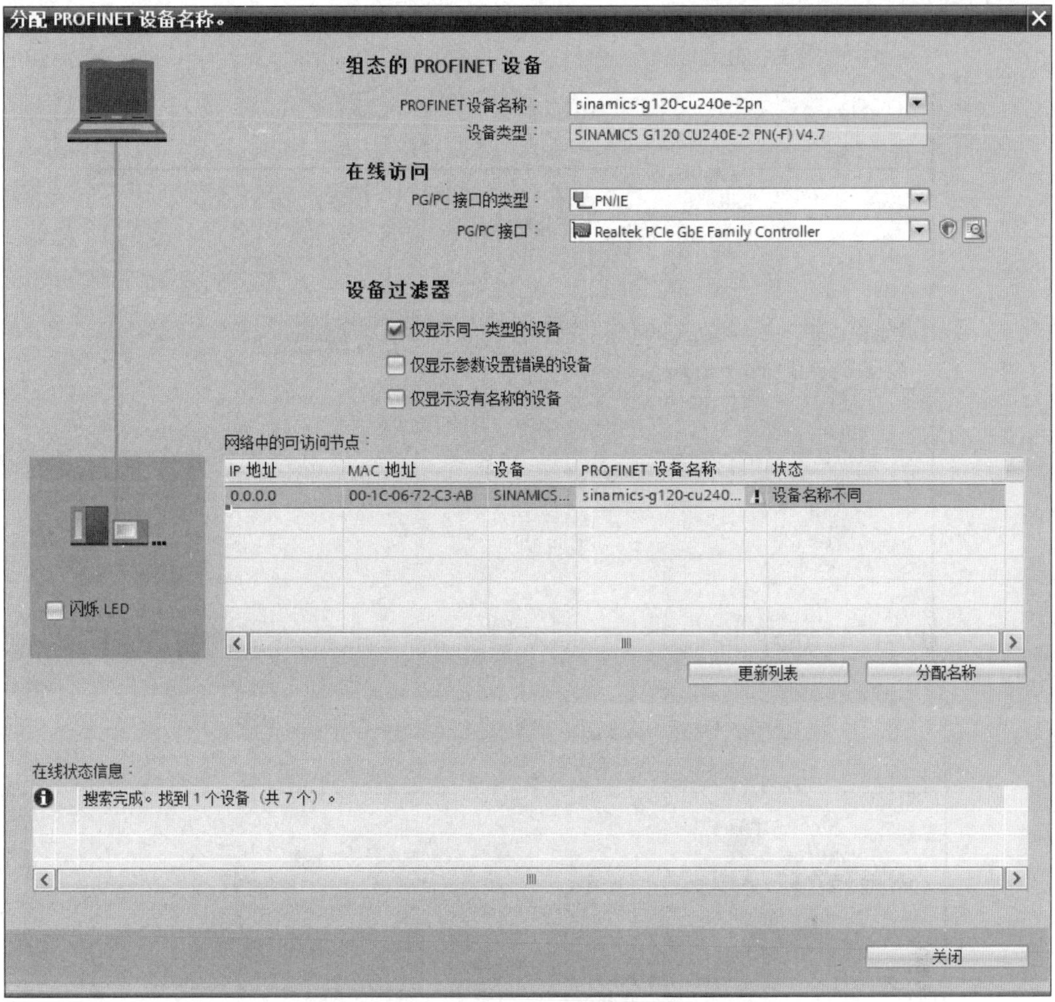

分配 PROFINET 设备名称。

组态的 PROFINET 设备

PROFINET设备名称：sinamics-g120-cu240e-2pn

设备类型：SINAMICS G120 CU240E-2 PN(-F) V4.7

在线访问

PG/PC 接口的类型：PN/IE

PG/PC 接口：Realtek PCIe GbE Family Controller

设备过滤器

仅显示同一类型的设备

仅显示参数设置错误的设备

仅显示没有名称的设备

网络中的可访问节点：

IP 地址	MAC 地址	设备	PROFINET 设备名称	状态
0.0.0.0	00-1C-06-72-C3-AB	SINAMICS...	sinamics-g120-cu240...	设备名称不同

闪烁 LED

更新列表　分配名称

在线状态信息：

搜索完成。找到 1 个设备（共 7 个）。

关闭

图 9-3-10　更新“网络中的可访问节点”列表

PLC变量表

	名称	数据类型	地址	保持
1	PZD控制字	Word	%QW126	
2	PZD设定值	Int	%QW128	
3	PZD状态字	Word	%IW124	
4	PZD实际转速	Int	%IW126	
5	启动按钮	Bool	%I10.0	
6	停止按钮	Bool	%I10.1	
7	变频器设定转速	Real	%MD100	
8	变频器设定 转速转换值	Real	%MD104	
9	变频器状态反馈	Word	%MW110	
10	变频器运行状态反馈	Bool	%M110.2	
11	变频器故障状态反馈	Bool	%M110.3	
12	变频器运行状态显示	Bool	%M10.1	
13	变频器故障状态显示	Bool	%M10.2	

图 9-3-11　PLC 变量表

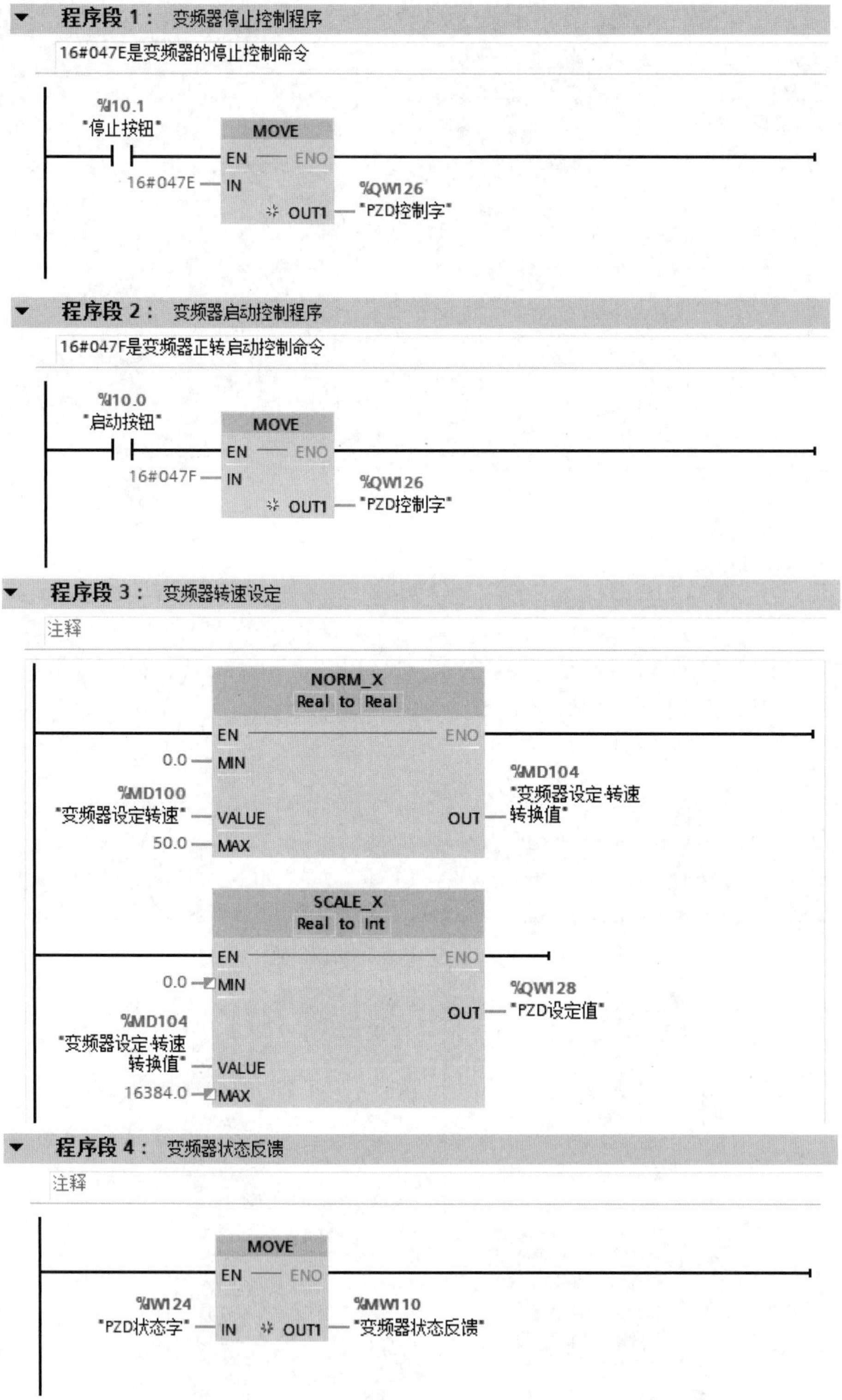

程序段 1： 变频器停止控制程序

16#047E是变频器的停止控制命令

%I0.1
"停止按钮"

MOVE
EN — ENO
16#047E — IN
OUT1 — %QW126 "PZD控制字"

程序段 2： 变频器启动控制程序

16#047F是变频器正转启动控制命令

%I0.0
"启动按钮"

MOVE
EN — ENO
16#047F — IN
OUT1 — %QW126 "PZD控制字"

程序段 3： 变频器转速设定

注释

NORM_X
Real to Real
EN — ENO
0.0 — MIN
%MD100 "变频器设定转速" — VALUE
50.0 — MAX
OUT — %MD104 "变频器设定转速转换值"

SCALE_X
Real to Int
EN — ENO
0.0 — MIN
%MD104 "变频器设定转速转换值" — VALUE
16384.0 — MAX
OUT — %QW128 "PZD设定值"

程序段 4： 变频器状态反馈

注释

MOVE
EN — ENO
%IW124 "PZD状态字" — IN
OUT1 — %MW110 "变频器状态反馈"

图 9-3-12　S7-1500 PLC 通过 PROFINET 通信控制 G120 变频器程序段

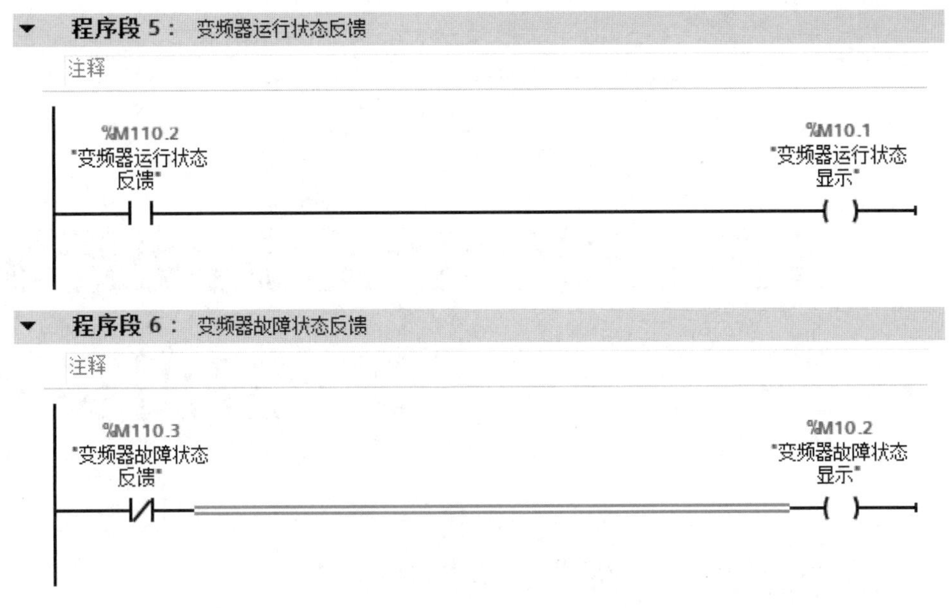

图 9-3-12　S7-1500 PLC 通过 PROFINET 通信控制 G120 变频器程序段（续）

5．程序测试

程序编译后，下载到 S7-1500 CPU 中，按以下步骤进行程序测试。

（1）停止操作：按下变频器停止按钮（I10.1），变频器停止运行。

（2）频率设定：设定 MD100 参数，修改变频器运行频率。

（3）启动操作：按下变频器启动按钮（I10.0），变频器启动运行。

（4）停止操作：按下变频器停止按钮（I10.1），变频器停止运行。

PLC 的监控表如图 9-3-13 所示。

	i	名称	地址	显示格式	监视值
1		"变频器启动按钮"	%I0.0	布尔型	FALSE
2		"变频器停止按钮"	%I0.1	布尔型	FALSE
3		"变频器运行状态显示"	%M10.1	布尔型	TRUE
4		"变频器故障状态显示"	%M10.2	布尔型	FALSE
5		"变频器设定转速"	%MD100	浮点数	25.0

图 9-3-13　PLC 的监控表

第 10 章 S7-1500 PLC 运动控制应用实例

10.1 运动控制系统概述

运动控制系统可以实现对机器的位置、速度、加速度、转矩等的控制。运动控制系统被广泛应用于包装、印刷、纺织和机械装配等设备中。

10.1.1 运动控制系统工作原理

运动控制系统是指通过控制电机的电压、电流、频率等输入电量，来改变机械装置的转矩、速度、位移等机械量，使机械按照人们期望的要求运行，以满足生产工艺及其他应用需求。典型的运动控制系统示意图如图 10-1-1 所示。

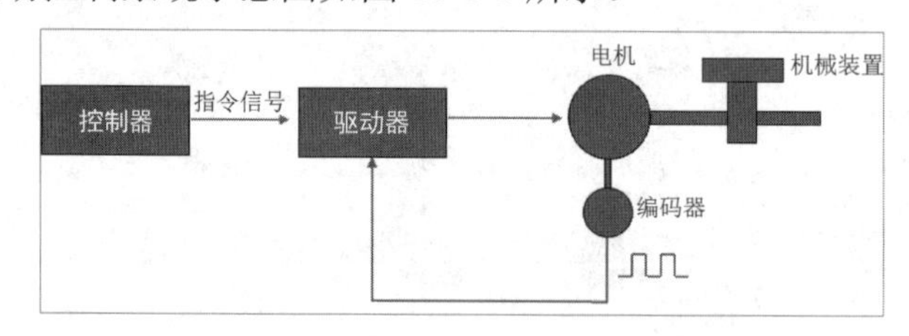

图 10-1-1 典型的运动控制系统示意图

动控制系统中的基本构成设备有控制器、驱动器、电机及反馈装置等。

控制器：用于发送控制命令，如指定运动位置和运行速度等。例如，PLC 和运动控制卡等。

驱动器：用于将来自控制器的控制信号转换为更高功率的电流或电压信号，实现信号的放大。例如，伺服驱动器或步进驱动器。

电机：用于带动机械装置以指定的速度移动到指定的位置。例如，伺服电机和步进电机等。

反馈装置：用于将电机的位置等信息反馈给驱动器，实现速度监控和闭环控制。例如，

编码器和光栅尺等。

10.1.2　S7-1500 PLC 运动控制方式概述

根据 S7-1500 PLC 与驱动器的连接方式，S7-1500 PLC 运动控制方式可以分为 PTO（脉冲串输出）控制方式、PROFINET 通信控制方式和模拟量控制方式三种，如图 10-1-2 所示。

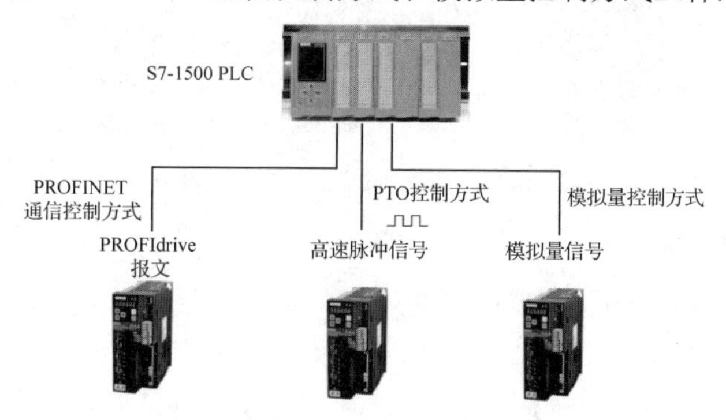

图 10-1-2　S7-1500 PLC 运动控制方式

1．PTO 控制方式

S7-1500 PLC 通过扩展的 PTO 工艺模块向驱动器发送高速脉冲信号，从而实现对电机的控制。紧凑型控制器 S7-1511C 和 S7-1512C 集成的 I/O 模块已具备 PTO 功能，无须扩展 PTO 工艺模块。

2．PROFINET 通信控制方式

S7-1500 PLC 可以通过 PROFINET 通信控制方式连接驱动器，PLC 和驱动器之间通过 PROFIdrive 报文进行通信。

3．模拟量控制方式

S7-1500 PLC 通过模拟量输出信号设定驱动器的速度，从而实现驱动器的速度控制。

10.2　西门子 V90 伺服驱动器简介

伺服驱动器是用来控制伺服电机的一种驱动器，其功能类似于变频器作用于普通交流电机。伺服驱动器一般通过位置、速度、力矩三种方式实现对伺服电机的高精度的速度控制和定位控制。

10.2.1　西门子 V90 伺服系统概述

1．西门子 V90 伺服系统组成简介

西门子 V90 伺服系统（以下简称 V90 伺服系统）是西门子推出的一款小型、高效便捷

的伺服系统，可以实现位置、速度、扭矩的控制。V90 伺服系统由 V90 伺服驱动器、S-1FL6 伺服电机、MC300 连接电缆三部分组成，如图 10-2-1 所示。V90 伺服驱动器功率为 0.05～7.0kW，具有单相和三相的供电系统，被广泛应用于各行业。

图 10-2-1　V90 伺服系统的组成部分

2．V90 伺服驱动器简介

V90 伺服驱动器可以分为支持脉冲系列的 V90 PTI 驱动器和支持 PROFINET 通信的 V90 PN 驱动器，如图 10-2-2 所示。

图 10-2-2　V90 伺服驱动器

V90 PTI 伺服驱动器集成了外部脉冲位置控制、内部设定值位置控制、速度控制、扭矩控制等模式。不同的控制模式适用于不同的应用场合。通过内置数字量 I/O 接口和脉冲接口，可以将 V90 PTI 伺服驱动器与 S7-1500 CPU 相连接，实现控制功能。

V90 PN 伺服驱动器具有两个 PROFINET 接口，将 PROFINET 接口与 S7-1500 CPU 相连接，可以通过 PROFIdrive 报文，实现控制功能。

10.2.2　V-ASSISTANT 调试软件介绍及使用方法

1．V-ASSISTANT 调试软件与 V90 伺服驱动器的连接方式

V-ASSISTANT 调试软件用于实现对 V90 伺服驱动器的调试及参数设置。安装了 V-ASSISTANT 调试软件的计算机可以通过标准 USB 接口或者以太网接口与 V90 伺服驱动器相连，如图 10-2-3 所示。

图 10-2-3　安装了 V-ASSISTANT 调试软件的计算机与 V90 伺服驱动器

2. V-ASSISTANT 调试软件使用方法

第一步：选择连接方式。

V-ASSISTANT 调试软件具有 USB 连接和 Ethernet 连接两种连接方式。在启动该软件时，可以选择连接方式，如图 10-2-4 所示。

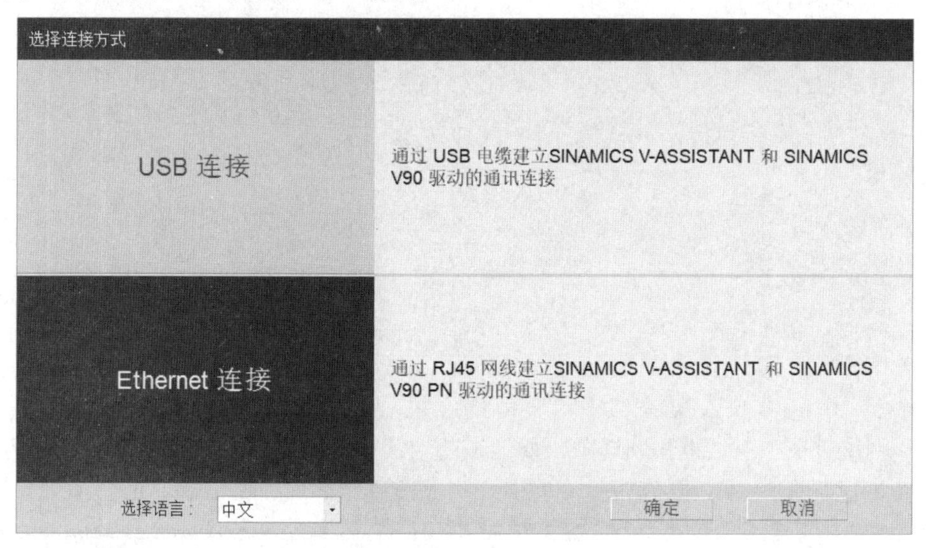

图 10-2-4　选择连接方式

USB 连接：因为早期的 V90 伺服驱动器是通过 USB 接口与 V-ASSISTANT 调试软件进行通信连接的，所以 V-ASSISTANT 调试软件保留了此连接方式。

Ethernet 连接：最新的 V90 伺服驱动器是通过以太网接口与 V-ASSISTANT 调试软件进行通信连接的。

本书实例采用 Ethernet 连接方式，在如图 10-2-4 所示的界面中选择“Ethernet 连接”选项，单击“确定”按钮，进入“网络视图”对话框，如图 10-2-5 所示。

网络视图

设备信息　设备调试

编号		设备类型	名称	IP 地址	LED 闪烁
1		网络适配器	Network adapter 'Realtek PCIe GbE Family Controller' on...	192.168.0.230	
2		SINAMICS V90 PN	v90-1	192.168.0.30	■
3		SINAMICS V90 PN	sinamics-v90-pn	192.168.0.31	□

图 10-2-5　“网络视图”对话框

在“网络视图”对话框中，选择需要调试的 V90 伺服驱动器，单击“设备信息”按钮，进入“设备信息”对话框，设置设备名称和 IP 地址等信息，如图 10-2-6 所示。

设备信息

设备名： v90-1

说明：仅数字（0~9），小写字母（a~z）以及英文字符（-和.）可用。

IP 地址： 192 . 168 . 0 . 30

子网掩码： 255 . 255 . 255 . 0

MAC 地址： 00:1C:06:77:A0:50

设备类型： SINAMICS V90 PN

厂商名： Siemens AG

取消　设置

图 10-2-6　“设备信息”对话框

在“网络视图”对话框中，选中需要调试的 V90 伺服驱动器，单击“设备调试”按钮，进入设备调试界面，对 V90 伺服驱动器进行参数设置、调试、诊断等，如图 10-2-7 所示。

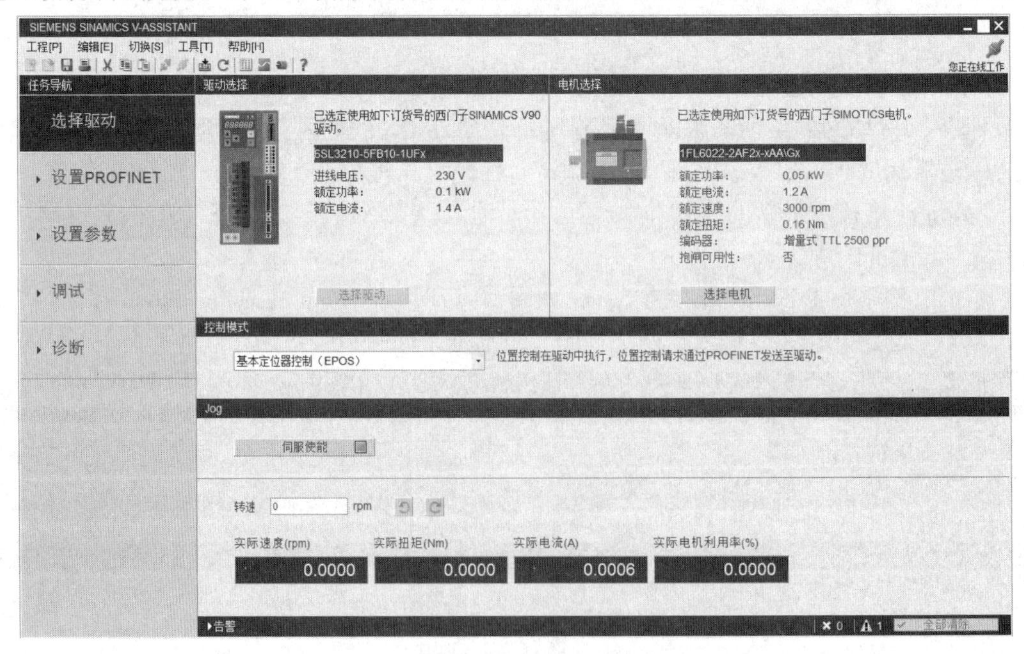

图 10-2-7　设备调试界面

第二步：选择驱动。

进入设备调试界面后，在“任务导航”窗格下选择“选择驱动”选项，软件自动读取在线驱动器和电机的型号，其中电机型号可以修改。

伺服驱动器共有两种控制模式：基本定位器控制模式和速度控制模式。单击“控制模式”下拉按钮，选择伺服驱动器的控制模式，这样的具体模式取决于控制要求，如图 10-2-8 所示。

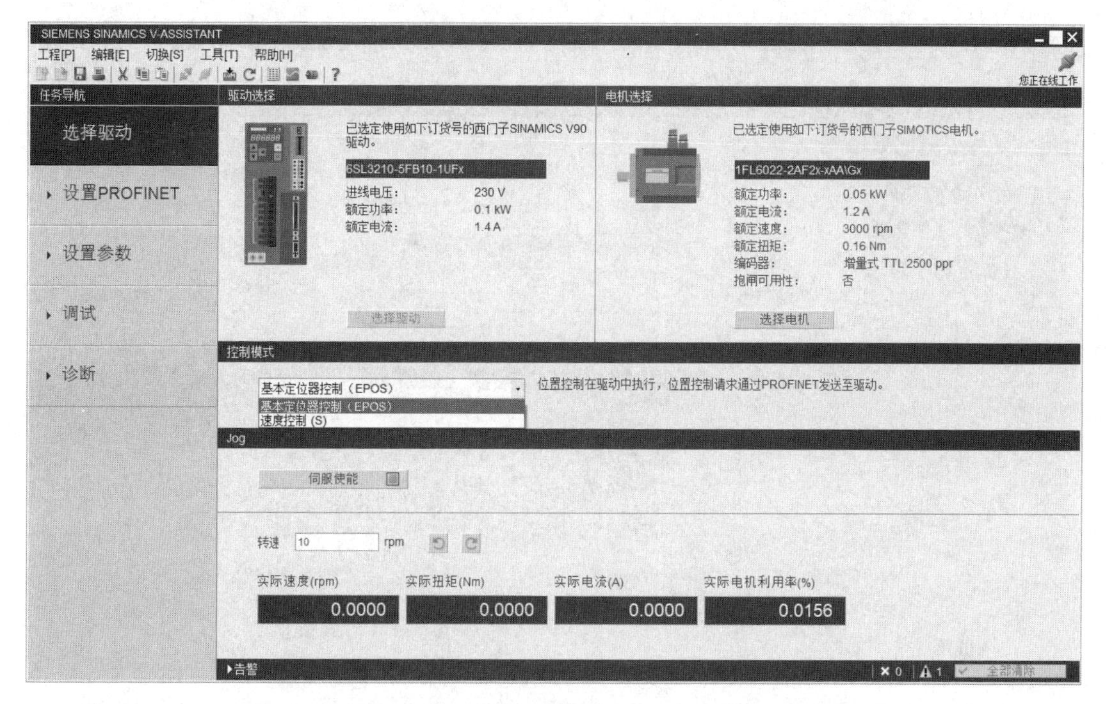

图 10-2-8　单击“控制模式”下拉按钮

在在线模式下，可以通过 Jog 功能对伺服电机进行运行测试。在如图 10-2-8 所示的界面中，勾选“伺服使能”复选框，设置转速。之后可以通过单击“顺时针”按钮或“逆时针”按钮对伺服电机进行正方向和反方向的运行测试。在测试过程中相应框中会显示实际速度、实际扭矩、实际电流和实际电机利用率。测试过程中的“Jog”选区截图如图 10-2-9 所示。

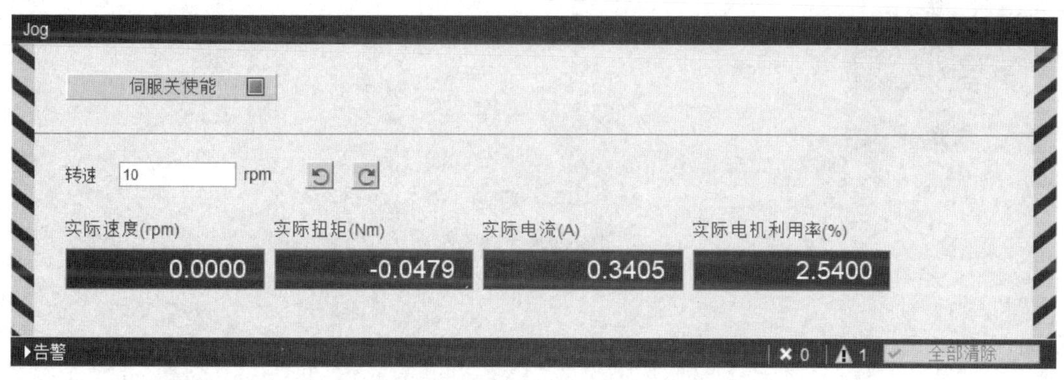

图 10-2-9　测试过程中的“Jog”选区截图

第三步：设置 PROFINET 网络。

依次选择“设置 PROFINET”→“选择报文”选项，在“当前报文”下拉列表中选择通信报文类型，选择的具体报文类型取决于控制要求，如图 10-2-10 所示。

依次选择“设置 PROFINET”→“配置网络”选项，如图 10-2-11 所示，由于已经在“设备信息”对话框中设置了相关参数，因此这里不需要再次设置。

图 10-2-10　选择通信报文类型

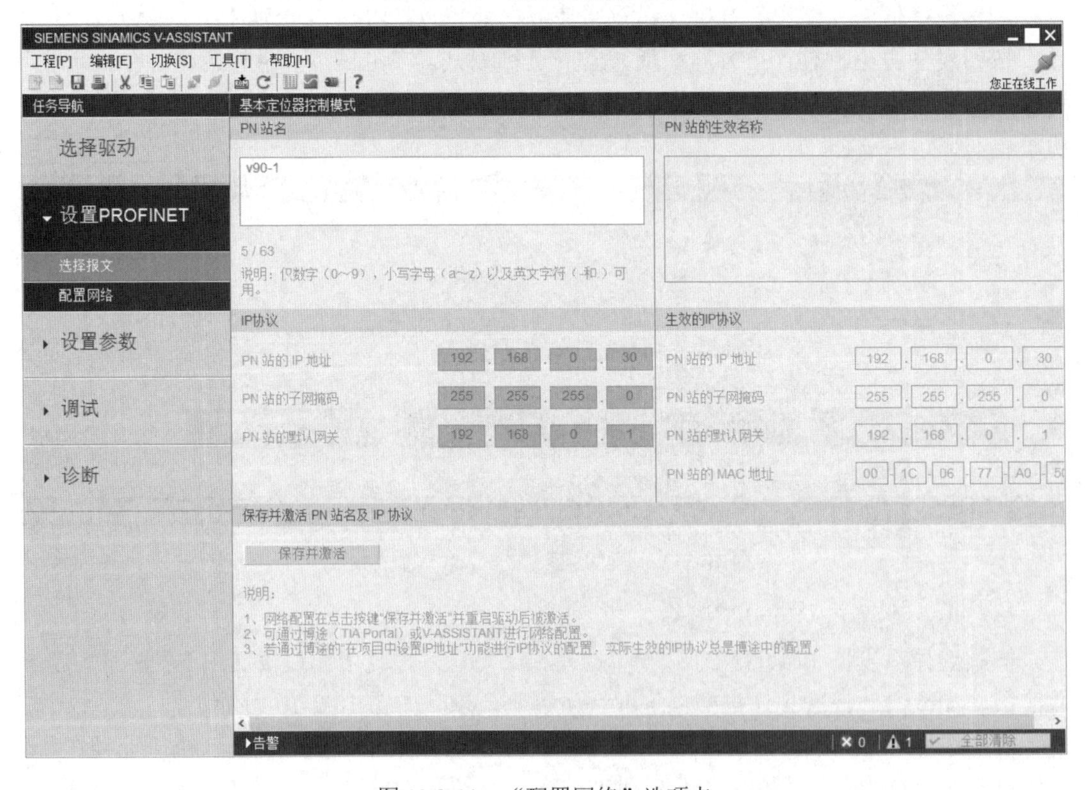

图 10-2-11　“配置网络”选项卡

第四步：设置参数。

选择“设置参数”选项，如图 10-2-12 所示，设置伺服驱动器的参数。具体设置内容，在下文的实例中会进行详细说明。

图 10-2-12 选择“设置参数”选项

第五步：调试。

调试功能是针对在线模式的功能。“调试”选项下有“监控状态”“测试电机”“优化驱动”3 个子选项，如图 10-2-13 所示。

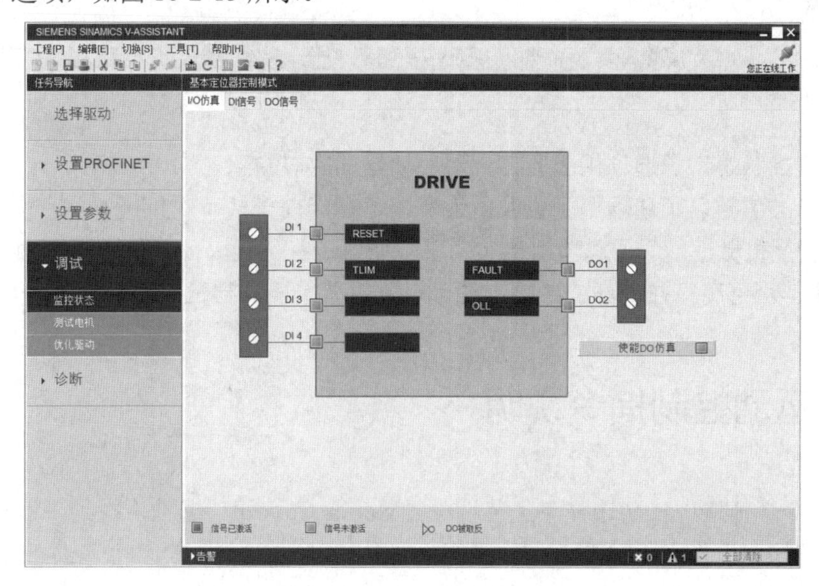

图 10-2-13 “调试”选项

① “监控状态”子选项主要用于对 I/O 状态进行监控。

② “测试电机”子选项主要用于对电机运行进行测试。

③ “优化驱动”子选项主要用于对伺服驱动器进行优化，其中包括一键优化功能和实时优化功能。

第六步：诊断。

诊断功能只能在在线模式下使用。在“诊断”选项下有“监控状态”“录波信号”“测量机械性能”3 个子选项，如图 10-2-14 所示。

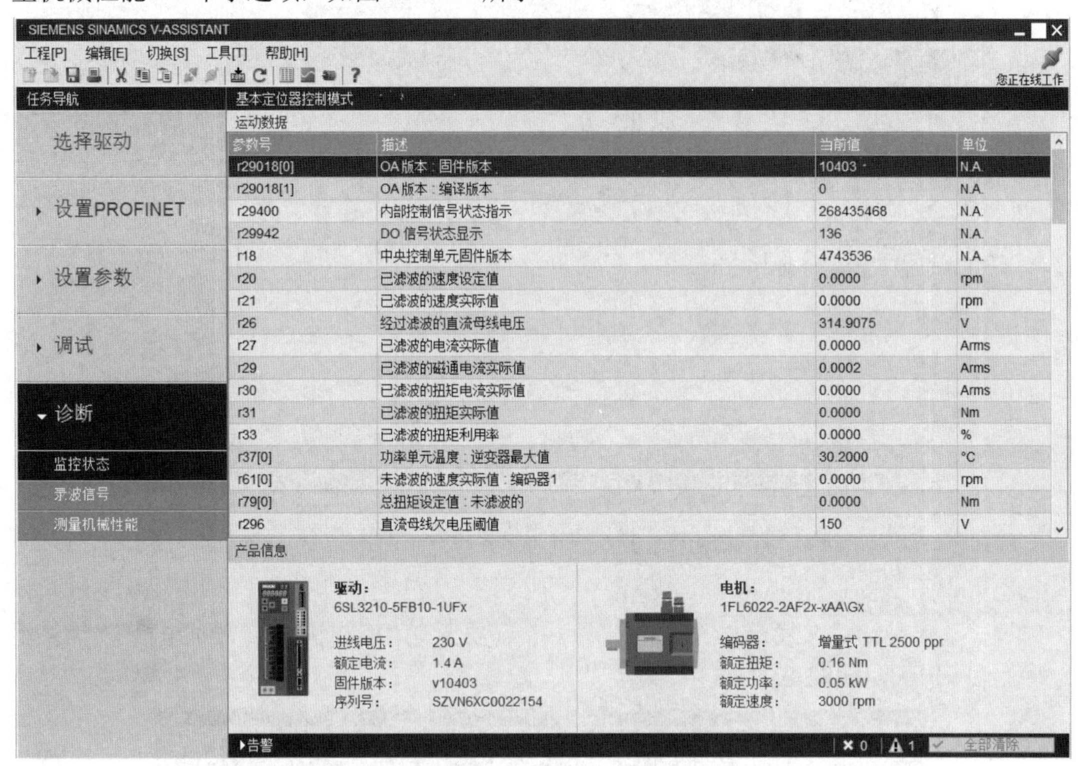

图 10-2-14 “诊断”选项

① “监控状态”子选项用于监控伺服驱动器的实时数值。

② “录波信号”子选项用于录波所连驱动器在当前模式下的性能。

③ “测量机械性能”子选项用于对伺服驱动器进行优化，可以使用测量功能通过简单的参数设置禁止更高级控制环的影响，还可以分析单个驱动器的动态响应。

10.3 运动控制指令说明

在“指令”窗格中依次选择“工艺”→“Motion Control”选项，找到“运动控制”指令集。“运动控制”指令集如图 10-3-1 所示。

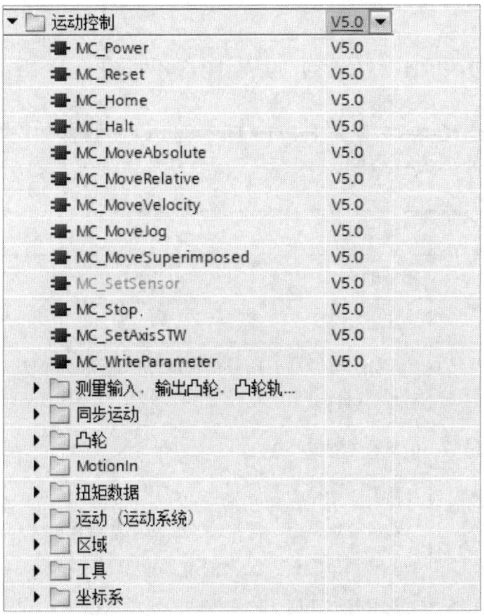

运动控制　V5.0
MC_Power　V5.0
MC_Reset　V5.0
MC_Home　V5.0
MC_Halt　V5.0
MC_MoveAbsolute　V5.0
MC_MoveRelative　V5.0
MC_MoveVelocity　V5.0
MC_MoveJog　V5.0
MC_MoveSuperimposed　V5.0
MC_SetSensor　V5.0
MC_Stop　V5.0
MC_SetAxisSTW　V5.0
MC_WriteParameter　V5.0
测量输入，输出凸轮，凸轮轨...
同步运动
凸轮
MotionIn
扭矩数据
运动（运动系统）
区域
工具
坐标系

图 10-3-1　“运动控制”指令集

S7-1500 PLC 的运动控制指令包括 MC_Power 指令、MC_Reset 指令、MC_Home 指令、MC_Halt 指令、MC_MoveAbsolute 指令、MC_MoveRelative 指令、MC_MoveVelocity 指令等。每个指令在被拖曳到程序工作区中时，都将自动分配背景数据块，背景数据块的名称可自行修改，编号既可以手动设置，也可以自动分配。

在运动控制的实际应用中，并不会用到所有运动控制指令，下面对常用的运动控制指令进行介绍。

1．MC_Power 指令

（1）指令介绍。

MC_Power 指令用于实现对运动轴的启用或禁用控制。MC_Power 指令必须在程序中一直被执行。MC_Power 指令如图 10-3-2 所示。

%DB2
"MC_Power _DB"
MC_Power
EN
ENO
%DB1
"PositioningAxis_1"
Axis
Status
%M10.1
"轴使能完成"
Busy
false
%M10.0
"轴使能"
Enable
Error
%M10.2
"轴使能错误"
1
StartMode
ErrorID
16#0
0
StopMode

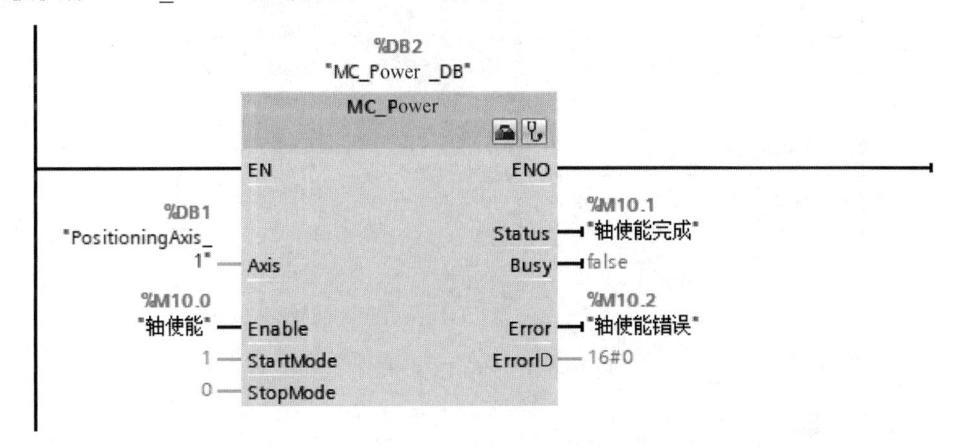

图 10-3-2　MC_Power 指令

（2）指令参数。

MC_Power 指令的 I/O 引脚参数说明如表 10-3-1 所示。

表 10-3-1　MC_Power 指令的 I/O 引脚参数说明

引脚参数	数据类型	说明
EN	Bool	使能输入
ENO	Bool	使能输出
Axis	TO_Axis_PTO	轴工艺对象
Enable	Bool	0 表示所有激活的任务都将按照 StopMode 参数中止，轴也会停止转动； 1 表示启用轴
StartMode	INT	0 表示速度控制； 1 表示位置控制
StopMode	INT	0 表示紧急停止，按照轴工艺对象参数中的急停速度或时间来停止轴； 1 表示立即停止，即 PLC 立即停止发脉冲； 2 表示有加速度变化率控制的紧急停止
Status	Bool	轴的使能状态
Busy	Bool	标记 MC_Power 指令是否处于活动状态
Error	Bool	标记 MC_Power 指令是否产生错误
ErrorID	Word	当 MC_Power 指令产生错误时用 ErrorID 表示错误号

2. MC_Reset 指令

（1）指令介绍。

MC_Reset 指令用于确认轴的运行错误。如果存在一个需要确认的错误，那么可以通过上升沿激活 MC_Reset 指令的 Execute 引脚进行错误确认。MC_Reset 指令如图 10-3-3 所示。

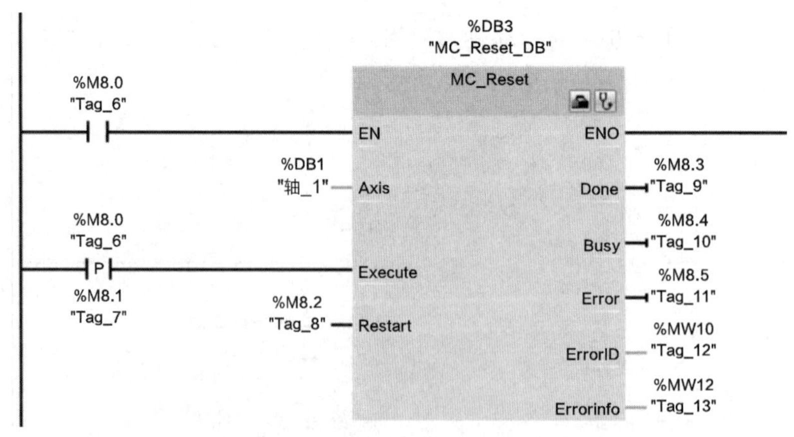

图 10-3-3　MC_Reset 指令

（2）指令参数。

MC_Reset 指令的 I/O 引脚参数说明如表 10-3-2 所示。

表 10-3-2　MC_Reset 指令的 I/O 引脚参数说明

引脚参数	数据类型	说　明
EN	Bool	使能输入
ENO	Bool	使能输出
Axis	TO_Axis_PTO	轴工艺对象
Execute	Bool	启动位，上升沿触发
Restart	Bool	Restart = 0：用来确认错误； Restart = 1：将轴的组态从装载存储器下载到工作存储器（只有在禁用轴的时候才能执行该命令）
Done	Bool	表示轴的错误已确认
Busy	Bool	为 1 表示正在执行
Error	Bool	为 1 表示任务执行期间出错。出错原因可在参数 ErrorID 和参数 Errorinfo 中找到
ErrorID	Word	参数 Error 的错误 ID
Errorinfo	Word	参数 ErrorID 的错误信息 ID

3．MC_Home 指令

（1）指令介绍。

MC_Home 指令可以将轴坐标与实际物理驱动器位置匹配。当使用绝对定位指令时，需要先执行 MC_Home 指令。若需要回到原点，可以通过上升沿激活 MC_Home 指令的 Execute 引脚来实现。MC_Home 指令如图 10-3-4 所示。

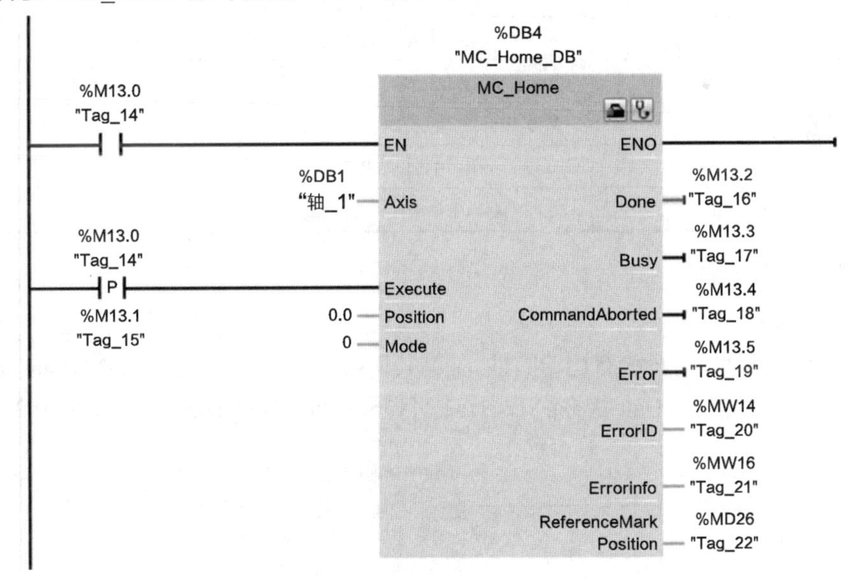

图 10-3-4　MC_Home 指令

（2）指令参数。

MC_Home 指令的 I/O 引脚参数说明如表 10-3-3 所示。

表 10-3-3　MC_Home 指令的 I/O 引脚参数说明

引 脚 参 数	数 据 类 型	说　明
EN	Bool	使能输入
ENO	Bool	使能输出
Axis	TO_Axis_PTO	轴工艺对象
Execute	Bool	启动位，上升沿触发
Position	Real	当 Mode=0,2,3 时，表示完成回原点操作后，轴的绝对位置； 当 Mode=1 时，表示对当前轴位置的校正值； 当 Mode = 7 时，表示当前位置设置为参数 ReferenceMarkPosition 的值
Mode	INT	为 0 表示绝对式直接回原点，新的轴位置为参数 Position 的值。 为 1 表示相对式直接回原点，新的轴位置为当前轴位置加参数 Position 的值。 为 2 表示被动回原点，根据轴组态回原点。回原点后，将新的轴位置设置为参数 Position 的值。 为 3 表示主动回原点，按照轴组态回原点。回原点后，将新的轴位置设置为参数 Position 的值。 为 6 表示绝对编码器调节（相对），将当前轴位置的偏移值设置为参数 Position 的值。计算出的绝对值偏移值保持性地保存在 CPU 内。 为 7 表示绝对编码器调节（绝对），将当前轴位置设置为参数 Position 的值。计算出的绝对值偏移值保持性地保存在 CPU 内
Done	Bool	为 1 表示任务完成
Busy	Bool	为 1 表正在执行任务
CommandAborted	Bool	为 1 表示任务在执行过程中被另一个任务中止
Error	Bool	为 1 表示任务执行期间出错。出错原因可以在参数 ErrorID 和参数 Errorinfo 中找到
ErrorID	Word	参数 Error 的错误 ID
Errorinfo	Word	参数 ErrorID 的错误信息 ID
ReferenceMarkPosition	Real	之前坐标系中参考标记处的轴位置

4．MC_Halt 指令

（1）指令介绍。

MC_Halt 指令可以停止所有运动的轴，并将其切换到停止状态。当需要将运动的轴停止时，可以通过上升沿激活 MC_Halt 指令的 Execute 引脚来实现。MC_Halt 指令如图 10-3-5 所示。

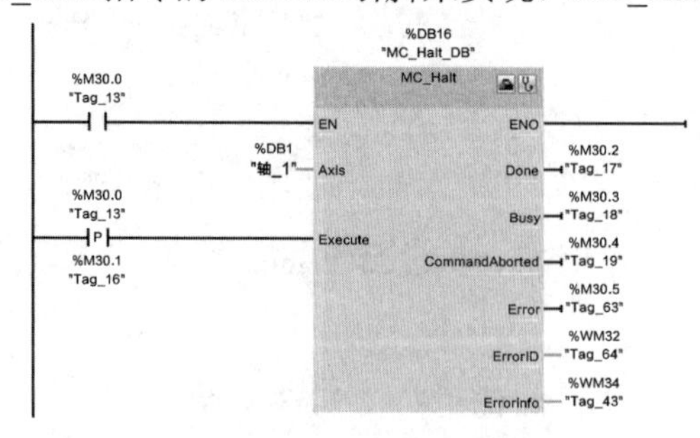

图 10-3-5　MC_Halt 指令

（2）指令参数。

MC_Halt 指令的 I/O 引脚参数说明如表 10-3-4 所示。

表 10-3-4　MC_Halt 指令的 I/O 引脚参数说明

引 脚 参 数	数 据 类 型	说　明
EN	Bool	使能输入
ENO	Bool	使能输出
Axis	TO_Axis_PTO	轴工艺对象
Execute	Bool	启动位，上升沿触发
Done	Bool	为 1 表示任务完成
Busy	Bool	为 1 表示正在执行任务
CommandAborted	Bool	为 1 表示任务在执行期间被另一个任务中止
Error	Bool	为 1 表示任务执行期间出错。出错原因可以在参数 ErrorID 和参数 Errorinfo 中找到
ErrorID	Word	参数 Error 的错误 ID
Errorinfo	Word	参数 ErrorID 的错误信息 ID

5. MC_MoveAbsolute 指令

（1）指令介绍。

MC_MoveAbsolute 指令可以启动轴运行到绝对位置。当需要使用绝对定位方式将轴移动到指定位置时，可以通过上升沿激活 MC_MoveAbsolute 指令的 Execute 引脚来实现。MC_MoveAbsolute 指令如图 10-3-6 所示。

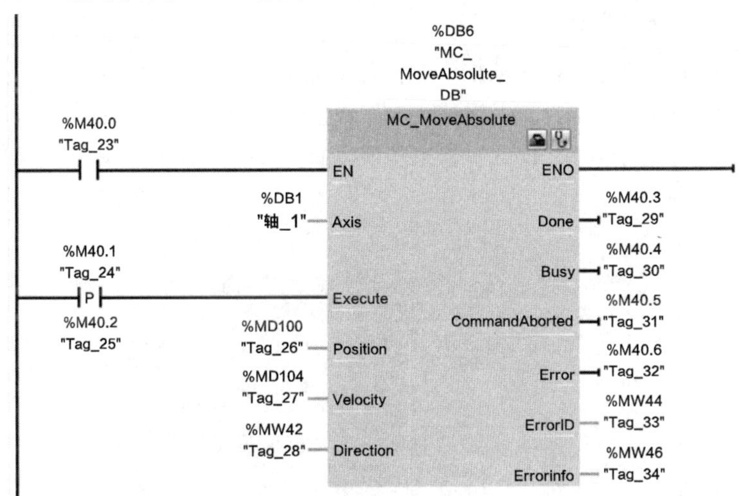

图 10-3-6　MC_MoveAbsolute 指令

（2）指令参数。

MC_MoveAbsolute 指令的 I/O 引脚参数说明如表 10-3-5 所示。

表 10-3-5　MC_MoveAbsolute 指令的 I/O 引脚参数说明

引脚参数	数据类型	说　明
EN	Bool	使能输入
ENO	Bool	使能输出
Axis	TO_Axis_PTO	轴工艺对象
Execute	Bool	启动位，上升沿触发
Position	Real	绝对目标位置
Velocity	Real	绝对运动速度
Direction	INT	旋转方向。 为 0 表示用速度符号定义运动控制方向； 为 1 表示正向速度运动控制； 为 2 表示负向速度运动控制； 为 3 表示距离目标最短的运动控制
Done	Bool	为 1 表示任务完成
Busy	Bool	为 1 表示正在执行任务
CommandAborted	Bool	为 1 表示任务在执行期间被另一个任务中止
Error	Bool	为 1 表示任务执行期间出错。出错原因可以在参数 ErrorID 参数和参数 Errorinfo 中找到
ErrorID	Word	参数 Error 的错误 ID
Errorinfo	Word	参数 ErrorID 的错误信息 ID

6．MC_MoveRelative 指令

（1）指令介绍。

MC_MoveRelative 指令可以启动轴进行相对于起始位置的定位运动。在使用该指令时无须先执行 MC_Home 指令。当需要使用相对定位方式使轴移动到指定位置时，可以通过上升沿激活 MC_MoveRelative 指令的 Execute 引脚来实现。MC_MoveRelative 指令如图 10-3-7 所示。

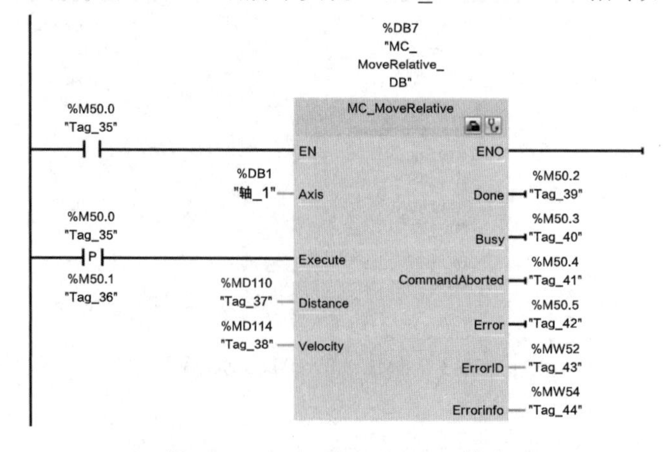

图 10-3-7　MC_MoveRelative 指令

（2）指令参数。

MC_MoveRelative 指令的 I/O 引脚参数说明如表 10-3-6 所示。

表 10-3-6　MC_MoveRelative 指令的 I/O 引脚参数说明

引 脚 参 数	数 据 类 型	说　　明
EN	Bool	使能输入
ENO	Bool	使能输出
Axis	TO_Axis_PTO	轴工艺对象
Execute	Bool	启动位，升沿触发
Distance	Real	相对轴当前位置移动的距离，该值通过数值来表示距离，通过数值的正负来表示方向
Velocity	Real	相对运动的速度
Done	Bool	为 1 表示任务完成
Busy	Bool	为 1 表示正在执行任务
CommandAborted	Bool	为 1 表示任务在执行期间被另一个任务中止
Error	Bool	为 1 表示任务执行期间出错。出错原因可以在参数 ErrorID 和参数 Errorinfo 中找到
ErrorID	Word	参数 Error 的错误 ID
Errorinfo	Word	参数 ErrorID 的错误信息 ID

7．MC_MoveVelocity 指令

（1）指令介绍。

MC_MoveVelocity 指令用于实现以指定的速度持续移动轴。当使用 MC_MoveVelocity 指令时，与其他指令一样必须先启用轴。通过上升沿激活 MC_MoveVelocity 指令的 Execute 引脚，可以实现对轴速度的控制。MC_MoveVelocity 指令如图 10-3-8 所示。

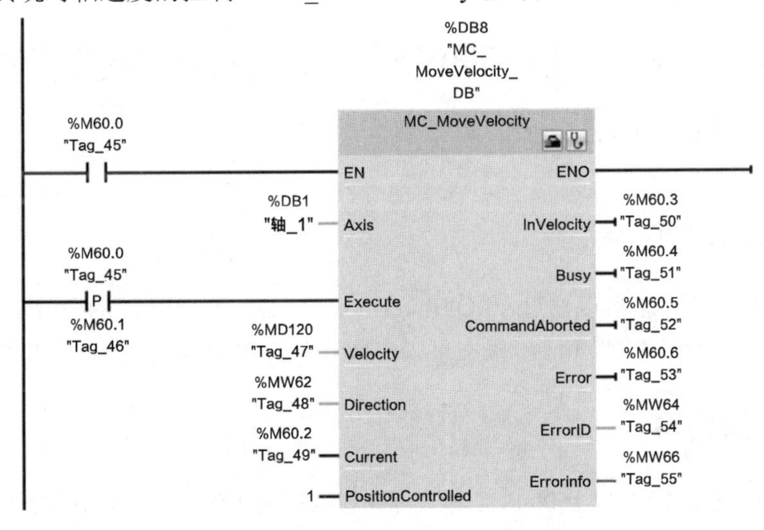

图 10-3-8　MC_MoveVelocity 指令

（2）指令参数。

MC_MoveVelocity 指令的 I/O 引脚参数说明如表 10-3-7 所示。

表 10-3-7　MC_MoveVelocity 指令的 I/O 引脚参数说明

引脚参数	数据类型	说　明
EN	Bool	使能输入
ENO	Bool	使能输出
Axis	TO_Axis_PTO	轴工艺对象
Execute	Bool	启动位，上升沿触发
Velocity	Real	指定轴的运行速度
Direction	INT	指定方向。 为 0 表示旋转方向与参数 Velocity 值的符号一致 为 1 表示顺时针方向； 为 2 表示逆时针方向
Current	Bool	为 0 表示禁用“保持当前速度”； 为 1 表示激活“保持当前速度”
PositionControlled	Bool	为 0 表示速度控制； 为 1 表示位置控制
InVelocity	Bool	为 1 表示已达到参数 Velocity 指定的速度
Busy	Bool	为 1 表示正在执行任务
CommandAborted	Bool	为 1 表示任务在执行期间被另一个任务中止
Error	Bool	为 1 表示任务执行期间出错。出错原因可以在参数 ErrorID 和参数 Errorinfo 中找到
ErrorID	Word	参数 Error 的错误 ID
Errorinfo	Word	参数 ErrorID 的错误信息 ID

10.4　S7-1500 PLC 通过 TO 模式控制 V90 PN 伺服驱动器的应用实例

10.4.1　功能简介

V90 PN 伺服驱动器可以通过 PROFINET 接口与 S7-1500 PLC 的 PROFINET 接口连接，S7-1500 PLC 通过 PROFIdrive 报文可以实现对 V90 PN 伺服驱动器的闭环控制。

10.4.2　实例内容

（1）实例名称：10.4 S7-1500 PLC 通过 TO 模式控制 V90 PN 伺服驱动器的应用实例。

（2）实例描述：运行控制示意图如图 10-4-1 所示。按下回原点按钮后，工作台回到原

点；按下启动按钮后，工作台以 10.0mm/s 的速度从原点移动到距离原点 100mm 处停止；在运行过程中按下停止按钮，停止轴运行；再次按下启动按钮，工作台继续运行，并在距原点 100mm 处停止。

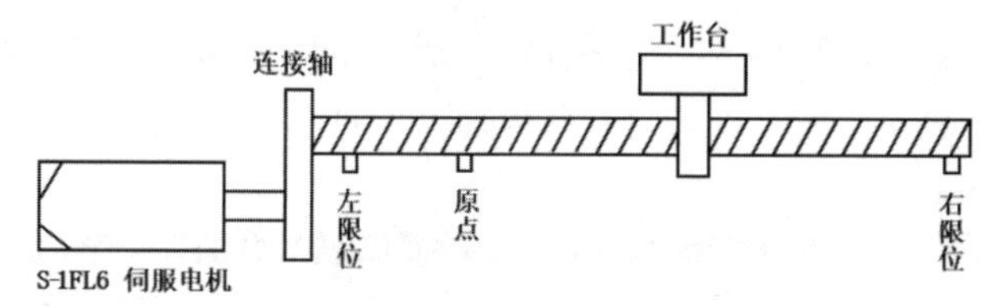

图 10-4-1　运动控制示意图

（3）硬件组成：①CPU 1511C-1 PN，1 台，订货号：6ES7 511-1CK01-0AB0。②V90 伺服驱动器，1 台，订货号：6SL3 210-5FB10-1UA2。③S-1FL6 伺服电机，1 台，订货号：1FL6024-2AF21-1AA1。④四口交换机，1 台。⑤编程计算机，1 台，已安装博途 STEP 7 专业版 V16 软件和 V-ASSISTANT 调试软件 V1.07。

10.4.3　实例实施

1．S7-1500 PLC 的接线图

S7-1500 PLC 与 V90 PN 伺服驱动器通过 PROFINET 接口进行数据交换，所以 S7-1500 PLC 的接线图只包括外部 I/O 点，如图 10-4-2 所示。

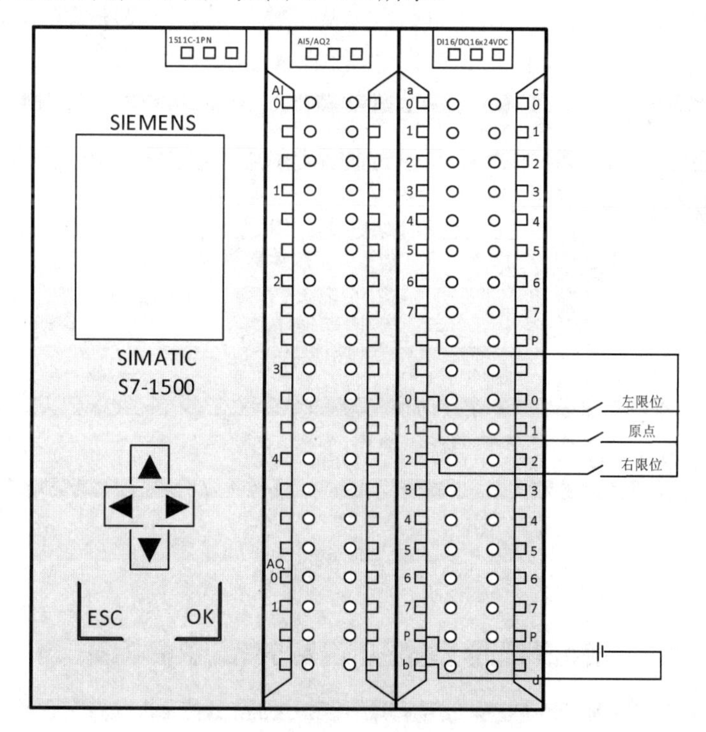

图 10-4-2　S7-1500 PLC 接线图

2．V90 PN 伺服驱动器的基本参数配置

通过 V-ASSISTANT 调试软件设置 V90 PN 伺服驱动器的 IP 地址、名称及通信报文等。

第一步：设置设备名称和 IP 地址。

在 V-ASSISTANT 调试软件的“网络视图”对话框中，选择需要调试的 V90 PN 伺服驱动器，单击“设备信息”按钮。进入“设备信息”对话框，设置 V90 PN 伺服驱动器的名称和 IP 地址，如图 10-4-3 所示。

设备信息

设备名：v90

说明：仅数字（0~9），小写字母（a~z）以及英文字符（-和.）可用。

IP 地址：192 . 168 . 0 . 30

子网掩码：255 . 255 . 255 . 0

MAC 地址：00:1C:06:77:A0:50

设备类型：SINAMICS V90 PN

厂商名：Siemens AG

取消　设置

图 10-4-3　“设备信息”对话框

第二步：选择驱动并设置控制模式。

在设备调试界面中，选择“选择驱动”选项，软件自动读取在线驱动器和电机型号，将“控制模式”设置为“速度控制（S）”，如图 10-4-4 所示。

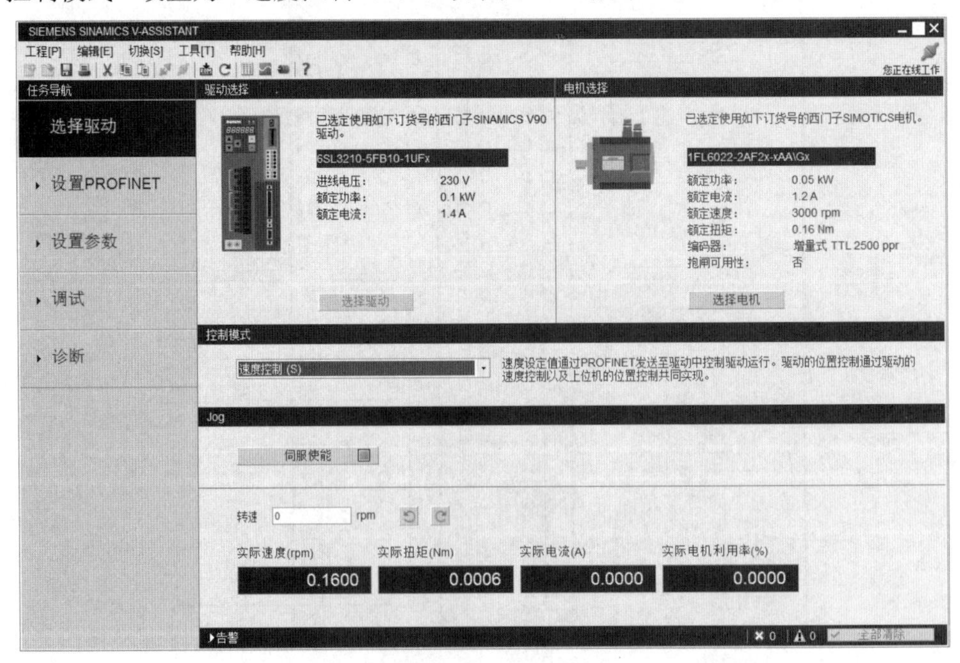

图 10-4-4　设置 V90 PN 伺服驱动器的控制模式

通过 Jog 功能测试驱动器运行情况。

第三步：选择通信报文类型。

单击“设置 PROFINET”下拉按钮，选择“选择报文”选项，在“当前报文”下拉列表中选择“S7-1500 专用报文”选项，如图 10-4-5 所示。

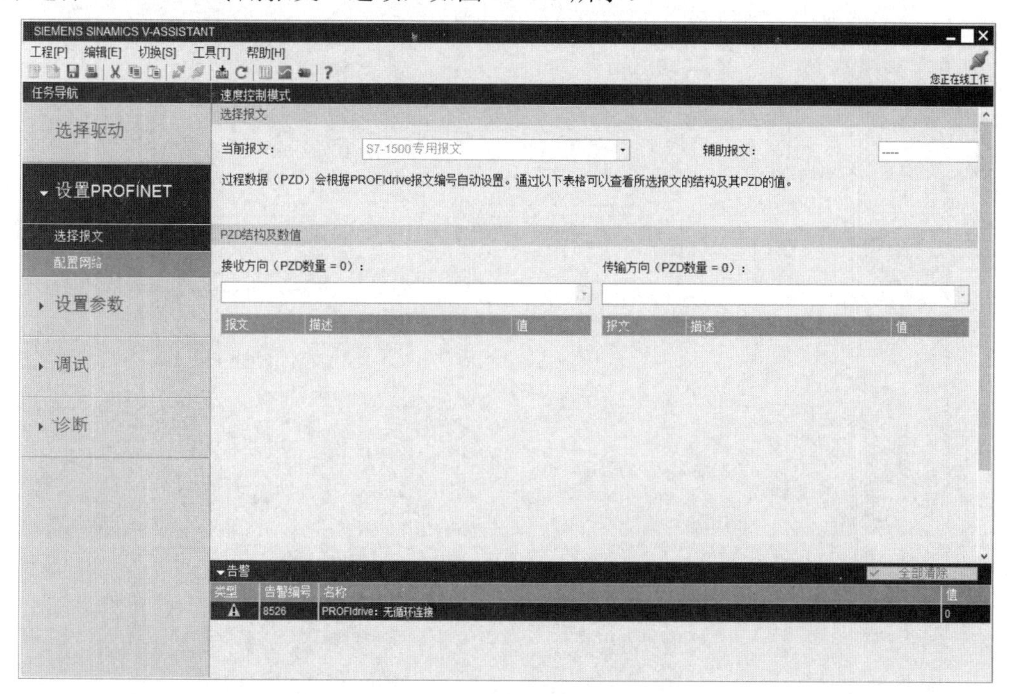

图 10-4-5　设置 V90 PN 伺服驱动器的通信报文类型

3．PLC 程序编写

第一步：新建项目及组态 CPU。

打开博途软件，在 Portal 视图中选择“创建新项目”选项，在弹出的界面中输入项目名称（10.4 S7-1500 PLC 通过 TO 模式控制 V90 PN 伺服驱动器的应用实例）、路径和作者等信息，单击“创建”按钮，生成新项目。

进入项目视图，在左侧的“项目树”窗格中，双击“添加新设备”选项，弹出“添加新设备”对话框，如图 10-4-6 所示，选择 CPU 的订货号和版本（必须与实际设备相匹配），单击“确定”按钮。

第二步：设置 CPU 属性。

在“项目树”窗格中，单击“PLC_1[CPU 1511C-1 PN]”下拉按钮，双击“设备组态”选项，在“设备视图”标签页的工作区中，选中“PLC_1”，依次选择巡视窗格中的“属性”→“常规”→“PROFINET 接口[X1]”→“以太网地址”选项，修改以太网 IP 地址，如图 10-4-7 所示。

第三步：新建 PLC 变量表。

在“项目树”窗格中，依次选择“PLC_1[CPU 1511C-1 PN]”→“PLC 变量”选项，双击“添加新变量表”选项，添加新变量表。将新添加的变量表命名为“PLC 变量表”，并在

“PLC 变量表”中新建变量，如图 10-4-8 所示。

图 10-4-6 “添加新设备”对话框

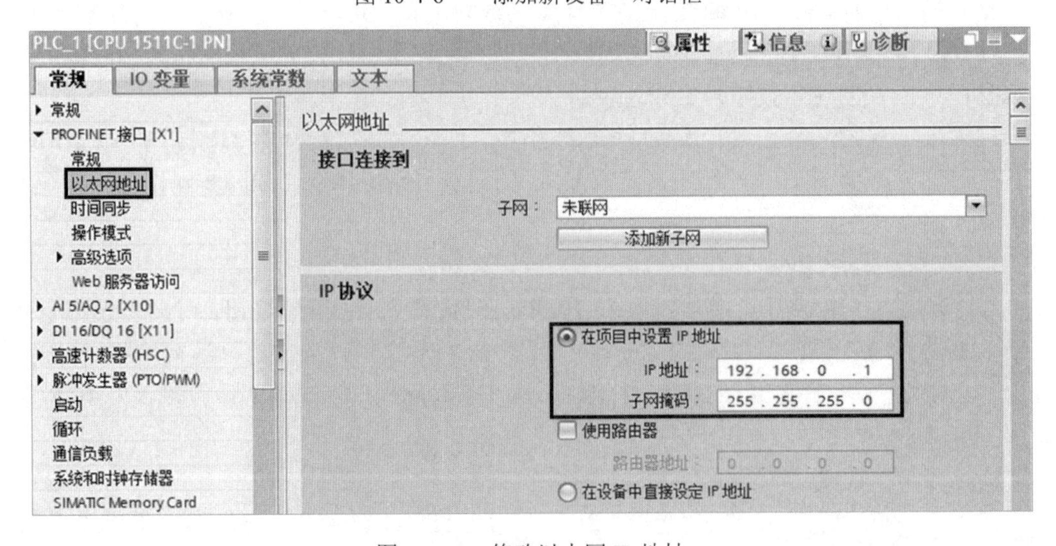

图 10-4-7 修改以太网 IP 地址

PLC变量表

	名称	数据类型	地址 ▲	保持
1	左限位开关	Bool	%I11.0	
2	原点开关	Bool	%I11.1	
3	右限位开关	Bool	%I11.2	
4	轴使能	Bool	%M10.0	
5	轴使能完成	Bool	%M10.1	
6	轴使能错误	Bool	%M10.2	
7	轴回原点按钮	Bool	%M20.0	
8	轴回原点完成	Bool	%M20.1	
9	轴回原点错误	Bool	%M20.2	
10	轴绝对位移按钮	Bool	%M30.0	
11	轴绝对位移完成	Bool	%M30.1	
12	轴绝对位移错误	Bool	%M30.2	
13	轴绝对位移位置设定	Real	%MD32	
14	轴绝对位移速度设定	Real	%MD36	
15	轴暂停按钮	Bool	%M40.0	
16	轴暂停完成	Bool	%M40.1	
17	轴暂停错误	Bool	%M40.2	

图 10-4-8　PLC 变量表

第四步：组态 PROFINET 网络。

在“项目树”窗格中，选择“设备和网络”选项，在“硬件目录”窗格中依次选择“Drivers & starters”→“SINAMICS drives”→“SINAMICS V90 PN”→“V90 PN，1AC/3AC 200V-240V，0.1kW”选项，双击“6SL3 210-5FB10-1UAX”模块（V90 PN 伺服驱动器）或者拖曳“6SL3 210-5FB10-1UAX”模块到“网络视图”标签页的工作区中，如图 10-4-9 所示。

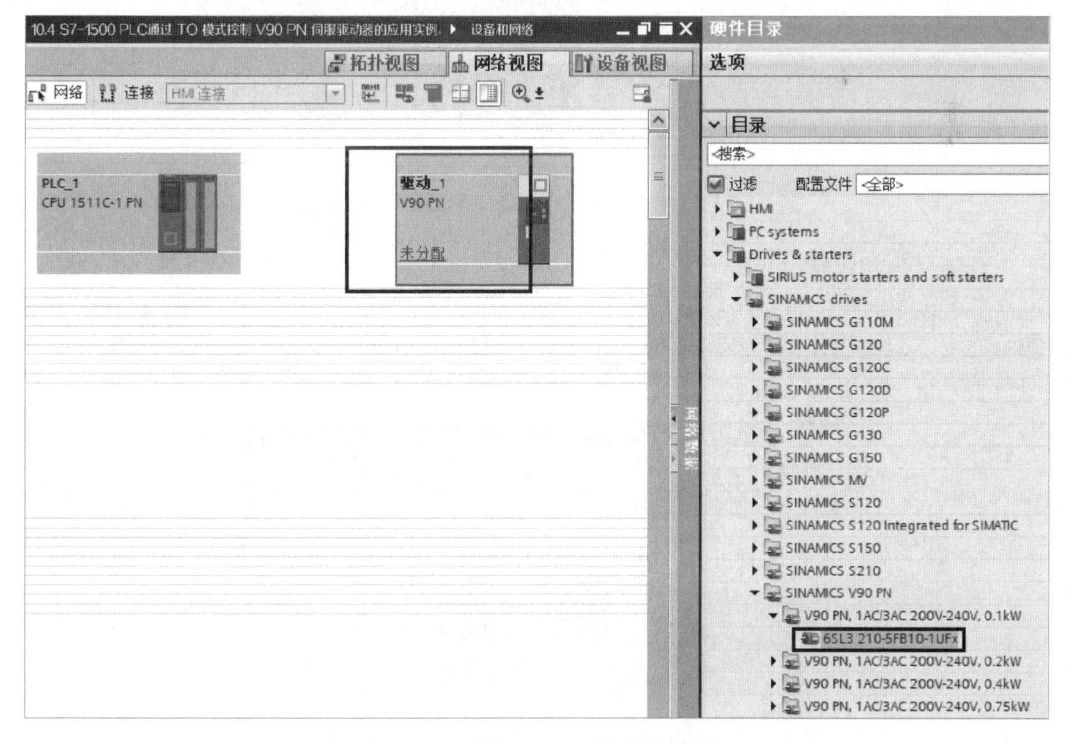

图 10-4-9　添加 V90 PN 伺服驱动器

若在“V90 PN，IAC/3AC 200V-240V，0.1kW”选项下无法找到“6SL3 210-5FB10-1UAX”模块，则说明未安装 V90 PN 伺服驱动器的 HSP 文件。可以先在西门子官网下载 V90 PN 伺服驱动器的 HSP 文件，然后选择博途软件菜单栏中的“选项”菜单中的“支持包”命令，在弹出的对话框中导入下载好的 HSP 文件，待安装完成后再进行 PROFINET 网络配置即可。

在“网络视图”标签页的工作区中，先单击 V90 PN 伺服驱动器中的“未分配”，然后单击“选择 IO 控制器 PLC_1.PROFINET 接口_1”，如图 10-4-10 所示。

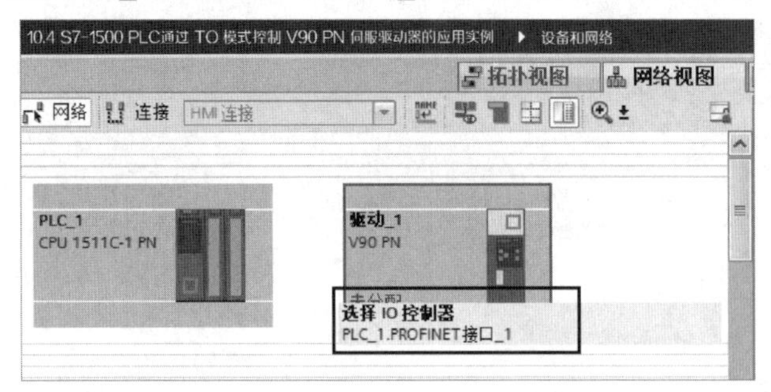

图 10-4-10 单击“选择 IO 控制器 PLC_1.PROFINET 接口_1”

完成组态的 V90 PN 伺服驱动器网络图如图 10-4-11 所示。

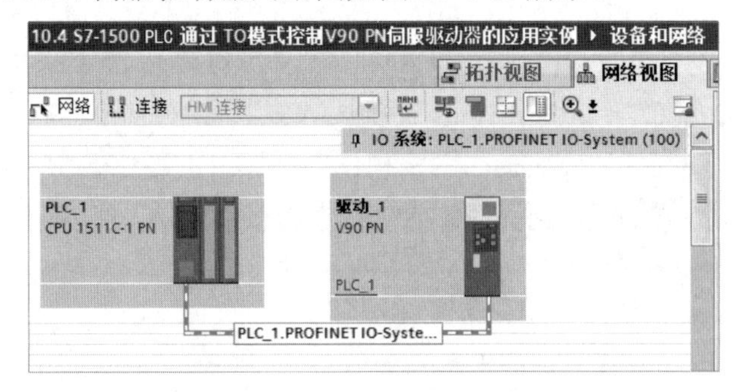

图 10-4-11 完成组态的 V90 PN 伺服驱动器网络图

第五步：组态拓扑网络。

在“设备和网络”窗口的“拓扑视图”标签页的工作区中，选中“PLC_1”的 X1.P2 接口的绿色小方框，按住鼠标左键不放拖曳出一条线到 V90 PN 伺服驱动器的 X150.P1 接口的绿色小方框后松开，连接就建立起来了，如图 10-4-12 所示。

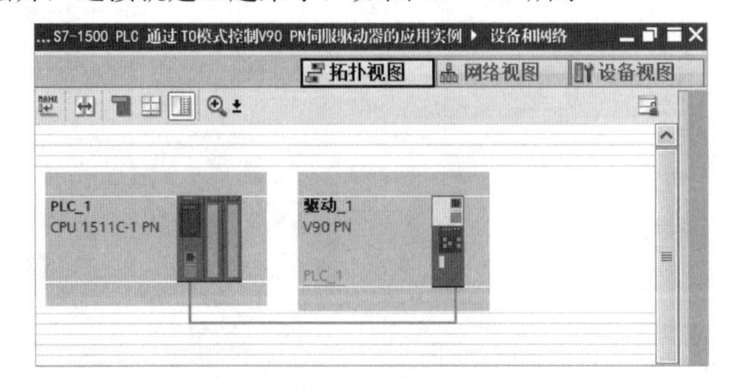

图 10-4-12 创建连接

第六步：配置 V90 PN 伺服驱动器参数。

在“网络视图”标签页的工作区中，双击 V90 PN 伺服驱动器，进入其“设备视图”标签页。依次选择“属性”→“常规”→“PROFINET 接口[X150]”→“以太网地址”选项，修改以太网 IP 地址，并取消勾选“自动生成 PROFINET 设备名称”复选框，修改“PROFINET 设备名称”为“v90-1”，如图 10-4-13 所示。PROFINET 设备名称和以太网 IP 地址必须与 V90 PN 伺服驱动器的设置保持一致。

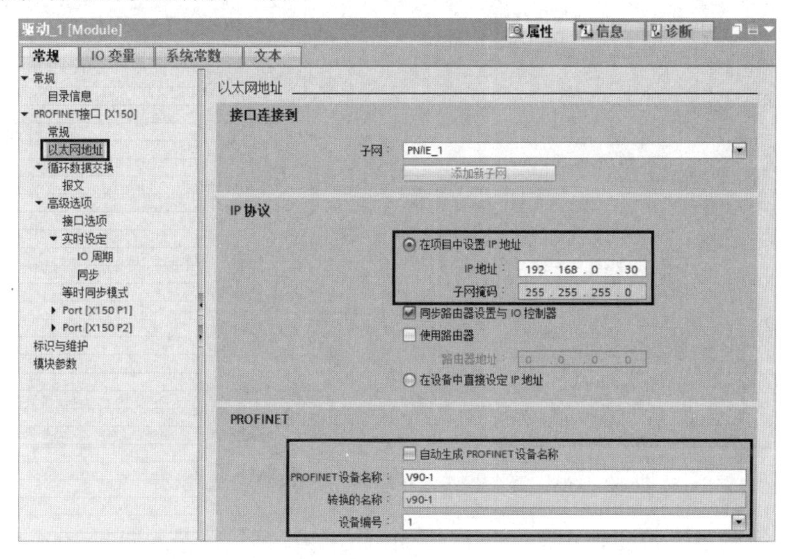

图 10-4-13 修改以太网 IP 地址和 PROFINET 设备名称

第七步：分配设备名称。

在“网络视图”标签页的工作区中，选中 V90 PN 伺服驱动器，右击，在弹出的快捷菜单中选择“分配设备名称”命令，如图 10-4-14 所示，打开“分配 PROFINET 设备名称”对话框，如图 10-4-15 所示。

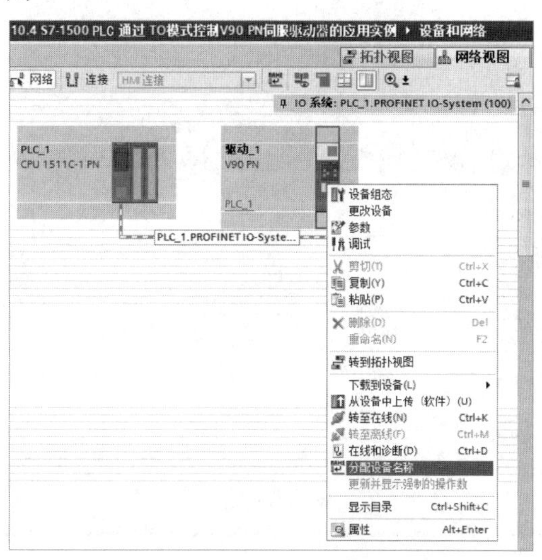

图 10-4-14 选择“分配设备名称”命令

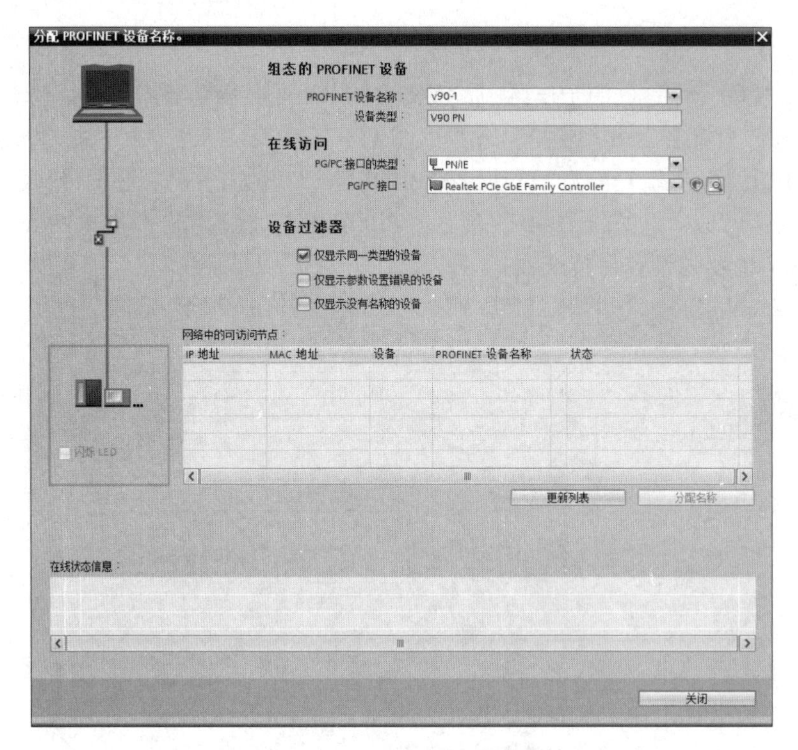

图 10-4-15 “分配 PROFINET 设备名称”对话框

单击“更新列表”按钮，更新“网络中的可访问节点”列表，如图 10-4-16 所示。

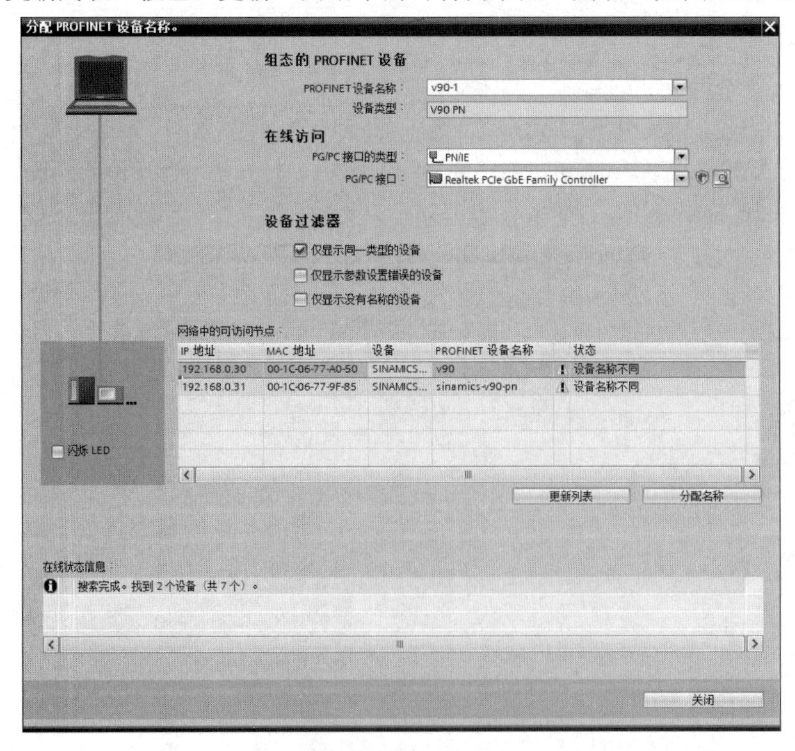

图 10-4-16 更新“网络中的可访问节点”列表

在“网络中的可访问节点”选列表中，选中“v90”单元格所在行，单击“分配名称”按钮，保证组态设备的名称和实际设备的名称一致。

第八步：组态轴工艺对象。

（1）新增一个轴工艺对象。

在“项目树”窗格中，依次选择“PLC_1[CPU 1511C-1 PN]”→“工艺对象”选项，双击“新增对象”选项，打开“新增对象”对话框，选择“运动控制”选项，在“运动控制”下拉列表中选择“TO_PositioningAxis”选项，如图 10-4-17 所示，单击“确定”按钮新增一个工艺对象。

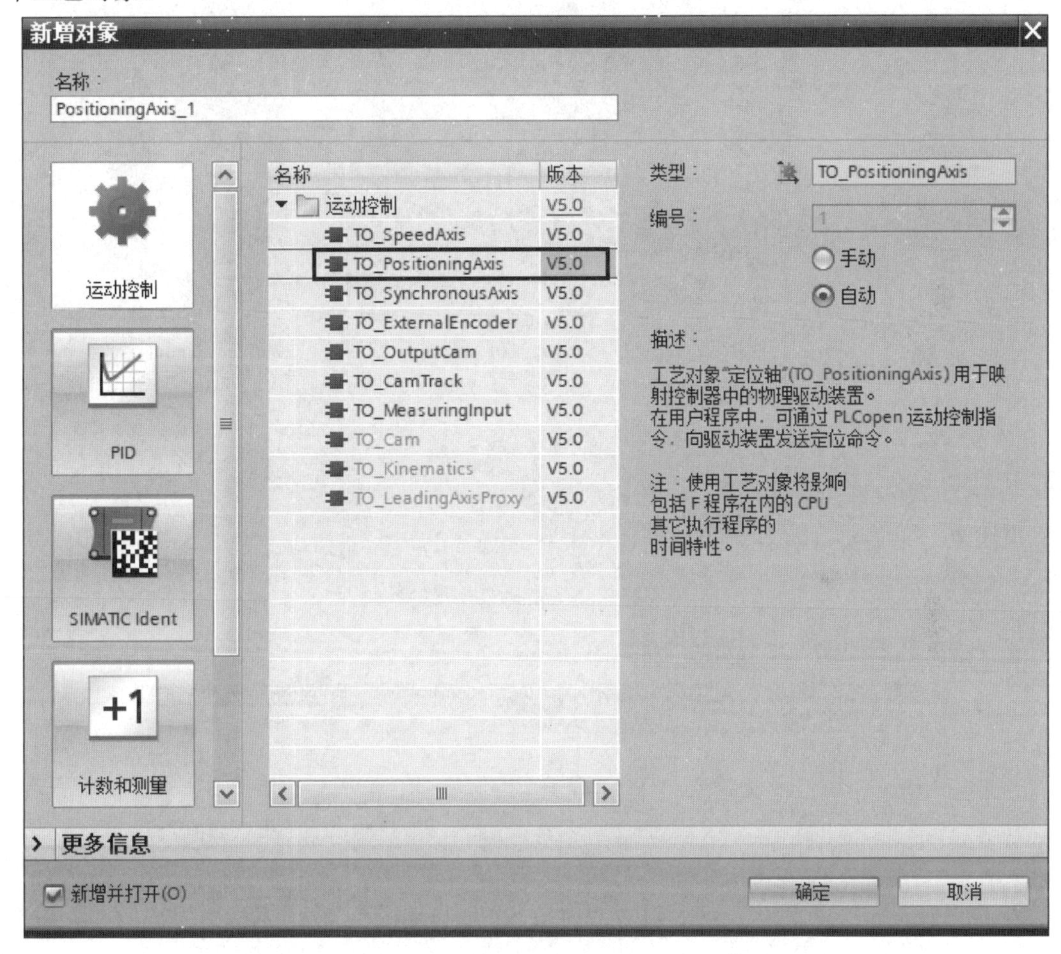

图 10-4-17　新增一个工艺对象

（2）组态基本参数。

依次选择“工艺对象”→“PositioningAxis_1”选项，双击“组态”选项，进入“基本参数设置”界面，如图 10-4-18 所示，设置基本参数。

（3）组态硬件接口参数。

硬件接口参数的组态包括驱动装置、编码器、与驱动装置进行数据交换和与编码器进行数据交换 4 部分的组态。

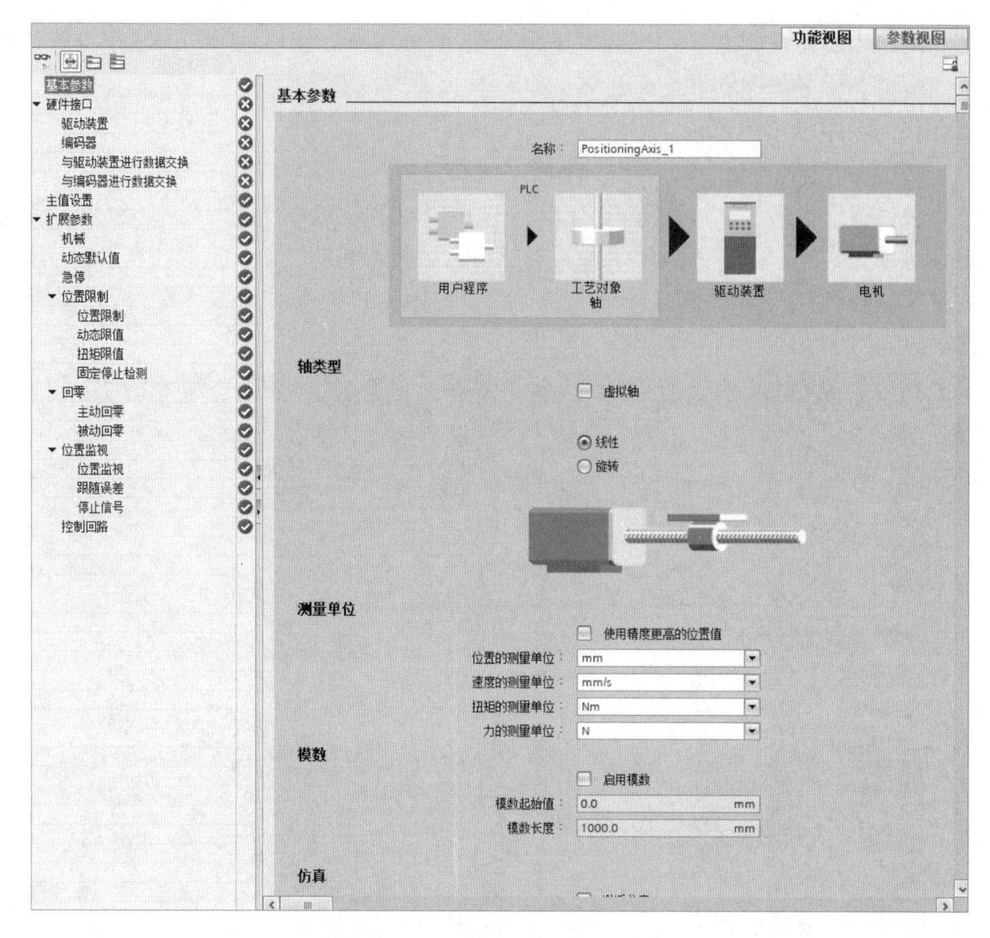

图 10-4-18 “基本参数设置”界面

① 驱动装置的组态参数如图 10-4-19 所示。

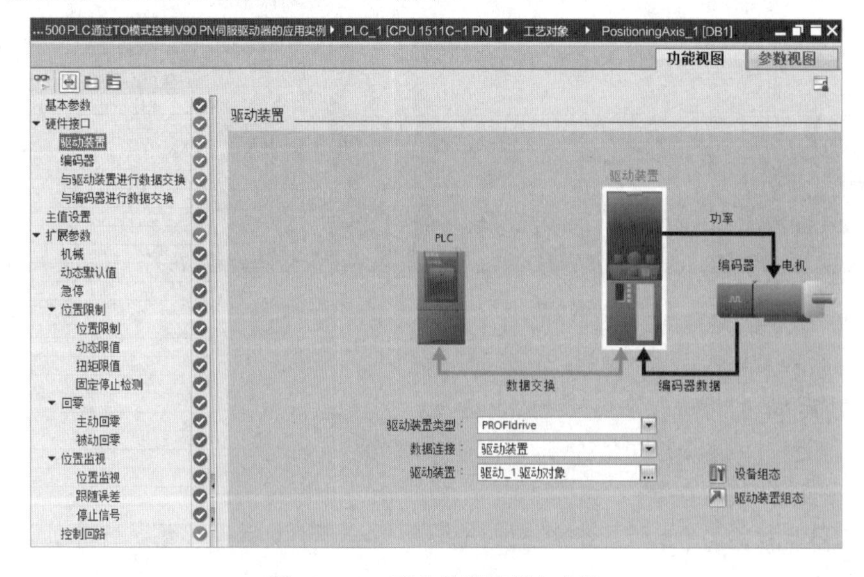

图 10-4-19 驱动装置的组态参数

② 编码器的组态参数如图 10-4-20 所示。

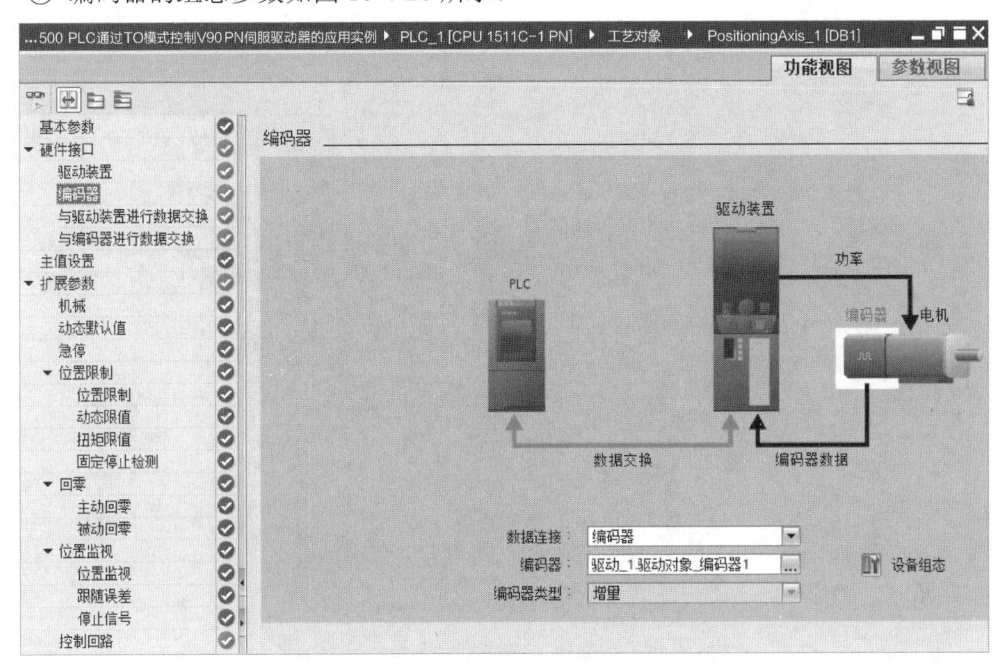

图 10-4-20　编码器的组态参数

③ 与驱动装置进行数据交换的组态参数如图 10-4-21 所示。

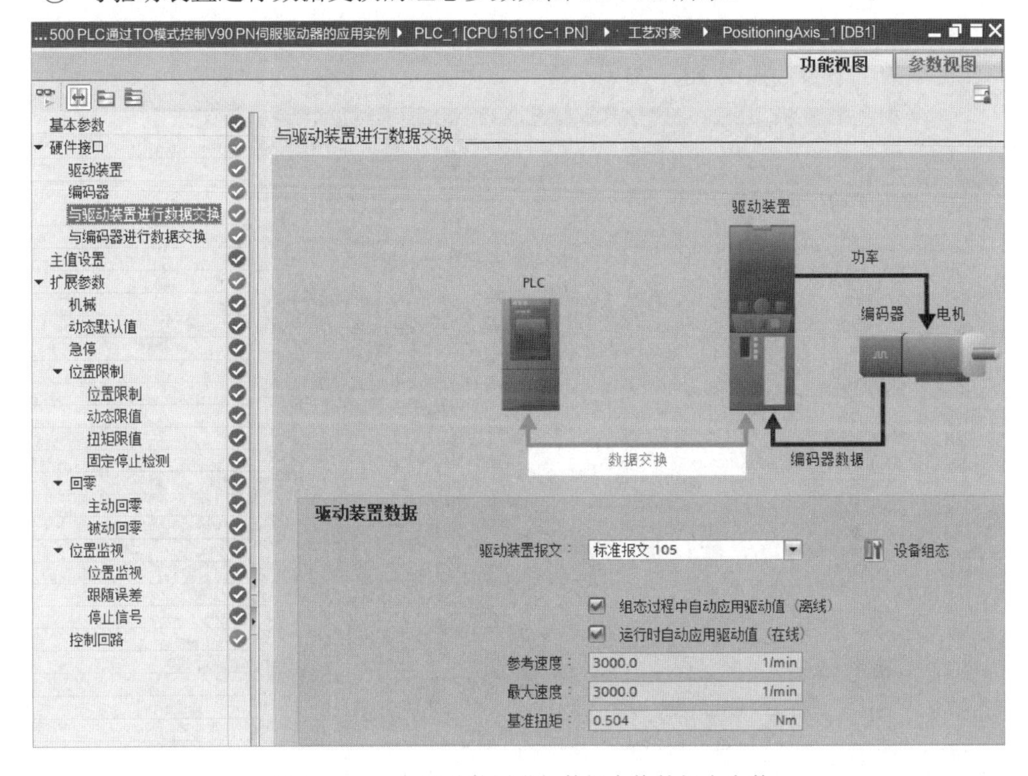

图 10-4-21　与驱动装置进行数据交换的组态参数

④ 与编码器进行数据交换的组态参数如图 10-4-22 所示。

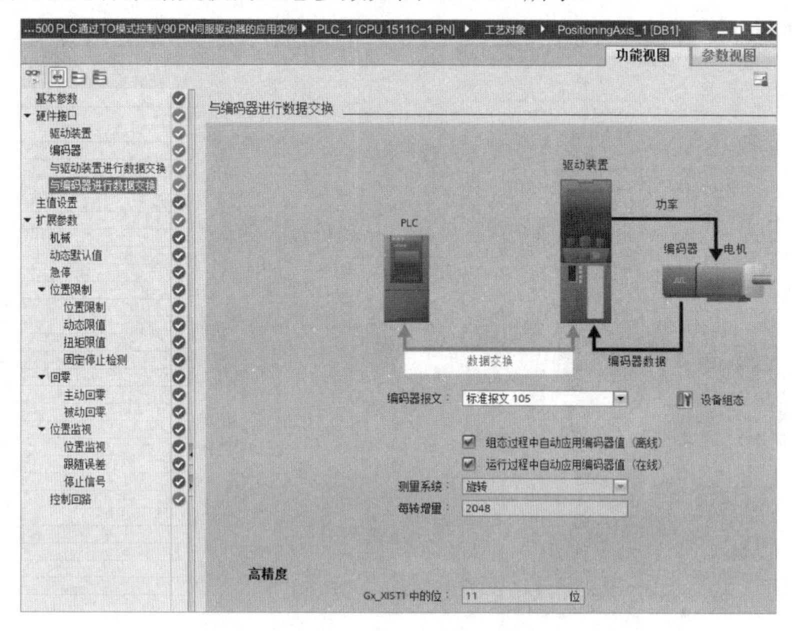

图 10-4-22　与编码器进行数据交换的组态参数

（4）组态扩展参数。

扩展参数的组态包括机械、动态默认值、急停、位置限制、回零、位置监控、控制回路等内容的组态。

① 机械的组态参数如图 10-4-23 所示。

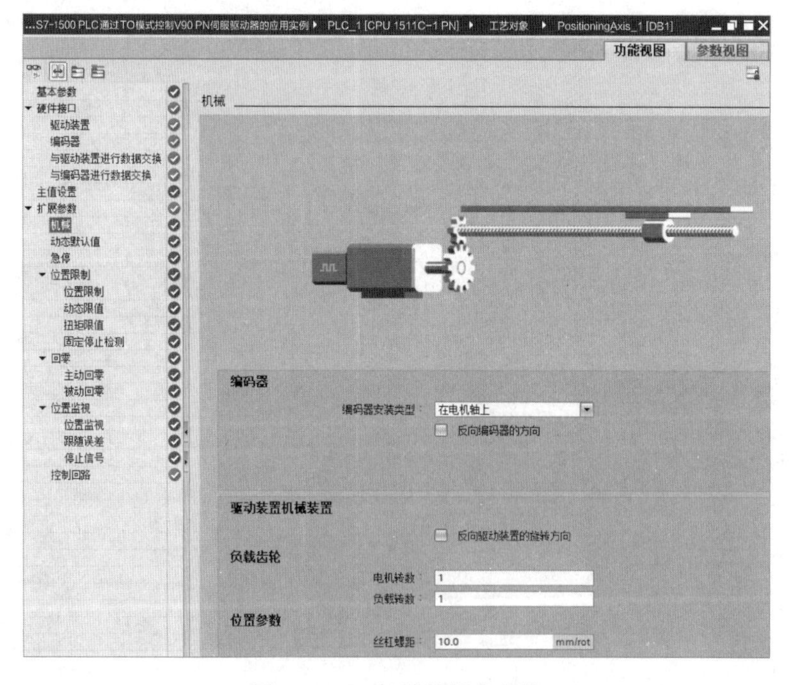

图 10-4-23　机械的组态参数

② 动态默认值的组态参数如图 10-4-24 所示。

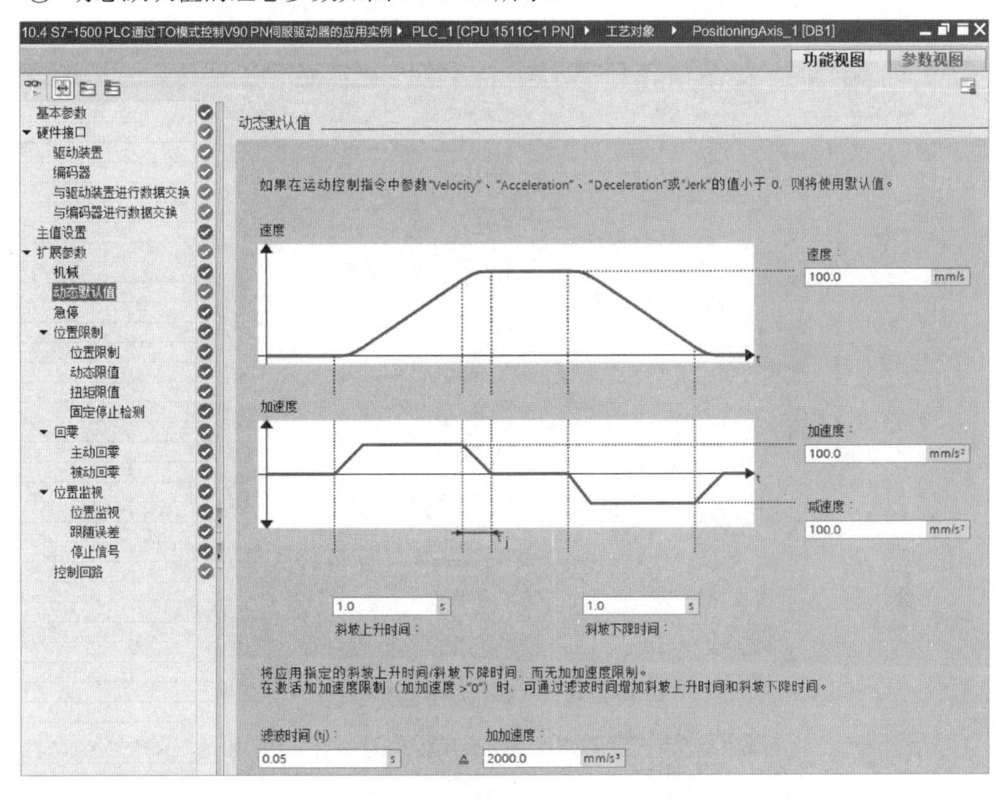

图 10-4-24　动态默认值的组态参数

③ 急停参数的组态参数如图 10-4-25 所示。

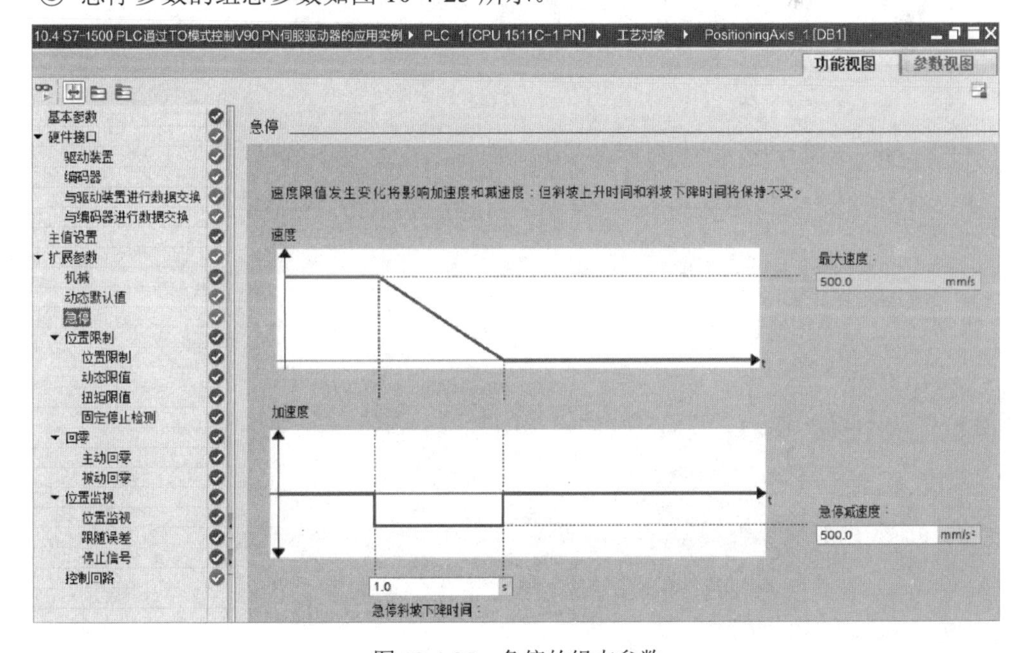

图 10-4-25　急停的组态参数

④ 位置限制的组态包括位置限制、动态限值、扭矩限值、固定停止检测 4 部分，本实例只对位置限制和动态限值进行组态，具体组态参数如图 10-4-26 和图 10-4-27 所示。

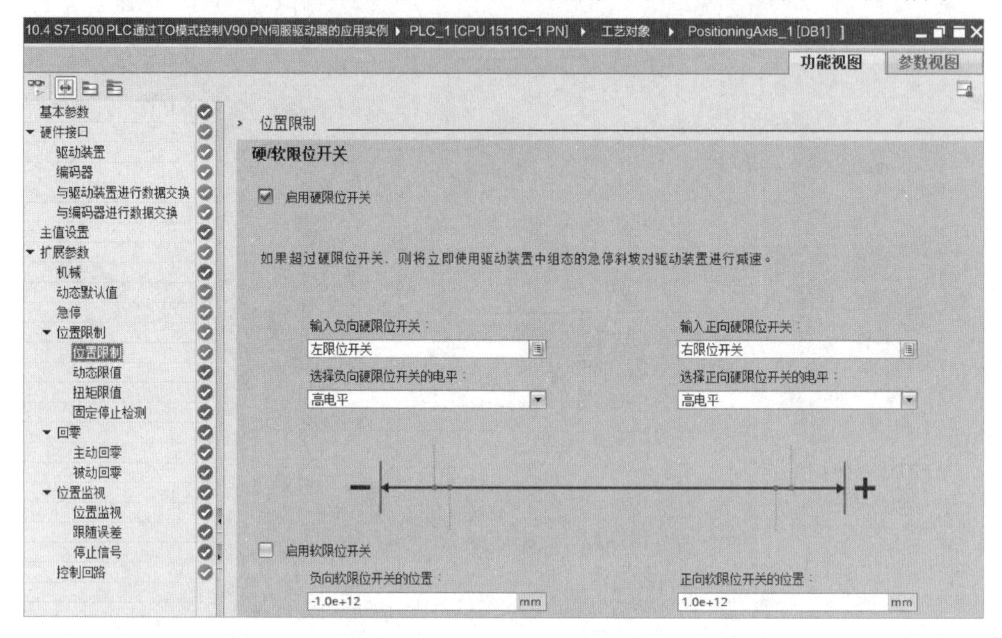

图 10-4-26 位置限制的组态参数

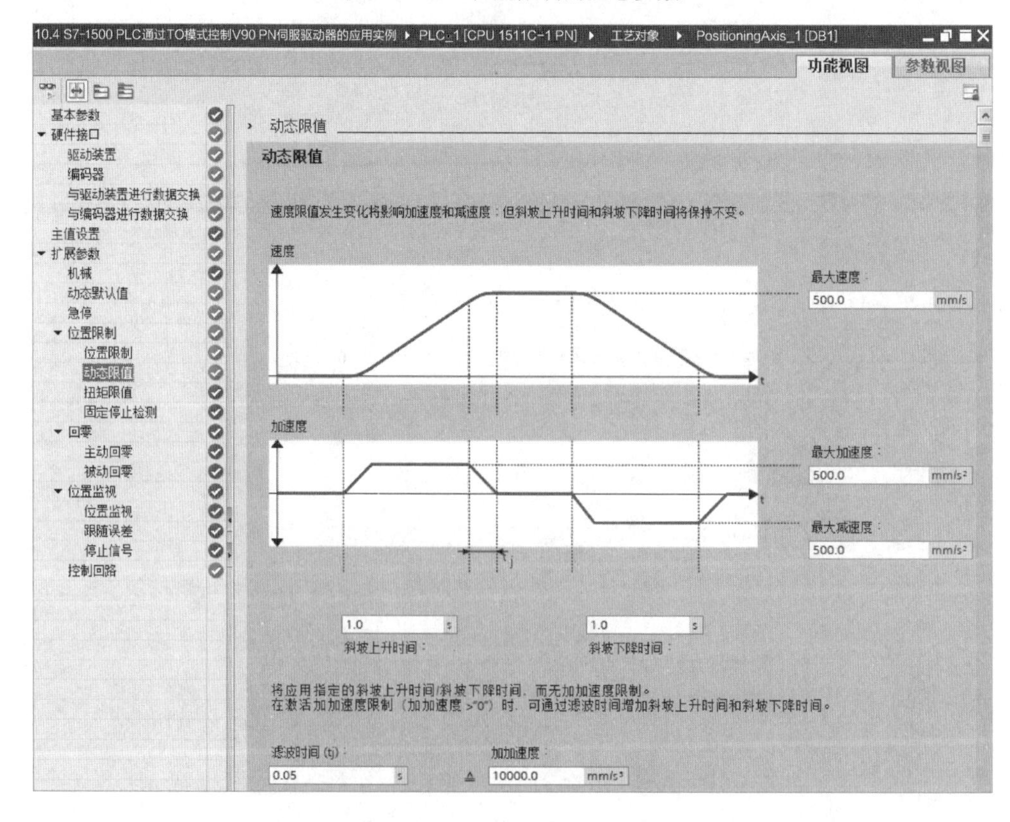

图 10-4-27 动态限值的组态参数

⑤ 回零的组态。

回零组态包括主动回零和被动回零两部分。本例使用主动回原点，因此只进行主动回零组态，具体组态参数如图 10-4-28 所示。主动回原点就是传统意义上的回原点或寻找参考点，当轴触发主动回原点操作时，轴会按照组态的速度寻找原点开关信号，并完成回原点操作。

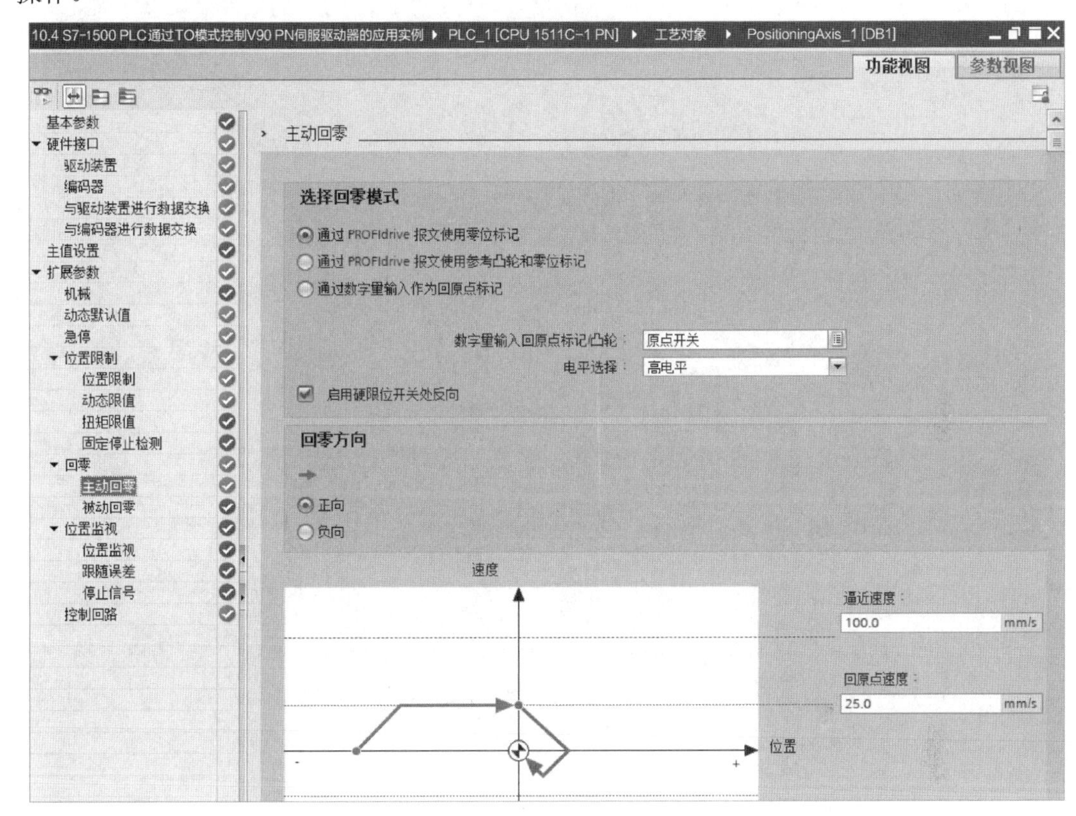

图 10-4-28　回零的组态参数

第九步：使用轴控制面板调试组态的轴。

轴控制面板是 S7-1500 PLC 运动控制中的一个重要工具，在实际的机械硬件设备制作完成前，可以先用轴控制面板来测试轴参数和实际设备接线是否正确。测试正常后可调用轴控制指令编写控制程序，具体操作如下。

先把组态好的工艺对象下载到 PLC 中，然后依次选择左侧“项目树”窗格中的“工艺对象”→“PositioningAxis_1”选项，双击“调试”选项，进入“轴控制面板”界面，如图 10-4-29 所示。

在“轴控制面板”界面的“主控制”选区中单击“激活”按钮，待激活后，在“轴”选区中单击“启用”按钮，启动轴。若轴无错误，则“轴状态”选区中的“已启用”选项和“就绪”选项均显示为绿色，“当前错误”文本框中会显示“正常”。此时就可以进行轴控制了。轴启动后，在“控件”选区可控制轴执行反向转动、正向转动及停止等操作，如图 10-4-30 所示。

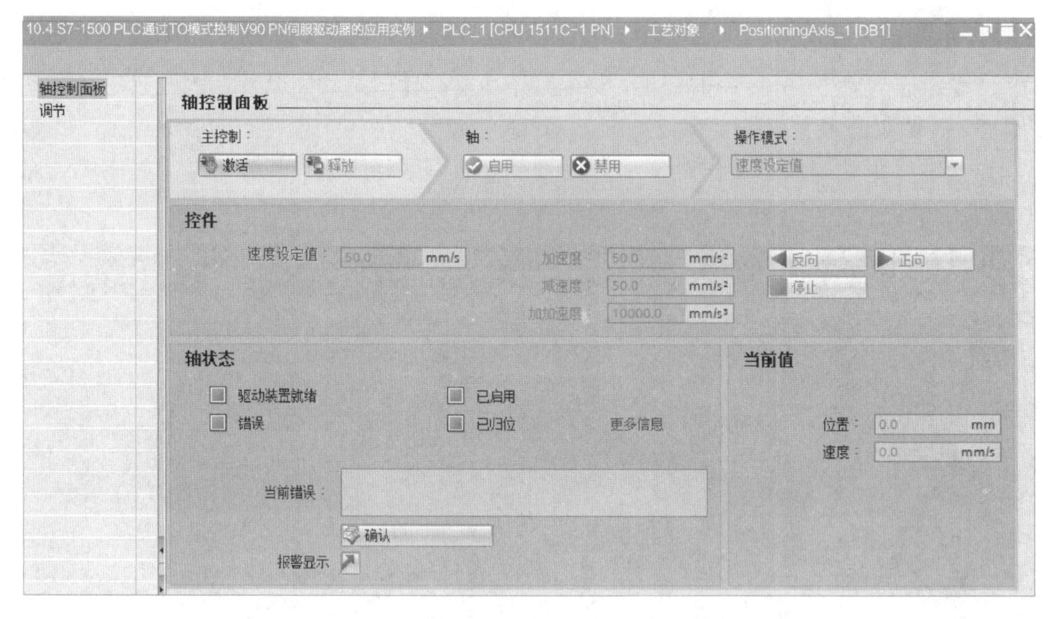

图 10-4-29 “轴控制面板”界面

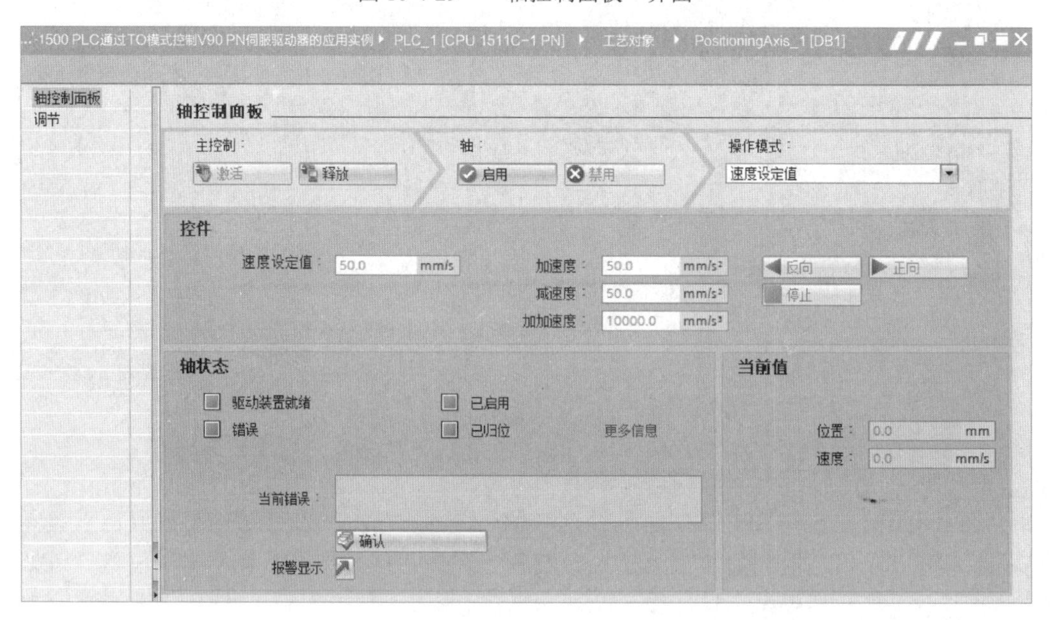

图 10-4-30 轴启动后的“轴控制面板”界面

第十步：编写组织块 OB1 主程序。

（1）调用 MC_Power 指令，编写轴使能控制程序，具体程序如图 10-4-31 所示。

（2）调用 MC_Home 指令，编写轴回原点控制程序，实现回原点功能，具体程序如图 10-4-32 所示。

（3）调用 MC_MoveAbsolute 指令，编写轴绝对位置控制程序，实现绝对定位功能，具体程序如图 10-4-33 所示。

（4）调用 MC_Halt 指令，编写轴暂停控制程序，实现轴停止的控制，具体程序如

图 10-4-34 所示。

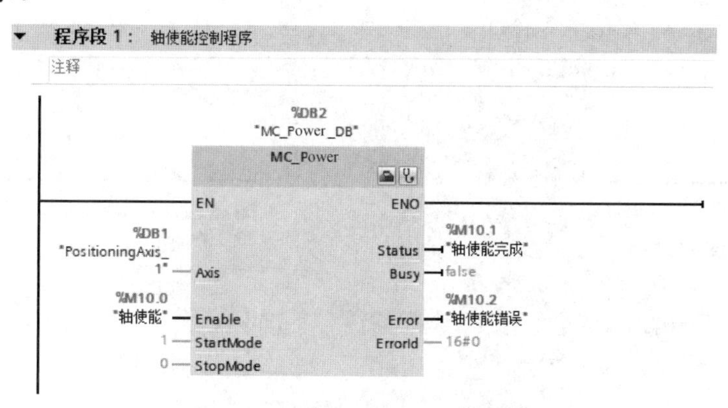

图 10-4-31　轴使能控制程序

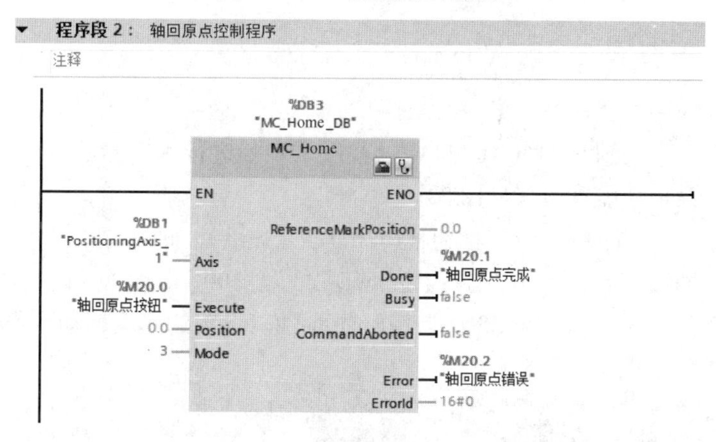

图 10-4-32　轴回原点控制程序

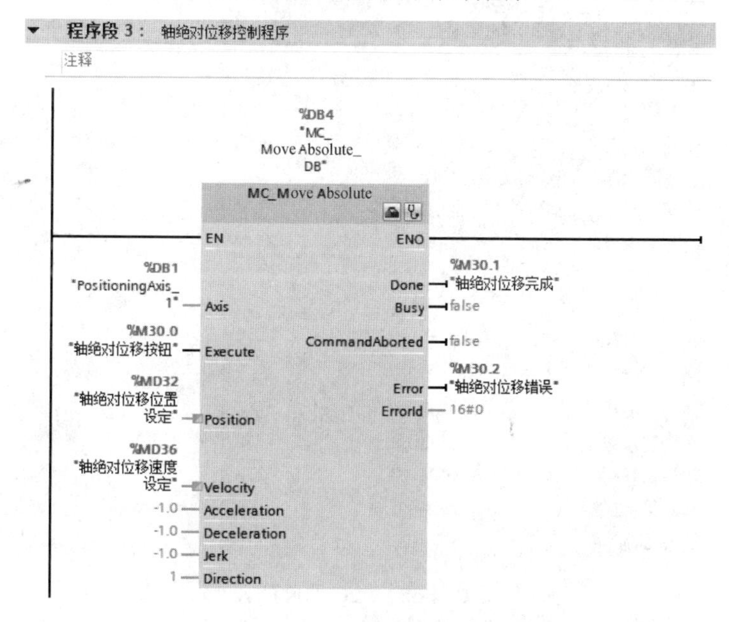

图 10-4-33　轴绝对位置控制程序

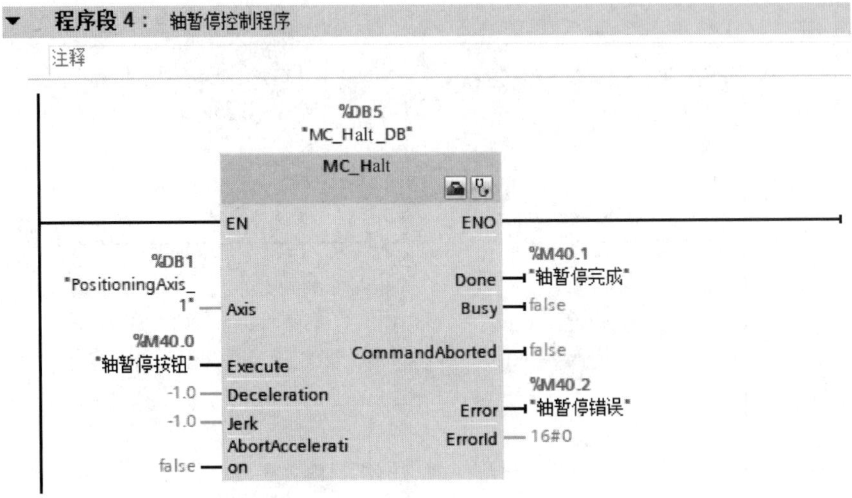

程序段 4： 轴暂停控制程序

注释

%DB5
"MC_Halt_DB"
MC_Halt
EN ENO
%DB1 "PositioningAxis_1" — Axis
%M40.0 "轴暂停按钮" — Execute
-1.0 — Deceleration
-1.0 — Jerk
false — AbortAcceleration
Done — %M40.1 "轴暂停完成"
Busy — false
CommandAborted — false
Error — %M40.2 "轴暂停错误"
ErrorId — 16#0

图 10-4-34　轴暂停控制程序

第十一步：程序测试。

程序编译后，下载到 S7-1500 CPU 中，按以下步骤进行程序测试。

（1）轴使能：轴使能置位（M10.0）。

（2）轴回原点：按下轴回原点按钮（M20.0，上升沿），轴回原点。

（3）轴绝对位移：轴绝对位移位置设定（MD32）为“100”，轴绝对位移速度设定（MD36）为“10”，按下轴绝对位移按钮（M30.0，上升沿），轴以设定的速度移动到设定的绝对位置。

PLC 的监控表如图 10-4-35 所示。

10.4 S7-1500 PLC通过TO模式控制V90 PN伺服驱动器的应用实例 ▸ PLC_1 [CPU 1511C-1 PN]

	i	名称	地址	显示格式	监视值
1		"轴使能"	%M10.0	布尔型	TRUE
2		"轴使能完成"	%M10.1	布尔型	TRUE
3		"轴使能错误"	%M10.2	布尔型	FALSE
4		"轴回原点按钮"	%M20.0	布尔型	TRUE
5		"轴回原点完成"	%M20.1	布尔型	TRUE
6		"轴回原点错误"	%M20.2	布尔型	FALSE
7		"轴绝对位移按钮"	%M30.0	布尔型	FALSE
8		"轴绝对位移位置设定"	%MD32	浮点数	100.0
9		"轴绝对位移速度设定"	%MD36	浮点数	10.0
10		"轴绝对位移完成"	%M30.1	布尔型	FALSE
11		"轴绝对位移错误"	%M30.2	布尔型	FALSE
12		"轴暂停按钮"	%M40.0	布尔型	FALSE
13		"轴暂停完成"	%M40.1	布尔型	FALSE
14		"轴暂停错误"	%M40.2	布尔型	FALSE

图 10-4-35　PLC 的监控表

10.4.4　应用经验总结

（1）在使用 TO 模式控制 V90 PN 伺服驱动器时，需要把伺服驱动器的控制模式设置为速度模式。

（2）因为 S7-1500 通过 TO 模式控制 V90 PN 伺服驱动器，所以 V90 PN 伺服驱动器需要选择 S7-1500 专用报文。

（3）当 S7-1500 通过 TO 模式控制 V90 PN 伺服驱动器时，需要在博途软件中安装 V90 PN 伺服驱动器的 HSP 文件，否则无法进行网络组态配置。由于控制网络是 IRT（等时同步）通信，因此需要进行网络组态。

10.5　S7-1500 PLC 通过 EPOS 模式控制 V90 PN 伺服驱动器的应用实例

10.5.1　功能简介

S7-1500 PLC 可以通过 PROFINET 接口连接 V90 PN 伺服驱动器，将 V90 伺服驱动器的控制模式设置为基本位置控制（EPOS），S7-1500 PLC 通过 111 报文及博途软件提供的 FB284 函数块可以实现对 V90 PN 伺服驱动器的基本定位控制。

10.5.2　指令说明

在“库”窗格中，依次选择“全局库”→“Drive_Lib_S7_1200_1500”→“模板副本”“03_SINAMICS”→“SINA_POS”选项，即 FB284 函数块，如图 10-5-1 所示。

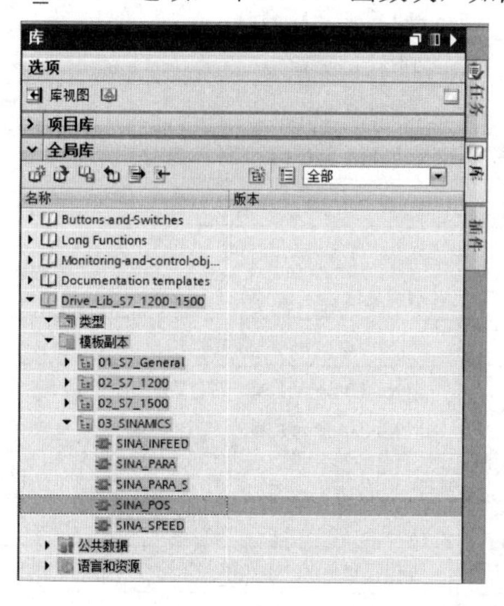

图 10-5-1　FB284 函数块

（1）指令介绍。

FB284 函数块可以循环激活伺服驱动器中的基本定位功能，实现 PLC 与 V90 PN 伺服驱动器的命令及状态周期性通信，发送驱动器的运行命令、位置及速度设定值，或者接收驱动器的状态及速度实际值等。

（2）指令参数。

FB284 函数块指令引脚参数说明如表 10-5-1 所示。

表 10-5-1　FB284 函数块指令引脚参数说明

引 脚 参 数	数 据 类 型	说　明
EN	Bool	使能输入
ENO	Bool	使能输出
ModePos	INT	运行模式。 为 1 表示相对定位； 为 2 表示绝对定位； 为 3 表示连续运行； 为 4 表示主动回原点； 为 5 表示设置回原点位置； 为 6 表示运行程序段 0～15； 为 7 表示以指定速度点动； 为 8 表示以指定距离点动
EnableAxis	Bool	伺服运行命令。 为 0 表示停止； 为 1 表示启动
CancelTraversing	Bool	为 0 表示取消当前运行任务； 为 1 表示不取消当前运行任务
IntermediateStop	Bool	为 0 表示暂停当前的运行任务；为 1 表示不暂停当前运行任务
Positive	Bool	顺时针方向运行
Negative	Bool	逆时针方向运行
Jog1	Bool	正向点动（信号源 1）
Jog2	Bool	正向点动（信号源 2）
FlyRef	Bool	为 0 表示不选择运行中回原点；为 1 表示选择运行中回原点
AckError	Bool	故障复位
ExecuteMode	Bool	激活定位工作或接收设定点
Position	DINT	当 ModePos 为 1 或 2 时，为设定的位置值； 当 ModePos 为 6 时，为程序段号
Velocity	DINT	在 MDI 模式下运行时设置的速度，单位为 LU/min
OverV	INT	所有运行模式下运行时的速度倍率，取值为 0%～199%
OverAcc	INT	直接设定值/在 MDI 模式下运行时的加速度倍率，取值为 0%～100%
OverDec	INT	直接设定值/在 MDI 模式运行时下的减速度倍率，取值为 0%～100%

续表

引脚参数	数据类型	说　明
ConfigEPos	DWORD	可以通过此引脚传输 111 报文的 STW1、STW2、EPosSTW1、EPosSTW2 中的位，传输位的对应关系如表 10-5-2 所示
HWIDSTW	HW_IO	符号名或 S7-1500 PLC 设定值槽的 HW ID（SetPoint）
HWIDZSW	HW_IO	符号名或 S7-1500 PLC 实际值槽的 HW ID（Actual Value）
AxisEnabled	Bool	驱动器已使能
AxisPosOk	Bool	到达轴的目标位置
AxisSpFixed	Bool	设定位置到达
AxisRef	Bool	回原点位置
AxisWarn	Bool	驱动器报警
AxisError	Bool	驱动器故障
Lockout	Bool	禁止接通
ActVelocity	DINT	当前速度
ActPosition	DINT	当前位置
ActMode	INT	当前激活的运行模式
EPosZSW1	Word	EposZSW1 的状态
EPosZSW2	Word	EposZSW2 的状态
ActWarn	Word	当前报警代码
ActFault	Word	当前故障代码
Error	Bool	为 1 表示错误出现
Status	Word	显示状态
DiagID	Word	扩展的通信故障

表 10-5-2　ConfigEPos 位与 111 报文位的对应关系

ConfigEPos 位	111 报文位
ConfigEPos.%X0	STW1.%X1
ConfigEPos.%X1	STW1.%X2
ConfigEPos.%X2	EPosSTW2.%X14
ConfigEPos.%X3	EPosSTW2.%X15
ConfigEPos.%X4	EPosSTW2.%X11
ConfigEPos.%X5	EPosSTW2.%X10
ConfigEPos.%X6	EPosSTW2.%X2
ConfigEPos.%X7	STW1.%X13
ConfigEPos.%X8	EPosSTW1.%X12
ConfigEPos.%X9	STW2.%X0
ConfigEPos.%X10	STW2.%X1
ConfigEPos.%X11	STW2.%X2
ConfigEPos.%X12	STW2.%X3

续表

ConfigEPos 位	111 报文位
ConfigEPos.%X13	STW2.%X4
ConfigEPos.%X14	STW2.%X7
ConfigEPos.%X15	STW1.%X14
ConfigEPos.%X16	STW1.%X15
ConfigEPos.%X17	EPosSTW1.%X6
ConfigEPos.%X18	EPosSTW1.%X7
ConfigEPos.%X19	EPosSTW1.%X11
ConfigEPos.%X20	EPosSTW1.%X13
ConfigEPos.%X21	EPosSTW2.%X3
ConfigEPos.%X22	EPosSTW2.%X4
ConfigEPos.%X23	EPosSTW2.%X6
ConfigEPos.%X24	EPosSTW2.%X7
ConfigEPos.%X25	EPosSTW2.%X12
ConfigEPos.%X26	EPosSTW2.%X13
ConfigEPos.%X27	STW2.%X5
ConfigEPos.%X28	STW2.%X6
ConfigEPos.%X29	STW2.%X8
ConfigEPos.%X30	STW2.%X9

可通过 ConfigEPos 引脚给 V90 伺服驱动器传输硬件限位使能、回原点开关信号等。注意：如果程序中对此引脚分配了变量，那么必须保证初始值为 3，即只有 ConfigEPos.%X0 和 ConfigEPos.%X1 都为 1，驱动器才能运行。

10.5.3 实例内容

（1）实例名称：10.5 S7-1500 PLC 通过 EPOS 模式控制 V90 PN 伺服驱动器的应用实例。

（2）实例描述：运行控制示意图如图 10-5-2 所示。按下回原点按钮后，工作台回到原点；按下启动按钮后，工作台以 10.0mm/s 的速度从原点移动到距离原点 100mm 处停止；运行过程中按下停止按钮，工作台停止运行；再次按下启动按钮，工作台继续运行，并在距原点 100mm 处停止。

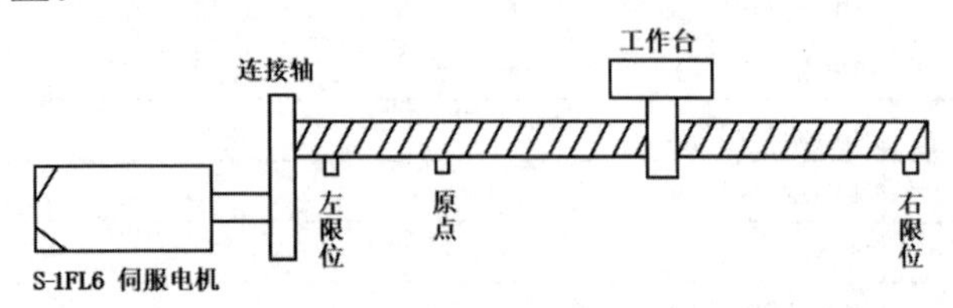

图 10-5-2　运动控制示意图

（3）硬件组成：① CPU 1511C-1 PN，1 台，订货号：6ES7 511-1CK01-0AB0。② V90 伺服驱动器，1 台，订货号：6SL3210-5FB10-1UA2。③ S-1FL6 伺服电机，1 台，订货号：1FL6024-2AF21-1AA1。④四口交换机，1 台。⑤ 编程计算机，1 台，已安装博途 STEP 7

专业版 V16 软件和 V-ASSISTANT 调试软件 V1.07。

10.5.4　实例实施

1．S7-1500 PLC 的接线图

S7-1500 PLC 与 V90 PN 伺服驱动器通过 PROFINET 接口进行数据交换，所以 S7-1500 PLC 的接线图只包括外部 I/O 点，如图 10-5-3 所示。

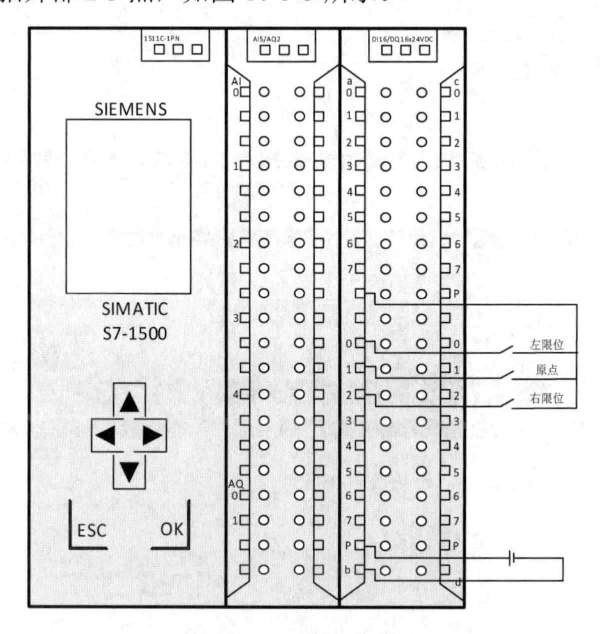

图 10-5-3　S7-1500 PLC 接线图

2．V90 PN 伺服驱动器的基本参数配置

通过 V-ASSISTANT 调试软件设置 V90 PN 伺服驱动器的 IP 地址、设备名称，并选择通信报文类型。

第一步：设置设备名称和 IP 地址。

在 V-ASSISTANT 调试软件的“网络视图”对话框中，选择需要调试的 V90 PN 伺服驱动器，单击“设备信息”按钮，进入“设备信息”对话框，设置设备名称和 IP 地址，如图 10-5-4 所示。

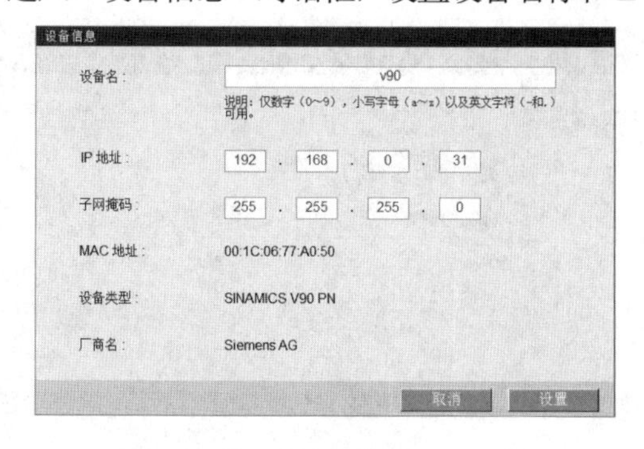

图 10-5-4　“设备信息”对话框

第二步：选择驱动并设置控制模式。

在设备调试界面中，选择“选择驱动”选项，调试软件自动读取在线驱动器和电机的型号，将“控制模式”设置为“基本定位器控制”，如图 10-5-5 所示。

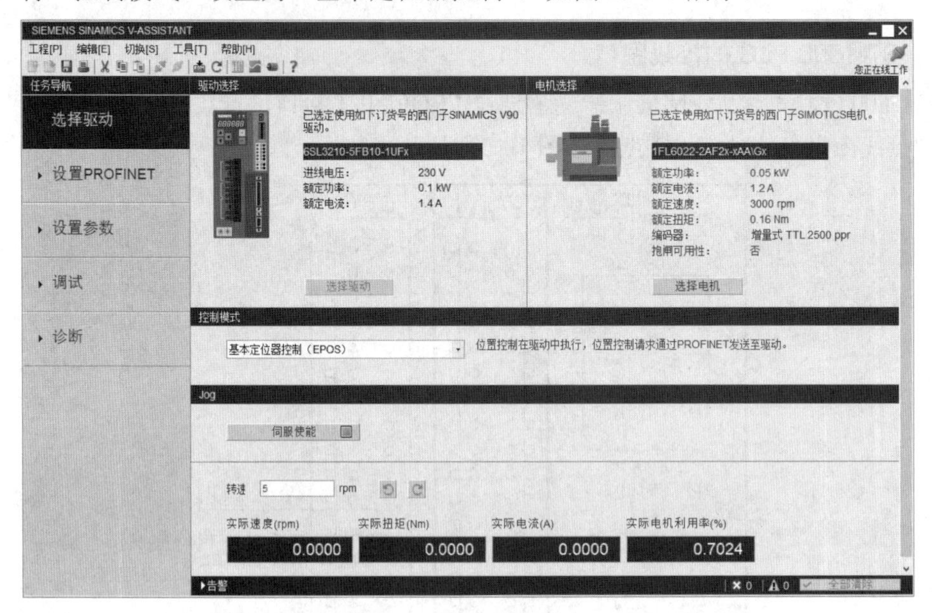

图 10-5-5 设置 V90 PN 伺服驱动器的控制模式

通过 Jog 功能测试驱动器运行情况。

第三步：选择通信报文类型。

单击“设置 PROFINET”下拉按钮，选择“选择报文”选项，在“当前报文”下拉列表中选择“111：西门子报文 111，PZD-12/12”，如图 10-5-6 所示。

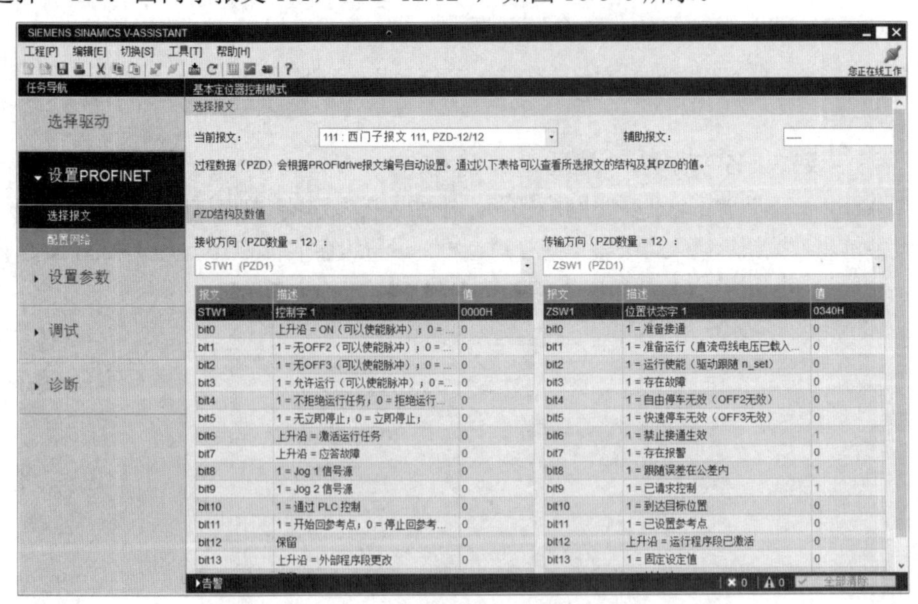

图 10-5-6 设置 V90 PN 伺服驱动器的通信报文类型

第四步：设置机械结构参数。

依次选择“设置参数”→“设置机械结构”选项，配置相应的机械结构及负载每转一圈对应的长度单位。本实例选择的机械结构为丝杆，丝杆转一圈工作台移动 10mm，工作台转一圈对应的长度设置为 10000LU（1LU=1μm），如图 10-5-7 所示。

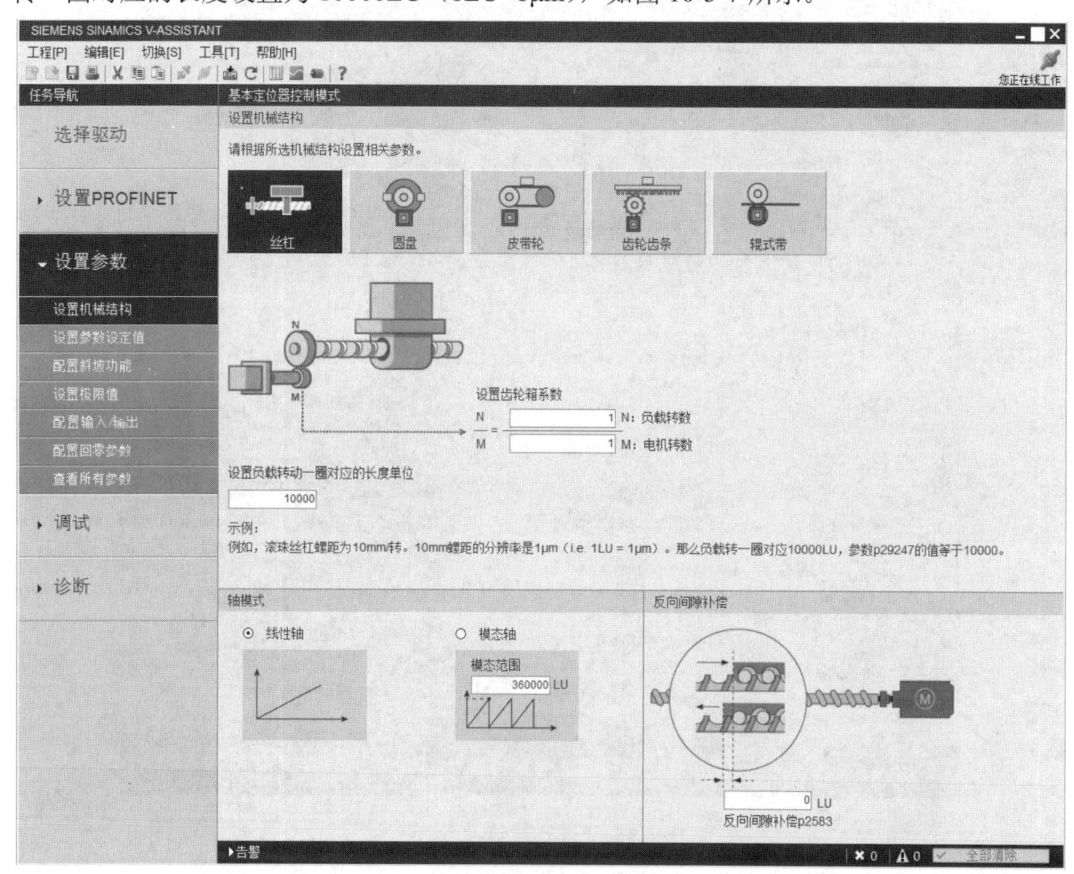

图 10-5-7　机械结构参数

3. PLC 程序编写

第一步：新建项目及组态 CPU。

打开博途软件，在 Portal 视图中选择“创建新项目”选项，在弹出的界面中输入项目名称（10.5 S7-1500 PLC 通过 EPOS 模式控制 V90 PN 伺服驱动器的应用实例）、路径和作者等信息，单击“创建”按钮，生成新项目。

进入项目视图，在左侧的“项目树”窗格中，双击“添加新设备”选项，弹出“添加新设备”对话框，如图 10-5-8 所示，选择 CPU 的订货号和版本，必须与实际设备相匹配，单击“确定”按钮。

第二步：设置 CPU 属性。

在“项目树”窗格中，单击“PLC_1[CPU 1511C-1 PN]”下拉按钮，双击“设备组态”选项，在“设备视图”标签页的工作区中，选中“PLC_1”，依次选择巡视窗格中的“属

性”→“常规”→“PROFINET 接口[X1]”→“以太网地址”选项，修改以太网 IP 地址，如图 10-5-9 所示。

图 10-5-8 “添加新设备”对话框

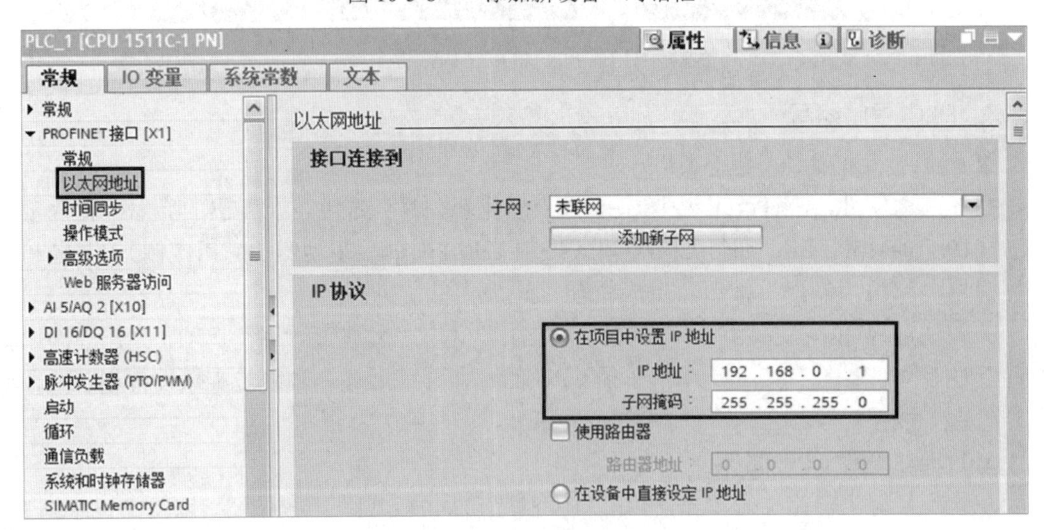

图 10-5-9 修改以太网 IP 地址

第三步：新建 PLC 变量表。

在“项目树”窗格中，依次选择“PLC_1[CPU 1511C-1 PN]”→“PLC 变量”选项，双击“添加新变量表”选项，添加新变量表。将新添加的变量表命名为“PLC 变量表”，并在“PLC 变量表”中新建变量，如图 10-5-10 所示。

PLC变量表

	名称	数据类型	地址 ▲	保持
1	左限位开关	Bool	%I11.0	
2	原点开关	Bool	%I11.1	
3	右限位开关	Bool	%I11.2	
4	运行模式	Int	%MW12	
5	伺服使能	Bool	%M14.0	
6	急停	Bool	%M14.1	
7	停止	Bool	%M14.2	
8	正向	Bool	%M14.3	
9	反向	Bool	%M14.4	
10	正向点动	Bool	%M14.5	
11	反向点动	Bool	%M14.6	
12	返回原点	Bool	%M14.7	
13	故障确认	Bool	%M15.0	
14	运行控制	Bool	%M15.1	
15	位置设置	DInt	%MD20	
16	速度设置	DInt	%MD24	
17	伺服状态	Bool	%M30.0	
18	到达目标	Bool	%M30.1	
19	设定值固定	Bool	%M30.2	
20	原点位置	Bool	%M30.3	
21	伺服报警	Bool	%M30.4	
22	伺服故障	Bool	%M30.5	
23	禁止接通	Bool	%M30.6	
24	错误出现	Bool	%M30.7	
25	当前速度	DInt	%MD50	
26	当前位置	DInt	%MD54	
27	当前模式	Int	%MW60	
28	EposZSW1状态	Word	%MW62	
29	EposZSW2状态	Word	%MW64	
30	报警编号	Word	%MW66	
31	故障编号	Word	%MW70	
32	当前状态	Word	%MW72	
33	拓展通讯错误	Word	%MW74	

图 10-5-10　PLC 变量表

第四步：组态 PROFINET 网络。

在“项目树”窗格中，选择“设备和网络”选项，在右侧“硬件目录”窗格中依次选择“Other field devices”→“PRFINET IO”→“Drives”→“SIEMENS AG”→“SINAMICS”选项，然后双击“SINAMICS V90 PN V1.0”模块（V90 PN 伺服驱动器）或拖曳“SINAMICS V90 PN V1.0”模块到“网络视图”标签页中，如图 10-5-11 所示。

图 10-5-11　添加 V90 PN 伺服驱动器

若在“SINAMICS”选项下无法找到“SINAMICS V90 PN V1.0”模块，则说明未安装 V90 PN 伺服驱动器的 GSD 文件。可先在西门子官网下载 V90 PN 伺服驱动器的 GSD 文件，然后选择博途软件菜单栏中的“选项”菜单中的“管理通用站描述文件（GSD）”命令，在弹出的对话框中导入下载好的 GSD 文件，安装完成后即可对 V90 PN 伺服驱动器 PROFINET 网络进行组态。

在“网络视图”标签页的工作区中，先单击 V90 PN 伺服驱动器上的“未分配”，然后单击“选择 IO 控制器 PLC_1.PROFINET 接口_1”，如图 10-5-12 所示。

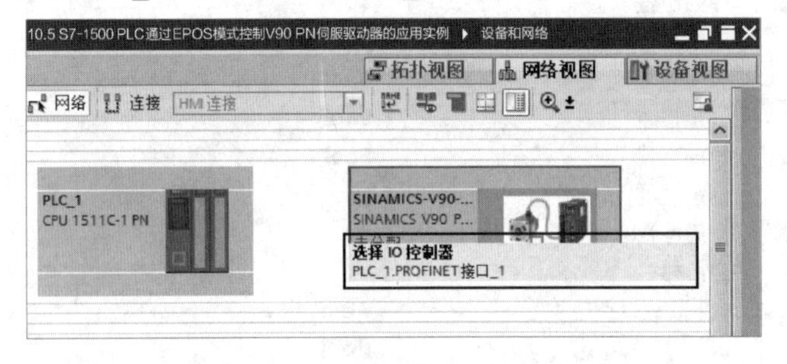

图 10-5-12　单击“选择 IO 控制器 PLC_1.PROFINET 接口_1”

完成组态的 V90 PN 伺服驱动器网络图如图 10-5-13 所示。

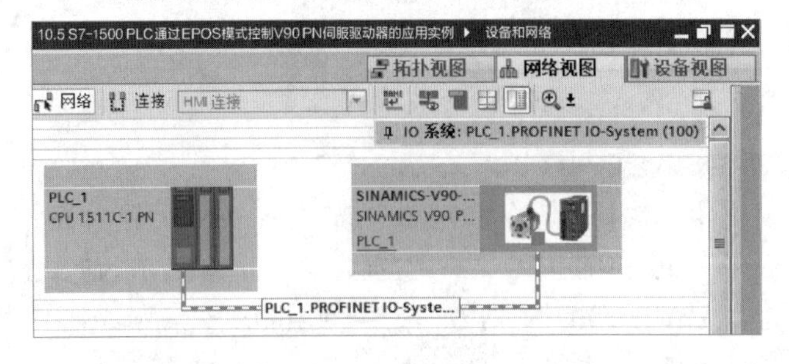

图 10-5-13　完成组态的 V90 PN 伺服驱动器网络图

第五步：配置 V90 PN 伺服驱动器参数。

在“网络视图”标签页的工作区中，双击 V90 PN 伺服驱动器，进入 V90 PN 伺服驱动器的“设备视图”标签页。依次选择“属性”→“常规”→“PROFINET 接口[X150]”→“以太网地址”选项，修改以太网 IP 地址，并取消勾选“自动生成 PROFINET 设备名称”复选框，修改“PROFINET 设备名称”为“v90-2”，如图 10-5-14 所示。以太网 IP 地址和 PROFINET 设备名称必须与 V90 PN 伺服驱动器的设置保持一致。

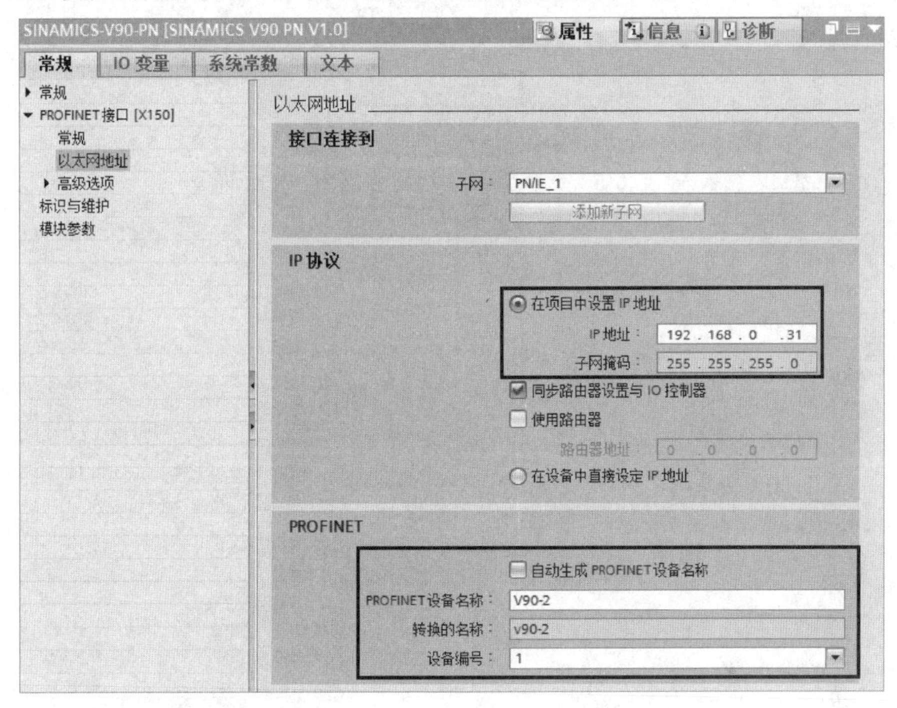

图 10-5-14　修改以太网 IP 地址和 PROFINET 设备名称

打开 V90 PN 伺服驱动器的“设备概览”选项卡，在“硬件目录”窗格中找到“Submodules”选项，双击“西门子报文 111，PZD-12/12”模块或拖曳“西门子报文 111，PZD-12/12”模块至“设备概览”选项卡中的插槽 13，如图 10-5-15 所示。

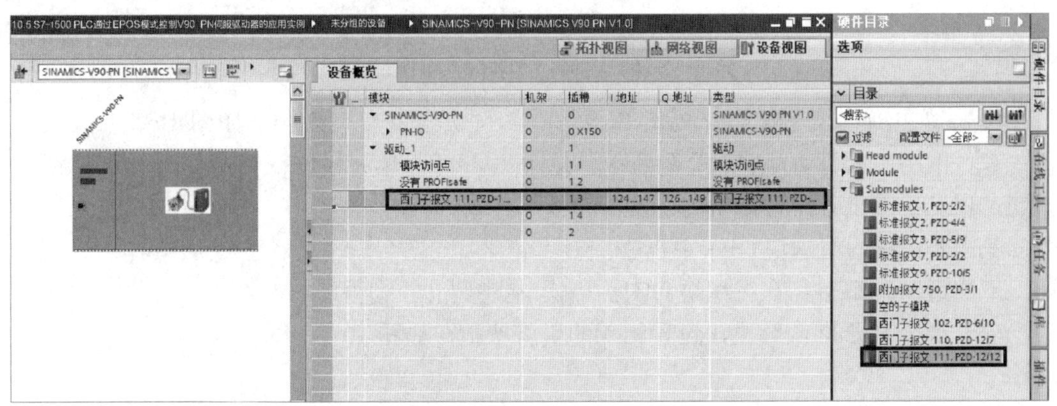

图 10-5-15　配置 V90 PN 伺服驱动器通信报文类型

第六步：分配设备名称。

在“网络视图”标签页的工作区中，选中 V90 PN 伺服驱动器，右击，在弹出的快捷菜单中选择“分配设备名称”命令，如图 10-5-16 所示，打开“分配 PROFINET 设备名称”对话框，如图 10-5-17 所示。

图 10-5-16 选择“分配设备名称”命令

单击“更新列表”按钮，更新“网络中的可访问节点”列表，如图 10-5-18 所示。

在“网络中的可访问节点”列表中，选中“v90-2”单元格所在行，单击“分配名称”按钮，保证组态设备的名称和实际设备的名称一致。

第七步：编写组织块 OB1 主程序。

双击组织块 OB1，在组织块 OB1 中编写本实例的控制程序。

（1）调用 FB284 函数块，设置相应的引脚参数，如图 10-5-19 所示。

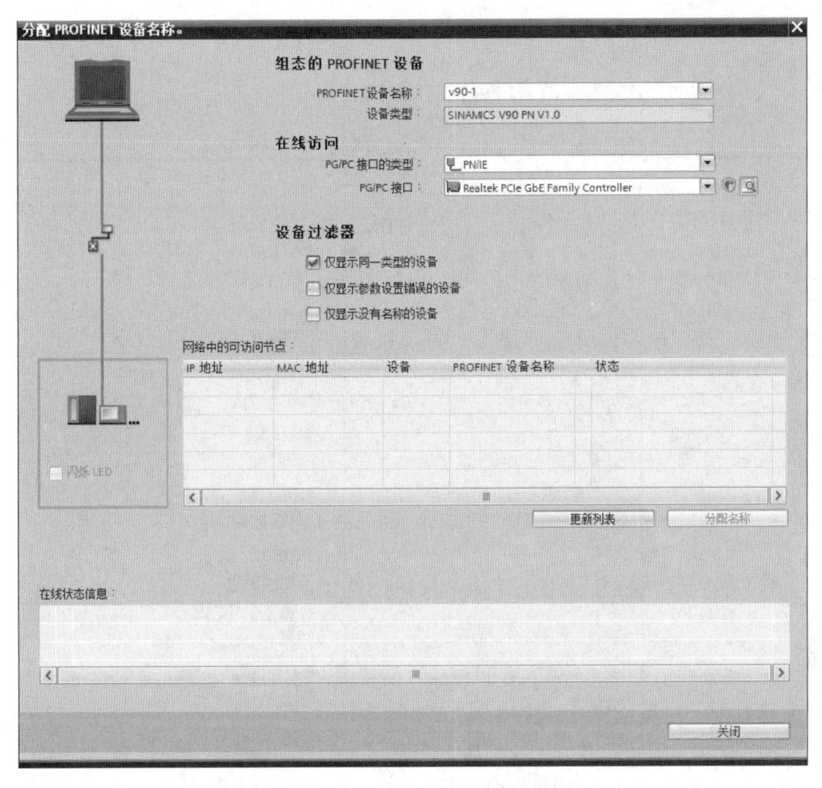

图 10-5-17　“分配 PROFINET 设备名称”对话框

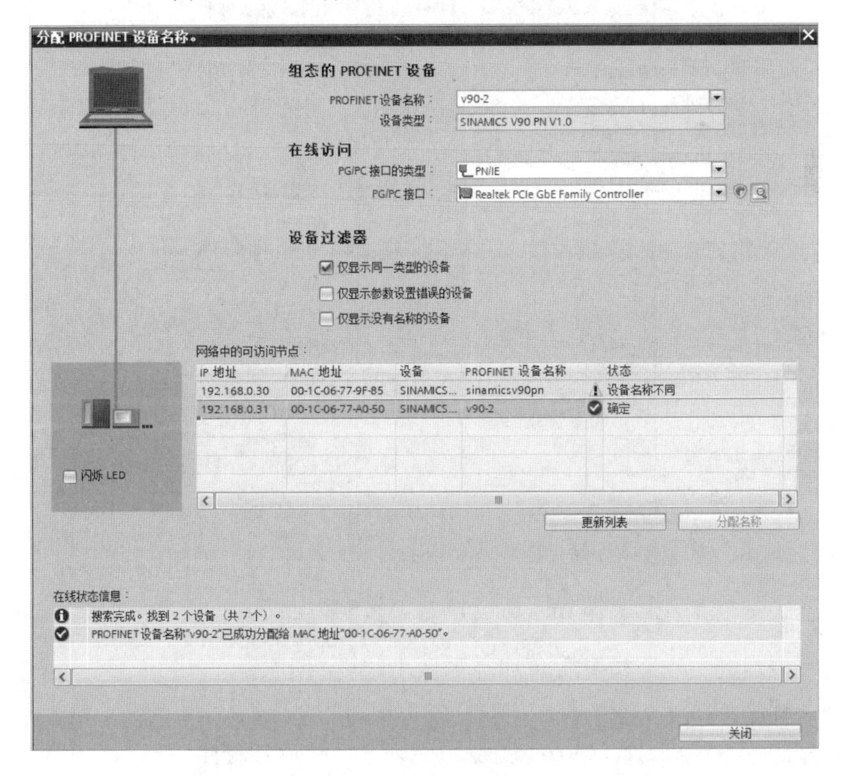

图 10-5-18　更新“网络中的可访问节点”列表

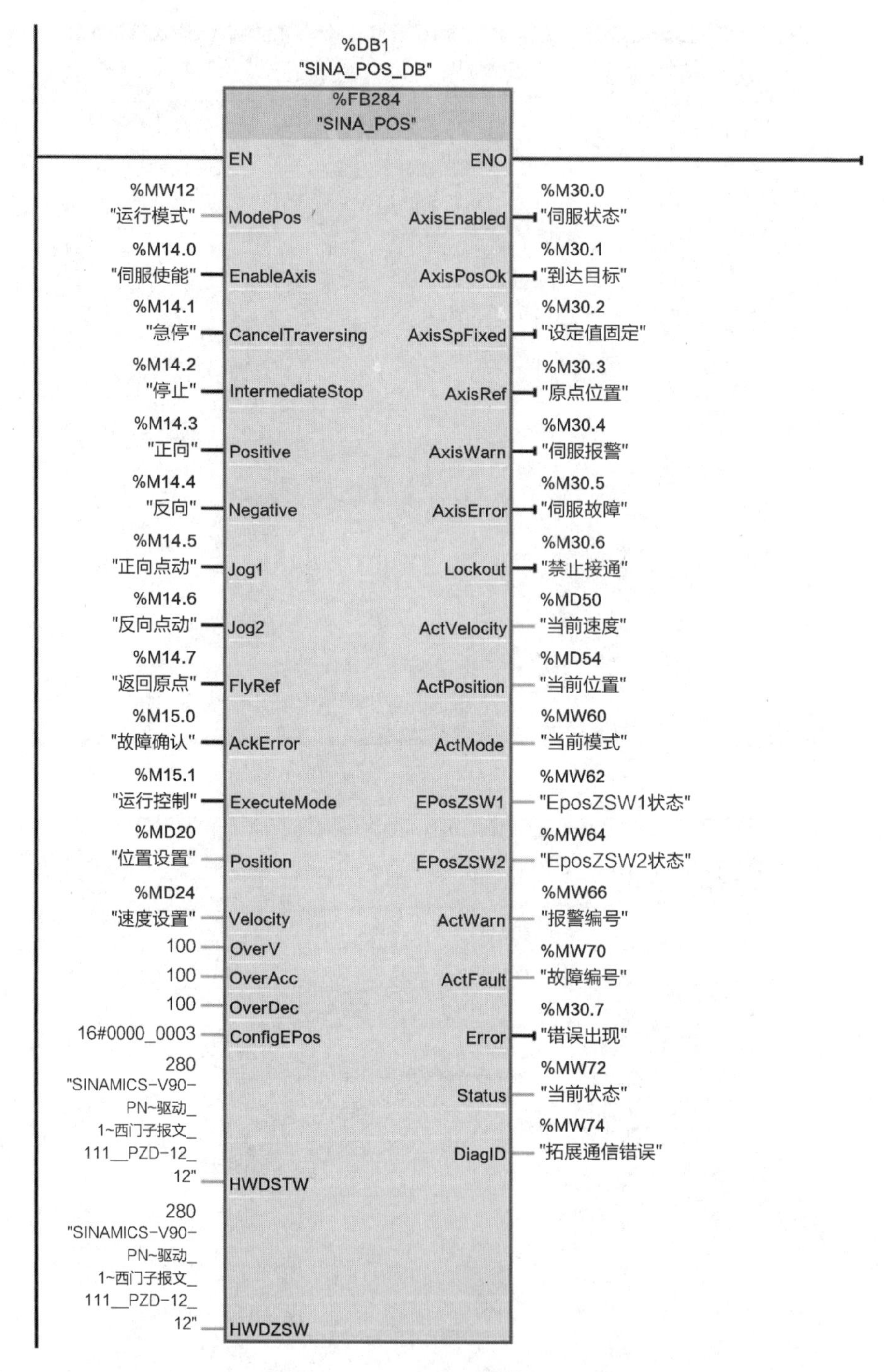

图 10-5-19　FB284 函数块引脚参数

（2）编写原点开关和限位开关程序，如图 10-5-20 所示。

第八步：程序测试。

程序编译后，下载到 S7-1500 CPU 中，按以下步骤进行程序测试。

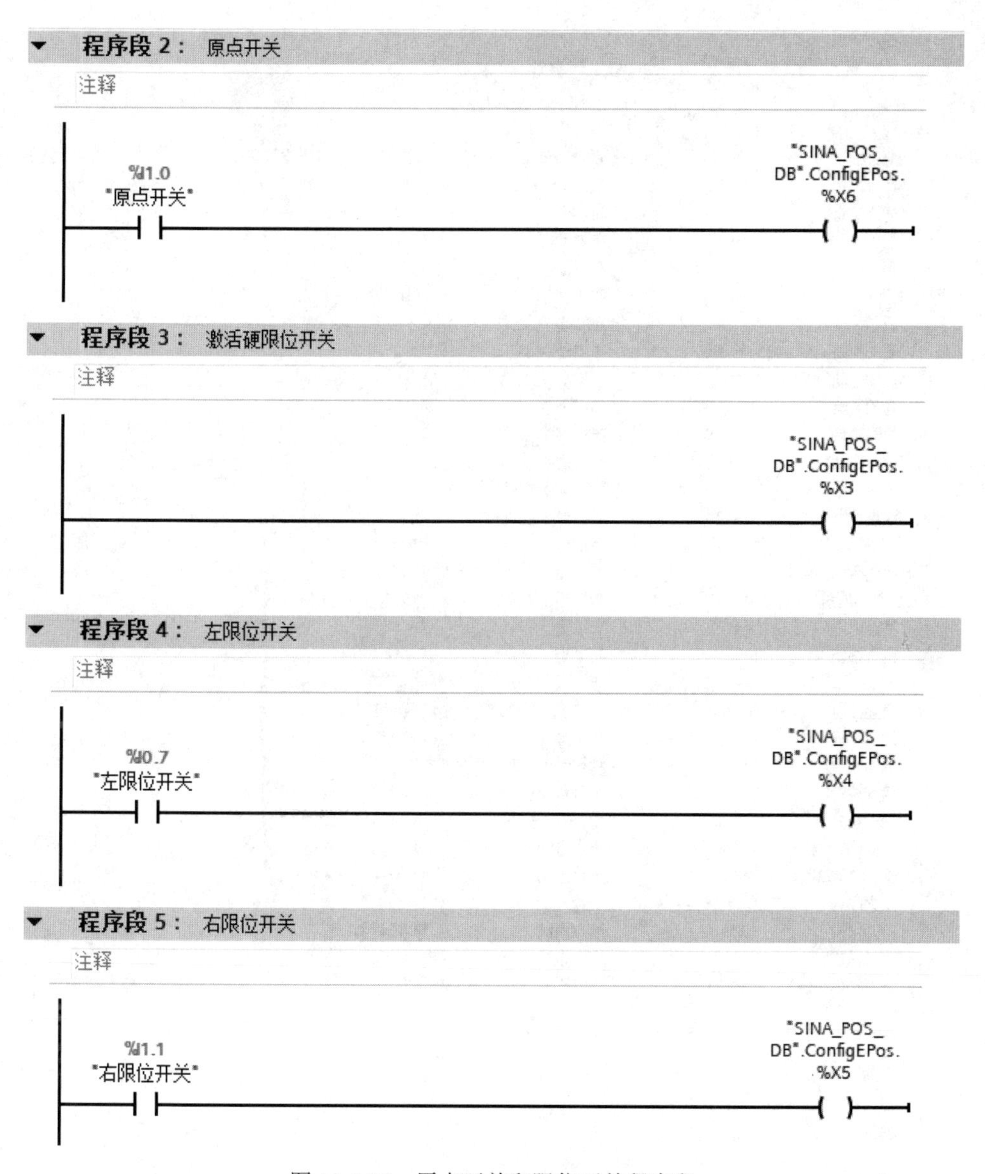

图 10-5-20　原点开关和限位开关程序段

（1）轴使能：置位伺服使能（M14.0），置位急停（M14.1），置位停止（M14.2），伺服状态（M30.0）输出值为 1。

（2）轴回原点：设定轴的运行模式（MW12）为 4，当前模式（MW60）输出值为 4，按下运行控制按钮（M15.1，上升沿），轴执行回原点命令。

（3）轴绝对位移：设定轴的运行模式（MW12）为 2，当前模式（MW60）输出值为 2，分别给定速度设置值（MD24，数值为 10）与位置设置值（MD20，数值为 100），按下运行控制（M15.1，上升沿）按钮，轴以给定速度运行至距原点 100mm 处停止。

PLC 的监控表如图 10-5-21 所示。

10.5 S7-1500 PLC通过EPOS模式控制V90 PN伺服驱动器的应用实例 ▸ PLC_1 [CPU 1511C-1 PN] ▸ 监控与强制表 ▸ 监控表_1

	i	名称	地址	显示格式	监视值	修改值	⚡		注释
1		"运行模式"	%MW12	带符号十进制	4	4	☑	!	
2		"伺服使能"	%M14.0	布尔型	TRUE	TRUE	☑	!	
3		"急停"	%M14.1	布尔型	TRUE	TRUE	☑	!	
4		"停止"	%M14.2	布尔型	TRUE	TRUE	☑	!	
5		"正向"	%M14.3	布尔型	FALSE		☐		
6		"反向"	%M14.4	布尔型	FALSE		☐		
7		"正向点动"	%M14.5	布尔型	FALSE		☐		
8		"反向点动"	%M14.6	布尔型	FALSE		☐		
9		"返回原点"	%M14.7	布尔型	FALSE		☐		
10		"故障确认"	%M15.0	布尔型	TRUE		☐		
11		"运行控制"	%M15.1	布尔型	FALSE	TRUE	☑	!	
12		"位置设置"	%MD20	带符号十进制	0		☐		
13		"速度设置"	%MD24	带符号十进制	0		☐		
14		"伺服状态"	%M30.0	布尔型	TRUE	FALSE	☑	!	
15		"到达目标"	%M30.1	布尔型	TRUE		☐		
16		"设定值固定"	%M30.2	布尔型	TRUE		☐		
17		"原点位置"	%M30.3	布尔型	FALSE		☐		
18		"伺服报警"	%M30.4	布尔型	FALSE		☐		
19		"伺服故障"	%M30.5	布尔型	FALSE		☐		
20		"禁止接通"	%M30.6	布尔型	FALSE		☐		
21		"错误出现"	%M30.7	布尔型	FALSE		☐		
22		"当前速度"	%MD50	带符号十进制	0		☐		
23		"当前位置"	%MD54	带符号十进制	138235		☐		
24		"当前模式"	%MW60	带符号十进制	4		☐		
25		"EposZSW1状态"	%MW62	十六进制	16#0000		☐		
26		"SposZSW2状态"	%MW64	十六进制	16#0004		☐		
27		"报警编号"	%MW66	十六进制	16#0000		☐		
28		"故障编号"	%MW70	十六进制	16#0000		☐		
29		"当前状态"	%MW72	十六进制	16#7002		☐		
30		"拓展通信错误"	%MW74	十六进制	16#0000		☐		

图 10-5-21　PLC 的监控表

第 11 章

S7-1500 SCL 应用实例

11.1 各种编程语言的介绍

PLC 的程序是自动化工程师根据控制系统的工艺控制要求，使用 PLC 编程语言编写的。西门子 PLC 的编程语言主要包括 5 种：梯形图语言（LAD）、结构化控制语言（Structured Control Language，SCL）、语句表语言（STL）、顺序功能图语言（GRAPH）和函数块图语言（FBD）。博途软件提供了这 5 种编程语言，具体说明如表 11-1-1 所示。

表 11-1-1 编程语言说明

编程语言	描述
LAD	LAD 是 PLC 程序设计中常用的编程语言，与继电器线路类似。由于电气设计人员对继电器控制较熟悉，因此 LAD 得到了广泛使用。 特点：与电气原理图相对应，具有直观性和对应性，易于电气设计人员掌握。 应用：适用于编写逻辑控制程序
SCL	SCL 是一种基于 PASCAL 的高级语言，SCL 基于国际标准 IEC 61131-3。在用 SCL 进行编程时，主要使用 IF...THEN/FOR/WHILE 等语句构造条件、循环和判断结构，通过在这些结构中添加指令，来实现逻辑判断等。 特点：用高级语言编程可以完成较复杂的控制运算。设计人员需要掌握一定计算机高级语言知识和编程技巧。 应用：相对于 LAD，SCL 在数据处理、算法和过程优化方面有天然优势
STL	STL 是与汇编语言类似的一种助记符编程语言，和汇编语言一样由操作码和操作数组成。 特点：可以直接对寄存器进行操作，可读性不强
GRAPH	GRAPH 是为了满足顺序逻辑控制而设计的编程语言。在用 GRAPH 编程时，顺序流程动作的过程将被分为操作和转换条件判断，根据转移条件分配控制系统的功能流程顺序，一步一步按顺序执行。 特点：以功能为主线，按照功能流程顺序分配，条理清楚，便于理解
FBD	FBD 采用的是类似于数字逻辑门电路的图形符号，逻辑直观，使用方便，有与 LAD 中的触点和线圈等价的指令，可以解决范围广泛的逻辑应用。 特点：FBD 用图形符号表达功能，直观性强，具有数字逻辑电路基础的设计人员很容易掌握

从工程师编写 PLC 程序使用的编程语言类型来看，LAD 和 SCL 使用的是最多的，主要原因是 LAD 适用于逻辑控制，SCL 适用于数据处理和控制算法等。本章重点讲解 SCL。

11.2 SCL 元素介绍

SCL 是一种基于 PASCAL 的高级语言，基于国际标准 IEC 61131-3。使用 SCL 编写的程序是在纯文本环境下编辑的，适用于数据管理、过程优化、配方管理、数学计算和统计等编程任务。

SCL 可以实现 LAD 的所有功能。大多数 SCL 指令与 LAD 指令是相同的，只是在编辑器中的外形不同。

LAD 的编程元素由触点、线圈、能流和母线等构成，其程序执行方式主要是基于循环周期的。SCL 的编程元素可以归纳为运算符指令、表达式和程序控制指令 3 部分，其程序执行方式主要是基于程序控制指令和循环周期的。因此在使用 SCL 编写程序时，主要使用 IF...THEN/FOR/WHILE 等程序控制指令构造条件、循环和判断结构，通过在这些结构中添加指令，来实现逻辑判断、数据处理等功能。

11.2.1 运算符指令

运算符指令主要包括赋值指令、位逻辑运算指令、数学运算指令，下面进行详细介绍。

1．赋值指令

赋值指令是比较常见的指令，SCL 的赋值指令的格式为“:=”。

赋值指令示例如图 11-2-1 所示。

```
1  "tag_1":=1;//变量"tag_1"赋值为1
2  "tag_2":=1;//变量"tag_2"赋值为1
3  "tag_3":=0;//变量"tag_3"赋值为0
4  "tag_4":=0;//变量"tag_4"赋值为0
```

图 11-2-1　赋值指令示例

2．位逻辑运算指令

使用 SCL 编写程序常用的位逻辑指令如下。

（1）取反指令：NOT，与 LAD 中的 NOT 指令用法相同。

（2）与运算指令：AND，相当于 LAD 中的串联关系。

（3）或运算指令：OR，相当于 LAD 中的并联关系。

位逻辑运算指令示例如图 11-2-2 所示。

```
1  "tag_1" := NOT "tag_2";          //逻辑非运算
2  "tag_3" := "tag_4" AND "tag_5";//逻辑与运算
3  "tag_6" := "tag_7" OR "tag_8"; //逻辑或运算
```

图 11-2-2　位逻辑运算指令示例

3．数学运算指令

SCL 中的数学运算指令与 LAD 中的数学运算指令的用法基本相同，常用的数学运算指令如下。

（1）加法运算指令：用符号“+”运算。

（2）减法运算指令：用符号“-”运算。

（3）乘法运算指令：用符号“＊”运算。

（4）除法运算指令：用符号“/”运算。

（5）取余数运算指令：用符号“MOD”运算。

（6）幂运算指令：用符号“＊＊”运算。

数学运算指令示例如图 11-2-3 所示。

```
1  "tag_11" := "tag_12" + "tag_13";//加法运算
2  "tag_14" := "tag_15" - "tag_16";//减法运算
3  "tag_17" := "tag_18" * "tag_19";//乘法运算
4  "tag_20" := "tag_21" / "tag_22";//除法运算
```

图 11-2-3　数学运算指令示例

11.2.2　表达式

一个完整的表达式是由操作数和与之搭配的运算符构成的。系统按照表达式的特定顺序进行运算，并返回一个值。

表达式包括算数表达式、关系表达式和逻辑表达式等，其示例如图 11-2-4 所示。

```
1  "TAG_1" := "TAG_2" + "TAG_3";//算术表达式
2
3  IF "TAG_1" > "TAG_2" THEN    //关系表达式
4      "TAG_3" := "TAG_4";
5  END_IF;
6
7  "TAG1" := "TAG2" OR "TAG3";  //逻辑表达式
```

图 11-2-4　表达式示例

（1）算术表达式通常由常量、变量、函数、圆括号和运算符等组成。算术表达式又称数学表达式，是三种表达式中最简单的，几乎可以等同于数学运算。

（2）关系表达式是利用关系运算符，将两个操作数或数据类型进行比较，最终得到一个数据类型为 Bool 的逻辑结果。若比较结果为真，则输出值为 1（TRUE）；否则，输出值为 0（FALSE）。

（3）逻辑表达式由两个操作数和逻辑运算符（AND、OR、XOR、NOT）组成。逻辑运算符可以处理当前 CPU 支持的各种数据类型。若两个操作数的数据类型都是 Bool，则输出结果的数据类型也为 Bool。若两个操作数中至少有一个是位序列，则输出结果为位序列，而且输出结果的数据类型由最高操作数决定。

11.2.3　程序控制指令

程序控制指令用来在程序中实现分支或重复执行，主要包括以下三类。

（1）条件指令（IF 和 CASE）：用于选择不同的程序执行路径。

（2）循环指令（FOR、WHILE 和 REAPEAT）：用于重复执行相关指令。

（3）跳转指令（CONTINUE、EXIT）：用于中断执行顺序并跳转至某个点继续执行。

1. IF 指令

（1）IF 指令概述。

使用 IF 指令，可以根据条件控制程序流的分支。该条件是结果为 Bool 数据类型（TRUE 或 FALSE）的表达式，可以是逻辑表达式或比较表达式。当执行 IF 指令时，将对指定的表达式进行运算，若表达式的值为 TRUE，则表示满足该条件；若表达式的值为 FALSE，则表示不满足该条件。

（2）IF 指令参数。

IF 指令参数说明如表 11-2-1 所示。

表 11-2-1　IF 指令参数说明

参　数	数据类型	存储区	说　明
<条件>	Bool	I、Q、M、D、L	待求值的表达式
<指令>	—	—	在满足条件时，要执行的指令。若不满足条件，则执行 ELSE 后的指令

（3）IF 指令声明。

① IF 分支：

```
IF <条件> THEN <指令>
END_IF;
```

若满足条件，则执行 THEN 后的指令；若不满足条件，则执行 END_IF 后的指令。

② IF 和 ELSE 分支：

```
IF <条件> THEN <指令 1>
ELSE <指令 0>;
END_IF;
```

若满足条件，则执行 THEN 后的指令 1；若不满足条件，则执行 ELSE 后的指令 0，程序将继续执行 END_IF 后的指令。

③ IF、ELSIF 和 ELSE 分支：

```
IF <条件 1> THEN <指令 1>
ELSIF <条件 2> THEN <指令 2>
ELSE <指令 0>;
END_IF;
```

若满足条件 1，则执行 THEN 后的指令 1，执行指令 1 后，程序将继续执行 END_IF 后的指令。

若不满足条件 1，则检查是否满足条件 2。若满足条件 2，则执行 THEN 后的指令 2，执行指令 2 后，程序将继续执行 END_IF 后的指令。

若不满足任何条件 2，则执行 ELSE 后的指令 0，之后继续执行 END_IF 后的指令。

（4）IF 指令示例如图 11-2-5 所示。图 11-2-5 通过具体的操作数值对 IF 指令的工作原理进行了说明。

```
1 IF "tag_1" = 1 THEN
2     "tag_value" := 10;
3 ELSIF "tag_2" = 1 THEN
4     "tag_value" := 20;
5 ELSIF "tag_3" = 1 THEN
6     "tag_value" := 30;
7 ELSE
8     "tag_value" := 0;
9 END_IF;
```

```
"tag_1"       %M10.1
"tag_value"   %MW50
"tag_2"       %M10.2
"tag_value"   %MW50
"tag_3"       %M10.3
"tag_value"   %MW50

"tag_value"   %MW50
```

操作数	值			
tag_1	1	0	0	0
tag_2	0	1	0	0
tag_3	0	0	1	0
tag_value	10	20	30	0

图 11-2-5　IF 指令示例

2．CASE 指令

（1）CASE 指令概述。

使用 CASE 指令，可以根据数字表达式的值执行多个指令序列中的一个。

CASE 指令中的表达式的值必须为整数。在执行 CASE 指令时，会将表达式的值与多个常数值进行比较。若表达式的值等于某个常数的值，则执行紧跟在该常数后的指令。

（2）CASE 指令声明：

```
CASE <Tag> OF
<常数 1>:
<指令 1>;
<常数 2>:
<指令 2>;
ELSE
<指令 0>;
END_CASE;
```

（3）CASE 指令参数。

CASE 指令参数说明如表 11-2-2 所示。

表 11-2-2　CASE 指令参数说明

参　数	数 据 类 型	存　储　区	说　　明
<Tag>	整数	I、Q、M、D、L	与设定的常数值进行比较的值
<常数>	整数	—	指令序列执行条件的常数值，可以为以下值： 整数（如 5）； 整数范围（如 15～20）； 由整数和范围组成的枚举（如 10、11、15～20）
<指令>	—	—	当表达式的值等于某个常数值时，将执行该常数值相应的指令，如果不满足条件，则执行 ELSE 后的指令。若不存在 ELSE 分支，则不执行任何语句

（4）CASE 指令示例如图 11-2-6 所示。图 11-2-6 通过具体的操作数值对 CASE 指令的工作原理进行了说明。

```
1  CASE "tag_value" OF
2      0:
3          "tag_1" := 1;
4      1, 3, 5:
5          "tag_2" := 1;
6      6...10:
7          "tag_3" := 1;
8      16...25:
9          "tag_4" := 1;
10     ELSE
11         "tag_5" := 1;
12 END_CASE;
```

```
"tag_value"   %MW50
"tag_1"       %M10.1
"tag_2"       %M10.2
"tag_3"       %M10.3
"tag_4"       %M10.4
"tag_5"       %M10.5
```

操作数	值				
tag_value	0	1, 3, 5	6~10	16~25	其他
tag_1	1	—	—	—	—
tag_2	—	1	—	—	—
tag_3	—	—	1	—	—
tag_4	—	—	—	1	—
tag_5	—	—	—	—	1

图 11-2-6　CASE 指令示例

3. FOR 指令

（1）FOR 指令概述。

使用 FOR 指令，可以重复执行某段程序，直至运行变量不在指定的取值范围内。在循环程序内，可以编写包含其他运行变量的其他程序循环。通过 CONTINUE 指令（复查循环条件指令）可以终止当前运行的循环程序，通过 EXIT 指令（立即退出循环指令）可以终止整个循环体的执行。

（2）FOR 指令声明：

```
FOR <执行变量> := <起始值> TO <结束值> BY <增量> DO
<指令>;
END_FOR;
```

（3）FOR 指令参数。

FOR 指令参数说明如表 11-2-3 所示。

表 11-2-3　FOR 指令参数说明

参　　数	数据类型	存储区	说　　明
<执行变量>	SInt、Int、DInt	I、Q、M、D、L	执行循环程序时会计算其值的操作数，执行变量的数据类型将确定其他参数的数据类型
<起始值>	SInt、Int、DInt	I、Q、M、D、L	表达式，在执行变量首次执行循环时，将分配表达式的值
<结束值>	SInt、Int、DInt	I、Q、M、D、L	表达式，在运行程序最后一次执行循环程序时，会定义表达式的值，在每次执行循环程序后都会检查运行变量的值。 未达到结束值：执行符合 DO 的指令。 达到结束值：最后执行一次循环程序。 超出结束值：完成 FOR 循环。 在该指令执行期间不允许更改结束值
<增量>	SINT、INT、DINT	I、Q、M、D、L	执行变量在每次执行循环程序后其值都会递增或递减。可以指定增量，若未指定增量，则执行变量在每次执行循环程序后值加 1。在该指令执行期间，不允许更改增量
<指令>	—	—	只要运行变量的值在取值范围内，每次执行循环程序后就会执行的指令，取值范围由起始值和结束值定义

（4）FOR 指令示例如图 11-2-7 所示。图 11-2-7 对 FOR 指令的工作原理进行了说明。

```
1  //将数据块中的B_ARRAY数组值赋值给A_ARRAY数组
2  FOR "i" := 1 TO 9 BY 1
3  DO
4      "数据块".A_ARRAY["i"] :="数据块".B_ARRAY["i"];
5  END_FOR;
```

图 11-2-7　FOR 指令示例

11.3　使用 SCL 编写电机“起、保、停”应用实例

电机“起、保、停”控制程序是一类用 LAD 编写的最多的应用程序，如图 11-3-1 所示。

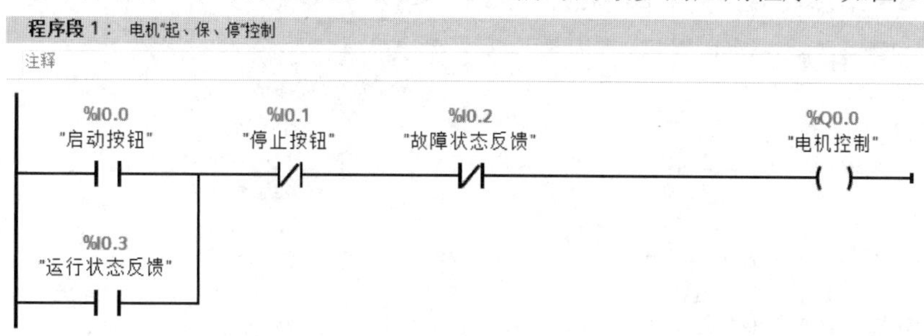

图 11-3-1　电机“起、保、停”LAD 程序

本实例是使用 SCL 编写电机“起、保、停”控制程序。

在“项目树”窗格中，依次选择“PLC_1[CPU 1511C-1 PN]”→“Main(OB1)”选项，在“Main(OB1)”的工作区中右击，在弹出的快捷菜单中选择“插入 SCL 程序段”命令，添加 SCL 程序段并编写程序，如图 11-3-2 所示。

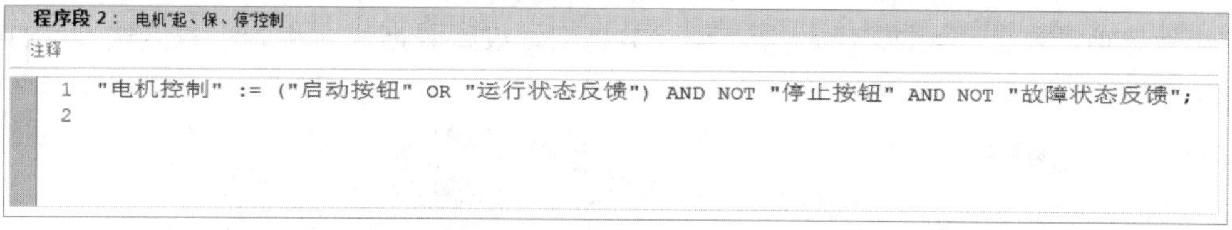

程序段 2：电机"起、保、停"控制
注释
```
1   "电机控制" := ("启动按钮" OR "运行状态反馈") AND NOT "停止按钮" AND NOT "故障状态反馈";
2
```

图 11-3-2　电机“起、保、停”SCL 程序

11.4　使用 SCL 编写多路模拟量转换为工程量的应用实例

11.4.1　实例内容

（1）实例名称：11.4 使用 SCL 编写多路模拟量转换为工程量的应用实例。

（2）实例描述：4 台温度传感器接入 S7-1511C 的模拟量通道 0～3，温度传感器对应的量程为 0～50℃，使用 SCL 编写量程换算程序。

（3）硬件组成：① CPU 1511C-1 PN，1 台，订货号：6ES7 511-1CK01-0AB0。② 编程计算机，1 台，已安装博途 STEP 7 专业版 V16 软件。

11.4.2　实例实施

1. 程序编写

第一步：新建项目及组态 S7-1511C CPU。

第二步：新建 PLC 变量表。

在“项目树”窗格中，依次选择“PLC_1[CPU 1511C-1 PN]”→“PLC 变量”选项，双击“添加新变量表”选项，添加新变量表。将新添加的变量表命名为“PLC 变量表”，并在“PLC 变量表”中新建变量，如图 11-4-1 所示。

PLC变量表

	名称	数据类型	地址	保持
1	模拟量上限	Int	%MW102	
2	模拟量下限	Int	%MW104	
3	工程量上限	Real	%MD114	
4	工程量下限	Real	%MD118	
5	模拟量通道0	Word	%IW0	
6	模拟量通道1	Word	%IW2	
7	模拟量通道2	Word	%IW4	
8	模拟量通道3	Word	%IW6	
9	TempAI	Int	%MW202	
10	i	Int	%MW200	

图 11-4-1 PLC 变量表

第三步：添加数据块。

（1）在“项目树”窗格中，依次选择“PLC_1[CPU 1511C-1 PN]”→“程序块”→“添加新块”选项，单击“数据块”选项，创建数据块，设置数据块名称为“数据块”。数据块的数据如图 11-4-2 所示。

数据块

	名称	数据类型	起始值	保持
1	▼ Static			
2	▼ 工程量显示	Array[0..3] of Real		
3	工程量显示[0]	Real	0.0	
4	工程量显示[1]	Real	0.0	
5	工程量显示[2]	Real	0.0	
6	工程量显示[3]	Real	0.0	

图 11-4-2 数据块的数据

第四步：编写组织块 OB1 主程序。

在“项目树”窗格中，依次选择“PLC_1[CPU 1511C-1 PN]”→“Main(OB1)”选项，在“Main(OB1)”的工作区中右击，在弹出的快捷菜单中选择“插入 SCL 程序段”命令，添加 SCL 程序段并编写程序，如图 11-4-3 所示。

程序段 1： 模拟量转换程序段

注释

```
1 FOR "i" := 0 TO 3 DO
2     "TempAI" := WORD_TO_INT(PEEK_WORD(area := 16#81, dbNumber := 0, byteOffset := 2 *"i"));
3     "数据块".工程量显示["i"] := INT_TO_REAL(("TempAI" - "模拟量下限")) / ("模拟量上限" - "模拟量下限")*("工程量上限" - "工程量下限") + "工程量下限";
4
5 END_FOR;
6
```

图 11-4-3 编写 SCL 程序

第五步：程序测试。

程序编译后，下载到 S7-1500 CPU 中，按以下步骤进行程序测试。

（1）添加强制表，给模拟量通道赋值。PLC 的强制表如图 11-4-4 所示。

11.4 使用SCL编写多路模拟量转换为工程量的应用实例 ▸ PLC_1 [CPU 1511C-1 PN] ▸ 监控与强制表 ▸ 强制表

	i	名称	地址	显示格式	监视值	强制值	F	注释
1	F	"模拟量通道0":P	%IW0:P	无符号十进制		10000	☑	
2	F	"模拟量通道1":P	%IW2:P	无符号十进制		10000	☑	
3	F	"模拟量通道2":P	%IW4:P	无符号十进制		20000	☑	
4	F	"模拟量通道3":P	%IW6:P	无符号十进制		20000	☑	

图 11-4-4　PLC 的强制表

（2）添加监控表，设置模拟量上限、模拟量下限、工程量上限、工程量下限。PLC 的监控表如图 11-4-5 所示，在该表中可以看到工程量的显示值。

11.4 使用SCL编写多路模拟量转换为工程量的应用实例 ▸ PLC_1 [CPU 1511C-1 PN] ▸ 监控与强制表 ▸ 监控表

	i	名称	地址	显示格式	监视值	修改值	
1			%MW100	十六进制	16#0000		☐
2		"模拟量上限"	%MW102	带符号十进制	0		☐
3		"模拟量下限"	%MW104	带符号十进制	27648		☐
4		"工程量上限"	%MD114	浮点数	0.0		☐
5		"工程量下限"	%MD118	浮点数	50.0		☐
6	F	"模拟量通道0"	%IW0	带符号十进制	F 10000		☐
7	F	"模拟量通道1"	%IW2	带符号十进制	F 10000		☐
8	F	"模拟量通道2"	%IW4	带符号十进制	F 20000		☐
9	F	"模拟量通道3"	%IW6	带符号十进制	F 20000		☐
10		"i"	%MW200	无符号十进制	4		☐
11		"TempAI"	%MW202	无符号十进制	20000		☐
12		"数据块".工程量显示[0]		浮点数	18.08449		☐
13		"数据块".工程量显示[1]		浮点数	18.08449		☐
14		"数据块".工程量显示[2]		浮点数	36.16898		☐
15		"数据块".工程量显示[3]		浮点数	36.16898		☐

图 11-4-5　PLC 的监控表

11.5　使用 SCL 编写 10 台电机运行时间排序的应用实例

11.5.1　实例内容

（1）实例名称：11.5 SCL 编写 10 台电机运行时间排序的应用实例。

（2）实例描述：使用冒泡排序算法排序的具体说明如下。

比较相邻的时间数据，如果第一个时间数据比第二个时间数据大（小），就交换两个时间数据的位置。对每一对相邻的时间数据进行同样操作，从第一对到最后一对。针对所有时间数据重复以上操作，除了最后一个时间数据。连续对越来越少的时间数据重复以上操作，直到没有任何一对时间数据需要比较。

（3）硬件组成：① CPU 1511C-1 PN，1 台，订货号：6ES7 511-1CK01-0AB0。② 编程计算机，1 台，已安装博途 STEP 7 专业版 V16 软件。

11.5.2 实例实施

1．程序编写

第一步：新建项目及组态 S7-1511C CPU。

第二步：添加数据块。

在“项目树”窗格中，依次选择“PLC_1[CPU 1511C-1 PN]”→“程序块”选项，双击“添加新块”选项，单击“数据块”选项创建数据块，并将数据块命名为“数据块”。数据块的数据如图 11-5-1 所示，存储了 10 台电机的运行时间。

数据块

	名称	数据类型	起始值	保持
1	▼ Static			
2	Enable	Bool	false	
3	Mode	Bool	false	
4	▼ Motor_Time	Array[1..10] of Int		
5	Motor_Time[1]	Int	0	
6	Motor_Time[2]	Int	0	
7	Motor_Time[3]	Int	0	
8	Motor_Time[4]	Int	0	
9	Motor_Time[5]	Int	0	
10	Motor_Time[6]	Int	0	
11	Motor_Time[7]	Int	0	
12	Motor_Time[8]	Int	0	
13	Motor_Time[9]	Int	0	
14	Motor_Time[10]	Int	0	

图 11-5-1　数据块的数据

第三步：添加函数。

在“项目树”窗格中，依次选择“PLC_1[CPU 1511C-1 PN]”→“程序块”选项，双击“添加新块”选项，单击“函数”选项，添加函数，并将其命名为“冒泡排序算法函数”，设置“语言”为“SCL”，如图 11-5-2 所示，单击“确定”按钮。

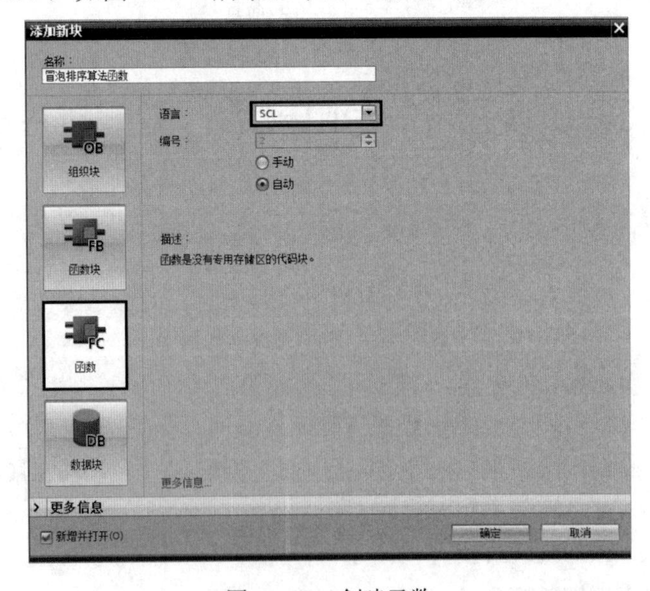

图 11-5-2　创建函数

（1）设置函数接口区的参数。

进入冒泡排序算法函数的工作区，设置其接口区参数，如图 11-5-3 所示。

冒泡排序算法函数				
	名称	数据类型	默认值	注释
1	▼ Input			
2	Enable	Bool		
3	Mode	Bool		0代表降序，1代表升序
4	▼ Output			
5	<新增>			
6	▼ InOut			
7	▶ Array	Array[*] of Int		
8	▼ Temp			
9	i	DInt		循环变量
10	j	DInt		循环变量
11	Temp	Int		临时变量
12	High	DInt		数组上限
13	Low	DInt		数组下限
14	▼ Constant			
15	<新增>			
16	▼ Return			
17	冒泡排序算法函数	Void		

图 11-5-3　冒泡排序算法函数接口区参数

（2）编写函数的程序。

进入冒泡排序算法函数的工作区，编写程序，如图 11-5-4 所示。

```
1  IF #Enable THEN
2      //获取数组下限
3      #Low := LOWER_BOUND(ARR := #Array, DIM := 1);
4      //获取数组上限
5      #High := UPPER_BOUND(ARR := #Array, DIM := 1);
6      //冒泡法排序
7      FOR #i := #Low TO #High - 1 DO
8          FOR #j := #Low TO #High - 1 - #i DO
9              IF #Mode THEN
10                 //升序排序
11                 IF #Array[#j] > #Array[#j + 1] THEN
12                     #Temp := #Array[#j];
13                     #Array[#j] := #Array[#j + 1];
14                     #Array[#j + 1] := #Temp;
15                 END_IF;
16             ELSE
17                 //降序排序
18                 IF #Array[#j] < #Array[#j + 1] THEN
19                     #Temp := #Array[#j];
20                     #Array[#j] := #Array[#j + 1];
21                     #Array[#j + 1] := #Temp;
22                 END_IF;
23             END_IF;
24         END_FOR;
25     END_FOR;
26 END_IF;
```

图 11-5-4　冒泡排序算法函数程序

第四步：函数的调用及赋值。

将冒泡排序算法函数拖曳到程序段中，给冒泡排序算法函数赋值，如图 11-5-5 所示。

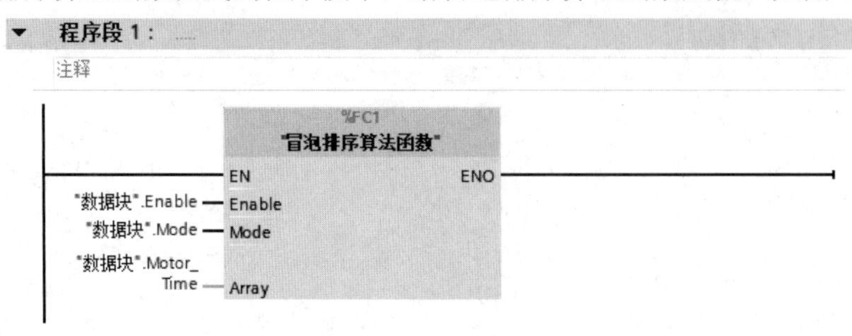

图 11-5-5　调用冒泡排序算法函数并赋值

第五步：程序测试。

程序编译后，下载到 S7-1500 CPU 中，按以下步骤进行程序测试。

（1）添加监控表，监视值都为 0，修改值如图 11-5-6 所示。

11.5 使用SCL编写10台电机运行时间排序的应用实例_20220604 ▸ PLC_1 [CPU 1511C-1 PN] ▸ 监控与强制表 ▸ 监控表

	i	名称	地址	显示格式	监视值	修改值		注释	变量注释
1		"数据块".Enable		布尔型	FALSE	TRUE	☑ !		
2		"数据块".Mode		布尔型	FALSE	TRUE	☑ !		
3		"数据块".Motor_Time[1]		带符号十进制	0	8	☑ !		
4		"数据块".Motor_Time[2]		带符号十进制	0	4	☑ !		
5		"数据块".Motor_Time[3]		带符号十进制	0	6	☑ !		
6		"数据块".Motor_Time[4]		带符号十进制	0	7	☑ !		
7		"数据块".Motor_Time[5]		带符号十进制	0	2	☑ !		
8		"数据块".Motor_Time[6]		带符号十进制	0	11	☑ !		
9		"数据块".Motor_Time[7]		带符号十进制	0	24	☑ !		
10		"数据块".Motor_Time[8]		带符号十进制	0	26	☑ !		
11		"数据块".Motor_Time[9]		带符号十进制	0	67	☑ !		
12		"数据块".Motor_Time[10]		带符号十进制	0	54	☑ !		

图 11-5-6　PLC 的监控表

（2）单击监控表中的“立即一次修改所有选定值”按钮，修改监控值。冒泡排序算法函数的 Enable 引脚和 Mode 引脚代表升序排序，排序结果如图 11-5-7 所示。

11.5 使用SCL编写10台电机运行时间排序的应用实例_20220604 ▸ PLC_1 [CPU 1511C-1 PN] ▸ 监控与强制表 ▸ 监控表

	i	名称	地址	显示格式	监视值	修改值		注释	变量注释
1		"数据块".Enabl ▸ 立即一次性修改所有选定值。			TRUE	TRUE	☑ !		
2		"数据块".Mode		布尔型	TRUE	TRUE	☑ !		
3		"数据块".Motor_Time[1]		带符号十进制	2	8	☑ !		
4		"数据块".Motor_Time[2]		带符号十进制	4	4	☑ !		
5		"数据块".Motor_Time[3]		带符号十进制	6	6	☑ !		
6		"数据块".Motor_Time[4]		带符号十进制	7	7	☑ !		
7		"数据块".Motor_Time[5]		带符号十进制	8	2	☑ !		
8		"数据块".Motor_Time[6]		带符号十进制	11	11	☑ !		
9		"数据块".Motor_Time[7]		带符号十进制	24	24	☑ !		
10		"数据块".Motor_Time[8]		带符号十进制	26	26	☑ !		
11		"数据块".Motor_Time[9]		带符号十进制	67	67	☑ !		
12		"数据块".Motor_Time[10]		带符号十进制	54	54	☑ !		

图 11-5-7　排序结果

第 12 章 高效编程技术的应用实例

12.1 PLC 数据类型应用实例

12.1.1 内容简介

PLC 数据类型是用户自定义数据类型，是由不同数据类型组成的一种复合数据类型。PLC 数据类型是一个模板，可以用来定义其他变量。

12.1.2 实例内容

（1）实例名称：PLC 数据类型的应用实例。

（2）实例描述：以电机为实例，创建 PLC 数据类型。

（3）硬件组成：① CPU 1511C-1 PN，1 台，订货号：6ES7 511-1CK01-0AB0。② 编程计算机，1 台，已安装博途 STEP 7 专业版 V16 软件。

12.1.3 实例实施

第一步：新建项目及组态 S7-1511C CPU。

第二步：新建 PLC 数据类型。

在“项目树”窗格中，依次选择“PLC_1[CPU 1511C-1 PN]”→“PLC 数据类型”选项，双击“添加新数据类型”选项，添加新数据类型，并将其命名为“UDT_Motor”。UDT_Motor 数据类型数据如图 12-1-1 所示。

第三步：添加数据块。

在“项目树”窗格中，依次选择“PLC_1[CPU 1511C-1 PN]”→“程序块”选项，双击“添加新块”选项，选择“数据块”选项，创建数据块。将新创建的数据块命名为“数据块”，并将 5 台同类型的电机的数据类型设置为“UDT_Motor”，如图 12-1-2 所示。

UDT_Motor

	名称	数据类型	默认值	从 HMI/OPC..	从 H...	在 HMI ...	设定值	注释
1	ManualSW	Bool	false	☑	☑	☑	☐	手动选择开关
2	AutoSW	Bool	false	☑	☑	☑	☐	自动选择开关
3	StartPB	Bool	false	☑	☑	☑	☐	启动按钮
4	StopPB	Bool	false	☑	☑	☑	☐	停止按钮
5	RunFeedback	Bool	false	☑	☑	☑	☐	运行反馈
6	FaultFeedback	Bool	false	☑	☑	☑	☐	故障反馈
7	Interlock	Bool	false	☑	☑	☑	☐	连锁条件
8	Request	Bool	false	☑	☑	☑	☐	运行请求
9	Cmd	Bool	false	☑	☑	☑	☐	运行控制
10	RunLamp	Bool	false	☑	☑	☑	☐	运行指示灯
11	FaultLamp	Bool	false	☑	☑	☑	☐	故障指示灯

图 12-1-1　UDT_Motor 数据类型数据

	名称	数据类型	起始值	保持	从 HMI/O...	从 H...	在 HMI ...	设定值	监控	注释
1	▼ Static			☐	☐	☐	☐	☐		
2	▼ 1#电机	"UDT_Motor"		☐	☑	☑	☑	☐		
3	ManualSW	Bool	false	☐	☑	☑	☑	☐		手动选择开关
4	AutoSW	Bool	false	☐	☑	☑	☑	☐		自动选择开关
5	StartPB	Bool	false	☐	☑	☑	☑	☐		启动按钮
6	StopPB	Bool	false	☐	☑	☑	☑	☐		停止按钮
7	RunFeedback	Bool	false	☐	☑	☑	☑	☐		运行反馈
8	FaultFeedback	Bool	false	☐	☑	☑	☑	☐		故障反馈
9	Interlock	Bool	false	☐	☑	☑	☑	☐		连锁条件
10	Request	Bool	false	☐	☑	☑	☑	☐		运行请求
11	Cmd	Bool	false	☐	☑	☑	☑	☐		运行控制
12	RunLamp	Bool	false	☐	☑	☑	☑	☐		运行指示灯
13	FaultLamp	Bool	false	☐	☑	☑	☑	☐		故障指示灯
14	▶ 2#电机	"UDT_Motor"		☐	☑	☑	☑	☐		
15	▶ 3#电机	"UDT_Motor"		☐	☑	☑	☑	☐		
16	▶ 4#电机	"UDT_Motor"		☐	☑	☑	☑	☐		
17	▶ 5#电机	"UDT_Motor"		☐	☑	☑	☑	☐		

图 12-1-2　电机变量的创建

12.1.4　应用经验总结

（1）用 PLC 数据类型定义同类设备的变量数据类型，可以批量生成同类设备的变量。

（2）用 PLC 数据类型对程序对象的属性按照用户的想法进行分类整理，在程序中可以实现统一更改和重复使用，易于标准化编程。

12.2　多重背景数据块应用实例

12.2.1　功能简介

在每次调用函数块时，需要为之分配一个背景数据块。如果调用将多个函数块作为主函数块的静态变量，那么在组织块中调用主函数块就会生成一个总的背景数据块，这个背景数据块被称为多重背景数据块。多重背景数据块存储了所有相关函数的接口数据区，在

创建函数块时，默认每个函数块都具有生成多重背景数据块的能力。

利用多重背景数据块，可以优化数据块的使用资源，减少数据块的数量，易于程序的编写和阅读。

12.2.2　实例内容

（1）实例名称：多重背景数据块应用实例。

（2）实例描述：在主函数块中，调用两次电机控制模型函数块。在调用电机控制模型函数块时使用多重背景数据块。

（3）硬件组成：① CPU 1511C-1 PN，1 台，订货号：6ES7 511-1CK01-0AB0。② 编程计算机，1 台，已安装博途 STEP 7 专业版 V16 软件。

12.2.3　实例实施

第一步：打开 12.1 节的“PLC 数据类型应用实例”项目文件。

第二步：新建主函数块。

在“项目树”窗格中，依次选择“PLC_1[CPU 1511C-1 PN]”→“程序块”选项，双击“添加新块”选项，选择“函数块”选项，创建数据块。将新创建的数据块命名为“主函数块”，将“编号”设为“1”，单击“确定”按钮。

第三步：新建电机控制模型函数块。

在“项目树”窗格中，依次选择“PLC_1[CPU 1511C-1 PN]”→“程序块”选项，双击“添加新块”选项，选择“函数块”选项创建数据块。将新创建的数据块命名为“电机控制模型函数块”，将“编号”设为“2”，单击“确定”按钮。

电机控制模型函数块的接口区参数设置如图 12-2-1 所示。

电机控制模型函数块

	名称	数据类型	偏移量	默认值	从 HMI/OPC..	从 H...	在 HMI ...	设定值	监控	注释
1	▼ Input				☐	☐	☐	☐		
2	Manual	Bool	0.0	false	☑	☑	☑	☐		手动选择开关
3	Auto	Bool	0.1	false	☑	☑	☑	☐		自动选择开关
4	Start_PB	Bool	0.2	false	☑	☑	☑	☐		启动按钮
5	Stop_PB	Bool	0.3	false	☑	☑	☑	☐		停止按钮
6	Runing	Bool	0.4	false	☑	☑	☑	☐		运行反馈
7	Fault	Bool	0.5	false	☑	☑	☑	☐		故障反馈
8	Interlock	Bool	0.6	false	☑	☑	☑	☐		连锁条件
9	Request	Bool	0.7	false	☑	☑	☑	☐		运行请求
10	▼ Output				☐	☐	☐	☐		
11	CMD_Out	Bool	2.0	false	☑	☑	☑	☐		运行控制
12	Runing_Out	Bool	2.1	false	☑	☑	☑	☐		指示灯控制
13	Fault_Out	Bool	2.2	false	☑	☑	☑	☐		故障输出
14	▼ InOut				☐	☐	☐	☐		
15	<新增>				☐	☐	☐	☐		
16	▼ Static				☐	☐	☐	☐		
17	Fault_Out_FZ	Bool	4.0	false	☑	☑	☑	☐		
18	▶ Timer	IEC_TIMER	6.0		☑	☑	☑	☑		
19	▼ Temp				☐	☐	☐	☐		
20	<新增>				☐	☐	☐	☐		
21	▼ Constant				☐	☐	☐	☐		
22	<新增>				☐	☐	☐	☐		

图 12-2-1　电机控制模型函数块的接口区参数设置

进入电机控制模型函数块的工作区，编写程序，如图 12-2-2 所示。

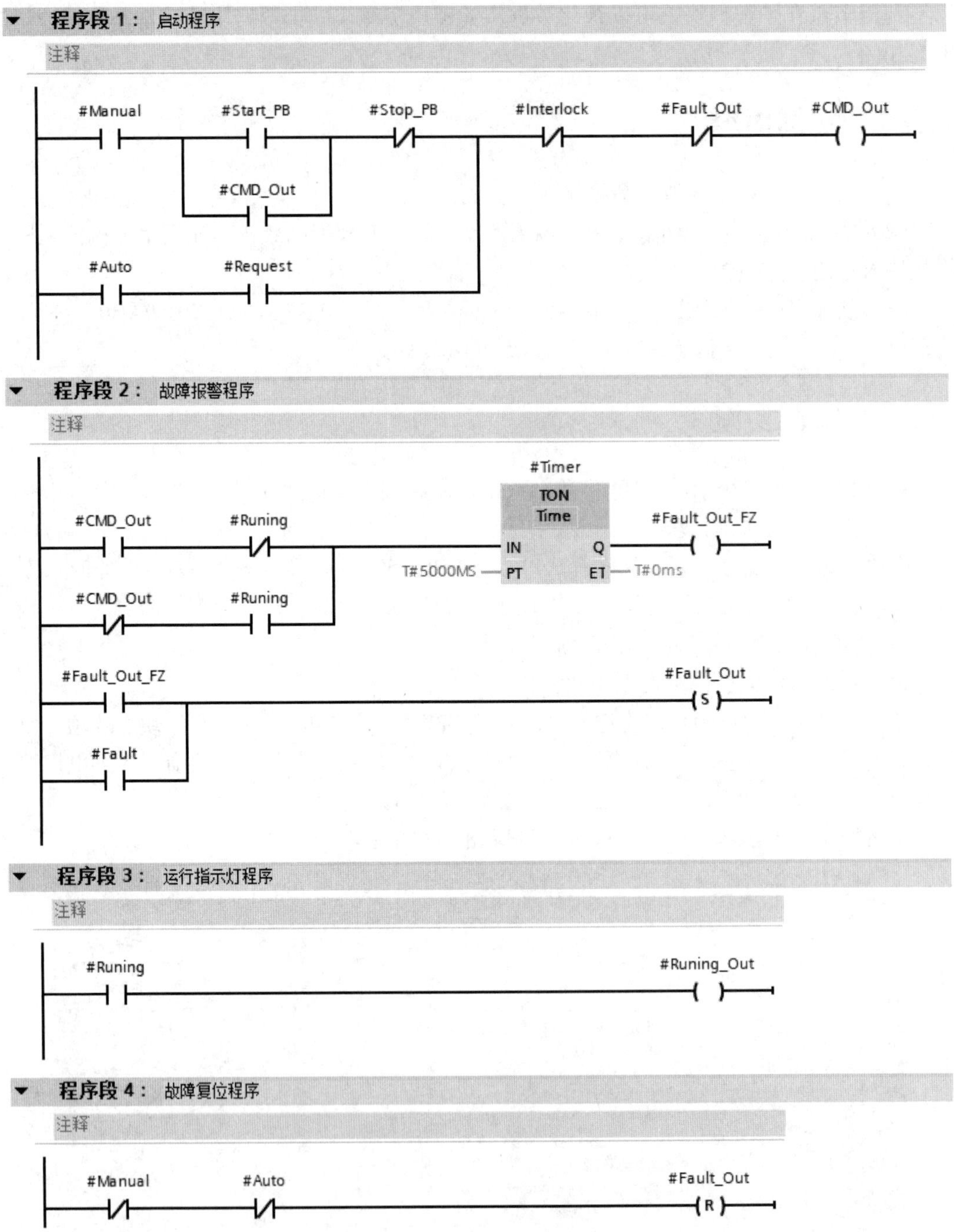

▼ **程序段 1：** 启动程序

注释

#Manual #Start_PB #Stop_PB #Interlock #Fault_Out #CMD_Out

#CMD_Out

#Auto #Request

▼ **程序段 2：** 故障报警程序

注释

#Timer TON Time IN Q PT ET

#CMD_Out #Runing #Fault_Out_FZ

T#5000MS T#0ms

#CMD_Out #Runing

#Fault_Out_FZ #Fault_Out S

#Fault

▼ **程序段 3：** 运行指示灯程序

注释

#Runing #Runing_Out

▼ **程序段 4：** 故障复位程序

注释

#Manual #Auto #Fault_Out R

图 12-2-2　电机控制模型函数块的程序

第四步：电机控制模型函数块的调用及赋值。

将电机控制模型函数块拖曳到主函数块程序中，弹出“调用选项”对话框，如图 12-2-3 所示，单击“多重实例”选项，单击“确定”按钮，生成多重背景数据块。

为电机控制模型函数块赋值，如图 12-2-4 所示。

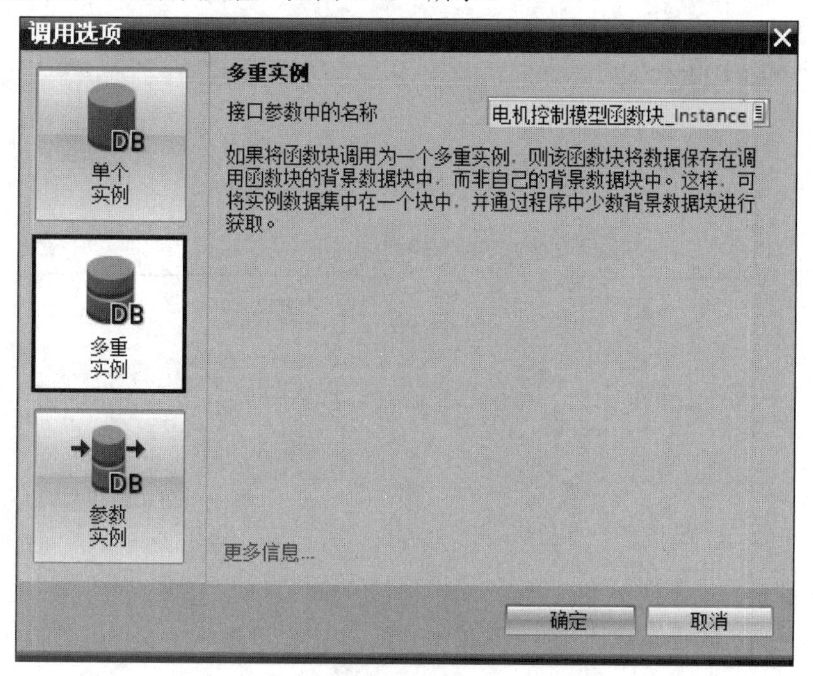

图 12-2-3　“调用选项”对话框

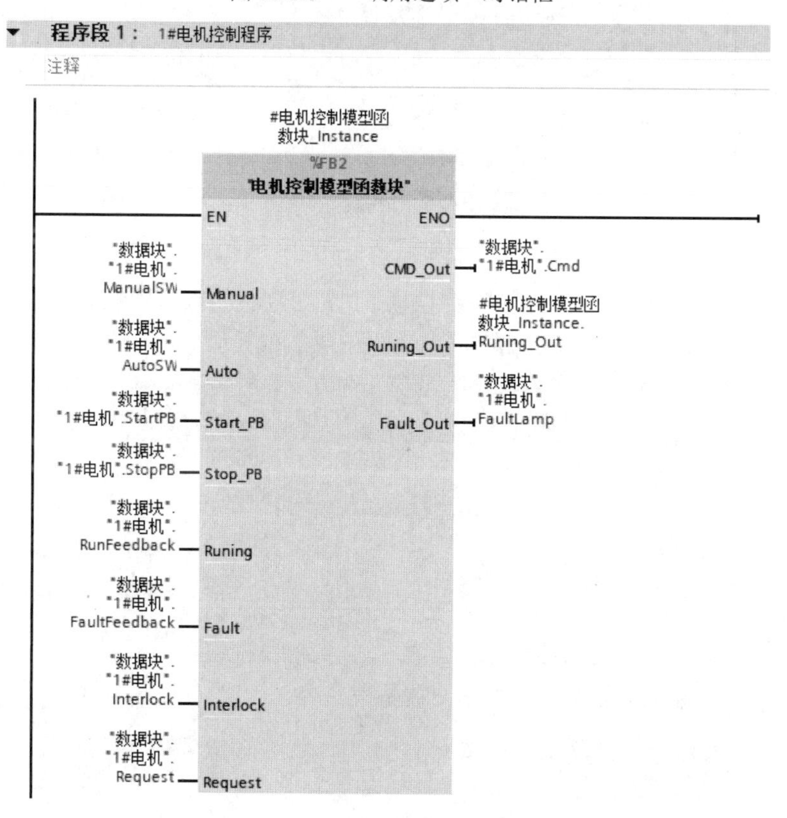

图 12-2-4　电机控制模型函数块的赋值

将电机控制模型函数块拖曳到主函数块中，设置多重实例，为电机控制模型函数块赋值，如图 12-2-5 所示。

图 12-2-5　函数块的赋值

第五步：主函数块的调用。

在主函数块中调用电机控制模型函数块后，主函数块的接口区将自动出现两个数据类型为“电机控制模型函数块”的静态变量，如图 12-2-6 所示。

主函数块

	名称	数据类型	默认值	保持
1	▼ Input			
2	■ <新增>			
3	▼ Output			
4	■ <新增>			
5	▼ InOut			
6	■ <新增>			
7	▼ Static			
8	■ ▶ 电机控制模型函数块_Instance	"电机控制模型函数块"		
9	■ ▶ 电机控制模型函数块_Instance_1	"电机控制模型函数块"		
10	■ <新增>			
11	▼ Temp			
12	■ <新增>			
13	▼ Constant			
14	■ <新增>			

图 12-2-6　主函数块的接口区

在组织块 OB1 中调用主函数块时，生成背景数据块，如图 12-2-7 所示。该背景数据块为主函数块和两个电机控制模型函数块的总背景数据块。

主函数块_DB

	名称	数据类型	起始值	保持
1	Input			
2	Output			
3	InOut			
4	▼ Static			
5	▼ 电机控制模型函数块_Instance	"电机控制模型函数块"		
6	▼ Input			
7	Manual	Bool	false	
8	Auto	Bool	false	
9	Start_PB	Bool	false	
10	Stop_PB	Bool	false	
11	Runing	Bool	false	
12	Fault	Bool	false	
13	Interlock	Bool	false	
14	Request	Bool	false	
15	▼ Output			
16	CMD_Out	Bool	false	
17	Runing_Out	Bool	false	
18	Fault_Out	Bool	false	
19	InOut			
20	▼ Static			
21	Fault_Out_FZ	Bool	false	
22	▶ Timer	IEC_TIMER		
23	▶ 电机控制模型函数块_Instance_1	"电机控制模型函数块"		

图 12-2-7　主函数块的背景数据块

12.2.4　应用经验总结

（1）使用多重背景数据块，可以避免多次调用函数块产生多个背景数据块的情况，从而优化数据块的使用资源。

（2）在使用定时器时，其背景数据块可以选择某个数据块中的数据类型为 IEC_TIMER 的变量，减少数据块的数量。

12.3　库文件的应用实例

12.3.1　功能简介

博途软件具有强大的库功能，可以将需要重复使用的元素存储在库中。该元素可以是程序块、数据块、硬件组态等。熟练使用库功能，有利于在编程过程中达到事半功倍的效果。

在博途软件中，每个项目都包含一个项目库，该项目库可以存储要在项目中多次使用的元素。除了项目库，博途软件还可以创建任意多个全局库。用户可以将项目库或项目中的元素添加到全局库中，也可以在项目中使用全局库中的对象。

1. 库的概述

打开博途软件，进入项目视图，在软件的右侧单击“库”任务卡，如图 12-3-1 所示，其中包括“库视图”按钮和“库管理”按钮、“项目库”下拉列表、“全局库”下拉列表、“信息（项目库）”下拉列表。

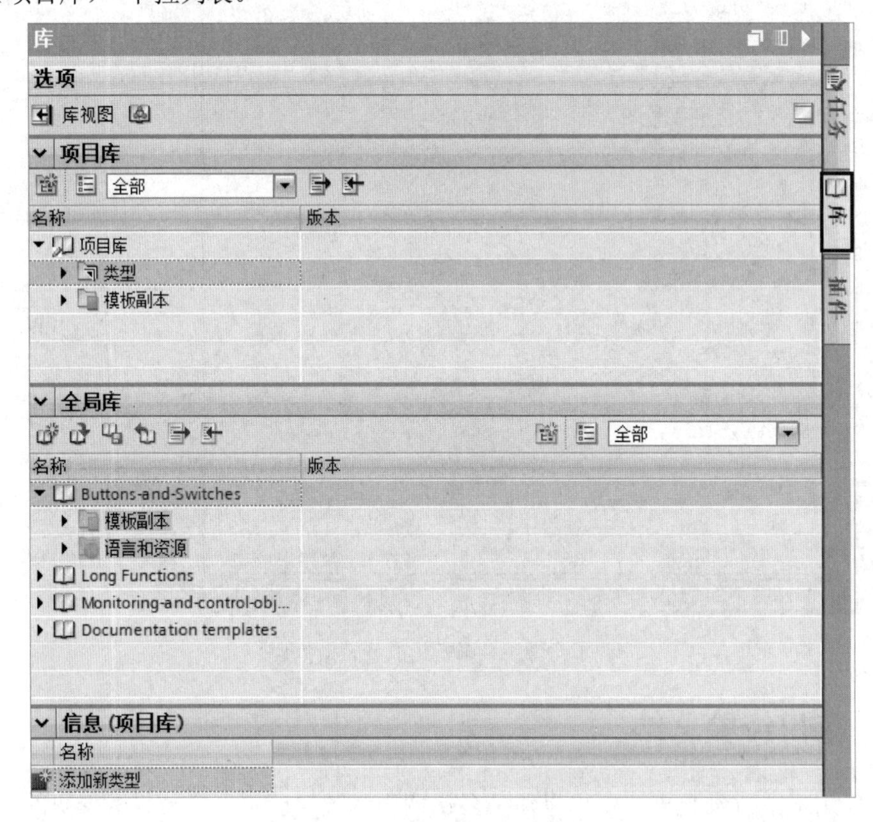

图 12-3-1 “库”任务卡

单击“库视图”按钮可以打开库视图；单击“库管理”按钮可以打开库管理视图，如图 12-3-2 所示。

2. 类型

用户程序的对象（如程序块、PLC 数据类型或面板）可以作为类型。类型可以进行版本管理，支持后期的进一步优化。当类型发布新版本时，使用这些类型的项目将立即更新。

项目库类型来自项目的程序；全局库类型可以来自项目的程序，也可以来自项目库类型。如果在项目中使用全局库类型，博途软件会同时将该类型复制到项目库类型。

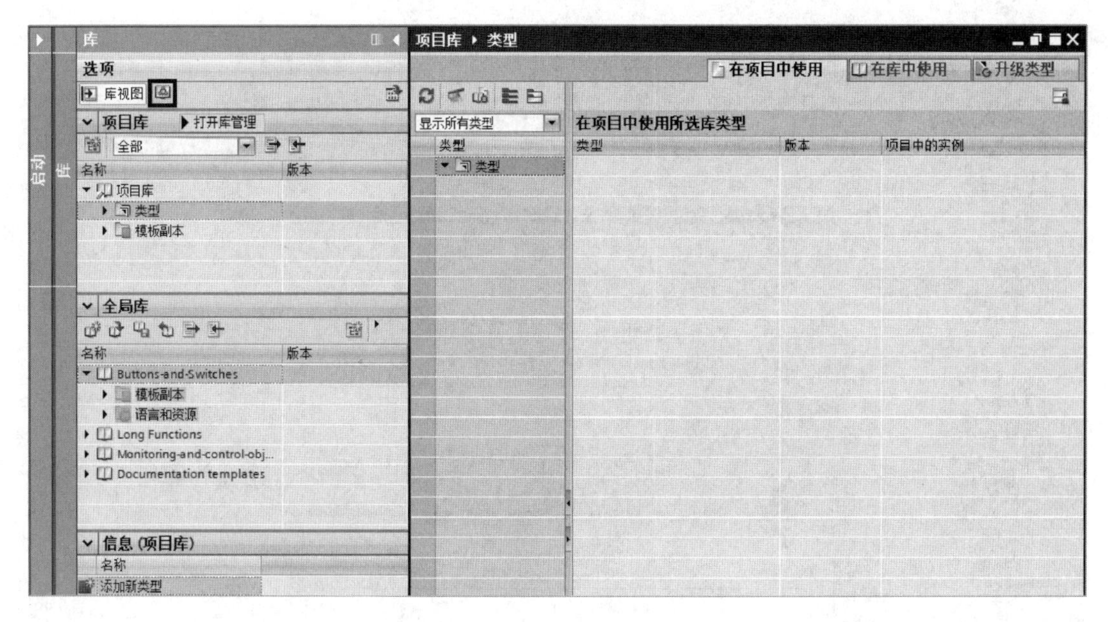

图 12-3-2　库管理视图

3．模板副本

基本上所有对象都可以保存为模板副本，并可以在后期再次粘贴到项目中。例如，可以保存整个设备及其内容，或者将设备文档的封页保存为模板副本。

模板副本既可以位于项目库中，也可以位于全局库中。项目库中的模板副本只能在项目中使用。在全局库中创建模板副本时，模板副本可以用于不同项目中。

12.3.2　实例内容

（1）实例名称：库文件的应用实例。

（2）实例描述：创建和使用库文件。

（3）硬件组成：① CPU 1511C-1 PN，1 台，订货号：6ES7 511-1CK01-0AB0。② 编程计算机，1 台，已安装博途 STEP 7 专业版 V16 软件。

12.3.3　实例实施

第一步：打开 12.2 节的“多重背景数据块应用实例”项目文件。

第二步：创建项目库文件。

在“项目树”窗格中，依次选择“PLC_1[CPU 1511C-1 PN]”→“程序块”选项，拖曳电机控制模型函数块到“项目库”下拉列表中的“类型”选项下，弹出“添加类型”对话框，如图 12-3-3 所示。设置库的“版本”为“1.0.0”，单击“确定”按钮，完成类型添加。添加类型后的界面如图 12-3-4 所示。

图 12-3-3 “添加类型”对话框

图 12-3-4 添加类型后的界面

第三步：使用项目库文件。

在本项目中，新建一个 PLC_2 [CPU 1511C-1 PN]项目程序，选择“库”下拉列表中的“类型”选项，拖曳“电机控制模型函数块”库文件到“PLC_2 [CPU 1511C-1 PN]”下拉列表的“程序块”选项下，如图 12-3-5 所示。“电机控制模型函数块”选项对应图标的左上角有一个黑色的小三角符号，表示该程序块是库中的一个类型，会随库着中类型的更新而更新。

图 12-3-5　使用项目库文件

第四步：更改库中的类型。

在本项目中，如果 PLC_2 的电机控制模型函数块需要修改，需要先对库中的类型文件进行修改，然后通过版本发布同步更新所有调用该类型的地方。

选中需要修改的类型库文件，右击，在弹出的快捷菜单中选择“编辑类型”命令，如图 12-3-6 所示，打开“编辑类型”对话框，如图 12-3-7 所示，选择测试环境，单击“确定”按钮，进入程序修改视图，如图 12-3-8 所示，修改类型库文件。

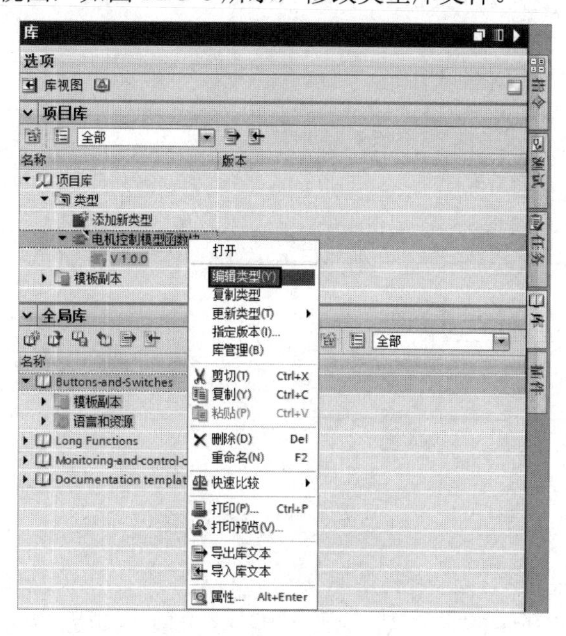

图 12-3-6　选择“编辑类型”命令

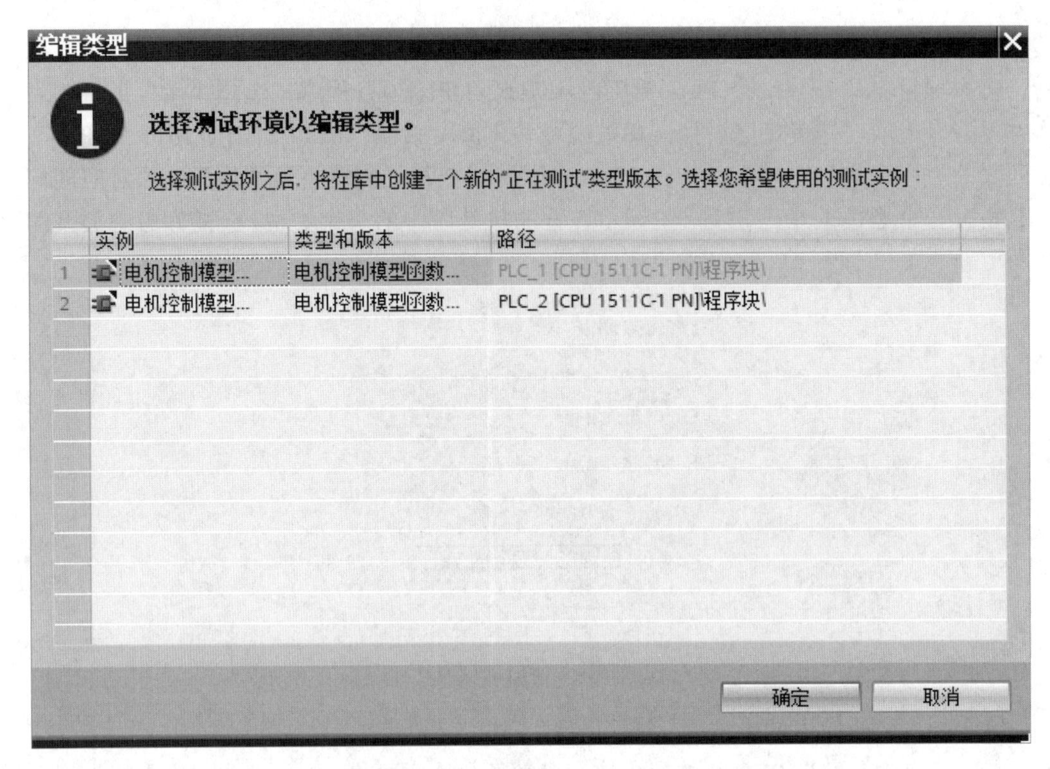

图 12-3-7 “编辑类型”对话框

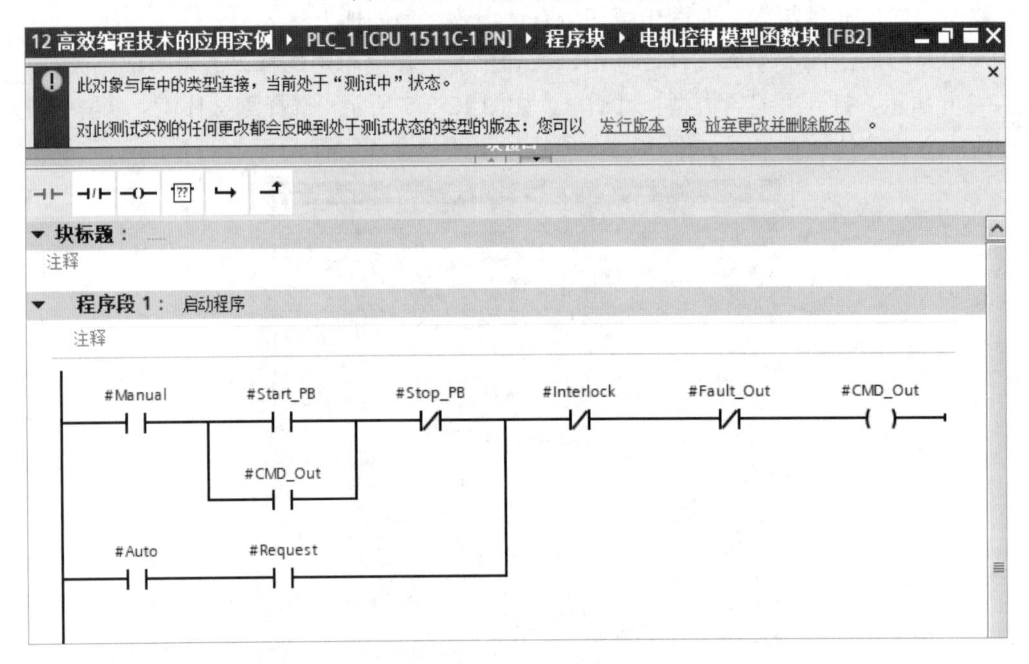

图 12-3-8 程序修改视图

类型库文件修改完成后，选中类型库文件，右击，在弹出的快捷菜单中选择“发行版本”命令，如图 12-3-9 所示，博途软件会自动编辑。如果编辑无错误，将弹出如图 12-3-10

所示的对话框。在该对话框中可以定义版本号和注释等信息，勾选“更新项目中的实例”复选框，单击“确定”按钮，所有调用该类型的地方将同步更新。

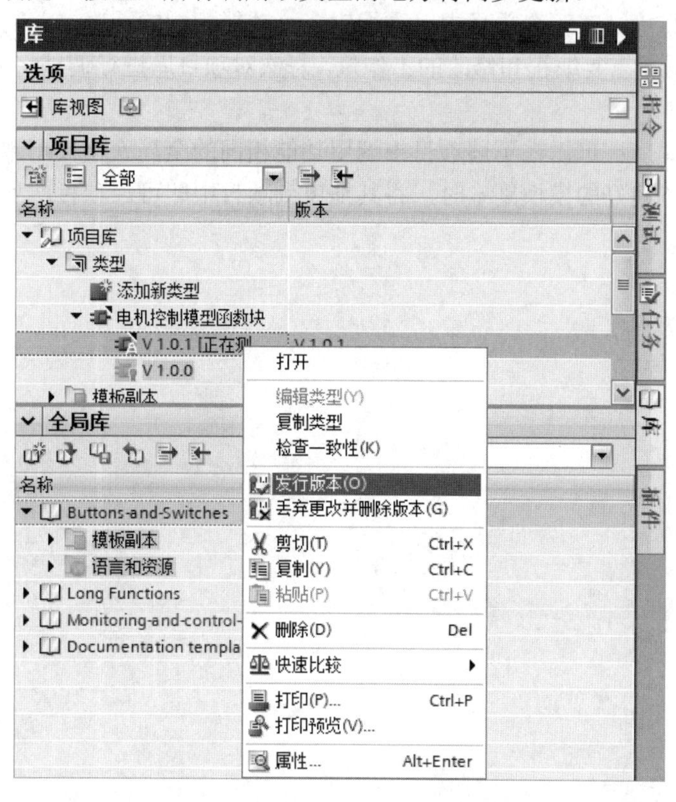

图 12-3-9　选择“发行版本”命令

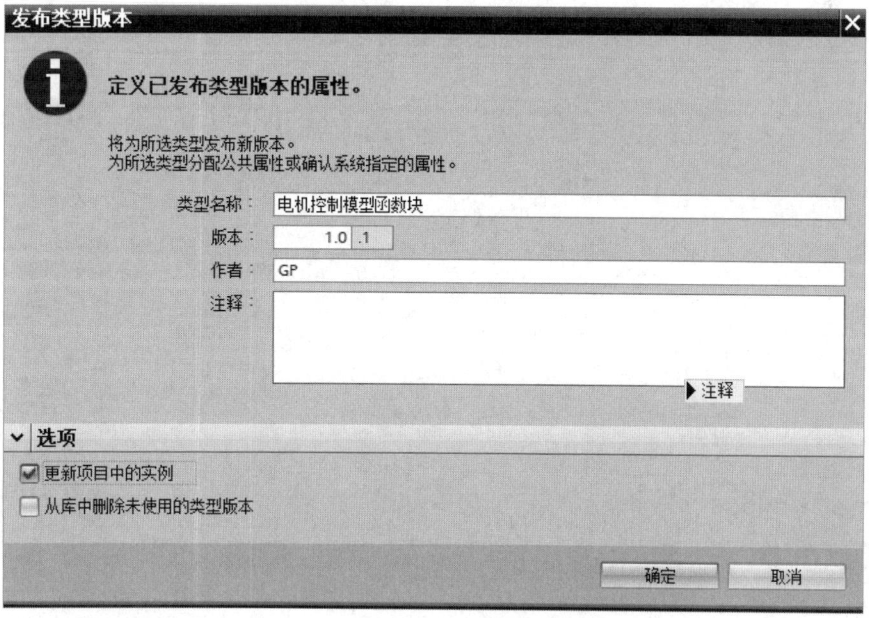

发布类型版本

定义已发布类型版本的属性。

将为所选类型发布新版本。
为所选类型分配公共属性或确认系统指定的属性。

类型名称：电机控制模型函数块
版本：1.0 .1
作者：GP
注释：

选项
更新项目中的实例
从库中删除未使用的类型版本
确定　取消

图 12-3-10　“发布类型版本”对话框

12.3.4 应用经验总结

（1）使用项目库：在一个项目中一次编辑多个功能相同的程序，并同步更新整个项目程序，可以大大减少重复编程和修改的工作量。每次对项目库进行调试将生成的不同版本，便于版本的管理。

（2）使用全局库：可以在不同项目中调用功能相同的全局库模板副本内容，优化工作量。在使用已经创建好的模板副本时，将其拖曳到项目中即可。项目库和全局库间的内容可以相互复制。

第 13 章 基于博途软件的 PLC 编程方法的项目实例

13.1 内容简介

编写逻辑严谨、结构清晰、易于修改和易于复用的 PLC 程序，是每一位自动化工程师的追求。一个优秀的 PLC 程序，主要具有以下优点。

① 命名：变量及程序模块的命名遵循一定的规范，具有一定意义。

② 结构清晰、可读性强：年轻的工程师不需要花费太多时间就能理解程序架构和逻辑。

③ 复用性：面向对象编程，基础函数块经过不断优化，有很强的复用性，开发效率高，调试周期短。

④ 逻辑严谨：程序逻辑严谨，运行可靠。

⑤ 信号隔离：I/O 信号与逻辑信号隔离。

⑥ 易于维护：触摸屏上有完整的诊断信息，当设备出现故障时，便于维护人员快速定位故障点，快速排除故障。

本章通过一个应用实例，从理论基础、程序架构设计、变量命名规则、控制模型设计和设备单元顺序控制程序设计等方面进行详细讲解。

13.2 ISA-S88 标准

美国仪表学会（Instrument Society of America，ISA）在 1995 年 7 月针对批量控制制定了 ISA-S88 标准。1997 年 8 月，ISA-S88 标准被国际电工委员会（International Electrotechnical Commission，IEC）采纳为国际标准。ISA-S88 标准定义了一系列技术术语和模型，以满足生产设备的控制需要，让控制技术的发展进入一个崭新的阶段。

ISA-S88 标准提供了控制的通用模型，提供了如何表达用户要求的常用措施、自动化供应商之间的集成方法，以及简化控制的配置方法等。ISA-S88 标准成了生产线、车间到企业管理系统沟通的重要工具。

下面介绍本章实例使用的 ISA-S88 标准的物理模型、控制模式和状态模型的方法。

13.2.1 物理模型

ISA-S88 标准的物理模型用来描述生产中的设备，把设备分为过程单元（Process Cell）、单元（Unit）、装置模块（Equipment Module）和控制模块（Control Module）四层，如图 13-2-1 所示，各模块说明如下。

①控制模块由一组传感器、驱动装置和其他控制模块组成，用于完成一个基本的控制活动。

②装置模块由完成一个简单任务的某些控制模块组成。

③单元由生产过程中完成某一特定任务的装置模块和控制模块组成。

④过程单元由批量生产中的所有生产操作设备和辅助操作设备组成。

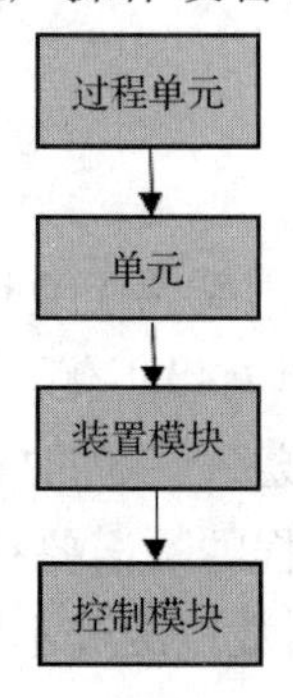

图 13-2-1　ISA-S88 标准的物理模型

本实例将使用 ISA-S88 标准的物理模型来划分程序的控制层级。

13.2.2 控制模式和状态模型

自动化编程的经典总结是，每个控制单元，在每种控制模式和状态下，在什么条件下做什么。在编写程序时规范控制模式和状态是非常重要的。

1．控制模式

自动化设备有多种控制模式，几类典型控制模式如下。

① 生产模式（自动模式）：正常生产的模式，机器设备响应由操作员直接下达的命令或从另一个控制系统发出的指令，并执行相应逻辑。

② 维护模式：在维护模式下，允许一定授权人员在生产线上单独运行一台机器。此模式用于排除故障、试验机器、改进测试操作等。

③ 手动模式：授权人员可以直接控制单台机器。此模式用于单台机器的调试和故障诊断。

2．状态模型

状态模型定义了机器在一个单元或者装置模块下的行为。

ISA-S88 标准的状态模型如图 13-2-2 所示。

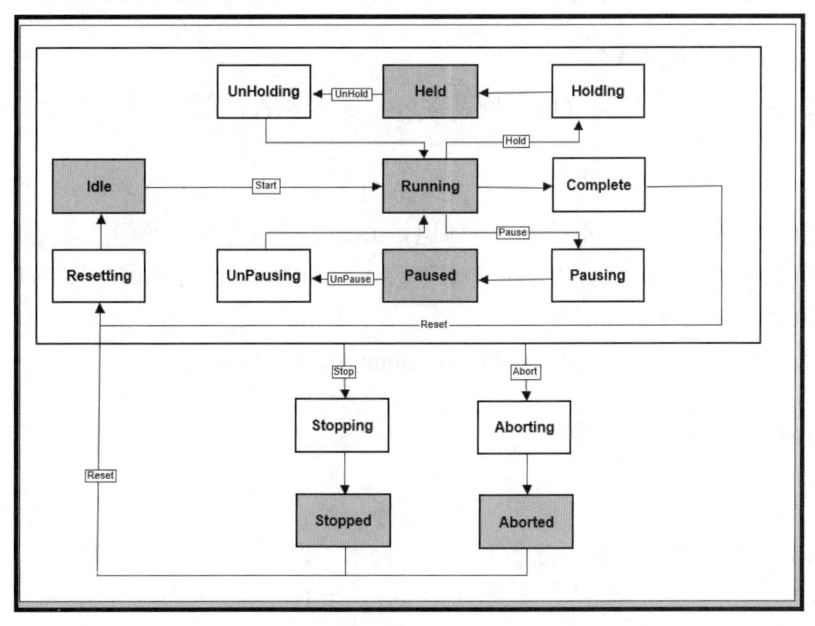

图 13-2-2　ISA-S88 标准的状态模型

（1）状态类型。

操作状态（Acting State）：表示某些处理活动的状态，是在有限时间内或特定条件下的状态。在图 13-2-2 中，有阴影的框中的状态是操作状态，如 Idle、Running、Held、Paused、Stopped、Aborted。

等待状态（Wait State）：用于标识机器已达到一组定义的条件的状态。在这种状态下，机器一直保持一种状态，直到被转换为其他工作状态。在图 13-2-2 中，无阴影的框中的状态是等待状态，如 Resetting、UnHolding、Holding、UnPausing、Pausing、Complete、Stopping、Aborting。

等待状态通过条件判断可以切换到操作状态，操作状态通过控制指令可以切换到等待状态。

（2）状态切换的控制指令。

ISA-S88 标准中的状态模型的控制指令共有 8 种，即图 13-2-2 中的 Start、Hold、UnHold、Pause、UnPause、Stop、Abort、Reset。

13.3　命名规则

为程序或者变量制定统一的命名规则，使其具有一定语义的名称，如功能、类型和位置等，有利于增加程序的可读性，易于程序的调试和维护，从而提高工程和生产效率。

13.3.1 现场设备命名规则

（1）命名对象：现场设备。

（2）命名规则：有一定语义的现场设备名。这样做便于工程技术人员了解设备信息，示例如下。

M 110 01 Auto

① 规范现场设备的英文缩写部分，如电机的英文缩写为 M、阀门的英文缩写为 V 等。

② 规范设备的单元区域代码部分，如组装区代码为 110，分拣区代码为 120。

③ 规范设备的顺序编号部分。

④ 规范功能编号部分，如手动代码为 Manual，自动代码为 Auto。

13.3.2 帕斯卡命名规则

（1）命名对象：程序块、数据块、工艺对象、库、PLC 变量表、监控表、强制表等。

（2）命名规则：使用帕斯卡命名规则，示例如下。

MotorControl（FB1）

① 第一个字母是大写字母。

② 如果一个标识符是由多个单词组成的，那么每个单词的第一个字母都是大写字母。

③ 对于单一概念的标识符的命名不用分隔符（如下画线或连接符）。为保证结构化和专业化，允许使用少量下画线。

13.3.3 驼峰命名规则

（1）命名对象：主要针对标识符，包括变量、PLC 变量、PLC 数据类型、结构等。

（2）命名规则：使用驼峰命名规则，示例如下。

motorAuto（M100.0）

① 第一个字母是非大写（小写）字母。

② 如果一个标识符是由多个单词组成的，那么后面每个单词的第一个字母是大写字母。

③ 不允许使用分隔符（如下画线或连接符）。

13.4 实例内容

（1）实例名称：博途软件 PLC 程序设计方法应用实例。

（2）系统组成：此系统包括三套中央空调系统，分别为 1#系统、2#系统和 3#系统。每套中央空调系统包括 1 台冷却塔、1 台冷却泵、1 台冷冻泵和 1 台冰水主机，如图 13-4-1 所示。

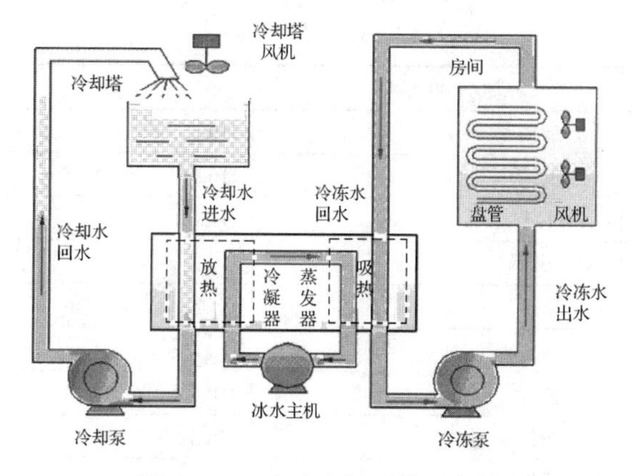

图 13-4-1　中央空调系统示意图

（3）硬件组成：① CPU 1511C-1 PN，1 台，订货号：6ES7 511-1CK01-0AB0。② 编程计算机，1 台，已安装博途 STEP 7 专业版 V16 软件。

13.5　系统设计

13.5.1　控制需求说明

本系统分为手动控制模式和自动控制模式。

（1）手动控制模式：每套中央空调系统在切换到手动模式时，冷却塔风机、冷却泵和冷冻泵都有手动启动和停止按钮。

（2）自动控制模式：每套中央空调系统在切换到自动模式时，按下自动启动按钮，本套中央空调系统按照中央空调系统的自动启动工艺要求启动；按下自动停止按钮，本套中央空调系统按照中央空调系统的自动停机工艺要求停止。

（3）中央空调系统的自动启动工艺要求：先启动冷却塔风机，延时 10s 后启动冷却泵，冷却泵运行后延时 10s 启动冷冻泵，冷冻泵运行后延时 10s 启动冰水主机。

（4）中央空调系统的自动停机工艺要求：按停止按钮后，所有设备都停止。

13.5.2　PLC I/O 点表

PLC I/O 点表如表 13-5-1 所示。

表 13-5-1　PLC I/O 点表

序　号	变 量 名	PLC 地址	数 据 类 型
一、Unit101 区点表			
1、1#冷却塔风机			
1	启动按钮	I10.0	Bool
2	停止按钮	I10.1	Bool

续表

序　号	变 量 名	PLC 地址	数 据 类 型
3	运行反馈	I10.2	Bool
4	故障反馈	I10.3	Bool
5	启/停控制	Q4.0	Bool
6	运行指示灯	Q4.1	Bool
7	故障指示灯	Q4.2	Bool
2、1#冷却泵			
1	启动按钮	I10.4	Bool
2	停止按钮	I10.5	Bool
3	运行反馈	I10.6	Bool
4	故障反馈	I10.7	Bool
5	启/停控制	Q4.3	Bool
6	运行指示灯	Q4.4	Bool
7	故障指示灯	Q4.5	Bool
3、1#冷冻泵			
1	启动按钮	I11.0	Bool
2	停止按钮	I11.1	Bool
3	运行反馈	I11.2	Bool
4	故障反馈	I11.3	Bool
5	启/停控制	Q4.6	Bool
6	运行指示灯	Q4.7	Bool
7	故障指示灯	Q5.0	Bool
4、1#冰水主机			
1	启/停控制	Q5.1	Bool
1	1#系统手动选择开关	I11.4	Bool
2	1#系统自动选择开关	I11.5	Bool
3	1#系统自动启动按钮	I11.6	Bool
4	1#系统自动停止按钮	I11.7	Bool
5	1#系统急停按钮	I12.0	Bool
6	1#系统复位按钮	I12.1	Bool

表 13-5-1 是 1#系统的 I/O 点表，2#系统和 3#系统与此表类似，不再列举。

13.6 PLC 编程方法的八步法

13.6.1 第一步：程序架构设计

在编写程序时，通常会用层级目录来规划程序。在一般情况下，第一层目录根据用途划分，第二层目录根据区域或工艺单元划分。

1．通用程序架构说明

通用程序架构的第一层目录一般包括以下几部分。

① I/O 点映射子程序：在程序逻辑中不建议直接使用 I/O 点，此子程序用于完成 I/O 点与内部点的转换。

② 初始化程序：将需要初始化的程序内容写到此程序中。

③ 函数块调用子程序：完成函数块的调用，同时可以完成设备手动控制功能。

④ 单元子程序：若一条生产线包括原料单元、加工单元、输送单元和仓储单元四部分，则可以将设备单元划分为这四部分。

⑤ 报警子程序：用于汇总报警信息。

⑥ 数据交换子程序：与触摸屏、其他设备或者第三方系统进行数据交换的子程序。

⑦ 函数块子程序：自定义函数块子程序。

⑧ 其他子程序。

2．本实例的程序架构设计

根据本实例的实际需求，第一层目录程序架构如图 13-6-1 所示。

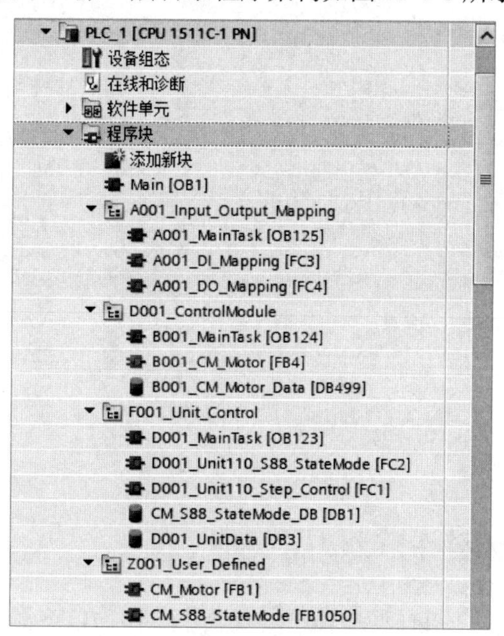

图 13-6-1　第一层目录程序架构

① A001_Input_Output_Mapping：I/O 点映射子程序。

② D001_ControlModule：函数块调用子程序。

③ F001_Unit_Control：设备单元子程序。本实例共有三套中央空调系统，1#系统对应设备单元 Unit110，2#系统对应设备单元 Unit120，3#系统对应设备单元 Unit130。

④ Z001_User_Defined：自定义函数块子程序。

13.6.2 第二步：创建 PLC 变量表

根据现场设备命名规则，创建 PLC 变量表。图 13-6-2 所示为 1#系统的 PLC 变量表，2#系统和 3#系统的 PLC 变量表与该表只是名称不同。在 PLC 变量表中，电机的英文缩写为 M，按钮的英文缩写为 PB，选择开关的英文缩写为 SW，冰水主机英文缩写为 WC。

1#系统（Unit110）

	名称	数据类型	地址	保持	从 H...	从 H...	在 H...	监控	注释
1	M11001StartPB	Bool	%I10.0	☐	☑	☑	☑		1#冷却塔风机的启动按钮
2	M11001StopPB	Bool	%I10.1	☐	☑	☑	☑		1#冷却塔风机的停止按钮
3	M11001RunFeedback	Bool	%I10.2	☐	☑	☑	☑		1#冷却塔风机的运行反馈
4	M11001FaultFeedback	Bool	%I10.3	☐	☑	☑	☑		1#冷却塔风机的故障反馈
5	M11001Cmd	Bool	%Q4.0	☐	☑	☑	☑		1#冷却塔风机的启/停按钮
6	M11001RunLamp	Bool	%Q4.1	☐	☑	☑	☑		1#冷却塔风机的运行指示
7	M11001FaultLamp	Bool	%Q4.2	☐	☑	☑	☑		1#冷却塔风机的故障指示
8	M11002StartButton	Bool	%I10.4	☐	☑	☑	☑		1#冷却泵的启动按钮
9	M11002StopButton	Bool	%I10.5	☐	☑	☑	☑		1#冷却泵的停止按钮
10	M11002RunFeedback	Bool	%I10.6	☐	☑	☑	☑		1#冷却泵的运行反馈
11	M11002FaultFeedback	Bool	%I10.7	☐	☑	☑	☑		1#冷却泵的故障反馈
12	M11002Cmd	Bool	%Q4.3	☐	☑	☑	☑		1#冷却泵的启/停按钮
13	M11002RunLamp	Bool	%Q4.4	☐	☑	☑	☑		1#冷却泵的运行指示
14	M11002FaultLamp	Bool	%Q4.5	☐	☑	☑	☑		1#冷却泵的故障指示
15	M11003StartButton	Bool	%I11.0	☐	☑	☑	☑		1#冷冻泵的启动按钮
16	M11003StopButton	Bool	%I11.1	☐	☑	☑	☑		1#冷冻泵的停止按钮
17	M11003RunFeedback	Bool	%I11.2	☐	☑	☑	☑		1#冷冻泵的运行反馈
18	M11003FaultFeedback	Bool	%I11.3	☐	☑	☑	☑		1#冷冻泵的故障反馈
19	M11003Cmd	Bool	%Q4.6	☐	☑	☑	☑		1#冷冻泵的启/停按钮
20	M11003RunLamp	Bool	%Q4.7	☐	☑	☑	☑		1#冷冻泵的运行指示
21	M11003FaultLamp	Bool	%Q5.0	☐	☑	☑	☑		1#冷冻泵的故障指示
22	WC11001	Bool	%Q5.1	☐	☑	☑	☑		1#冰水主机控制
23	SW11001Manual	Bool	%I11.4	☐	☑	☑	☑		1#系统手动选择开关
24	SW11001Auto	Bool	%I11.5	☐	☑	☑	☑		1#系统自动选择开关
25	PB11001	Bool	%I11.6	☐	☑	☑	☑		1#系统手动启动按钮
26	PB11004	Bool	%I12.1	☐	☑	☑	☑		1#系统复位按钮
27	PB11003	Bool	%I12.0	☐	☑	☑	☑		1#系统急停按钮
28	PB11002	Bool	%I11.7	☐	☑	☑	☑		1#系统自动启动按钮

图 13-6-2　PLC 变量表

13.6.3 第三步：创建 PLC 数据类型

在“项目树”窗格中的 PLC 数据类型文件夹中，添加以下数据类型。

1. 创建电机的 PLC 数据类型

由于本实例主要控制的设备是电机，因此需要设计电机的数据类型。根据命名规则，电机的 PLC 数据类型如图 13-6-3 所示。

2. 创建设备单元的 PLC 数据类型

根据命名规则，创建设备单元的 PLC 数据类型，如图 13-6-4 所示。

UDT_Motor

	名称	数据类型	默认值	从 HMI/OPC..	从 H...	在 HMI ...	设定值	注释
1	ManualSW	Bool	false	☑	☑	☑	☐	手动选择开关
2	AutoSW	Bool	false	☑	☑	☑	☐	自动选择开关
3	StartPB	Bool	false	☑	☑	☑	☐	启动按钮
4	StopPB	Bool	false	☑	☑	☑	☐	停止按钮
5	ResetPB	Bool	false	☑	☑	☑	☐	复位按钮
6	RunFeedback	Bool	false	☑	☑	☑	☐	运行反馈
7	FaultFeedback	Bool	false	☑	☑	☑	☐	故障反馈
8	Interlock	Bool	false	☑	☑	☑	☐	连锁条件
9	Request	Bool	false	☑	☑	☑	☐	运行请求
10	Cmd	Bool	false	☑	☑	☑	☐	运行控制
11	RunLamp	Bool	false	☑	☑	☑	☐	运行指示灯
12	FaultLamp	Bool	false	☑	☑	☑	☐	故障指示灯

图 13-6-3　电机的 PLC 数据类型

UDT_Unit

	名称	数据类型	默认值	从 HMI/OPC..	从 H...	在 HMI ...	设定值	注释
1	ManualSW	Bool	false	☑	☑	☑	☐	手动选择开关
2	AutoSW	Bool	false	☑	☑	☑	☐	自动选择开关
3	StartPB	Bool	false	☑	☑	☑	☐	启动按钮
4	StopPB	Bool	false	☑	☑	☑	☐	停止按钮
5	EmergencyPB	Bool	false	☑	☑	☑	☐	急停按钮
6	ResetPB	Bool	false	☑	☑	☑	☐	复位按钮
7	Auto_Request	Bool	false	☑	☑	☑	☐	步请求条件
8	▸ Request	Array[0..15] of Bool		☑	☑	☑	☐	步请求
9	StepIndex	DInt	0	☑	☑	☑	☐	
10	▸ Timer	Array[0..9] of IEC_T...		☑	☑	☑	☐	
11	Resetting_StsDone	Bool	false	☑	☑	☑	☐	
12	Holding_StsDone	Bool	false	☑	☑	☑	☐	
13	UnHolding_StsDone	Bool	false	☑	☑	☑	☐	
14	Stopping_StsDone	Bool	false	☑	☑	☑	☐	
15	Aborting_StsDone	Bool	false	☑	☑	☑	☐	
16	▸ Spare	Array[0..9] of Bool		☑	☑	☑	☐	
17	▸ S88_StateMode	"UDT_S88_State...		☑	☑	☑	☑	

图 13-6-4　设备单元的 PLC 数据类型

3. 创建 S88 状态模型的 PLC 数据类型

根据命名规则，创建 S88 状态模型的 PLC 数据类型，如图 13-6-5 所示。

UDT_S88_StateMode

	名称	数据类型	默认值	从 HMI/OPC..	从 H...	在 HMI ...	设定值	注释
1	Start_Cmd	Bool	false	☑	☑	☑	☐	
2	Hold_Cmd	Bool	false	☑	☑	☑	☐	
3	UnHold_Cmd	Bool	false	☑	☑	☑	☐	
4	Reset_Cmd	Bool	false	☑	☑	☑	☐	
5	Stop_Cmd	Bool	false	☑	☑	☑	☐	
6	Abort_Cmd	Bool	false	☑	☑	☑	☐	
7	State_Done	Bool	false	☑	☑	☑	☐	
8	Sts_Running	Bool	false	☑	☑	☑	☐	
9	Sts_Holding	Bool	false	☑	☑	☑	☐	
10	Sts_UnHolding	Bool	false	☑	☑	☑	☐	
11	Sts_Stopping	Bool	false	☑	☑	☑	☐	
12	Sts_Aborting	Bool	false	☑	☑	☑	☐	
13	Sts_Resetting	Bool	false	☑	☑	☑	☐	
14	Sts_Idle	Bool	false	☑	☑	☑	☐	
15	Sts_Held	Bool	false	☑	☑	☑	☐	
16	Sts_Stopped	Bool	false	☑	☑	☑	☐	
17	Sts_Aborted	Bool	false	☑	☑	☑	☐	
18	Sts_State_Current	DInt	0	☑	☑	☑	☐	
19	Sts_StepIndex	DInt	0	☑	☑	☑	☐	
20	Sts_Ph_Alarm	Bool	false	☑	☑	☑	☐	
21	Sts_Ph_Interlock	Bool	false	☑	☑	☑	☐	
22	Interlock	DInt	0	☑	☑	☑	☐	
23	Alarm	DInt	0	☑	☑	☑	☐	

图 13-6-5　S88 状态模型的 PLC 数据类型

13.6.4　第四步：创建电机函数块的程序模型

由于本实例主要控制的设备是电机，因此需要设计电机控制模型。在程序文件夹 Z001_User_Defined 中，添加 CM_Motor 函数块，根据电机的控制方法和命名规则，创建电机的控制程序模型，接口区如图 13-6-6 所示，程序如图 13-6-7 所示。

CM_Motor

	名称	数据类型	偏移量	默认值	从 HMI/OPC..	从 H...	在 HMI ...	设定值	监控	注释
1	▼ Input				☐	☐	☐	☐		
2	Manual	Bool	0.0	false	☑	☑	☑	☐		手动选择开关
3	Auto	Bool	0.1	false	☑	☑	☑	☐		自动选择开关
4	StartPB	Bool	0.2	false	☑	☑	☑	☐		启动按钮
5	StopPB	Bool	0.3	false	☑	☑	☑	☐		停止按钮
6	ResetPB	Bool	0.4	false	☑	☑	☑	☐		复位按钮
7	RunFeedback	Bool	0.5	false	☑	☑	☑	☐		运行反馈
8	FaultFeedback	Bool	0.6	false	☑	☑	☑	☐		故障反馈
9	Interlock	Bool	0.7	false	☑	☑	☑	☐		连锁条件
10	Request	Bool	1.0	false	☑	☑	☑	☐		运行请求
11	▼ Output				☐	☐	☐	☐		
12	CMD	Bool	2.0	false	☑	☑	☑	☐		运行控制
13	RunLamp	Bool	2.1	false	☑	☑	☑	☐		运行指示灯
14	FaultLamp	Bool	2.2	false	☑	☑	☑	☐		故障指示灯
15	▼ InOut				☐	☐	☐	☐		
16	<新增>				☐	☐	☐	☐		
17	▼ Static				☐	☐	☐	☐		
18	Fault_Out_FZ	Bool	4.0	false	☑	☑	☑	☐		
19	▶ Timer	IEC_TIMER	6.0		☑	☑	☑	☑		
20	▼ Temp				☐	☐	☐	☐		
21	<新增>				☐	☐	☐	☐		
22	▼ Constant				☐	☐	☐	☐		
23	<新增>				☐	☐	☐	☐		

图 13-6-6　CM_Motor 函数块接口区

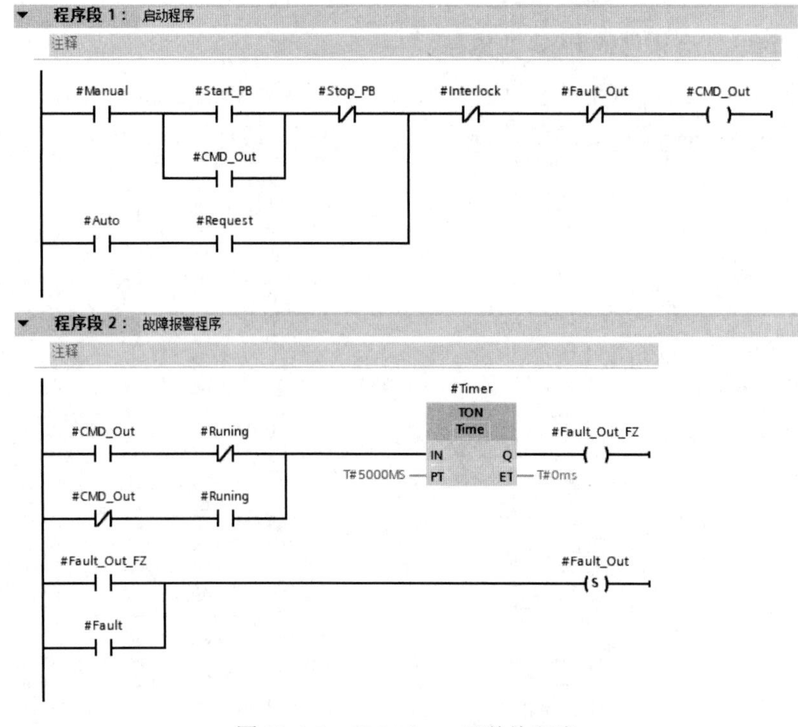

图 13-6-7　CM_Motor 函数块程序

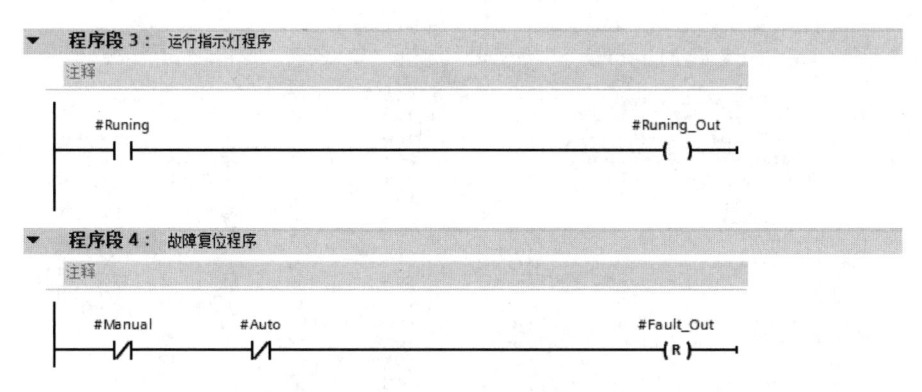

图 13-6-7　CM_Motor 函数块程序（续）

13.6.5　第五步：创建状态模型

基于本实例的需求，以 ISA-S88 标准状态模型为基础，制作状态模型，如图 13-6-8 所示。

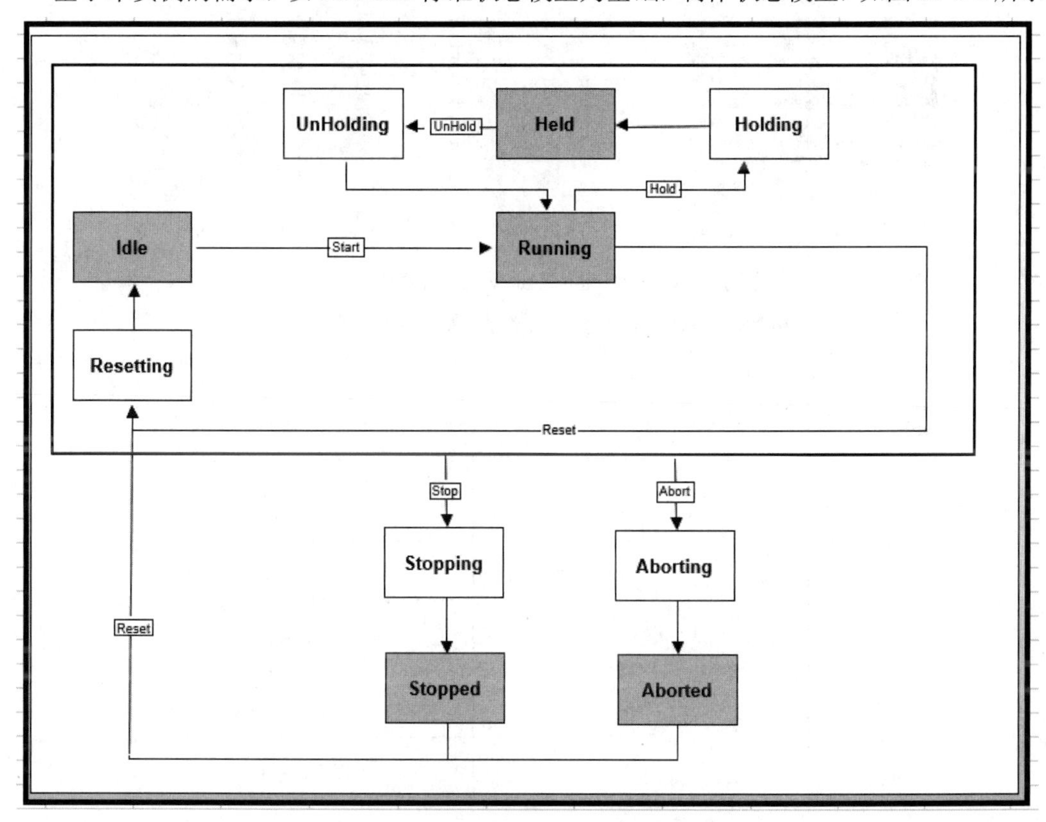

图 13-6-8　本实例的状态模型

在程序文件夹 Z001_User_Defined 中，添加 CM_S88_StateMode 函数块，创建本实例的设备单元的状态模型，接口区如图 13-6-9 所示，程序如图 13-6-10 所示。

CM_S88_StateMode

	名称	数据类型	默认值	保持	从 HMI/OPC...	从 H...	在 HMI ...	设定值
1	▼ Input				☐	☐	☐	☐
2	Start_Cmd	Bool	false	非保持	☑	☑	☑	☐
3	Hold_Cmd	Bool	false	非保持	☑	☑	☑	☐
4	UnHold_Cmd	Bool	false	非保持	☑	☑	☑	☐
5	Reset_Cmd	Bool	false	非保持	☑	☑	☑	☐
6	Stop_Cmd	Bool	false	非保持	☑	☑	☑	☐
7	Abort_Cmd	Bool	false	非保持	☑	☑	☑	☐
8	State_Done	Bool	false	非保持	☑	☑	☑	☐
9	▼ Output				☐	☐	☐	☐
10	Running	Bool	false	非保持	☑	☑	☑	☐
11	Holding	Bool	false	非保持	☑	☑	☑	☐
12	UnHolding	Bool	false	非保持	☑	☑	☑	☐
13	Stopping	Bool	false	非保持	☑	☑	☑	☐
14	Aborting	Bool	false	非保持	☑	☑	☑	☐
15	Resetting	Bool	false	非保持	☑	☑	☑	☐
16	Idle	Bool	false	非保持	☑	☑	☑	☐
17	Held	Bool	false	非保持	☑	☑	☑	☐
18	Stopped	Bool	false	非保持	☑	☑	☑	☐
19	Aborted	Bool	false	非保持	☑	☑	☑	☐
20	▼ InOut				☐	☐	☐	☐
21	State_Current	DInt	0	非保持	☑	☑	☑	☐
22	▼ Static				☐	☐	☐	☐
23	Local_Running	Bool	false	非保持	☐	☐	☐	☐
24	Local_Holding	Bool	false	非保持	☐	☐	☐	☐
25	Local_UnHolding	Bool	false	非保持	☐	☐	☐	☐
26	Local_Stopping	Bool	false	非保持	☑	☑	☑	☐
27	Local_Aborting	Bool	false	非保持	☑	☑	☑	☐
28	Local_Resetting	Bool	false	非保持	☑	☑	☑	☐
29	Local_Idle	Bool	false	非保持	☑	☑	☑	☐
30	Local_Held	Bool	false	非保持	☑	☑	☑	☐
31	Local_Stopped	Bool	false	非保持	☑	☑	☑	☐
32	Local_Aborted	Bool	false	非保持	☑	☑	☑	☐
33	▼ Temp				☐	☐	☐	☐
34	<新增>				☐	☐	☐	☐
35	▼ Constant				☐	☐	☐	☐
36	<新增>				☐	☐	☐	☐

图 13-6-9 CM_S88_StateMode 函数块接口区

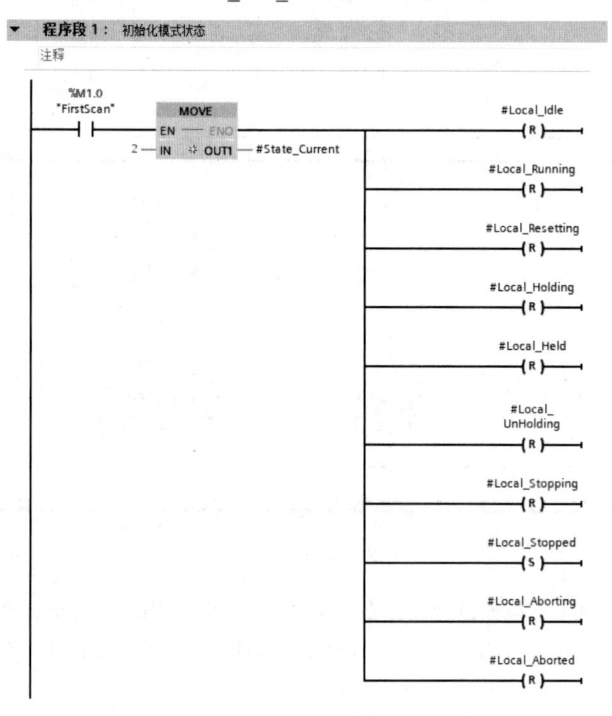

图 13-6-10 CM_S88_StateMode 函数块程序

程序段 2： 状态切换

注释

#Local_Resetting　#State_Done　#Local_Idle (S)　#Local_Resetting (R)

#Local_Idle　#Start_Cmd　#Local_Running (S)　#Local_Idle (R)

#Local_Running　#Hold_Cmd　#Local_Holding (S)　#Local_Running (R)

#Local_Holding　#State_Done　#Local_Held (S)　#Local_Holding (R)

#Local_Held　#UnHold_Cmd　#Local_UnHolding (S)　#Local_Held (R)

#Local_UnHolding　#State_Done　#Local_Running (S)　#Local_UnHolding (R)

程序段 3： Stop_Cmd状态切换

注释

#Local_Idle　#Stop_Cmd　#Local_Stopping (S)　#Local_Idle (R)

#Local_Running　#Local_Running (R)

#Local_Holding　#Local_Holding (R)

#Local_Held　#Local_Resetting (R)

#Local_UnHolding　#Local_Held (R)

#Local_Resetting　#Local_UnHolding (R)

程序段 4： Stopping状态切换

注释

#Local_Stopping　#State_Done　#Local_Stopped (S)　#Local_Stopping (R)

图 13-6-10　CM_S88_StateMode 函数块程序（续）

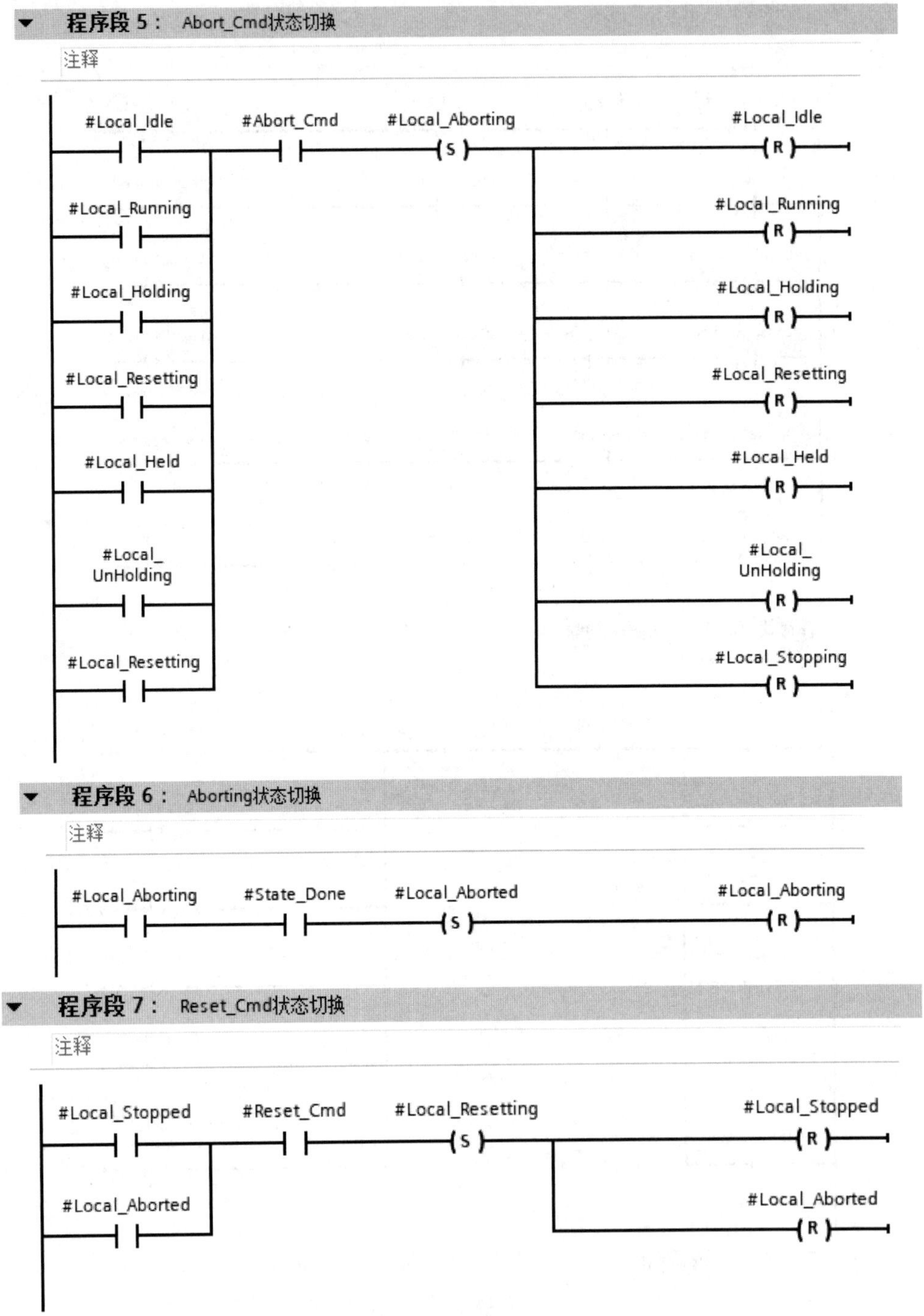

程序段 5： Abort_Cmd状态切换
注释
#Local_Idle
#Abort_Cmd
#Local_Aborting
S
#Local_Idle
R
#Local_Running
#Local_Running
R
#Local_Holding
#Local_Holding
R
#Local_Resetting
#Local_Resetting
R
#Local_Held
#Local_Held
R
#Local_UnHolding
#Local_UnHolding
R
#Local_Resetting
#Local_Stopping
R
程序段 6： Aborting状态切换
注释
#Local_Aborting
#State_Done
#Local_Aborted
S
#Local_Aborting
R
程序段 7： Reset_Cmd状态切换
注释
#Local_Stopped
#Reset_Cmd
#Local_Resetting
S
#Local_Stopped
R
#Local_Aborted
#Local_Aborted
R

图 13-6-10　CM_S88_StateMode 函数块程序（续）

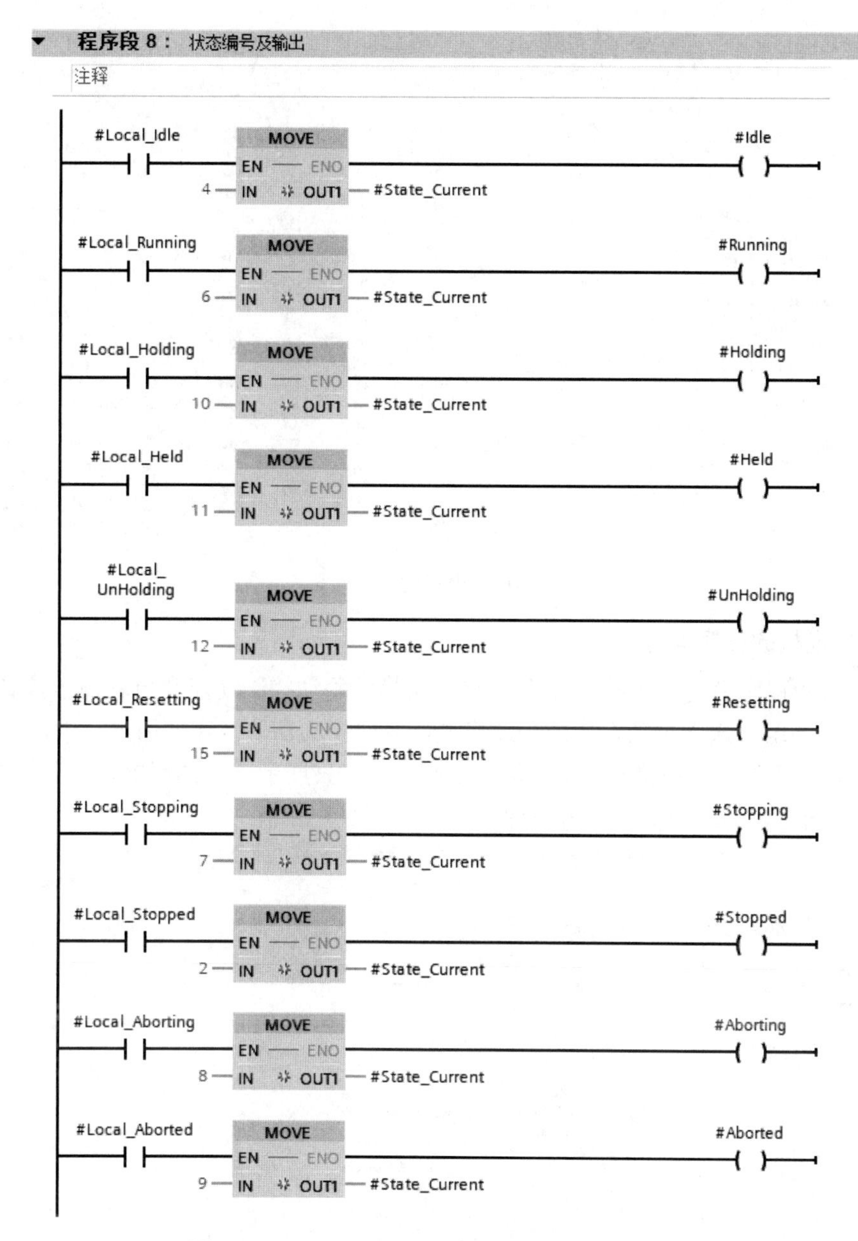

图 13-6-10　CM_S88_StateMode 函数块程序（续）

13.6.6　第六步：调用电机函数块的程序

在程序文件夹 D001_ControlModule 中，创建调用电机函数块的程序。

1．创建电机的控制变量

根据电机的 PLC 数据类型，创建电机的控制变量，共 9 台电机。M11001、M11002、M11003 为 1#系统的电机，M12001、M12002、M12003 为 2#系统的电机，M13001、M13002、M13003 为 3#系统的电机，如图 13-6-11 所示。

B001_CM_Motor_Data

	名称	数据类型	起始值	保持	从 HMI/OPC...	从 H...	在 HMI ...	设定值	监控	注释
1	▼ Static			☐	☐	☐	☐	☐		
2	▼ M11001	"UDT_Motor"		☐	☑	☑	☑	☐		1#冷却塔风机
3	ManualSW	Bool	false	☐	☑	☑	☑	☐		手动选择开关
4	AutoSW	Bool	false	☐	☑	☑	☑	☐		自动选择开关
5	StartPB	Bool	false	☐	☑	☑	☑	☐		启动按钮
6	StopPB	Bool	false	☐	☑	☑	☑	☐		停止按钮
7	ResetPB	Bool	false	☐	☑	☑	☑	☐		复位按钮
8	RunFeedback	Bool	false	☐	☑	☑	☑	☐		运行反馈
9	FaultFeedback	Bool	false	☐	☑	☑	☑	☐		故障反馈
10	Interlock	Bool	false	☐	☑	☑	☑	☐		连锁条件
11	Request	Bool	false	☐	☑	☑	☑	☐		运行请求
12	Cmd	Bool	false	☐	☑	☑	☑	☐		运行控制
13	RunLamp	Bool	false	☐	☑	☑	☑	☐		运行指示灯
14	FaultLamp	Bool	false	☐	☑	☑	☑	☐		故障指示灯
15	▶ M11002	"UDT_Motor"		☐	☑	☑	☑	☑		1#冷却泵
16	▶ M11003	"UDT_Motor"		☐	☑	☑	☑	☑		1#冷冻泵
17	▶ M12001	"UDT_Motor"		☐	☑	☑	☑	☐		2#冷却塔风机
18	▶ M12002	"UDT_Motor"		☐	☑	☑	☑	☑		2#冷却泵
19	▶ M12003	"UDT_Motor"		☐	☑	☑	☑	☑		2#冷冻泵
20	▶ M13001	"UDT_Motor"		☐	☑	☑	☑	☐		3#冷却塔风机
21	▶ M13002	"UDT_Motor"		☐	☑	☑	☑	☑		3#冷却泵
22	▶ M13003	"UDT_Motor"		☐	☑	☑	☑	☑		3#冷冻泵

图 13-6-11　电机的控制变量

2. 调用电机的程序模型

调用电机的程序模型，完成电机的手/自动切换、手动控制功能和自动请求控制功能。共 9 台电机，调用 9 次电机函数块的程序模型，完成控制功能。在调用过程中，使用多重背景数据块，便于数据块的管理。由于篇幅限制，本节只展示一个调用电机函数块的程序，如图 13-6-12 所示，其他类似，参考原程序。

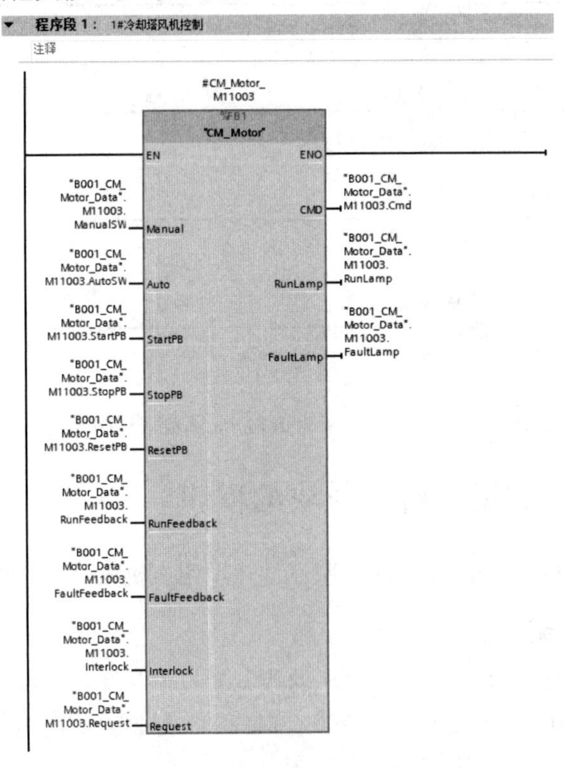

图 13-6-12　调用电机函数块的程序

13.6.7　第七步：编写设备单元的控制程序

在程序文件夹 F001_Unit_Control 中，创建设备单元的控制程序。

1．创建单元的控制变量

根据设备单元的 PLC 数据类型，创建设备单元的控制变量，共有三个单元：1#系统的设备单元（Unit110）、2#系统的设备单元（Unit120）、3#系统的设备单元（Unit130），设备单元的控制变量如图 13-6-13 所示。

D001_UnitData

	名称	数据类型	起始值	保持	从 HMI/OPC...	从 H...	在 HMI ...	设定值	监控	注释
1	▼ Static			☐	☐	☐	☐	☐		
2	▼ Unit110	"UDT_Unit"		☐	☑	☑	☑	☐		1#系统
3	ManualSW	Bool	false	☐	☑	☑	☑	☐		手动选择开关
4	AutoSW	Bool	false	☐	☑	☑	☑	☐		自动选择开关
5	StartPB	Bool	false	☐	☑	☑	☑	☐		启动按钮
6	HoldPB	Bool	false	☐	☑	☑	☑	☐		保持按钮
7	UnHoldPB	Bool	false	☐	☑	☑	☑	☐		解除保持按钮
8	ResetPB	Bool	false	☐	☑	☑	☑	☐		复位按钮
9	StopPB	Bool	false	☐	☑	☑	☑	☐		停止按钮
10	AbortPB	Bool	false	☐	☑	☑	☑	☐		急停按钮
11	Auto_Request	Bool	false	☐	☑	☑	☑	☐		步请求条件
12	▶ Request	Array[0..15] of Bool		☐	☑	☑	☑	☐		步请求
13	StepIndex	DInt	0	☐	☑	☑	☑	☐		
14	▶ Timer	Array[0..9] of IEC_T...		☐	☑	☑	☑	☐		
15	Resetting_StsDone	Bool	false	☐	☑	☑	☑	☐		
16	Holding_StsDone	Bool	false	☐	☑	☑	☑	☐		
17	UnHolding_StsDone	Bool	false	☐	☑	☑	☑	☐		
18	Stopping_StsDone	Bool	false	☐	☑	☑	☑	☐		
19	Aborting_StsDone	Bool	false	☐	☑	☑	☑	☐		
20	▶ Spare	Array[0..9] of Bool		☐	☑	☑	☑	☐		
21	▶ S88_StateMode	"UDT_S88_StateMo...		☐	☑	☑	☑	☐		
22	▶ Unit120	"UDT_Unit"		☐	☑	☑	☑	☑		2#系统
23	▶ Unit130	"UDT_Unit"		☐	☑	☑	☑	☑		3#系统

图 13-6-13　设备单元的控制变量

2．编写调用 S88 状态模型函数块的程序

调用 S88 状态模型函数块，控制设备单元的运行状态切换。调用 S88 状态模型函数块的程序如图 13-6-14 所示。

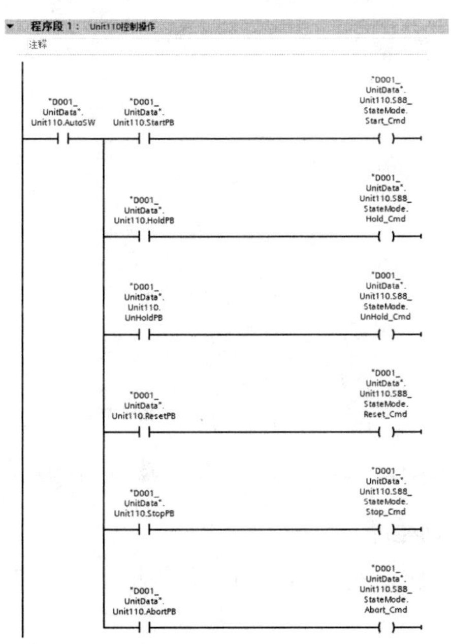

图 13-6-14　调用 S88 状态模型函数块的程序

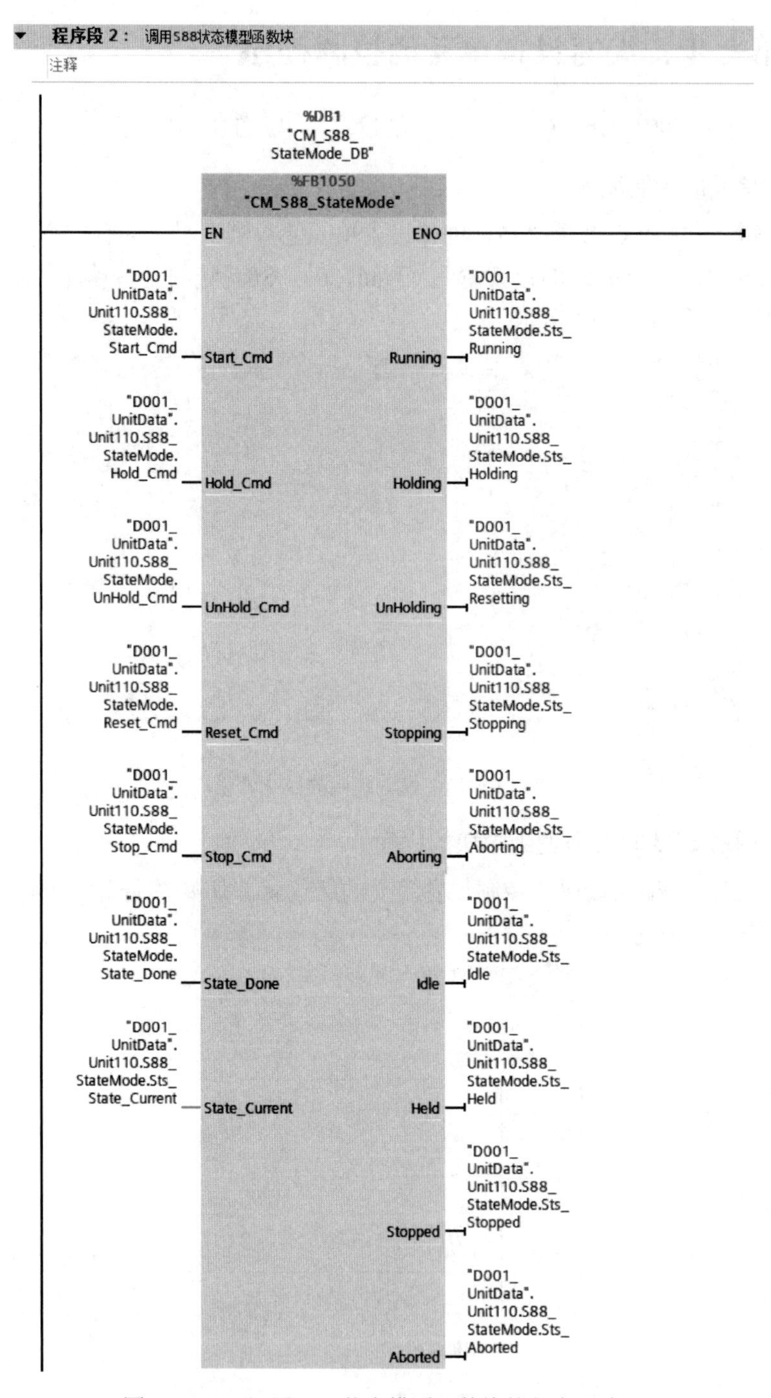

图 13-6-14　调用 S88 状态模型函数块的程序（续）

3．编写设备单元步控制程序

编写设备单元步控制程序，在自动控制模式下按照设备顺序启动程序，如图 13-6-15 所示。

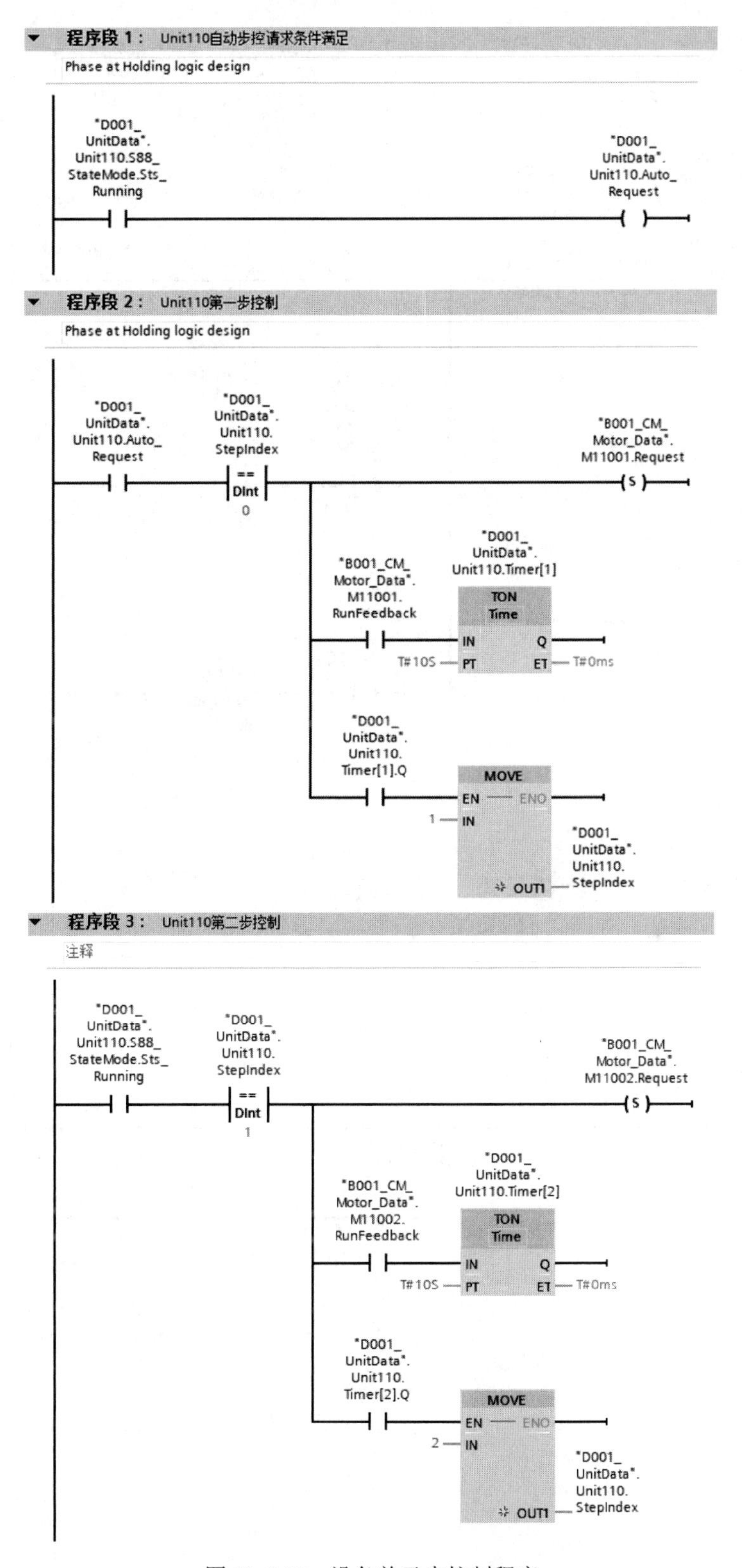

图 13-6-15　设备单元步控制程序

程序段 4： Unit110第三步控制

注释

"D001_UnitData".Unit110.S88_StateMode.Sts_Running

"D001_UnitData".Unit110.StepIndex

==
DInt
2

"B001_CM_Motor_Data".M11003.Request

S

"D001_UnitData".Unit110.Timer[3]

"B001_CM_Motor_Data".M11003.RunFeedback

TON
Time

IN Q

T#10S — PT ET — T#0ms

"D001_UnitData".Unit110.Timer[3].Q

MOVE

EN — ENO

3 — IN

OUT1 — "D001_UnitData".Unit110.StepIndex

程序段 5： Unit110第四步控制

注释

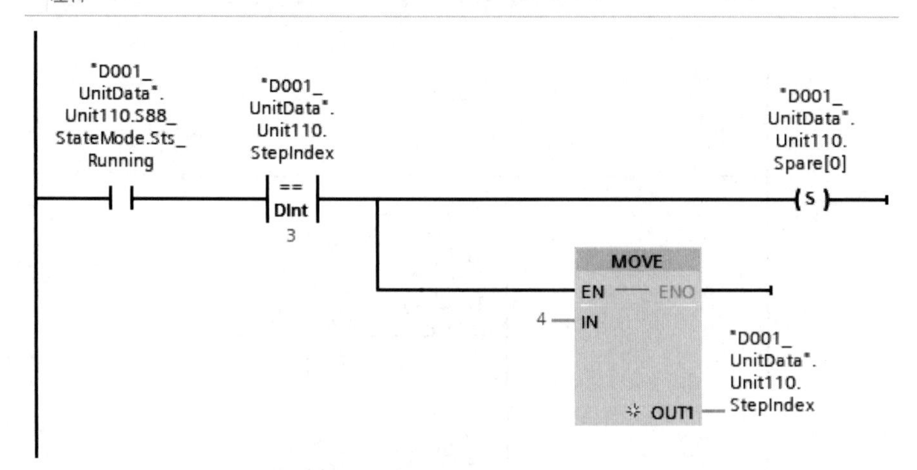

图 13-6-15　设备单元步控制程序（续）

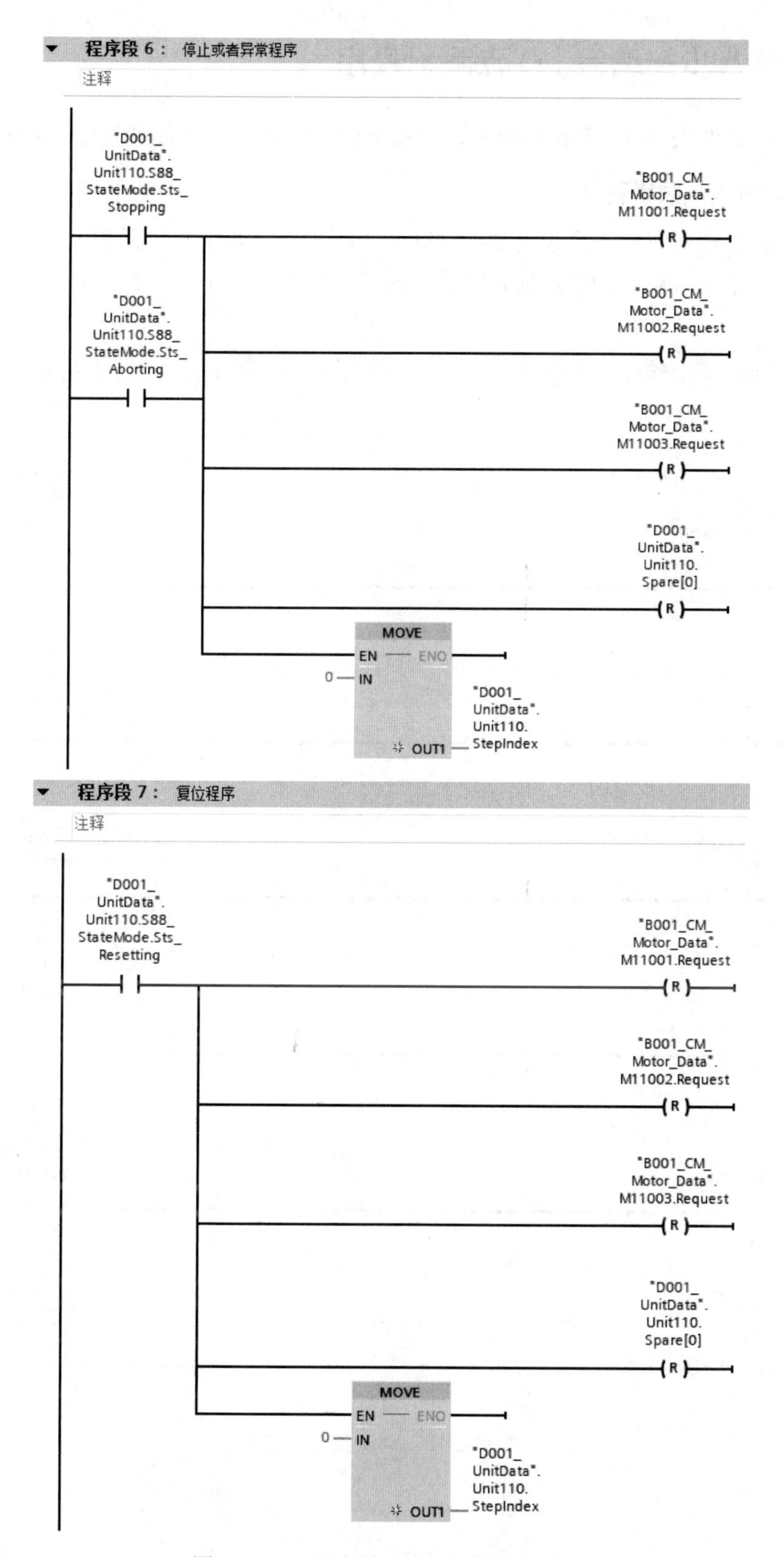

图 13-6-15　设备单元步控制程序（续）

13.6.8　第八步：编写 I/O 点映射程序

新建程序文件夹 A001_Input_Output_Mapping，在这个文件夹中编写 I/O 点映射程序。

1．编写输入点映射程序

输入点映射程序包括 3 个设备单元（Unit110 单元、Unit120 单元和 Unit130 单元），每个设备单元包括 3 台电机的程序段，这里只列举 1 个单元和 1 台电机的程序，如图 13-6-16 所示。

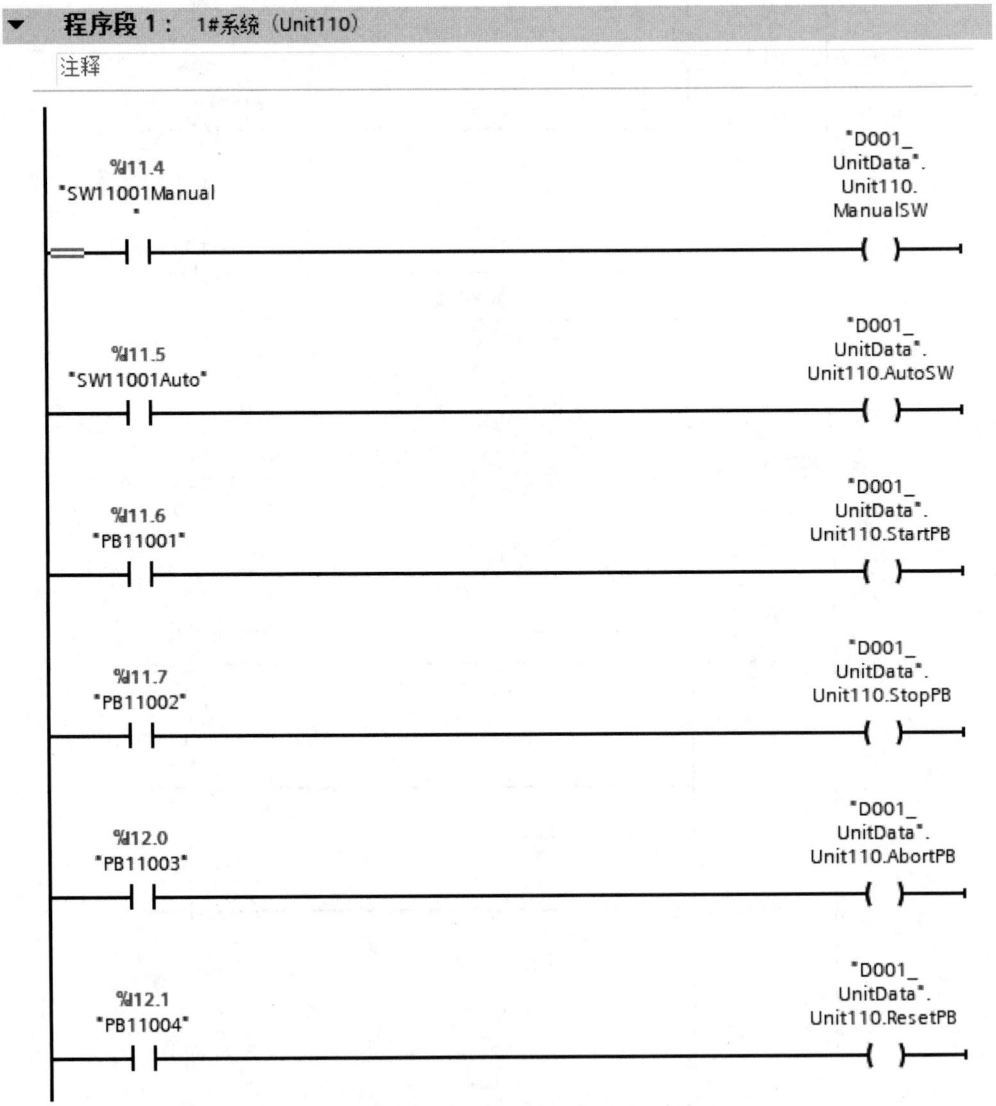

程序段 1：　1#系统（Unit110）

注释

%I1.4 "SW11001Manual" —| |— "D001_UnitData".Unit110.ManualSW —( )—

%I1.5 "SW11001Auto" —| |— "D001_UnitData".Unit110.AutoSW —( )—

%I1.6 "PB11001" —| |— "D001_UnitData".Unit110.StartPB —( )—

%I1.7 "PB11002" —| |— "D001_UnitData".Unit110.StopPB —( )—

%I2.0 "PB11003" —| |— "D001_UnitData".Unit110.AbortPB —( )—

%I2.1 "PB11004" —| |— "D001_UnitData".Unit110.ResetPB —( )—

图 13-6-16　输入点映射程序

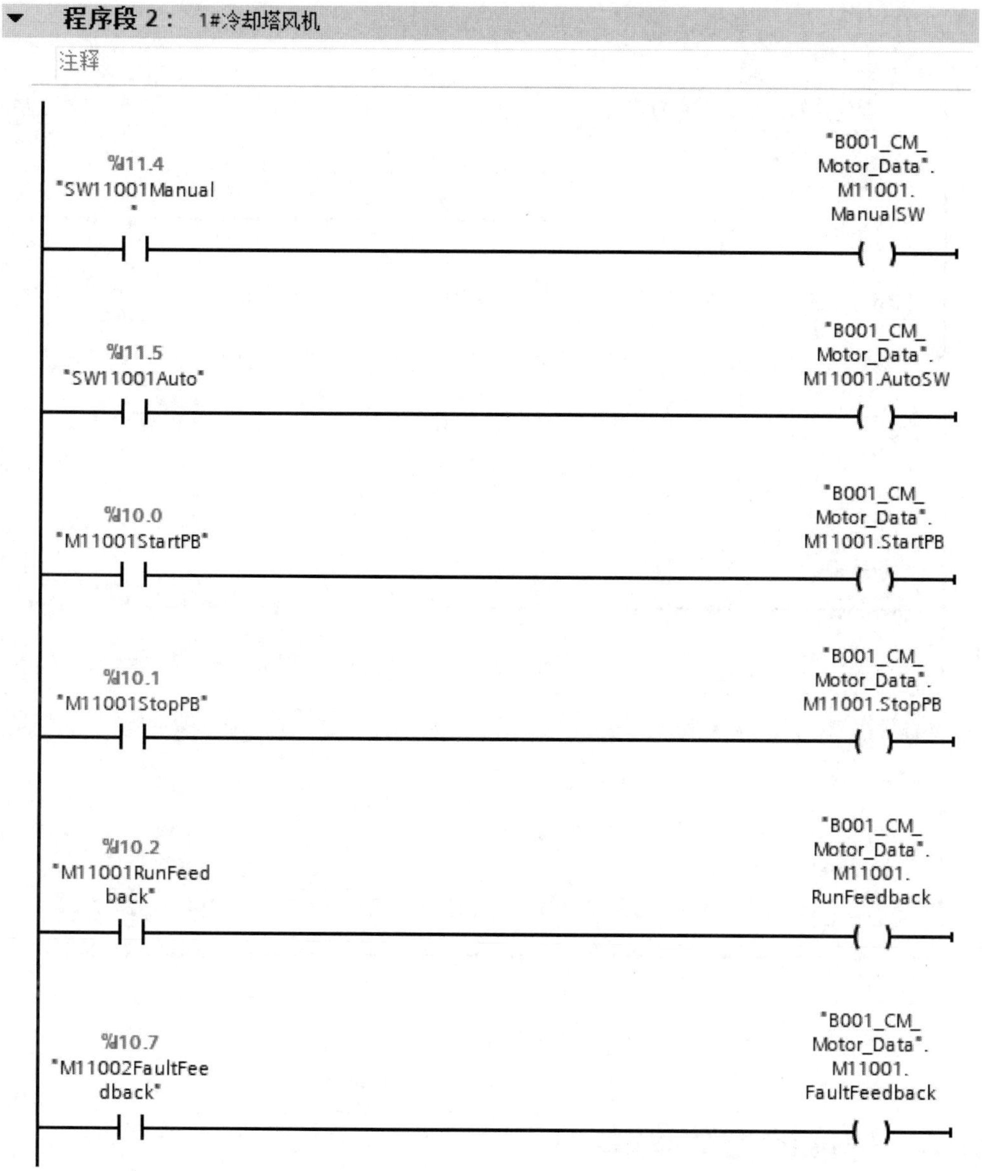

▼ **程序段 2：** 1#冷却塔风机

注释

触点	线圈
%I1.4 "SW11001Manual"	"B001_CM_Motor_Data".M11001.ManualSW
%I1.5 "SW11001Auto"	"B001_CM_Motor_Data".M11001.AutoSW
%I0.0 "M11001StartPB"	"B001_CM_Motor_Data".M11001.StartPB
%I0.1 "M11001StopPB"	"B001_CM_Motor_Data".M11001.StopPB
%I0.2 "M11001RunFeedback"	"B001_CM_Motor_Data".M11001.RunFeedback
%I0.7 "M11002FaultFeedback"	"B001_CM_Motor_Data".M11001.FaultFeedback

图 13-6-16　输入点映射程序（续）

2．编写输出点映射程序

输出点映射程序包括 3 个设备单元（Unit110 单元、Unit120 单元、Unit130 单元），每个设备单元包括 3 台电机和 1 台冰水主机的程序段，这里只列举 1 台电机和 1 台冰水主机控制程序，如图 13-6-17 所示。

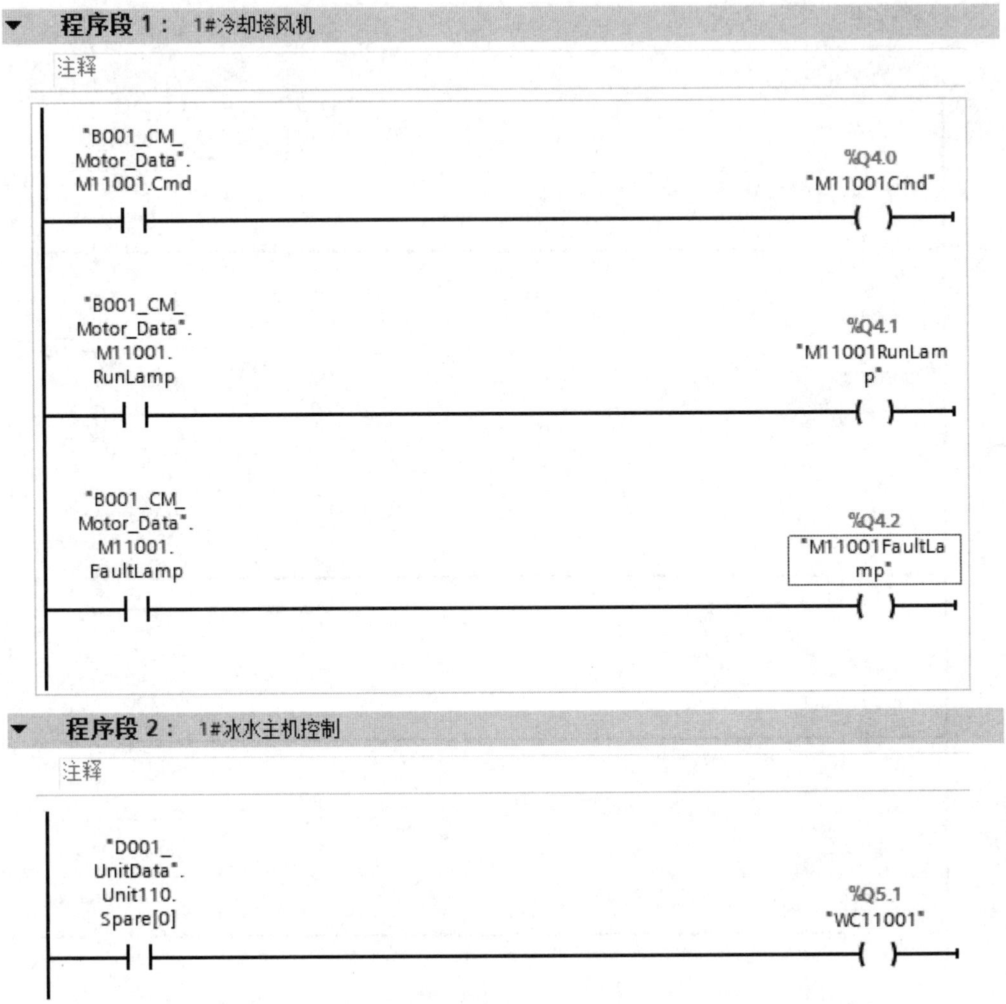

▼ 程序段 1： 1#冷却塔风机

注释

"B001_CM_Motor_Data".M11001.Cmd —| |— %Q4.0 "M11001Cmd" —( )—

"B001_CM_Motor_Data".M11001.RunLamp —| |— %Q4.1 "M11001RunLamp" —( )—

"B001_CM_Motor_Data".M11001.FaultLamp —| |— %Q4.2 "M11001FaultLamp" —( )—

▼ 程序段 2： 1#冰水主机控制

注释

"D001_UnitData".Unit110.Spare[0] —| |— %Q5.1 "WC11001" —( )—

图 13-6-17 输出点映射程序

13.7 程序的整体架构

程序的整体架构如图 13-7-1 所示。

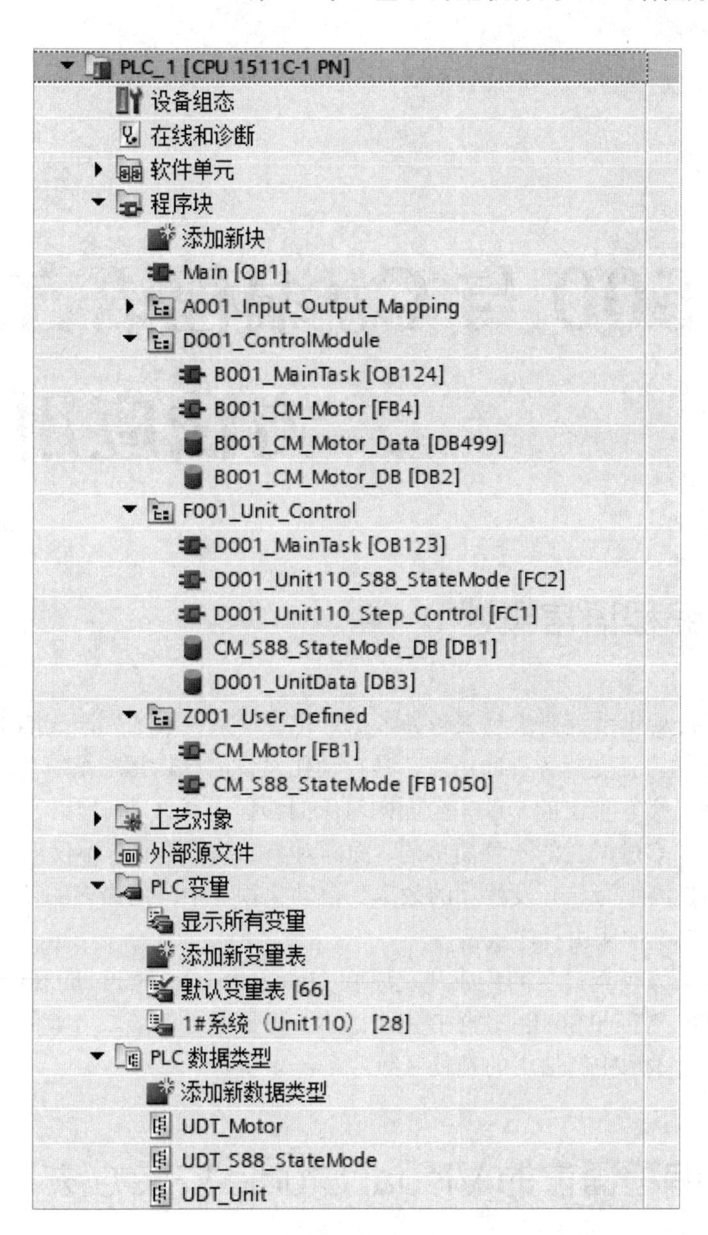

图 13-7-1　程序的整体架构

第 14 章

S7-1500 与 C#编程语言通信方法应用实例

14.1 C#编程语言概述

工业生产对自动化系统要求越来越高，信息化管理系统成了生产线的重要组成部分。C#编程语言易于学习且支持各种通信库，是自动化设备信息化管理系统开发语言的首选。

C#编程语言是微软推出的一款完全面向对象的编程语言。C#编程语言体系构建在.NET框架上，是由 C 和 C++派生的一种简单的、面向对象的编程语言，不仅继承了 C 和 C++的灵活性，还能够提高编写和开发程序的效率。自动化行业中应用最多的还是桌面程序，本章的实例就是一个桌面应用程序实例。

C#编程语言开发使用最多的集成开发环境（Integrated Development Environment，IDE）就是 Visual Studio。Visual Studio 软件有三个版本，分别是社区版、专业版和企业版，其中社区版是免费的，本章实例使用的是社区版。

14.2 C#编程语言的 Visual Studio 安装方法

Visual Studio 社区版的下载和安装方法如下。

第一步：下载安装包。

登录 Visual Studio 官网下载 Visual Studio 社区版（Community）（见图 14-2-1），安装包文件名为 Visual Stual Setup.exe。

第二步：安装文件提取。

双击 Visual Stual Setup.exe 文件，在打开的对话框中，单击“继续”按钮，进入如图 14-2-2 所示的 Visual Studio 社区版安装文件提取界面。

更快的代码
更智能地工作
使用 Visual Studio 2022 创造未来

图 14-2-1　下载 Visual Studio 社区版安装文件

Visual Studio Installer

稍等片刻...正在提取文件。

正在下载: 16.09 MB/71.08 MB　693.86 KB/秒

正在安装

图 14-2-2　Visual Studio 社区版安装文件提取界面

第三步：.NET 桌面开发选择。

提取文件结束后进入如图 14-2-3 所示的界面，对于自动化应用，应选择“.NET 桌面开发”选项。

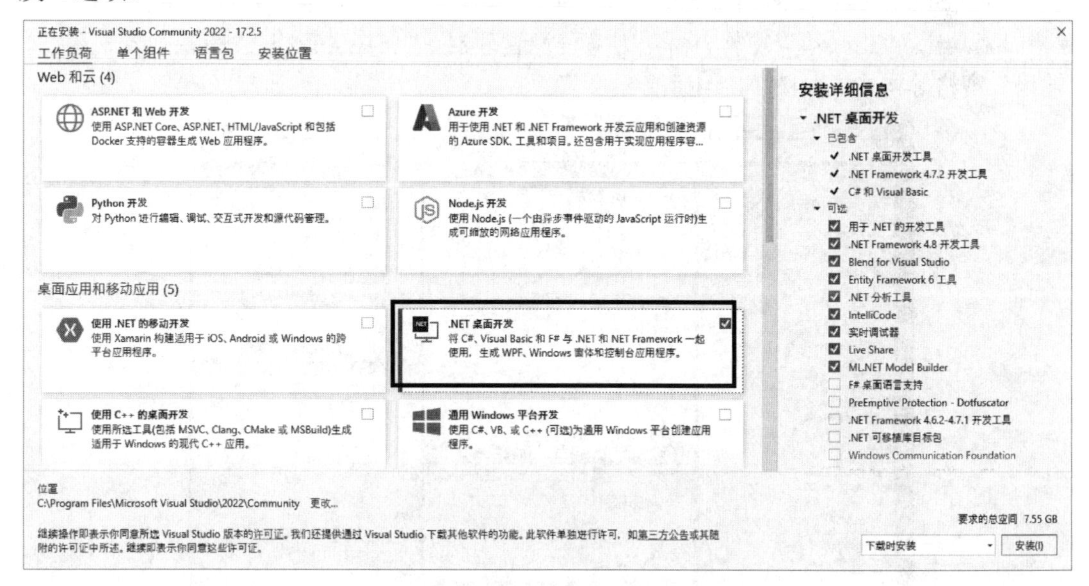

图 14-2-3　选择“.NET 桌面开发”选项

第四步：开始安装。

单击“安装”按钮，进入如图 14-2-4 所示的软件安装界面，软件开始安装，直至安装完成。

图 14-2-4　Visual Studio 社区版软件安装界面

14.3　C#编程语言的基础知识

14.3.1　Visual Studio **操作界面介绍**

Visual Studio 操作界面具有典型的 Windows 操作系统软件的特性，窗口由标题栏、菜单栏、工具栏、“工具箱”窗格、解决方案资源管理器、“属性”窗格、“错误列表”窗格、“输出”窗格等构成，如图 14-3-1 所示。

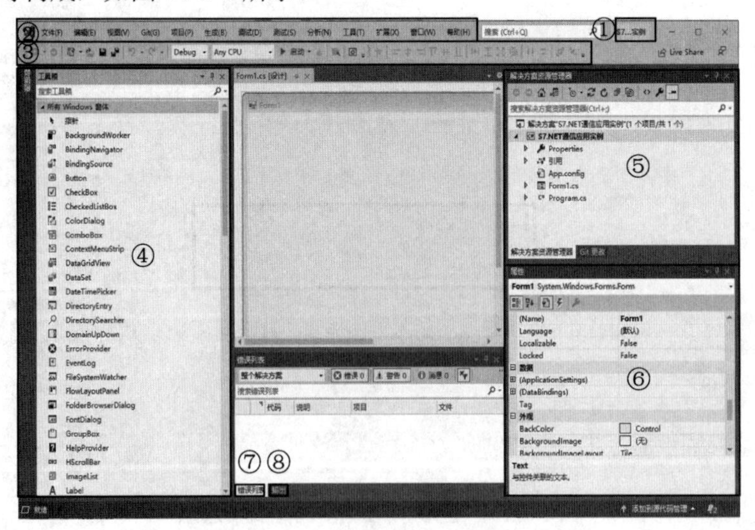

图 14-3-1　Visual Studio 操作界面介绍

Visual Studio 操作界面功能说明如下。

① 标题栏：显示解决方案的名称。

② 菜单栏：包括所有在编程开发过程中需要使用的命令。

③ 工具栏：将菜单栏中常用的命令按照功能分组，分别放入相应的工具栏中，以便用户快速地使用这些常用功能。

④ “工具箱”窗格：为 Windows 窗体应用开发提供必要的控件。

⑤ 解决方案资源管理器：在创建一个工程时，通常会生成一个解决方案文件（.sln），解决方案文件中包括一个或多个项目。

⑥ “属性”窗格：可以在该窗格中修改控件属性，窗体应用程序开发过程中使用的各种控件属性都可以在这里修改和设置。

⑦ “错误列表”窗格：显示代码的错误提示和可能的解决方案。

⑧ “输出”窗格：以数据形式将程序运行过程展现给开发人员，使开发人员能直观地了解各部分程序加载和操作过程。

14.3.2　创建一个简单的 C#应用程序

1．创建 C#应用程序

使用 Visual Studio 软件中的 C#编写名为“Hello World”的小程序，运行小程序，将在控制台上显示“Hello World!”，具体步骤如下。

第一步：打开 Visual Studio 软件。

第二步：依次选择“文件”→“新建”→“项目”菜单命令。

第三步：打开“创建新项目”对话框，如图 14-3-2 所示，选择“控制台应用（.NET Framework）”选项，单击“下一步”按钮。进入“配置新项目”对话框，如图 14-3-3 所示，在“项目名称”文本框中输入“Hello_World”，单击“下一步”按钮，完成新项目的创建。

图 14-3-2　“创建新项目”对话框

配置新项目

控制台应用　C#　Linux　macOS　Windows　控制台

项目名称(J)

Hello_World

位置(L)

C:\Users\GP\source\repos

解决方案名称(M)

Hello_World

将解决方案和项目放在同一目录中(D)

上一步(B)　下一步(N)

图 14-3-3　“配置新项目”对话框

第四步：编写程序，如图 14-3-4 所示。

```
using System;

namespace Hello_World
{
    0 个引用
    class Program
    {
        0 个引用
        static void Main(string[] args)
        {
            Console.WriteLine("Hello World!");
            Console.ReadKey();

        }
    }
}
```

图 14-3-4　程序

第五步：单击“Run”按钮或按 F5 键，运行程序。程序运行结果如图 14-3-5 所示。

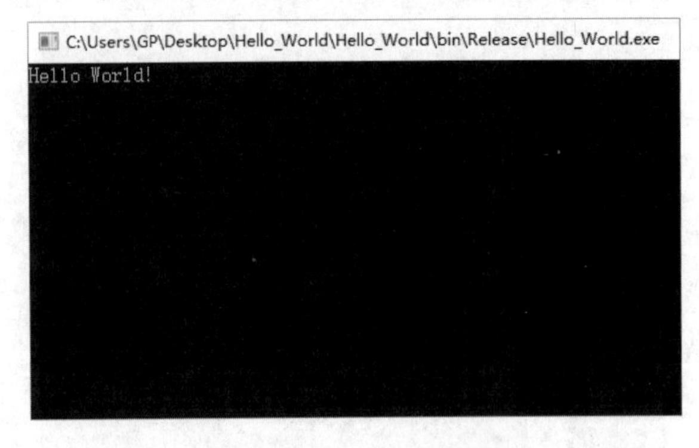

图 14-3-5　程序运行结果

2．本应用程序的构成

① using System：using 关键字用于引入 System 命名空间。在一般情况下，一个程序中有多个 using 语句。

② namespace Hello_World：HelloWorld 命名空间。

③ class Program：Program 类包含程序使用的数据和方法声明。类一般包含多个方法，方法定义了类的行为，在这里 Program 类下只有一个 Main 方法。

④ static void Main(string[] args)：所有 C#程序的入口，是一个 Main 方法。

⑤ Console.WriteLine("Hello World!")：是一个定义在 System 命名空间中的 Console 类的一个方法，该语句用于实现在屏幕上显示"Hello World!"。

⑥ Console.ReadKey()：一个定义在 System 命名空间中的 Console 类的方法，该语句使得程序会等待一个按键动作。防止程序从 Visual Studio .NET 启动时，快速运行并关闭屏幕。

14.3.3　基础知识

1．命名空间（namespace）

命名空间相当于 Windows 操作系统中的文件夹，文件夹内既可以放置文件也可以放置其他文件夹。如果调用某个命名空间的类或者方法，需要先使用 using 指令引入命名空间。

2．类（class）

类是一种数据结构，可以封装数据成员、函数成员和其他类，是 C#程序的核心与基本构成模块。

在创建新类前，需要对类进行声明，C#程序使用 class 关键字声明类。

3．对象

对象是现实世界中的实体，是客观世界中的物体在人脑中的映射。类是对象的抽象，而对象是类的具体实例。

4．Main 方法

Main 方法是程序的入口点。C#程序中有且仅有一个 Main 方法，在该方法中可以创建对象或调用其他方法。Main 方法必须是静态方法，即用 static 修饰。

5．标识符

标识符是给变量、用户定义的类型和类的成员指定的名称。标识符区分大小写，如 aaaa 和 Aaaa 是不同的标识符。在 C#程序中，标识符命名必须遵守如下基本规则。

① 标识符必须以字母或下画线（_）打头，后面可以跟一系列字母、数字（0～9）或下画线（_）。

② 标识符不能包括任何空格或其他符号，如？、/、@、#、%、&。

③ 标识符不能是 C#的关键字。

6. 关键字

关键字是 C#编译器预定义的保留字，不能用作标识符，如 using、namespace、class、void 等。

7. 语句

语句是构成 C#程序的基本单位。语句可以声明局部变量或常量、调用方法、创建对象和赋值等。C#程序的语句必须以分号结束。

8. 注释

注释是对某行或者某段程序的解释说明，其作用是便于程序员阅读与维护。注释分为两种：行注释和段注释。行注释的格式为“//被注释的内容”，段注释格式为“/*被注释的内容*/”。

14.4 高级语言与 S7-1500 PLC 的 S7.NET 通信应用实例

14.4.1 实例介绍

S7-1500 PLC 与 C#有多种通信方式，如开放式以太网通信、OPC UA 通信、Web API 和 MQTT 等。目前 S7 通信方式是工程师使用较多的一种，本章使用 S7 通信方式进行讲解。

S7 是西门子公司为其控制器开发的一款通信协议，有很多人将该协议封装成了类库（可以把类库理解为 PLC 中封装好的一个函数块）。目前可用的 S7 通信类库的有 S7netplus、S7net、Snap7 等，本章介绍如何使用 S7netplus 类库来读写 PLC 数据。

14.4.2 实例内容

（1）实例名称：高级语言与 S7-1500 PLC 的 S7.NET 通信应用实例。

（2）实例描述：使用 Visual Studio 2022 软件制作控制画面，画面包括启动按钮、停止按钮、指示灯。按下启动按钮，指示灯点亮；按下停止按钮，指示灯熄灭。

（3）硬/软件组成：① CPU 1511C-1 PN，1 台，订货号：6ES7 511-1CK01-0AB0。② 编程计算机，1 台，已安装博途 STEP 7 专业版 V16 软件和 Visual Studio 2022 软件。

14.4.3 实例实施

1. 编写 PLC 程序

第一步：新建项目及组态 CPU。

第二步：设置 CPU 属性。

在“项目树”窗格中，单击“PLC_1[CPU 1511C-1 PN]”下拉按钮，双击“设备组态”选项，在“设备视图”标签页的工作区中，选中“PLC_1”，依次选择巡视窗格中的“属性”→“常规”→“PROFINET 接口[X1]”→“以太网地址”选项，修改以太网 IP 地址，如图 14-4-1 所示。

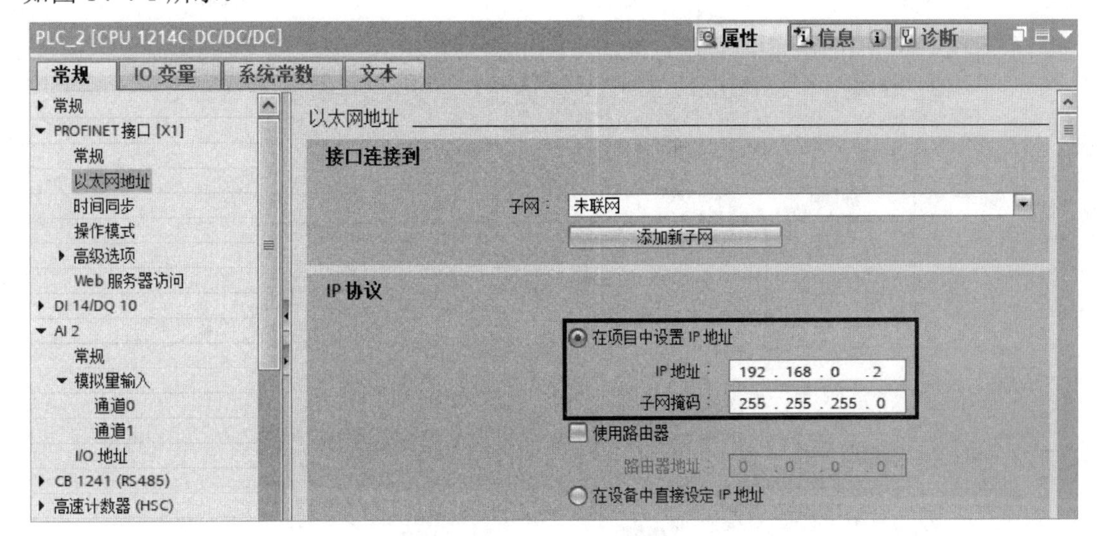

图 14-4-1　修改以太网 IP 地址

在“常规”选项卡中，依次选择“防护与安全”→“连接机制”选项，勾选“允许来自远程对象的 PUT/GET 通信访问”复选框，激活连接机制，如图 14-4-2 所示。

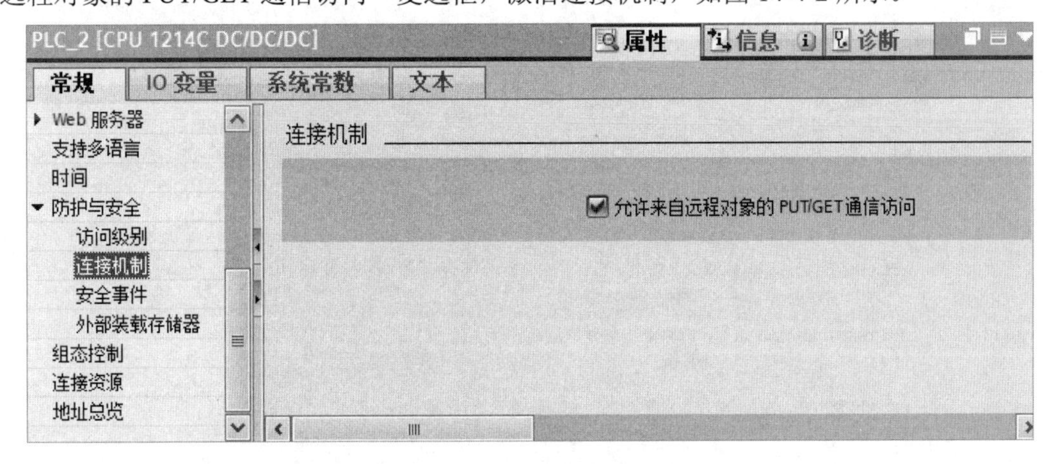

图 14-4-2　激活连接机制

第三步：创建 PLC 变量表。

在“项目树”窗格中，依次选择“PLC_1[CPU 1511C-1 PN]”→“PLC 变量”选项，双击“添加新变量表”选项，添加新变量表。将新添加的变量表命名为“PLC 变量表”，并在“PLC 变量表”中新建变量，如图 14-4-3 所示。

PLC变量表

		名称	数据类型	地址	保持
1		启动按钮	Bool	%M10.0	
2		停止按钮	Bool	%M10.1	
3		指示灯控制	Bool	%M10.2	

图 14-4-3　PLC 变量表

第四步：编写指示灯控制程序，如图 14-4-4 所示。

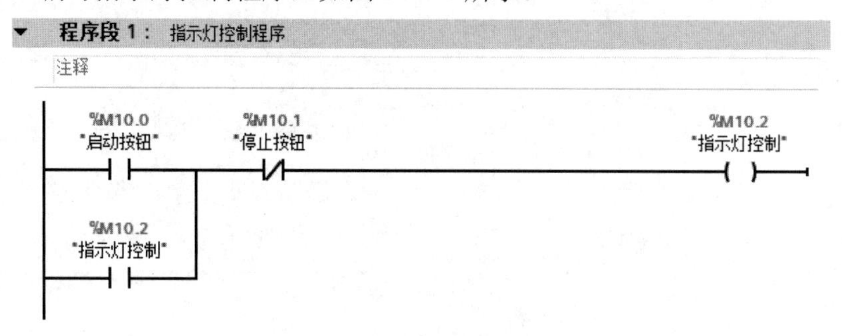

图 14-4-4　指示灯控制程序

2. 编写 C#程序

第一步：打开 Visual Studio 软件，新建 Windows 窗体应用程序。

双击 Visual Studio 软件的图标，打开 Visual Studio 软件，如图 14-4-5 所示。

图 14-4-5　打开 Visual Studio 软件

选择图 14-4-5 中的“创建新项目”选项，进入“创建新项目”界面，如图 14-4-6 所示。选择“Windows 窗体应用（.NET Framework）”选项，单击“下一步”按钮。

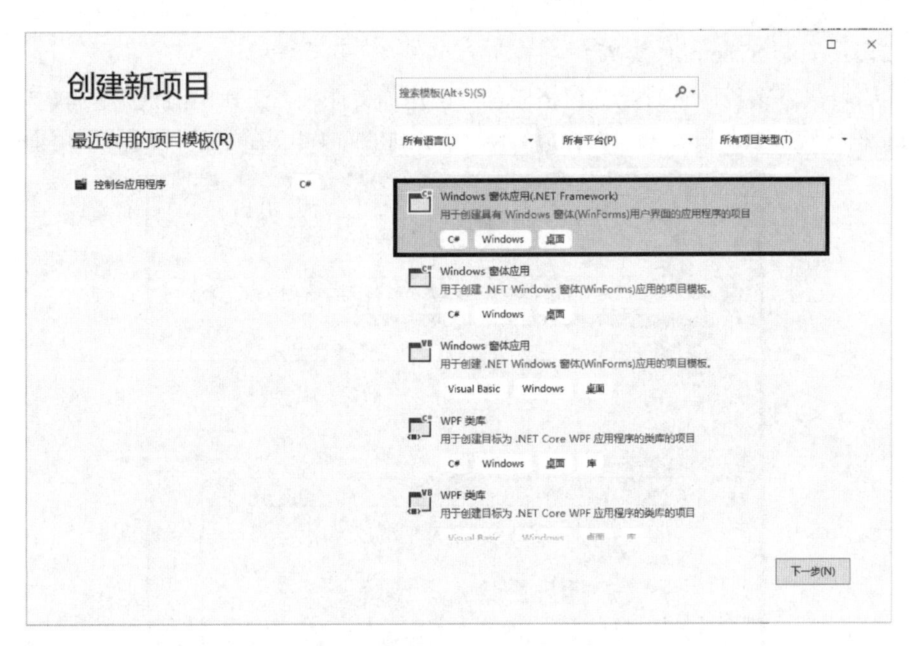

图 14-4-6　“创建新项目”界面

在如图 14-4-7 所示的“配置新项目”界面中，输入项目名称（高级语言与 S7-1500 PLC 的 S7.NET 通信应用实例）、解决方案名称（高级语言与 S7-1500 PLC 的 S7.NET 通信应用实例），并设置文件存储位置，单击“创建”按钮，创建一个新的 C#应用程序。

配置新项目
Windows 窗体应用(.NET Framework)　C#　Windows　桌面
项目名称(J)
高级语言与S7-1500 PLC的S7.NET通信应用实例
位置(L)
C:\Users\GP\Desktop
解决方案名称(M)
高级语言与S7-1500 PLC的S7.NET通信应用实例
将解决方案和项目放在同一目录中(D)
框架(F)
.NET Framework 4.7.2
上一步(B)　创建(C)

图 14-4-7　“配置新项目”界面

第二步：安装 S7netplus 类库。

右击“解决方案资源管理器”窗格中的“引用”文件夹，在弹出的快捷菜单中选择“管理 NuGet 程序包”命令，如图 14-4-8 所示，进入如图 14-4-9 所示的“浏览”页面。

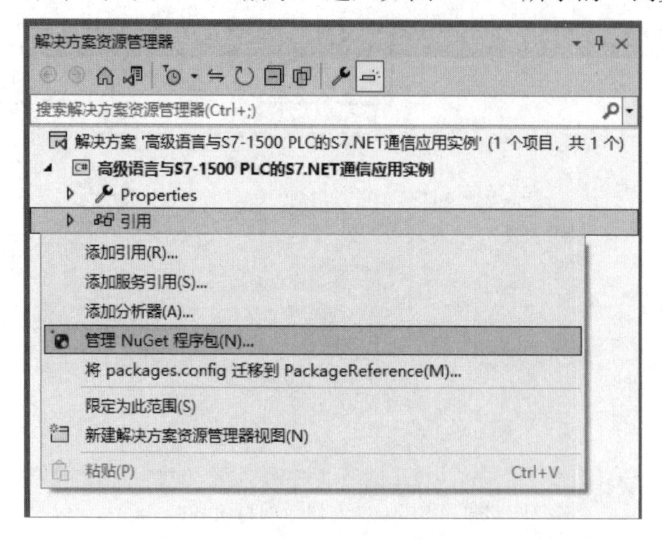

图 14-4-8　选择“管理 NuGet 程序包”命令

图 14-4-9　“浏览”页面

在“浏览”页面中的搜索框中输入“S7netplus”，按“Enter”键，选择需要安装的程序包，单击“安装”按钮，完成安装。

在“解决方案资源管理器”窗格中的“引用”文件夹中可以看到 S7.Net 类库已经安装完成，如图 14-4-10 所示。

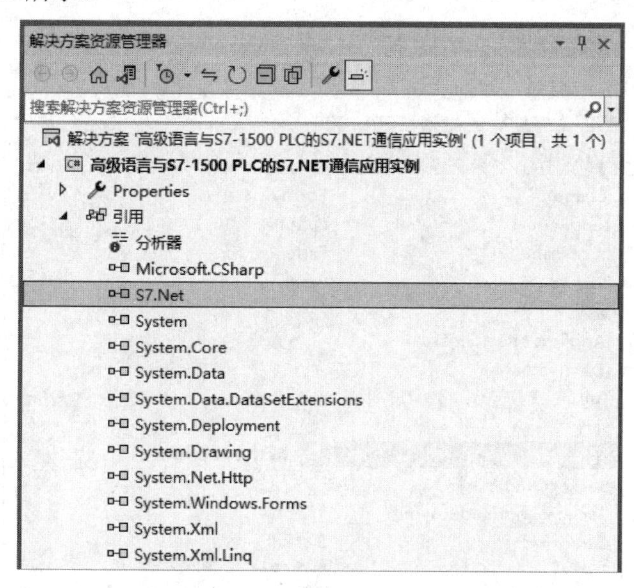

图 14-4-10　S7.Net 类库安装完成

第三步：制作通信连接画面。

（1）画面制作。

选中 Form1 窗体工作区，进入窗体设计界面，如图 14-4-11 所示。

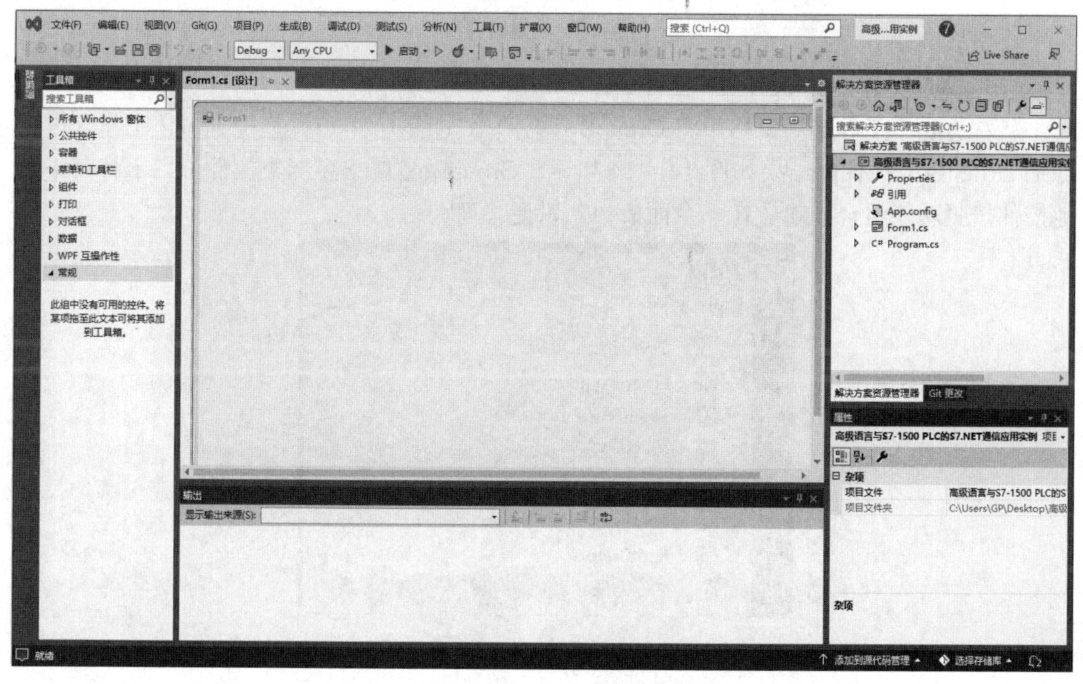

图 14-4-11　窗体设计界面

（2）修改窗体背景色和名称。

在 Form1 窗体右下角的“属性”窗格中，将“BackColor”设置为“ActiveCaption”，将“Text”设置为“S7.NET 通信”，如图 14-4-12 所示。

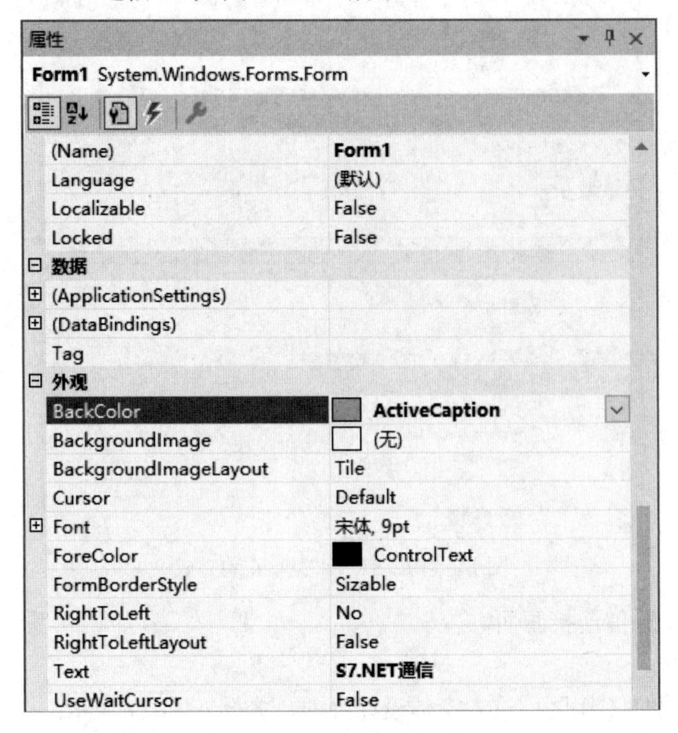

图 14-4-12　设置窗体属性

（3）添加分组（GroupBox）控件。

从左边的“工具箱”窗格中将 GroupBox 控件（见图 14-4-13）拖曳到窗体工作区中，添加 GroupBox 控件的结果如图 14-4-14 所示。GroupBox 属于容器类控件，用于将若干其他控件按照功能组合一起放在一个面板中，以便管理。

图 14-4-13　拖曳 GroupBox 控件

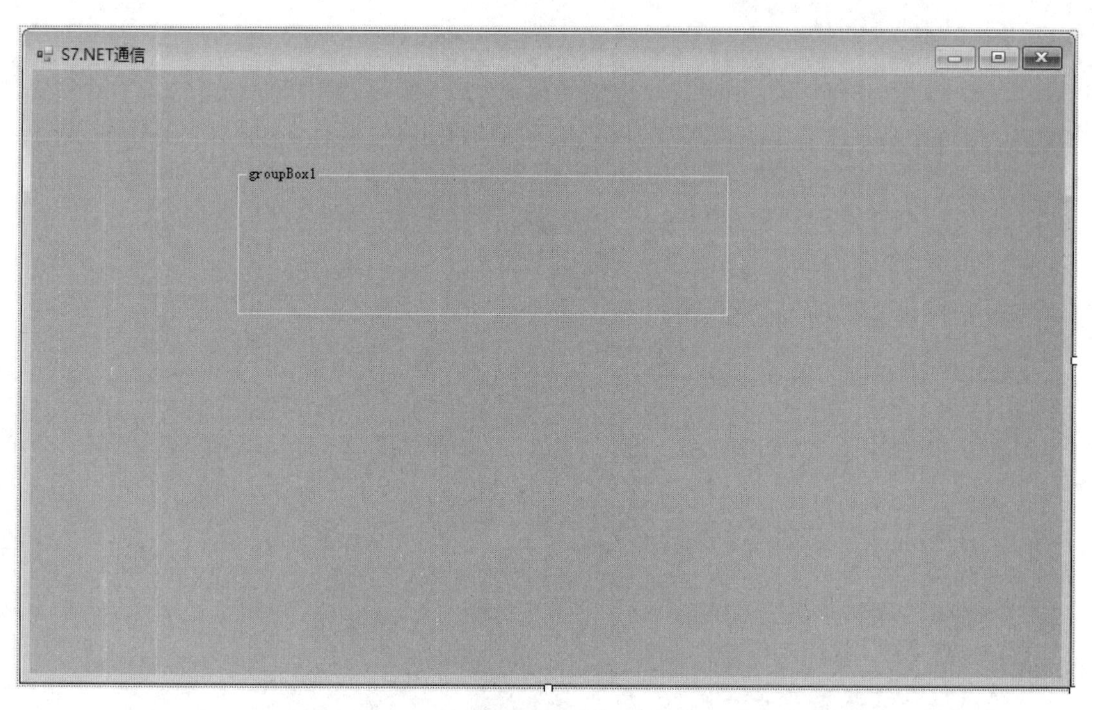

图 14-4-14　添加 GroupBox 控件的结果

在“属性”窗格中将 GroupBox 控件的“Text”设置为“通信测试”，如图 14-4-15 所示。

图 14-4-15　设置 GroupBox 控件的属性

（4）添加标签（Label）控件。

从左边的“工具箱”窗格中将 Label 控件拖曳到“S7.NET 通信”窗体工作区中，在“属性”窗格中将 Label 控件的“Text”设置为“IP 地址”。添加 Label 控件的结果如图 14-4-16 所示。

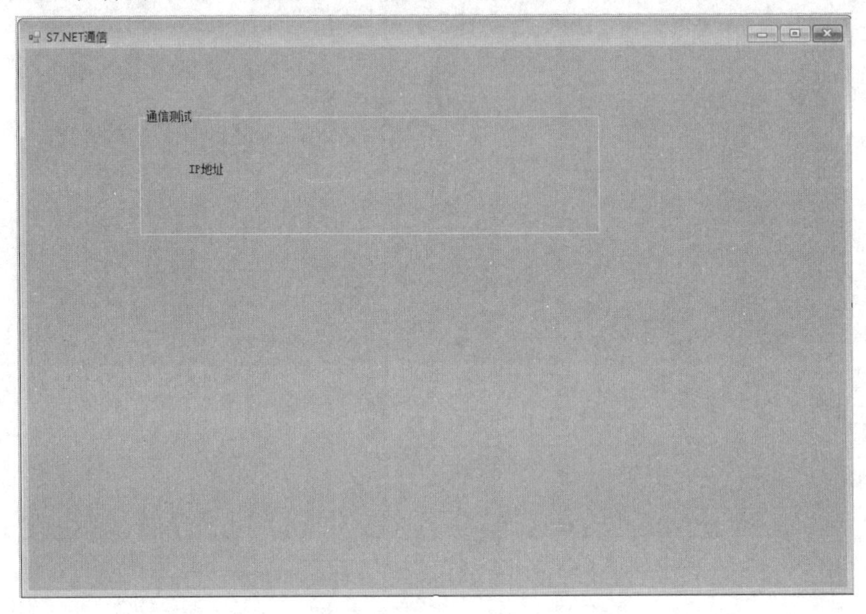

图 14-4-16　添加 Label 控件的结果

（5）添加文本框（TextBox）控件。

从左边的“工具箱”窗格中将 TextBox 控件拖曳到“S7.NET 通信”窗体工作区中，在“属性”窗格中将 TextBox 控件的“Text”设置为“192.168.0.1”，将“Name”设置为“TextIP”。“Text”属性可根据实际 PLC 的 IP 地址设置。添加 TextBox 控件的结果如图 14-4-17 所示。

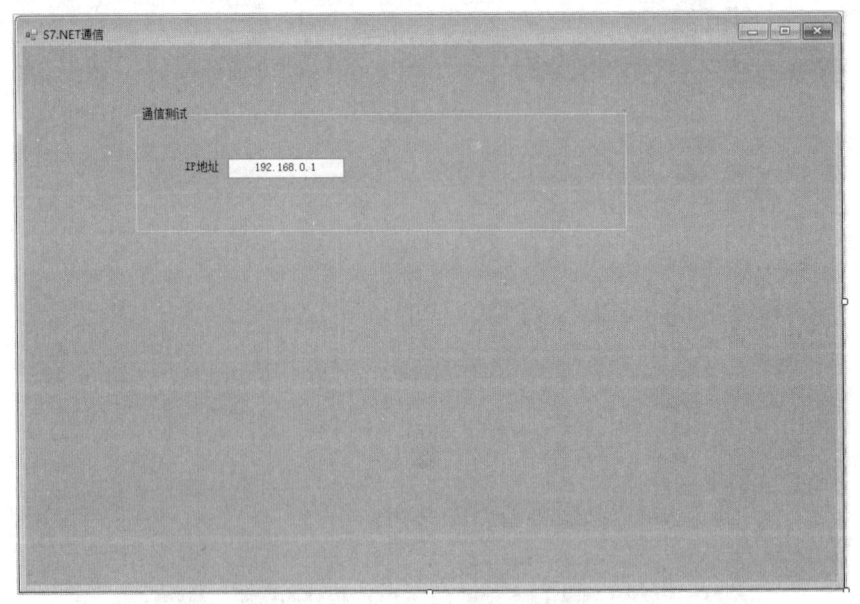

图 14-4-17　添加 TextBox 控件的结果

（6）添加按钮（Button）控件。

从左边的“工具箱”窗格中将 Button 控件拖曳到“S7.NET 通信”窗体工作区中，在“属性”窗格中将 Button 控件的“Text”设置为“连接”，将“Name”设置为“Btn_Connect”。

从左边的“工具箱”窗格中再次拖曳一个 Button 控件到“S7.NET 通信”窗体工作区中，将 Button 控件的“Text”设置为“断开”，将“Name”设置为“Btn_Disconnect”。

添加 Button 控件的结果如图 14-4-18 所示。

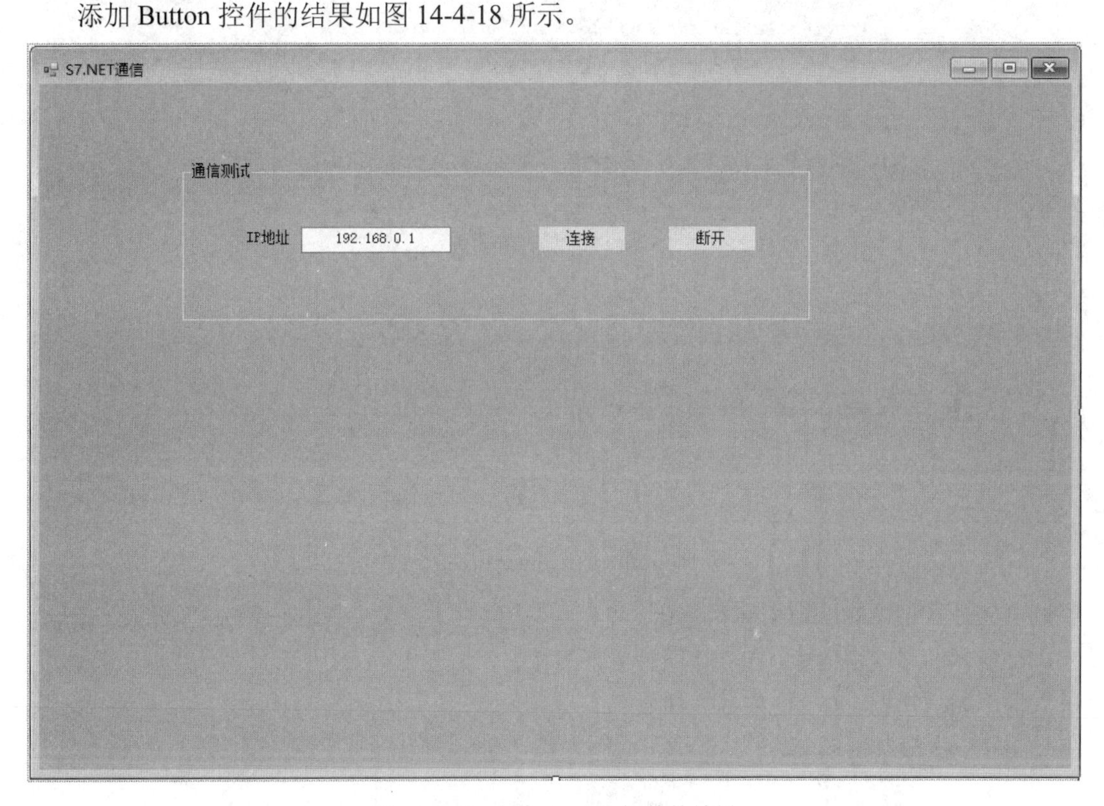

图 14-4-18　添加 Button 控件的结果

（7）添加时钟（timer）控件。

从左边的“工具箱”窗格中将 timer 控件拖曳到“S7.NET 通信”窗体工作区中，在“属性”窗格将 timer 控件的“Interval”设置为“1000”，如图 14-4-19 所示。timer 控件用于执行循环程序。添加 timer 控件的结果如图 14-4-20 所示。

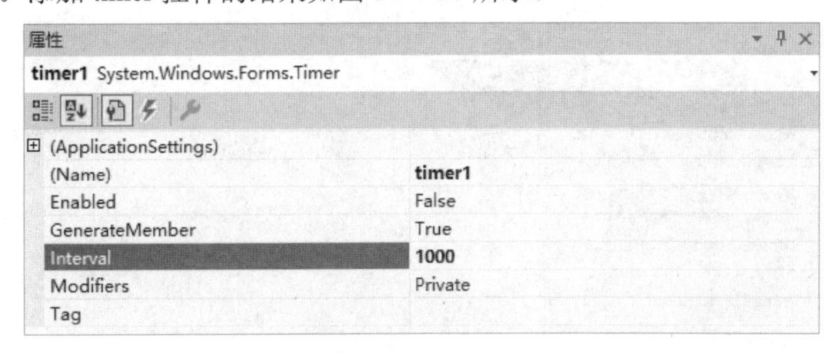

图 14-4-19　设置 timer 控件属性

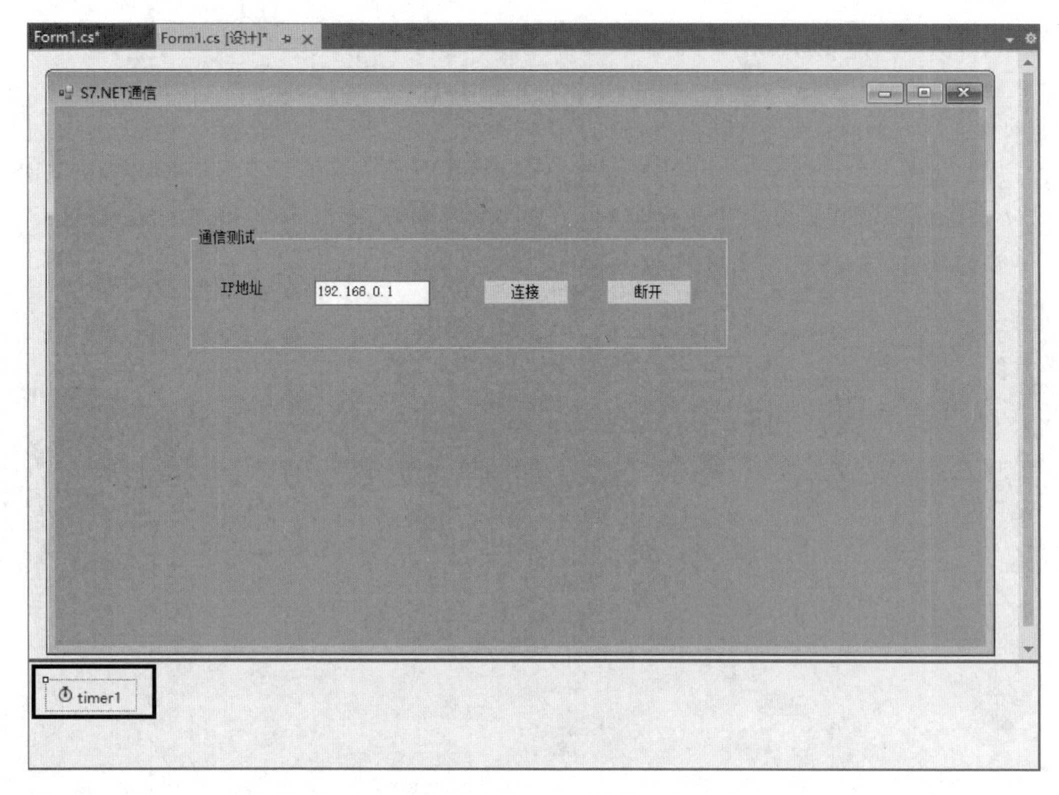

图 14-4-20　添加 timer 控件的结果

第四步：引用类库和窗体初始化。

在窗体的属性窗格中，单击“事件”下拉按钮，如图 14-4-21 所示，双击“Load”选项，进入程序编写视图，如图 14-4-22 所示。

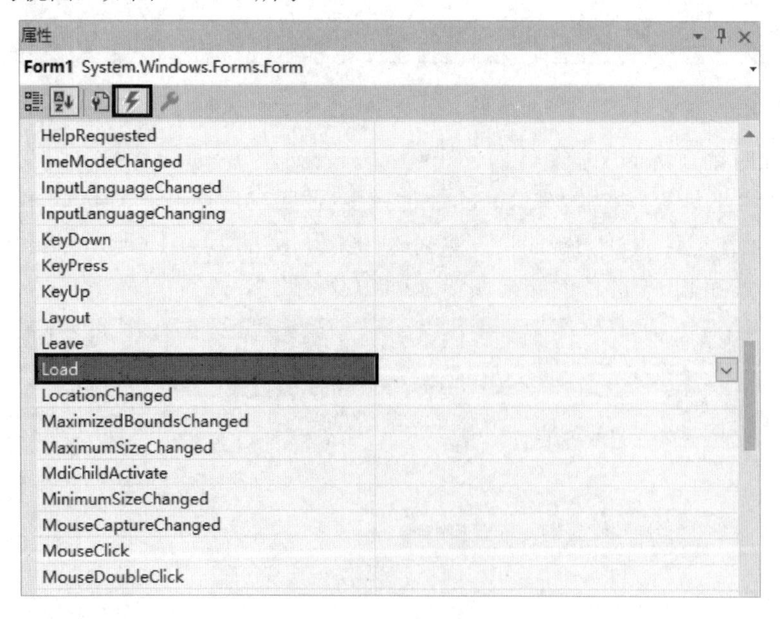

图 14-4-21　双击“Load”选项

图 14-4-22　程序编写视图

程序编写说明如下。

（1）引用类库。

在命名空间下，添加一行“using S7.Net”。

（2）定义一个 Plc 类的变量。

定义一个 Plc 类变量 S7。

（3）窗体初始化。

在 private void Form1_Load(object sender, EventArgs e) 事件中输入语句“Btn_Disconnect.Enabled=false;”。Enabled 是按钮控件的一个属性，为真表示该按钮允许操作，为假表示该按钮不允许操作。这里因为在应用程序启动时还没有连接目标 PLC，所以禁用“断开”按钮。

引用类库和窗体初始化程序视图如图 14-4-23 所示。

第五步：编写通信控制程序。

（1）编写“连接”按钮程序。

切换到窗体设计界面，双击“连接”按钮，程序编辑器自动添加一个该按钮的单击事件，程序如图 14-4-24 所示。单击事件是在程序运行时，操作员单击该按钮时触发的事件。

如果 PLC 连接成功，“连接”按钮不可用，“断开”按钮可用，同时启动 timer1 控件。

```
using System;
using System.Collections.Generic;
using System.ComponentModel;
using System.Data;
using System.Drawing;
using System.Linq;
using System.Text;
using System.Threading.Tasks;
using System.Windows.Forms;
using S7.Net;

namespace 高级语言与S7_1500_PLC的S7.NET通信应用实例
{
    public partial class Form1 : Form
    {
        public Form1()
        {
            InitializeComponent();
        }
        Plc S7;

        private void Form1_Load(object sender, EventArgs e)
        {
            Btn_Disconnect.Enabled = false;
        }
    }
}
```

图 14-4-23　引用类库和窗体初始化程序视图

```
private void Btn_Connect_Click(object sender, EventArgs e)
{
    S7 = new Plc(CpuType.S71500, TextIP.Text, 0, 1);
    try
    {
        S7.Open();  //连接PLC
    }
    catch (Exception ex)
    {
        MessageBox.Show(ex.ToString());
    }

    if (S7.IsConnected)
    {
        Btn_Connect.Enabled = false;
        Btn_Disconnect.Enabled = true;
        MessageBox.Show("连接成功！", "连接提示");

        timer1.Enabled = true;
        timer1.Start();
    }
    else
    {
        MessageBox.Show("连接失败！", "连接提示");
    }

}
```

图 14-4-24　“连接”按钮程序

（2）编写“断开”按钮程序。

切换到窗体设计界面，双击“断开”按钮，程序编辑器自动添加一个该按钮的单击事件，

程序如图 14-4-25 所示。

```
private void Btn_Disconnect_Click(object sender, EventArgs e)
{
    S7.Close();   //关闭PLC
    Btn_Connect.Enabled = true;
    Btn_Disconnect.Enabled = false;


    timer1.Stop();
    timer1.Enabled = false;
}
```

图 14-4-25　“断开”按钮程序

（3）测试通信控制程序。

运行 C#应用程序，如图 14-4-26 所示，单击“S7.NET 通信”窗体中的“连接”按钮，如果“连接”按钮变灰，表示成功连接目标 PLC；如果报错或者自动退出，表示未成功连接目标 PLC。

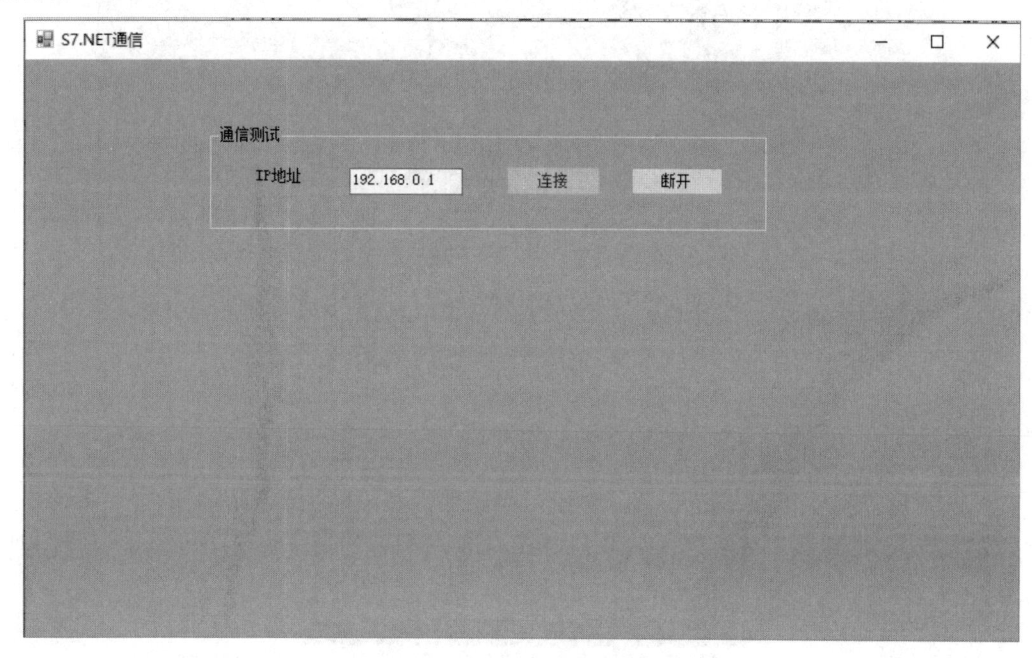

图 14-4-26　通信测试画面

第六步：制作指示灯控制画面。

（1）添加 GroupBox 控件。

从左边的“工具箱”窗格中将 GroupBox 控件拖曳到“S7.NET 通信”窗体工作区中，在“属性”窗格中设置“Text”为“指示灯控制”。

（2）添加 Button 控件。

从左边的“工具箱”窗格中将 Button 控件拖曳到“S7.NET 通信”窗体工作区中，在“属性”窗格中设置“Text”为“启动按钮”，设置“Name”为“Btn_Start”。

从左边的“工具箱”窗格中将 Button 控件拖曳到“S7.NET 通信”窗体工作区中，在“属性”窗格中设置“Text”为“停止按钮”，设置“Name”为“Btn_Stop”。

（3）添加 Label 控件。

从左边的“工具箱”窗格中将 Label 控件拖曳到“S7.NET 通信”窗体工作区中，在“属性”窗格中设置 Text 为“指示灯”。

（4）添加 Panel 控件。

从左边的“工具箱”窗格中将 Panel 控件拖曳到“S7.NET 通信”窗体工作区中，在“属性”窗格中设置“Backcolor”为“Gray”。

指示灯控制画面制作效果如图 14-4-27 所示。

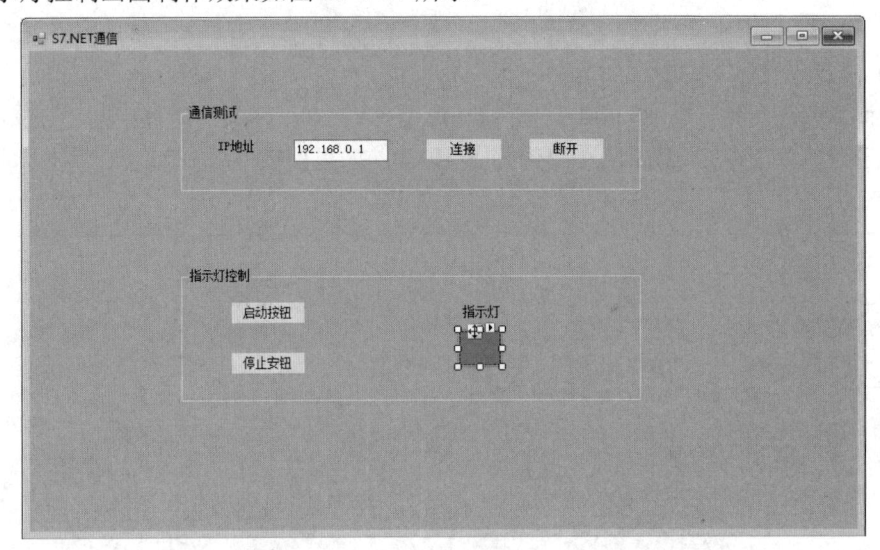

图 14-4-27　指示灯控制画面制作效果

第七步：编写指示灯控制程序。

（1）编写“启动按钮”程序。

切换到窗体设计界面，选中“启动按钮”控件，在“属性”窗格中单击“事件”下拉列表，选择“MouseDown”事件和“MouseUp”事件，如图 14-4-28 所示，事件程序如图 14-4-29 所示。

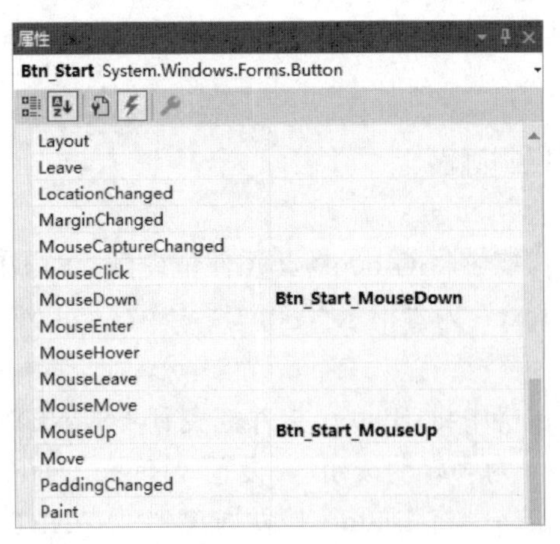

图 14-4-28　选择“MouseDown”事件和“MouseUp”事件

```
1 个引用
private void Btn_Start_MouseDown(object sender, MouseEventArgs e)
{
    S7.Write("M10.0", true);  //M10.0置为1
}

1 个引用
private void Btn_Start_MouseUp(object sender, MouseEventArgs e)
{
    S7.Write("M10.0", false);  //M10.0置为0
}
```

图 14-4-29　“MouseDown”事件和“MouseUp”事件程序

（2）编写“停止按钮”程序。

切换到窗体设计界面，选中“停止按钮”控件，在“属性”窗格中单击“事件”下拉按钮，选择“MouseDown”事件和“MouseUp”事件，如图 14-4-30 所示，事件代码如图 14-4-31 所示。

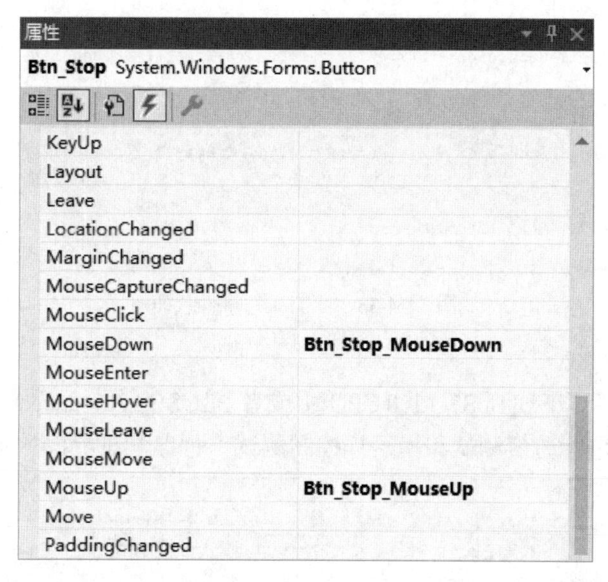

图 14-4-30　选择“MouseDown”事件和“MouseUp”事件

```
1 个引用
private void Btn_Stop_MouseDown(object sender, MouseEventArgs e)
{
    S7.Write("M10.1", true);  //M10.1置为1
}

1 个引用
private void Btn_Stop_MouseUp(object sender, MouseEventArgs e)
{
    S7.Write("M10.1", false);  //M10.1置为0
}
```

图 14-4-31　“MouseDown”事件和“MouseUp”事件代码

（3）编写 timer 控件程序。

切换到窗体设计界面，选中 timer1 控件，在“属性”窗格中单击“事件”下拉按钮，选择“Tick”事件，如图 14-4-32 所示，事件代码如图 14-4-33 所示。

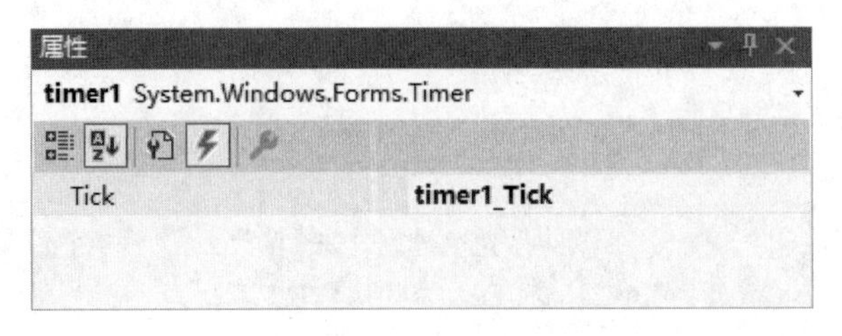

图 14-4-32 “Tick”事件

```
1 个引用
private void timer1_Tick(object sender, EventArgs e)
{
    try
    {
        bool value1 = Convert.ToBoolean(S7.Read("M10.3"));

        if (value1)
        {
            panel1.BackColor = System.Drawing.Color.Lime;//修改panel1控件的背景色为灰色
        }
        else
        {
            panel1.BackColor = System.Drawing.Color.Gray;//修改panel1控件的背景色为绿色
        }
    }
    catch (Exception) { }
}
```

图 14-4-33 “Tick”事件代码

第八步：程序测试。

PLC 程序编译后，下载到 S7-1500 CPU 中或者 PLCSIM Advanced 高级仿真器中，运行 C#应用程序，可以进行通信测试和指示灯控制测试。程序测试界面如图 14-4-34 所示。

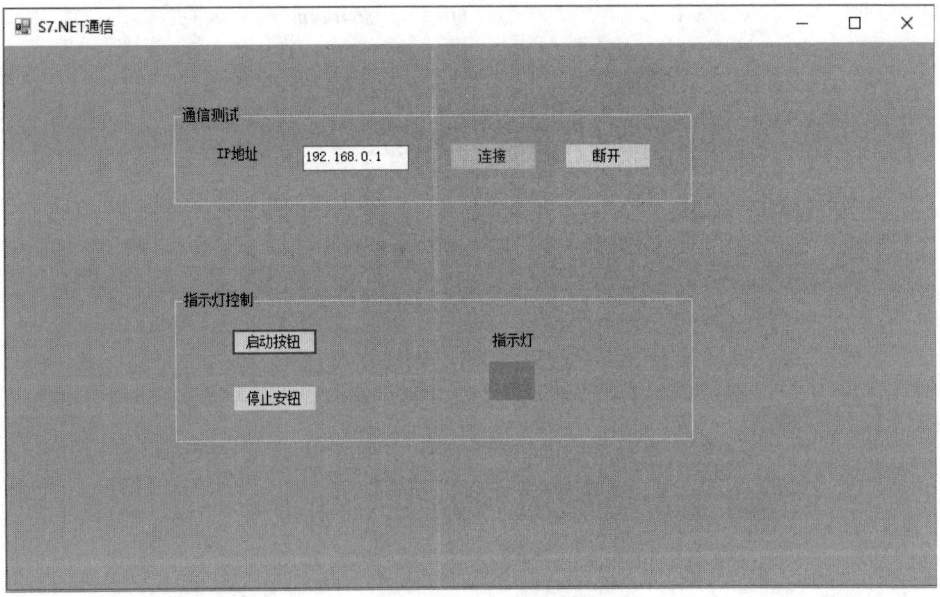

图 14-4-34 程序测试界面

14.4.4　完整程序

```
using System;
using System.Collections.Generic;
using System.ComponentModel;
using System.Data;
using System.Drawing;
using System.Linq;
using System.Text;
using System.Threading.Tasks;
using System.Windows.Forms;
using S7.Net;

namespace 高级语言与 S7-1500 PLC 的 S7.NET 通信应用实例
{
    public partial class Form1 : Form
    {
        Plc S7;
        public Form1()
        {
            InitializeComponent();
        }

        private void Form1_Load(object sender, EventArgs e)
        {
            Btn_Disconnect.Enabled = false;
        }

        private void Btn_Connect_Click(object sender, EventArgs e)
        {
            S7 = new Plc(CpuType.S71500, TextIP.Text, 0, 1);
            try
            {
                S7.Open();  //连接 PLC
            }
            catch (Exception ex)
            {
                MessageBox.Show(ex.ToString());
            }

            if (S7.IsConnected)
            {
                Btn_Connect.Enabled = false;  //如果“连接”成功，连接按钮不可用
                Btn_Disconnect.Enabled = true;    //如果连接成功，“断开”按钮可用
                MessageBox.Show("连接成功！", "连接提示");
```

```
            timer1.Enabled = true;              //timer1 控件可用
            timer1.Start();                     //启动 timer1 控件
        }
        else
        {
            MessageBox.Show("连接失败！ ", "连接提示");
        }

    }

    private void Btn_Disconnect_Click(object sender, EventArgs e)
    {
        S7.Close();                             //关闭 PLC
        Btn_Connect.Enabled = true;             //如果断开连接，“连接”按钮可用
        Btn_Disconnect.Enabled = false;         //如果断开连接，“断开”按钮不可用

        timer1.Stop();                          //停止 timer1 控件
        timer1.Enabled = false;                 //timer1 控件不可用
    }
    private void Btn_Start_MouseDown(object sender, MouseEventArgs e)
    {
        S7.Write("M10.0", true);                //M10.0 置为 1
    }

    private void Btn_Start_MouseUp(object sender, MouseEventArgs e)
    {
        S7.Write("M10.0", false);               //M10.0 置为 0
    }
   /* private void Btn_Start_Click(object sender, EventArgs e)
    {
        try
        {
            S7.Write("M10.0", true);            //写入 Bool 型值
            S7.Write("M10.1", false);
        }
        catch (Exception ex)
        {
            MessageBox.Show(ex.ToString());
        }
    }*/

    private void Btn_Stop_MouseDown(object sender, MouseEventArgs e)
    {
        S7.Write("M10.1", true);                //M10.1 置为 1
    }
```

```
        private void Btn_Stop_MouseUp(object sender, MouseEventArgs e)
        {
            S7.Write("M10.1", false);  //M10.1 置为 0
        }

       /* private void Btn_Stop_Click(object sender, EventArgs e)
        {
            S7.Write("M10.1", true);
            S7.Write("M10.0", false);
        }*/

        private void timer1_Tick(object sender, EventArgs e)
        {
            try
            {
                bool value1 = Convert.ToBoolean(S7.Read("M10.3"));

                if (value1)
                {
                    //修改 panel1 控件的背景色为灰色
                    panel1.BackColor = System.Drawing.Color.Lime;
                }
                else
                {
                    //修改 panel1 控件的背景色为绿色
                    panel1.BackColor = System.Drawing.Color.Gray;
                }
            }
            catch (Exception) { }
        }


    }
}
```

参考文献

[1] 西门子（中国）有限公司. S7-1500 系统手册
[2] 西门子（中国）有限公司. STEP 7 和 WinCC Engineering V16 系统手册
[3] 西门子（中国）有限公司. S7-1500 可编程控制器样本手册
[4] 西门子（中国）有限公司. S7-1500 PLC 技术参考